# 이 책을 향한 찬사

"누군가가 나에게 좋은 수의사가 되는 데 도움을 준 가장 기억나는 선생님이 누구냐는 질문을 했을 때, 내가 키우던 아이들이라고 답을 했었다. 그 아이들에게 무조건적인 사랑, 연민, 공감을 배웠고, 환자를 어떻게 대해야 하는지를 배울 수 있었다. 나에게 동물을 사랑해서 수의사가 되었냐고 묻는 질문에는 내가 키우는 아이들을 사랑하지만, 이 세상 동물들을 모두 사랑하지는 않는다고 대답해왔다. 하지만 스스로를 생명에 대한 강한 경외심을 갖고 있는 수의사라고 소개한다. 이 책에 소개된 동물 종에 대해 하나하나 새롭게 알게 되면서 그 경외심이 깊어졌다.

사람과 동물을 비교할 수는 없지만, 이 책에서 소개된 동물들을 우리가 선생님으로 모실 만하다. 인간이 갖지 못한 능력과 지혜를 가진 그들의 이야기를 읽으며 감탄하지 않을 수 없다. 데이비드 B. 아구스 교수는 우리가 더 건강하고 행복한 인간으로 살아가기 위해 필요한 것들을 동물 이야기를 통해 따뜻하게 들려주었다. 과학적 근거를 기반으로 한 이야기는 자칫 딱딱해질 수 있는데, 누군가 옆에 앉아 조근조근 이야기를 들려주듯 쉽고 재미나게 풀어주었다. 어제보다 오늘 더 행복하고 건강해지고 싶은 모든 사람들에게 이 책을 추천한다."

**김선아(동물행동의학전문가)**

"데이비드 애튼버러 경의 〈동물원 탐사〉는 우리를 야생의 세계로 안내했다. 〈동물원 탐사〉는 동물들이 살아가는 모습을 통해 우리의 삶을 반추하게 하는 멋진 프로그램이었다. 데이비드 B. 아구스 교수의 『코끼리는 암에 걸리지 않는다』는 우리를 야생동물의 내면세계로 안내한다. 그들의 머릿속이 아닌 장기와 세포 안을 들여다볼 수 있게 한다. 이 책을 통해 자연스럽게 인간이 야생동물과 유사한 설계도를 가졌다는 사실을 깨닫고 동시에 우리도 그들처럼 건강하게 살 수 있겠다는 희망을 찾았다.

『코끼리는 암에 걸리지 않는다』는 매우 독특한 책이다. 우리로 하여금 분류학, 생태학, 세포학, 발생학, 병리학, 면역학, 미생물학의 세계를 넘나들게 한다. 아이고! 이걸 어떻게 읽어? 천만의 말씀! 하나도 부담스럽지가 않다. 이미 꿰어져 있던 구슬 사이에 새로운 구슬을 채워놓다보면 어느새 멋진 보배가 만들어질 것이다. 마치 〈동물원 탐사〉를 보는 듯한 즐거운 마음으로 이 책을 읽었는데 어느새 내 생활방식이 바뀌어 있는 기분이다. 동물의 몸은 내 몸의 거울이 되었고, 동물의 삶은 내 삶의 지침이 되었다."

**이정모(전 국립과천과학관장)**

"현대 의학과 과학이 놀라운 발전을 이룩했음에도 불구하고, 인간 사회는 질병, 사회적 통합, 행복과 장수와 같은 이슈에서 아직 뚜렷한 해결책을 제시하지 못하고 있다. 앞으로 더 많은 과학과 의학의 진전이 이뤄진다면 해결될까? 아니면 이들 이슈에 대한 근본적인 접근방법이 잘못된 것은 아닐까? 세계 최고의 암 전문 의사이자 저명한 과학자인 데이비드 B. 아구스 교수는 『코끼리는 암에 걸리지 않는다』에서 기존의 의료 체계가 해결하지 못했던 문제들을 동물에 대한 본질적인 이해를 통해 해결할 수 있다고 주장한다. 인간이 다른 동물들과 독립하여 고유의 진화 경로를 걷기 시작한 것은 불과 수백만 년 전이고, 따라서 우리의 바탕은 몸도, 마음도, 생활방식도 모두 동물에서 출발하기 때문이다. 동물들은 현재 인류가 직면한 다양한 문제들을 이미 앞서 마주했고, 저마다 다양한 방법으로 해결책을 찾아왔다. 결국 인간이 안고 있는 내재적 문제점에 대한 통찰력을 찾고, 나아가 인간을 제대로 이해하기 위해서는 우리의 눈을 동물에게 돌려야 한다."

**장이권(행동생태학자)**

코끼리는 암에 걸리지 않는다
: 삶의 한계에 도전하는 동물들, 그 경이로움에 관하여

초판 1쇄 발행 2024년 10월 22일
초판 2쇄 발행 2025년  5월 20일

지은이 | 데이비드 B. 아구스
옮긴이 | 허성심
펴낸이 | 조미현

책임편집 | 박다정
디자인 | 형태와내용사이

펴낸곳 | 현암사
등록 | 1951년 12월 24일 (제10-126호)
주소 | 04029 서울시 마포구 동교로12안길 35
전화 | 02-365-5051 · 팩스 | 02-313-2729
전자우편 | editor@hyeonamsa.com
홈페이지 | www.hyeonamsa.com

ISBN 978-89-323-2387-9 03470

# 코끼리는 암에 걸리지 않는다

# 코끼리는 암에 걸리지 않는다

삶의 한계에 도전하는 동물들,
그 경이로움에 관하여

데이비드 B. 아구스 지음
허성심 옮김

THE BOOK OF
ANIMAL
SECRETS

ㅎ현암사

사랑하는 나의 반려견 조지에게
너는 비록 개지만 나보다 나은 존재였어.
너와 함께 많은 시간을 보내며
놀고자 하는 욕망이 없었다면
이 책은 몇 달 더 빨리 완성되었을 거야.
그래도 너와 같이 지낸 시간은
그럴 만한 가치가 있었고, 항상 그럴 거야!
나를 행복하게 해줘서 고마웠어.

# 차례

# 프롤로그

자연을 깊이 들여다보아라. 그러면 모든 것이 더 잘 이해될 것이다.

―알베르트 아인슈타인

남은 생 동안 서류상 나이보다 10~15세 더 젊어질 수 있다면 어떨까? 지독한 가족력이 있는 알츠하이머병이나 심장병을 피할 수 있게 유전자를 안전하게 조작할 수 있다면 어떨까? 어떤 치료 없이 암이나 끔찍한 희귀병에 걸릴 일이 절대 없다고 의사가 장담한다면 어떨까? 날씬하고 건강한 몸을 유지하기 위해 어떤 식단과 어떤 운동 요법을 따라야 하는지 알 수 있다면 어떨까? 우울하거나 온몸이 아프거나 정신이 몽롱하거나 '나이가 들었다'는 기분이 들지 않을 수 있다면 어떨까?

이 책은 좌절감에서 태어났다. 나는 내 분야의 최신 흐름과 변화에 뒤처지지 않으려고 매일 과학 및 의학저널을 읽는다. 하지만 의학 발전을 따라가려니 조금 힘이 빠진다. 혁신을 이뤄내고 있다는 사실에는 의문의 여지가 없다. 한때 치명적이었던 질병이 이제는 장기간 관리되고 있다. 그런데 인간과 같은 환경에 적응해 살면서 이러한 관리를 훨씬 더 잘 해내는 동물들이 있다. 예를 들어, 코끼리는 큰 몸집에도 불구하고 암에 걸리지 않고, 기린은 고혈압이어도 절대 심혈관 질환을 겪지 않는다. 여왕개미는 유전적으로 비슷한 동료 개미들보다 80배 더 오래 산다. 우리가 지금보다 건강하고 행복하게 오래 살기 위해 이 동물들의 삶에서 무엇을, 어떻게 배울 수 있을지 궁금해진다. 그들로부터 인간의 시스템에 어떻게 접근할 수 있을까?

이제 곧 해답을 알게 될 것이다.

## 암 전문 의사, 눈을 뜨다

나는 암 전문 의사다. 내가 하는 일이 무엇인지 질문받을 때 거의 매번 이 첫마디로 대화를 시작한다. 이 일은 실제로 내 성격에도 영향을 미쳤는데, 나는 항상 무엇인가를 찾고, 샅샅이 파헤치고, 의문을 품으며, 성공하지 못하면 자주 위축된다.

내가 상대하는 병은 교활하다. 지난 30년 동안 나에게 암은 공공의 적 1위였다. 하지만 솔직히 말해 그 적으로부터 많은 것을 배우기도 했다. 온갖 다양한 암에 매일 놀라고, 암의 습관과 행동에 관한 새로운 사실을 배운다. 암이 눈앞에서 진화하는 것을 지켜본다. 진화는 모든 생물에게 일어나는 과정이지만 암의 진화는 점점 속도가 빨라진

코끼리는 암에 걸리지 않는다

다. 어떤 치료든 암은 그것에 반응하여 변화하고, 여러 번 반복하면 내성이 생긴다. 어떤 잠재적 치료와 역공에도 개의치 않고 더욱 강해지며 심지어는 더 공격적으로 변하는 교활한 질병이다. 시간이 지나도 약해지지 않는다. 정말이지 짜증이 날 정도로 회복력이 좋다. 암을 관찰하는 것은 초고속으로 진화하는 대자연의 모습을 염탐하는 것과 같다.

암 진단을 받았을 때 이미 폐와 간은 물론이고 뇌까지 암이 퍼진 환자가 있었다. 그 환자의 종양 DNA 염기 배열 순서를 밝히고 분석해보니 'ALK(역형성 림프종 인산화효소)'라고 불리는 유전자가 확대되어 있었다. 활성 상태의 ALK가 암세포 성장을 일으키는 원동력인 듯했다. 그러나 ALK 유전자의 성장 신호를 근본적으로 꺼버리도록 ALK를 차단하는 경구용 알약을 처방했더니 종양이 사라졌다. 전신 스캔 결과, 암세포가 전혀 발견되지 않았다. 치료가 워낙 빨리 끝나서 직장에서는 누구도 그가 암에 걸렸다는 사실을 몰랐고, 그를 괴롭혔던 모든 증상이 사라졌다.

그러나 10개월이 지나 암이 재발했다. 신호 분자를 비활성화시키는 약물에도 성장할 수 있도록 암세포가 적응한 것이었다. 약물이 성장을 저지하지 못하도록 종양의 ALK 분자가 변화했거나, ALK의 자극 없이도 암이 계속 성장할 수 있는 새로운 경로가 생겨난 것이다. 이처럼 꽤 많은 암이 교묘하게 생존 방법을 찾아냈다는 사실에서 나는 어떻게 하면 인간도 그런 회복탄력성을 갖는 법을 배울 수 있을까 궁금해졌다. 우리는 약물치료와 생활습관 개선으로 몸을 변화시키려고 한다. 물론 그렇게 했을 때 실제로 효과가 나타나기는 하지만 일반적으로 한계가 있다. 인간이 직면한 무수히 많은 질병의 희생자 수를 줄이기 위해서는 과학이 이끈 변화보다 더 많은 변화가 훨씬 더 빠른 속도로 일어나야 한다. 나는 보다 효율적인 접근법의 단서가 자연 속에 있는 것은 아닌지 궁금해졌다.

이 책은 건강과 수명, 심지어 사고방식과 대인관계 방식에 대해 우리가 사랑하는 동물, 혐오하는 동물, 별로 신경 쓰지 않는 동물까지 여러 다른 생명체에게 배울 수 있는 교훈을 다룬다. 인류의 진화는 수백만 년에 걸쳐 일어났고, 오랫동안 연구되어 왔다. 하지만 지구상의 다른 생명체들도 모두 위협적인 스트레스 요인을 처리하고 자손을 낳고 번성하는 방법을 찾아내며 진화해왔다는 사실은 간과하고 있다. 동물들은 진화를 거치며 대체로 완전한 모습으로 변화해왔고, 주변 환경에 적응할 수 있는 시간이 인간보다 훨씬 더 많았다.

많은 동물이 암에 걸리는 법이 없고, 비만이 되지 않는다. 불안과 우울증에 시달리거나 감염증에 걸리지도 않는다. 심혈관 질환 증상을 보이거나 치매나 파킨슨병 같은 신경 이상을 겪지도 않는다. 당뇨병이나 자가면역질환에 걸리지도 않으며, 심지어 숱이 적은 흰머리와 주름과 무릎 관절염 같은 표면적인 노화의 징후도 생기지 않는다. 어떤 생물은 귀가 없어도 들을 수 있고, 눈이 없어도 볼 수 있고, 죽을 때까지 생식 기능이 유지되고, 팔다리를 잃어도 그 부분이 재생하고, 생애 주기에서 이전 단계로 돌아갈 수도 있고, 말하지 않거나 언어라고 할 만한 것을 사용하지 않고도 서로 의사소통할 수 있고, 뇌가 없어도 생각할 수 있다.

사람들은 대부분 진화에 대해 깊이 생각하지 않는다. 그러나 진

코끼리는 암에 걸리지 않는다

화는 깊이 생각해볼 가치가 있다. 우리가 자신을 더 잘 이해하고 더 잘 사는 법을 배우도록 돕기 때문이다. 때로는 어렵고 혼란스러운 세상을 항해하는 법을 알려주고, 좋은 결정을 내리거나 가혹한 현실을 받아들이는 데 필요한 지침도 제시한다. 건강과 질병에 관한 것 또한 모두 설명해줄 수 있다. 그런 점에서 이 책이 새로운 시선을 제공해줄 것이다.

나는 암 전문 의사가 될 생각이 없었다. 처음은 연구실 연구원으로 시작했다. 주로 T세포 생물학을 연구하는 학생 면역학자였다. T세포 생물학은 면역 체계의 핵심이 되는 부분으로, 지난 세기 면역학에 대한 많은 과학적 이해가 여기에서 시작되었다. 나의 아버지는 연구도 하는 신장 전문의였는데, 그런 아버지의 과학 사랑을 지켜보면서 10대의 나는 많은 영향을 받았다. 그리고 나만큼이나 과학을 좋아하는 또래 아이들을 고등학교 3학년이 되기 전, 방학 동안 플로리다대학교의 여름 캠프에 참가했을 때 처음 만났다. 그들과 함께 지내는 것만으로도 멋진 일이었고, 그때 경험은 나에게 엄청난 영향을 끼쳤다. 마이클 크라이튼의 소설 『안드로메다 바이러스Andromeda Strain』 같은 책도 마찬가지 큰 영향을 끼쳤다.

3학년이 되자 쥐의 신장 질환을 연구하는 펜실베이니아대학교 과학자들과 함께 전에 시작했던 연구를 계속할 기회를 얻었다. 학교가 끝나면 연구실로 가서 쥐의 무게를 재고 쥐에게 약을 주사하곤 했다. 실험이 잘되어 가는 것을 지켜보면 가슴이 두근거렸다.

열아홉 살이 되던 1984년에 미국임상연구연맹 연례 학술대회에서 처음으로 이 연구를 발표했다. 그 발표는 3년 동안 펜실베이니아대학교 에릭 넬슨 교수 연구실에서 보낸 내 연구 경력에 정점을 찍었다. 옴니 쇼어햄 호텔에서 4일간 치러진 학술대회의 마지막 세션에 내 발표가 있었다. 예행연습도 하고 미리 외운 발표를 하기 위해 잔뜩 긴장한 얼굴로 단상으로 천천히 올라갔을 때는 이미 대부분 참가자가 자리를 뜬 후였다. 그러나 그것은 내게 중요하지 않았다. 나는 35mm 슬라이드 필름을 이용해 10분 발표를 하고, 몇 가지 질문에 대답했다. 그러고 나서 화장실로 갔다. 그 순간을 온전히 가슴에 담아두기 위해 화장실 칸 안에 들어가 문을 닫았다. 의사와 과학자들 앞에서 학술 발표를 했고, 그 사람들이 내 말에 귀를 기울였다니! 이듬해 나의 첫 논문이 학술지에 실렸고, 나는 평생의 업을 찾았다.

연구실은 나를 흥분시키는 공간이다. 하지만 나는 환자 치료와 단절되고 싶지 않았다. 대부분의 기초 연구자들은 환자를 진료할 수 없고, 자신이 연구하는 암이나 다른 질병이 인간의 실제 삶에서 어떻게 드러나는지 직접 보지 못한다. 나는 연구도 하고 환자도 보고 싶었다.

내가 암 연구에 몰입하게 된 데에는 사람들에게 직접 영향을 미치고 싶은 바람이 있었다. 환자들을 치료하면서 대화를 나누고, 그들의 장기적인 예후를 계속 지켜보는 현장의 최전선에 있고 싶었다. 건강에 관한 새로운 소식을 전달하기 위해 방송에 출연할 때마다 난해한 의학 세계와 사람들의 일상 사이 단절을 정확하게 인지한다. 내가 병에 대한 이해나 혹은 치료의 진보에 대해 설명할 때 그 병이 암이든 다른 치명적인 질병이든 지켜보고 있는 모든 환자는 "왜 나는 저 의사가 설명하는 의학적 진보의 혜택을 입지 못하고 있나? 왜 나는 여전히 고통받고 있나?" 하고 자문하리라는 것을 분명히 알고 있다. 새로운 정

코끼리는 암에 걸리지 않는다

보가 있다고 해도 우리가 그것으로 이득을 볼 수 없다면 무의미하다. 양질의 삶과 장수의 비법은 자원을 가진 소수 몇 명만 독점해서는 안 된다. 연구와 환자, 이 두 세계를 연결함으로써 나는 내가 하는 일을 계속하려고 한다. 그리고 이 사이에서 자연이 연결 장치가 된다. 우리의 공통분모이기 때문이다. 자연은 모든 사람에게 스승이며 어머니이고, 진화를 통해 만들어진 삶의 진정한 해답을 알고 있다.

우선 영국의 전설적인 박물학자이자 탐험가인 앨프리드 러셀 월리스의 이야기로 시작해보자. 월리스는 주변 세상을 관찰하는 색다른 방법을 발견했고, 이 방법을 통해 지구상의 생명체들이 믿기 어려운 여러 방식으로 진화했다는 사실을 깨달았다. 우리는 앞으로 12개의 장에 걸쳐 많은 시간에 생물의 다양한 진화 방식을 배울 것이므로 생물학자 월리스에 대한 경의를 잊지 말아야 한다.

## 아이디어, 뿌리를 내리다

1858년 1월, 말라리아로 추정되는 병을 앓고 있던 월리스는 인구 역학에 관한 토머스 로버트 맬서스의 의견에 대해 생각하고 있었다. 영국의 철학자이자 학자인 맬서스는 '맬서스 재앙'이라고 알려지게 될 가설을 주제로 폭넓은 글을 썼다. 그의 가설은 지구가 계속 팽창하는 인구 증가 속도를 따라잡지 못해 세상의 종말이 온다는 것이다. 결국 기근과 전쟁이 발생하고, 그래서 인구 증가를 억제할 것이라는 주장이었다. 고열 때문에 약간 망상에 빠졌거나 상상력이 풍부해졌는지는 모르겠지만 월리스는 맬서스가 이야기한 자연선택의 개념에 대해 골똘히 생각하다가 자연계의 모든 생물에 힘이 작용한다는 원리에 매료되었다.

생물학자이자 박물학자로서 자연 서식지에서 동물을 관찰하기 위해 오지까지 찾아가던 월리스는 동물들이 생존하기 위해 시간이 흐르면서 어떻게 변화하는지 궁금했다. 1858년 1월의 그날은 월리스에게 매우 중요한 순간이었다. 예나 지금이나 훌륭한 과학자라면 모두 그렇듯 월리스도 환경적 압박과 이용 가능한 자원의 제한이 생물 종에 변화를 가져올 수 있을지를 자문하면서 맬서스의 이론과 자신의 이론을 비교했다. 환경적 압박이 종의 생명활동과 번식 능력에 변화를 일으킬 수 있을까? 그것이 어떤 종은 살아남게 하면서 동시에 비교적 약한 종, 더 정확히 말하자면 환경에 덜 적합한 종은 도태되게 할 수 있을까? 그는 고전적인 적자생존 모델을 주장하는, 오늘날 진화론이라 불리는 이론과 놀랍도록 유사한 글을 쓰기 시작했다.*[1]

그런 발상이 갑자기 불꽃처럼 일어났을 때 월리스는 저 멀리 남태평양 인도네시아의 화산섬에 집을 빌려 생활하고 있었다. 지역 식물을

---

* 찰스 다윈은 진화 가능성을 고려한 최초의 학자가 아니다. '적자생존'이라는 용어를 만든 사람도 아니다. 이 용어를 처음 도입한 사람은 영국의 생물학자이자 철학자 허버트 스펜서로, 그는 『종의 기원』을 읽은 후에 이 용어를 생각해냈다. 생물이 한 종에서 다른 종으로 변한다는 이론은 다윈이 이야기하기 훨씬 오래전부터 있었는데, 사실 의사이자 철학자이며 시인인 그의 할아버지 이래즈머스 다윈이 처음 제안했다. 이래즈머스는 1794년에 초기 진화론 내용을 포함하는 2권짜리 의학 서적 『동물론Zoonomia: The Laws of Organic Life』을 썼다. 그는 신이 우주를 움직이게 하는 '첫 번째 원인'이지만 그 후에는 개체들이 스스로 발생하고 성장하게 된다고 주장했다.

코끼리는 암에 걸리지 않는다

연구하기 위해 현장연구를 하고, 딱정벌레와 새의 뼈를 수집하고 있었다. 그는 지리학뿐만 아니라 박물학에도 조예가 깊었으며, 두 학문을 융합한 새로운 과학 분야를 개척했다.

월리스가 가졌던 질문은 분명 같은 시대를 살았던 다윈의 머릿속에서도 소용돌이치고 있었다. 두 사람은 서로 아는 사이였지만, 매우 가까운 친구는 아니었다. 월리스는 다윈보다 열네 살 어렸고, 오랫동안 파산 상태였지만 여행할 때는 더 대담했다. 다윈은 월리스보다 사회적 지위가 높았는데, 이러한 조건은 그가 명성을 얻는 데 일조했을 것이다. 두 사람은 사회경제적인 측면에서 동등하지 않았지만, 과학적 탐구심과 호기심은 같았다. 두 사람 모두 파격적이기는 하지만 서로 같은 생각을 하고 있었고, 어느 정도 비슷한 결론에 이르렀다. 그들이 각자 독자적으로 얻은 결론은 어쩌면 서로 무수히 주고받은 편지에서 비롯되었을지도 모른다. 편지 교환은 서로의 사고를 자극했다. (이로써 결국, 과학에서 중요한 것은 협업이라는 것을 알 수 있다.)

두 과학자의 편지 교환이 그들의 사고 과정에 얼마나 많은 영향을 미쳤는지, 진화론의 전체 그림을 처음 그린 사람이 정말 누구인지 결코 알지 못할 것이다. 우리가 알고 있는 건 결국에는 다윈이 더 널리 명성을 날렸다는 사실이다. 그들과 동시대를 살았던 또 한 명의 유명한 영국인 탐험가 프란시스 골튼은 다음과 같은 쓴소리를 남겼다. "과학에서는 아이디어를 처음 생각해낸 사람이 아니라 그것을 세상에 이해시킨 사람에게 공로가 돌아간다." 오늘날에도 여전히 공감되는 말이다.

논란의 여지가 있는 이 역사 속 수수께끼의 중심에는 월리스가

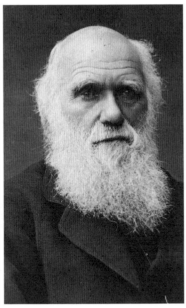

앨프리드 러셀 월리스(1823~1913)와 찰스 다윈(1809~1882)

연구 일지에 기반해서 쓴, 이제야 유명해진 논문이 있다. 월리스는 병에 걸렸을 때 아이디어를 생각해냈고 그다음 달에 다윈에게 논문을 보냈다. 그는 자연선택이라는 용어를 사용하지 않았지만 환경 압박을 받으면서도 비슷한 종에서 진화적 종 분화가 어떻게 일어나는지 상세히 기술했다. 월리스는 다윈의 의견을 신뢰했고 아마도 다윈의 영향력이 자신의 이론을 전파하는 데 도움이 되리라 기대했을 것이다. 월리스는 다윈이 절친인 저명한 스코틀랜드 지질학자 찰스 라이엘에게 논문을 전해주기를 바랐다. 라이엘은 논문을 책으로 출간할 수 있게 도와줄 수 있는 사람이었다. 월리스의 논문은 여러 주가 지난 1858년

코끼리는 암에 걸리지 않는다

6월 18일에야 다윈에게 도착했다.

　다윈은 "이보다 괜찮은 논문 초록은 나올 수 없었을 걸세!"라고 적은 짧은 편지와 함께 라이엘에게 논문을 보냈다. 논문은 7월 1일에 런던 린네학회에 제출되었으나 반응은 전혀 뜨겁지 않았다. 나중에 학회장은 그해에 주목할 만한 논문이 없었다고 말했다. 이듬해에 다윈의 『종의 기원』이 출간되었고, 그것이 모든 것을 바꿔 놓았다.

　다윈과 월리스는 실제 친구였다. 월리스는 1862년 남태평양 여행에서 돌아왔을 때 다윈을 만났고, 이후에 그의 가장 충실한 지지자가 되었다. 대다수 사람은 다윈이 지금과 같은 역사적 위치에 있을 만하다는 데 동의하지만, 그가 월리스의 논문에서 아이디어를 훔쳤는지 아닌지는 역사학자들 사이에서 열띤 논쟁의 주제였다. 나는 월리스가 과학적 사고의 패러다임 전환에 지대한 공헌을 했는데도 어떻게 그렇게 겸손하고 공손할 수 있었는지 정말 궁금하다. 그는 자신과 가족을 부양하기 위해 고군분투했고, 어떻게든 살기 위해 탐험에서 수집한 표본을 팔아야 했고, 심지어 라이엘과 다윈의 논문 편집을 담당했다. 다윈은 월리스를 지지했고, 그가 전문 과학 연구로 정부 연금을 받을 수 있도록 돕기 위해 로비까지 벌였다. 그런 로비 활동이 죄책감에서 나왔을까? 할 수만 있다면 다윈에게 물어보고 싶다. 진화론을 완성하고 세상에 소개하기 위해 그에게 필요했던 열쇠가 월리스의 논문에 들어있었는지 말이다.

## 진화의 힘

진화는 지구상에서 가장 강력한 힘 중 하나다. 인간은 지난 40억 년 동안 생명체에 적용되는 자연선택 법칙에 예외 없이 지배를 받아왔다. 대부분 우리가 지구에서 맞이할 마지막 순간을 궁금해하면서 언제, 어디서, 어떻게 맞이할지 끊임없이 질문해왔다. 인간의 본성 때문일 것이다. 인간은 인지 능력이 없고 대체로 순간에 충실한 주변의 나무와 새, 꿀벌과는 다르다. 그런데 흥미로운 점은 인간이 이 행성에서는 비교적 새로운 존재라는 것이다. 대다수 생물이 우리보다 수천만 년, 심지어 수억 년이나 먼저 등장했다. 우리는 지능을 사용해 그저 미래를 상상하기만 할 게 아니라 똑똑하고, 나름의 특별한 방식으로 영겁의 시간 동안 지구에서 원하는 것을 얻어온 '보다 경험 많은' 다른 종에게서 배울 필요가 있다.

이 '오래된' 지구인들에게는 건강하고 오래 사는 비법이 있을까? 나는 이 질문을 파고들면서 답을 알게 될 때마다 놀랐다. 긍정적이고 희망적인 소식보다 비관론자와 참담한 일이 더 많은 듯한 세상에서 내일 더 잘 살기 위해 오늘 무엇을 해야 하는지 그 단서를 어디에서 찾아야 하는지 배운다면 실제로 더 건강하고 나은 삶을 살 수 있을 것이다. 문어처럼 생각하고, 개미처럼 의사소통하고, 들쥐처럼 사랑하고, 비둘기처럼 기억하고, 침팬지처럼 새끼를 키우고, 코끼리처럼 암을 피하고, 개처럼 순간에 충실하고, 우스갯소리대로 고래처럼 술을 마시려고 한다면 어떤 일이 일어날까?

자연에서 배운다는 생각이 새롭다고는 할 수 없다. 다윈부터 시

코끼리는 암에 걸리지 않는다

작해서 이전에도 이 분야를 탐구한 과학자는 많다. 그중 바바라 네터슨 호로비츠와 캐스린 바워스는 2012년에 출간된 『주비쿼티Zoobiquity』에서 인간의 정신 및 신체 건강 문제의 해법을 찾기 위한 동물 연구에 관해 이야기했다. 하지만 나는 새로운 통찰을 제공하고 싶다. 이 책에서는 만병통치약을 처방하는 게 아니라 새로운 사고방식과 더 나아가 건강과 장수에 관한 새롭고 생생한 이해를 제공할 것이다.

인간에 관한 연구는 특성상 제약이 심하다. 인간을 대상으로 하거나 쥐 같은 대체물을 대상으로 실험하더라도 더 좋은 삶에 대한 단서를 제공하는 유의미한 연구를 하기가 실제로 어렵다. 약이나 특정 생활습관의 효과를 시험하는 임상 시험은 결실을 보기까지 고통스러울 만큼 시간이 오래 걸리는데도 여전히 결론이 나지 않을 때가 많다. 답이 나올 때 즈음이면 우리 중 상당수가 여기에 없을 것이고, 어렵게 얻은 결과는 기술 혁명으로 이미 한물간 게 될 수도 있다.

생활습관을 연구하는 것은 그야말로 어려운 일이고, 어떤 경우에는 불가능하다. 예를 들어, 많은 사람들에게 몇 년 동안 운동을 하지 못하게 한 후 꾸준히 운동하는 집단과는 비교를 통해 운동의 이점을 보이려고 많은 사람에게 몇 년 동안 운동을 금지시킬 수 없다. 실제로 가능한 실험이라 할지라도 생활습관을 시험할 때의 혼란 변수로 어려운 문제가 많이 생긴다. 따라서 이제는 다른 동물들로 시선을 돌려 자연에서 답을 찾을 수 있어야 한다. 자연은 완벽하게 준비된 무작위 실험을 이미 제공하고 있다. 그저 그들의 방식을 찾아가기만 하면 된다. 코끼리는 몸집이 큰데도 암에 걸리지 않고, 문어는 순간적으로 몸을 감출 수 있고, 어떤 해파리 종은 몸을 재생시켜서 불멸의 삶을 살 수 있고, 새는 지도나 GPS 장치 없이 수천 마일을 날아 고향을 찾아갈 수 있는데 이들을 두고 누가 인간이 이 행성에서 가장 똑똑한 생물이라고 말할 수 있을까?

이 책에서 여러분은 나와 확연히 다른 생각을 하는 사람들을 만나볼 것이다. 어쩌면 여러분도 그중 한 명일지도 모른다. 나는 암 전문 의사이기 때문에 보통 세포생물학이나 분자생물학의 렌즈로 관찰을 한다. 침팬지를 관찰하기 위해 탄자니아에서 텐트를 치거나 장수하는 여왕개미를 찾기 위해 직접 개미굴을 파헤치거나 하지는 않는다는 말이다. 그래서 이런 종류의 실험을 하는 세계 곳곳의 놀라운 과학자들을 찾아가거나 때로는 화상으로 이야기를 나누곤 했다. 그들에게서 발견한 것은 경이로웠고 내가 문제에 접근하는 방식과 세상을 바라보는 방식을 바꿔놓았다. 부모와 멘토 역할이 되는 것부터 부엌의 개미나 뒤뜰의 말벌을 없애는 방법에 이르기까지 삶의 많은 영역에서 어떻게 살지에 관한 생각들이 바뀌었다. 나는 새까만 실험대와 삼각플라스크가 있는 고전적인 실험실을 무척 좋아하지만 이제 나에게는 그보다 세상이 인간 건강과 삶에 적용 가능한 교훈을 발견하고 도출할 수 있는 거대한 실험실이다.

나는 건강과 암을 더욱더 깊이 이해하기 위해 내가 설립한 엘리슨 변형의학연구소에서 생물학, 물리학, 수학, 공학, 기술, 임상과학 등 여러 학문 분야의 융합을 평생의 업처럼 장려해왔다. 이 연구소의 목표는 전통적인 보건 분야의 협력자들과 다양한 분야의 전문가들과 함께 암을 연구하고 암 예방 및 진단, 치료를 가능하게 하는 잠재적 방법을 찾는 것이다. 왜 건강과 암일까? 내가 좋아하는 명언 중에 영국

로렌스 엘리슨의 수집품 중 엘리슨변형의학연구소에 전시된 종려나무 화석. 5,000만 년 전, 이 종려나무는 미국 와이오밍주에 있는 그린리버라는 따뜻한 담수호의 가장자리에 서있었다. 식물 화석은 드물다. 특히 이처럼 큰 종려나무 화석은 매우 드물다. 종려나무 잎의 윗부분은 지름이 55인치다.

군인이자 군사역사가 리델 하트가 1967년에 한 말이 있다. "평화를 바란다면 전쟁을 이해하라." 우리에게는 암과 싸우는 것이 전쟁이다. 나와 우리 연구팀은 이 전쟁에서 건강에 관한 많은 것을 배웠다. 엘리슨변형의학연구소 현관 벽에는 커다란 식물 화석과 어류 화석 세 점이 걸려있다. 그중 하나는 나이가 5,000만 년이 넘고, 크기가 대략 240× 150센티미터나 되는 대형 화석이다. 연구소에서 일하는 모든 사람이 화석에 관심을 기울이고, 자연을 존중하고, 잊지 말고 자연으로부터 배웠으면 좋겠다.

　나는 암이나 알츠하이머병, 심장병을 앓고 있는 환자들을 아직 고칠 수 없다. 이러한 좌절감은 나에게 계속 치료법을 찾도록 동기를 부여한다. 내가 처음으로 환자를 잃은 것은 존스홉킨스대학교 병원 레지던트로 대체로 건강 보험이 없는 사람들이 찾는 진료소에서 일하고 있을 때였다. 울혈성 심부전으로 그곳을 자주 찾는 키 크고 뚱뚱한 30대 남성이 있었다. 그를 조라고 부르기로 하겠다. 조의 심장은 너무 큰 데다가 혈액 펌프 기능이 속도를 유지하지 못했다. 그래서 체액이 몸에 자주 쌓였다. 엄격한 식단 조절과 약 복용을 지켜야 한다고 귀에 딱지가 앉을 정도로 말했지만, 그는 소금이 많이 들어간 음식을 먹거나 약 먹는 것을 잊어버린 후에 다시 병원으로 오거나 응급실을 찾기 일쑤였다. 우리는 너무 자주 내원하는 환자들을 애칭으로 '단골손님'이라고 불렀는데, 조도 그중 한 명이었다. 모든 인턴과 레지던트가 조를 알고 있었고, 대부분이 그에게 울혈성 심부전을 다루는 법을 배웠다. 조는 신입 의사들에게 그를 돕기 위해 무엇을 해야 하는지 알려줬다.

　내가 마지막으로 조를 입원시켰을 때는 한밤중에 응급실 호출을 받은 것으로 기억한다. 당직일 때 응급실에서 호출이 온다는 것은 대개 입원이 필요한 환자가 있다는 것을 의미했다. 응급실에 전화했더니 환자가 조라고 했다. 나는 서둘러 그에게 갔다. 그는 평소보다 상태가 많이 안 좋았다. 그를 최대한 안정시키고 심부전 치료를 위해 평상시에 쓰던 약제를 혼합하기 시작했다. 다음날 아침 늦게 교대 근무가 끝나서 잠을 좀 자려고 집에 들어갔다가 이튿날 다시 병원으로 출근했

　　　　　　　　코끼리는 암에 걸리지 않는다

다. 일반적으로 그렇듯 나와 동료들은 전날 밤 당직을 섰던 의사와 회진을 돌고, 새로운 교대 근무에서 치료를 빠트리는 경우가 없도록 간밤에 있었던 일을 듣기 위해 다 함께 모였다. 우리는 병실을 하나씩 하나씩 돌았는데, 조가 있었던 병실을 그냥 지나쳐가자 나는 그가 세상을 떠났다는 것을 알았다. 부정맥이 생겨서 전날 밤 사망한 것이었다. 무엇으로도 그를 다시 살리지 못했다.

회진이 끝난 후 혼자 조용히 당직실로 갔다. 당직 근무를 할 때 가끔 쪽잠을 자는 곳에 앉아 눈물을 흘렸다. 상실감이 커다란 파도처럼 밀려왔다. 우리가 그를 살리지 못했다고 생각했고, 조의 죽음 이후 나는 매일 좋은 치료법 연구를 위해 노력했다. 그때 내가 어떻게 했어야 하는지 지금의 나는 알고 있기 때문에, 앞으로 나올 기린에게 얻은 교훈이 언젠가 조와 같이 심장병을 앓는 사람을 살리는 데 도움이 될 수 있으리라 믿는다.

다음 12개의 장은 삶에 대한 놀라운 비밀을 제공하는 동물이나 상보 관계의 동물들에 관한 깊은 탐구로 구성되어 있다. 각 장은 언뜻 조금 연관성이 없는 듯한 이야기와 주제로 채워져 있다. 하지만 핵심 주제들을 모아보면 놀라운 교훈 한두 가지를 얻을 수 있다. 건강을 이해하기 위해 암을 연구하고, 평화를 알기 위해 전쟁을 연구하는 것이 직관에 반하는 것처럼 보일 수 있지만 많은 것을 말해줄 수 있는 대표적인 아이디어 주변으로 매우 다양한 아이디어들이 모인다. 몇 년 동안 책 집필을 위해 자료조사를 하면서 나는 새로운 사실들을 알게 되었다. 본문에 집어넣을 수 있는 것도 있었지만, 글의 흐름에서 너무 멀리 벗어난 내용은 짧은 각주로 달거나 책 끝에 인용 출처로 더해서 미주로 구성했다.

여러분이 이 책을 다 읽은 후에는 주변 동물들에게 깊이 감사하는 마음도 가지고, 삶에 유익한 실용적인 전략도 얻을 수 있기를 바란다. 전략은 각 장의 끝부분 페이지에 소개했다. 그것은 병의 예방과 치료에 대한 최종 해결책이 아니다. 우리를 불멸의 존재로 만들어줄 수도 없다. 그러나 이제 동물의 교훈을 이용해 더 오래 더 잘살 수 있고, 지병에 오래 시달리지 않고 죽을 수도 있다. 게다가 사고방식과 일상적인 생활 방식을 변화시킬뿐 아니라 리더가 되고, 양육하고, 일하고, 가르치고, 훈육하고, 의사를 결정하고, 애정을 표현하고, 사랑하고, 놀이하고, 협력하고, 창조하고, 낯선 이를 포함해 타인과 관계를 맺고, 스트레스에 대처하고, 과거를 용서하고, 현재에 충실하고, 미래를 계획하고, 심지어 죽음을 준비할 수 있다. 동물에게서 얻은 교훈을 통해 우리는 자기 자신에 대해 그리고 서로에 대해 더 많은 것을 알게 될 것이다.

진화를 거치면서 인간의 사망 연령대는 50대에서 60대, 70대로 변화해왔다. 의학과 건강한 생활 방식의 결합으로 수명은 더 늘어났다. 우리는 다른 동물 종이 생존을 위해 사용해온 기술을 모방함으로써 이를테면 죽음을 속일 수 있다. 우리는 지금도 진화하고 있다. 다윈은 『종의 기원』 마지막에 다음과 같이 썼다. "이 생명관에는 여러 가지 힘과 더불어 본래 몇몇 생명체 또는 한 생명체에 깃든 웅장함이 있다. 이 행성이 고정된 중력 법칙에 따라 순환하는 동안 매우 간단한 기원에서부터 가장 아름답고 가장 멋진 생명체가 끊임없이 진화해왔고 지금도 진화하고 있다."

다윈이 과학계 내부의 인기 경쟁에서 이기고, 진화론에 관한 최고 권위자로서 월리스의 명성을 역사에서 영원히 가렸을지도 모른다. 하지만 두 사람은 런던 웨스트민스터 사원에 나란히 묻혀있다. 수명 경쟁에서 이긴 사람은 월리스다. 월리스는 90세까지 살아 20세기를 경험했다. 심지어 노년에는 길고 하얀 턱수염과 모든 것에서 다윈과 닮았다. 생의 마지막에 월리스는 '과학계의 원로'로 불렸다. 그가 세계의 광범위한 지역을 여행하고 자연 속에서 연구하며 수집한 비밀 중 일부는 유용하게 쓰였을 것이다. 동남아시아의 박쥐와 유칼립투스 나무는 월리스에게 무엇을 속삭였을까? 우리는 결코 알 수 없을 것이다. 그들이 우리에게 하는 말에 귀를 기울이고 그것이 무엇인지 이해해보자.

여러분이 이 책 『코끼리는 암에 걸리지 않는다』를 읽는다니 매우 신난다. 자신에 대한 통찰뿐만 아니라 지구를 함께 나눠 쓰고 있는 다른 생물체에 대한 새로운 이해도 얻을 수 있기를 바란다.

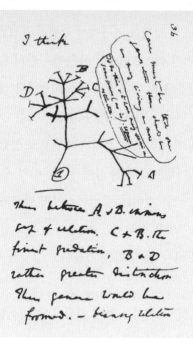

『종의 기원』이 출간되기 22년 전인 1837년에 다윈이 그린 스케치다. "내 생각에 그렇다면 한 세대는 지금만큼 많은 개체가 살아있어야 한다. 그러기 위해서 그리고 같은 속 genus에 속하는 종의 수가 지금과 같아지려면 멸종이 필요하다. 한 예로, A와 B 사이 관계의 격차가 매우 크고, C와 B 사이 단계적 변화의 폭이 매우 가늘고, B와 D 사이는 그보다 더 큰 차이가 있다. 따라서 여러 개의 속이 형성될 것이다."라고 적혀 있다.

지금은 상징적이고 가장 기본적인 이 '생명의 나무' 초안이 그려진 노트는 또 다른 다윈의 초기 연구 노트 하나와 함께 22년 동안 사라졌었다. 가죽으로 장정한 작은 노트 두 권은 신기하게도 2012년에 익명으로 케임브리지대학교 도서관에 들어왔다. 그것은 도서관 바닥에 놓인 밝은 분홍색 선물용 상자 안에 "사서님, 행복한 부활절 보내세요. X로부터."라는 메시지와 함께 들어있었다.

# 1장

# 동물원 우리에서 살기

### 야생동물이 우리에게 가르쳐주는
### 보다 강하고 현명하게 오래 사는 법

> 도시는 콘크리트 정글이 아니다. 인간을 모아놓은 동물원이다.
>
> —데즈먼드 모리스

새벽 3시에 갑자기 잠에서 깬다. 다시 잠들기를 바라며 침대 옆 탁상시계를 애써 보지 않으려 한다. 그러나 어떻게 할 수가 없다. 아직 날이 밝지 않았는데 머릿속은 몇 시간 후 시작해야 하는 일 생각으로 가득하다. 지금은 일단 자야 해, 날이 밝으면 그때 모두 처리할 거야, 스스로 다독여보지만 좀처럼 진정되지 않는다. 이제 서서히 몸이 풀리는 것을 느낀다. 움직일 준비가 된 것이다. 나눠야 하는 대화, 보내야 하는 이메일, 정리해야 하는 메모 등이 머릿속을 활보한다. 시계 분침이 계속 돌아간다.

한 시간이 흘렀다. 진즉에 해야 했을 검진 예약을 왜 하지 않았는지에 생각이 미치자 새로운 불안감이 최고치까지 올라간다. 어쩌면 밤새 깨지 않고 잘 수 있게 도와줄 만한 것을 주치의가 처방해줄 수 있다. 아니, 그 의사가 은퇴한 지 이미 여러 해가 지나서 도와줄 의사마저 없을지도 모른다. 최근 들어 유난히 기운이 없다. 불면증은 분명 무엇인가 나빠졌다는 신호다. 어쩌면 치매나 암과 같은 끔찍한 일이 도사리고 있을지 모른다. 갑자기 두려움이 몰려온다. 뇌는 계속해서 되새김질하며 생각에 사로잡힌다. 마침내 언제 잠들었는지 모르게 잠이 든다. 그러고 나서 이내 창문으로 햇빛이 들어온다. 일어나야 할 시간이다.

우리는 대부분 이런 일을 경험한다. 스탠퍼드대학교의 신경과학자 로버트 새폴스키는 그의 영향력 있는 저서 『얼룩말에게는 왜 궤양이 생기지 않는가』[1]에서 비슷한 딜레마를 완벽하게 기술하고 있다. 도대체 왜 얼룩말에게는 궤양이 생기지 않을까? 그것은 얼룩말이나 다른 동물들은 인간처럼 스스로 자기 몸에 가하는 만성 스트레스에 시달리지 않기 때문이다. 덧붙이자면 동물들은 우리처럼 생각하지 않는다. 아침마다 우리 집 개 조지에게 인사할 때 보면 녀석은 전날 산책하다 만난 개와 다툰 일이나 암에 걸릴지도 모른다는(골든리트리버는 암에 걸리기 쉬운 종으로 유명하다[2]) 걱정으로 밤새 잠 못 자며 뒤척이지 않은 게 분명하다. 조지는 비교적 스트레스 없이 사는 호사를 누리고 있다. 하지만 당신이나 나나 이겨내야 할 문제가 산더미다. 아무런 구속이 없는 자유로운 야생종이라고 생각하고 싶겠지만, 우리는 우리가 만든 동물원에 갇힌 채 살아가고 있다.

인간은 문명화된 사회를 건설했다. 하지만 그 사회는 구조와 법, 규범, 지리적 경계, 예전처럼 자유롭게 돌아다니지 못하게 막는 물리적 장벽에 의해 제한된다. 야외에서 많은 시간을 보내는 인간은 그다지 많지 않다. 실제로 미국인들은 하루의 무려 87퍼센트나 되는 시간을 실내에서 보내고, 추가로 6퍼센트는 차 안에서 보낸다.[3] 1900년에 도시 거주자와 시골 거주자 비율이 대략 1대 7이었지만, 오늘날에는 세계 인구의 절반 이상이 도심지에 살고 있다. 2050년에는 전체 인구의 70퍼센트가 도시에 살 것이다.[4] 인간은 말하자면 길들여진 반려동물처럼 실내에서 생활하는 동물 종이다.

이제 인간은 먹을 것을 찾아다니거나 포식자를 피해서 다니지 않아도 된다. 부엌 수납장이나 냉장고를 열거나 길모퉁이를 돌면 언제든 먹을 것을 구할 수 있다. 점점 더 전자기기를 손에서 놓지 않는다. 버튼을 한번 누르거나 손가락 한번 까딱이면 원하는 것을 거의 다 배달시킬 수 있다. 지구상의 어떤 동물도, 심지어 인간과 가장 가까운 동물이라도 그런 테크놀로지를 갖는 것을 상상조차 못 한다. 쭉쭉 늘어지는 치즈버거를 우적우적 씹어 먹으면서 스마트폰 화면을 넘기는 침팬지의 모습을 그려보라.* 지난 한 세기 동안 테크놀로지는 삶의 방식을 근본적으로 바꿔놓았고, 기대 수명을 30년 가까이 늘려놓았다. 덕분에 사는 것이 더 편해졌고, 노년에 더 잘 살 기회를 얻었다. 그러나 테크놀로지에 단점도 있다. 예방할 수 있는 많은 병에 걸릴 위험을 높인다는 것이 그중 하나다.

---

* 산디에고 동물원이 오랑우탄관 보수 공사를 할 때 사육사들은 오랑우탄들을 한 병원 건물에 가둬야 했다. 그곳에서는 평상시와 같은 오락거리를 제공할 수 없었다. 대신에 팝콘 파티를 열어주고, 자연의 모습을 담은 동영상을 보여줬다. 오랑우탄들은 무척 좋아했다. 특히 개와 말 영상에 매료되었다.

오늘날 인간의 사망 원인이 되는 질병 대부분이 야생에서는 발견되지 않는다. 치매, 심장병, 고혈압, 제2형 당뇨병, 비만, 자가면역질환, 골다공증은 다른 동물 종에게는 발병하지 않는다. 발병한다고 해도 극도로 드물다. 이 질병들을 통틀어 '문명 질병'이라고 부른다. 인간을 가둔 동물원에 발생하는 질병으로, 발병률이 점점 높아지고 있다. 그러나 대부분의 병은 한 가지 증상이 나타나기 몇 년 전, 심지어 몇십 년 전에 예방할 수 있다. 인간이 현대 기술과 의학을 이용해 발병을 완전히 막을 수 있는 법을 알고 있기 때문이다. 문명 질병을 일으키는 3대 주범은 해로운 만성 스트레스, 끊임없이 움직이도록 설계된 몸인데도 종일 앉아 있으려는 경향, 수백만 년 동안 진행된 진화를 거스르는 건강하지 않은 식습관이다. 이 생각을 충분히 이해하기 위해 사파리 여행을 가보자.

## 야생에서의 두려움과 느긋함

우리 모두 중학교나 고등학교에서 적자생존을 이론적 개념처럼 배운다. 그러나 백문이 불여일견이다. 몇 년 전 나는 아프리카로 사파리 여행을 갔다. 적자생존이라는 개념은 특히 인간을 가두고 있는 동물원 우리와 연관되어 있으므로 같은 맥락 속에서 살필 수 있는 여행이었다.

야생동물을 관찰하기 위해 아침 일찍 베이스캠프를 떠나 쌍안경과 카메라를 들고 사파리 복장으로 며칠을 '사냥'하며 보냈다. 두려움이 익숙한 기류처럼 동물들 사이에 만연해 있었다. 나는 사방에서 그

2014년 7월, 가족과 사파리 여행 중인 나

것을 느낄 수 있었다. 동물들은 모두 생존 게임을 한다. 어떤 동물들은 포식자에게 잡아먹힐까 봐 두려워했고, 어떤 동물들은 자기 무리 내 더 힘센 동물에게 공격받을까 봐 겁냈다. 새끼를 보호하기 위해 경계 하는 동물들도 있었다.

두려움은 삶의 원동력이 되는 지배적 감정 중 하나로서 자연의 모든 것을 주도한다. 두려움은 해로운 것을 피할 수 있게 한다는 점에 서 우리를 보호하기 위한 감정이라 할 수 있다. 두려움이 일시적이고 긍정적으로 사용된다면 여러 가지로 이로울 수 있다. 잠시 두려움을 느낄 때 아드레날린 분출과 같이 신경계를 자극하는 생물학적 반응 이 일어나는데 덕분에 머리가 더 맑아지고, 의욕과 심리적 회복력 또 한 높아지면서, 새로운 경험에 도달할 수 있다. 면역 체계를 강화할 수 도 있다. 대략 20년 전에 발표된 연구에 따르면, 심리적 스트레스를 유발하는 사건이라도 그것이 일시적이라면 혈중 순환 백혈구 수를 늘릴 수 있다고 한다.[5] 백혈구는 감염을 막고 부상이나 질병에 대응하기 위한 면역 체계의 중요한 파수꾼이다.

두려움의 반대편에는 고조된 기분, 낮은 기저 불안, 심지어 마음챙김 명상과 동등한 수준의 이완 반응이 있을 수 있다. 그래서 많은 사람이 공포 영화를 보거나 가슴 떨리는 놀이기구를 타는 것처럼 진짜 위험 없이 '안전한 공포'라 불리는 통제할 수 있는 무서운 순간으로 자기 자신을 몰아넣고 싶어 하는지도 모른다. 안전한 환경에 있다는 사실을 모르면 공포를 즐길 수 없다. 2019년 피츠버그대학교 과학자들이 유령의 집에서 공포 실험을 했을 때, 참가자들 대부분이 유령의 집에 들어갔다 온 후에 상당한 수준으로 기분이 좋아졌다고 이야기했다.[6] 이 논문의 제1 저자로 공포의 성질을 연구하는 사회학자 마지 커Margee Kerr는 극도로 무서운 활동이 뇌의 일부 영역을 멈추게 해 전반적인 기분 향상으로 이어지게 할 수 있다는 가설을 세웠다. 뇌가 '작동 정지' 모드로 들어가는 것은 분명 아니지만, 무서운 사건에 대해 일종의 희열을 유발하는 방식으로 반응하는 것이다. 이런 계산된 작동 정지는 공포의 이로운 효과를 내기 위한 생물학적 기제일 수도 있다.

무서운 순간을 극복했을 때 다른 장점도 있다. 감정에 지배되지 않고 생존할 수 있고 자기 보호를 위해 적절히 반응할 수 있다는 것을 스스로 증명할 수 있다.[7] (11장에서 즐거움과 고통이 어떻게 균형을 맞추는지 살필 것이다.) 두려움은 고통이 만성적으로 변했을 때 삶의 질이 떨어지는 것을 최소화하도록 고통을 관리하거나 고통 경험을 바꾸게 해줄 수 있다. 다른 사람과 유대 관계를 맺게 도와줄 수도 있다. 유령

코끼리는 암에 걸리지 않는다

의 집에서 나오면서 얼굴에 미소를 띠고 그곳에 함께 들어갔던 생판 모르는 사람과 하이파이브를 한 적 있지 않은가? 그것은 옥시토신이 몸에 넘치기 때문이기도 하다. 이 현상에 대해서는 나중에 더 살펴볼 것이다. 옥시토신은 성관계나 출산 시에도 분비되는 화학물질로, 다른 사람과 유대 관계를 맺고, 강한 우정을 쌓고, 깜짝 놀라는 것을 즐기는 이유다.

내가 아프리카에서 본 동물들은 이와 같은 두려움에 적응해 최적화된 삶을 살 수 있게 된 듯하다. 그들은 항상 최고 경계 모드로 있지는 않는다. 다른 동물의 먹이가 되는 동물들도 하루의 대부분 시간을 느긋하게 보낸다. 불행하게도 오늘날 인간이 경험하는 두려움은 사바나 동물들의 두려움과 아주 다르다. 사자는 자기 방식대로 매일 죽음을 두려워하지만, 대개 인간처럼 자기 죽음을 고민하거나, 실망스러웠던 어제 일을 한탄하거나, 내일 할 일을 끊임없이 걱정하지 않는다. 나는 사바나에서 돈이나 결혼, 일과 삶의 균형에 대해 고민하지 않으며 한가로이 어슬렁거리는 사자를 많이 봤다. 게다가 사자들은 인간처럼 늘 안전한 환경에서 사는 게 아니었다. 이런 환경적 특성은 신체 내 모든 시스템에 영향을 미친다. 장기간 느끼는 두려움(다른 말로는 만성 스트레스)은 고혈압 장기화와 스트레스 호르몬 과다 분비, 과도한 근육 긴장, 방어 행동, 얼룩말에게는 생기지 않는 궤양 등의 부작용을 낳는다.

세계보건기구는 만성 스트레스를 '21세기의 유행병'으로[8] 꼽았는데, 그럴 만한 충분한 이유가 있다. 만성 스트레스는 심장병과 뇌졸중, 불안감, 우울증, 중독, 비만, 치매로 악화될 수 있는 심각한 기억력 감퇴를 가져오는 직접적인 주요 사망 원인 중 하나다. 야생동물은 우리에게 순간을 사는 모습을 보여준다. 다음 장에서 보게 되겠지만 몇몇 길든 동물들은 우리에게 불안을 해소하고 스트레스 수준을 관리하기 위해 순간에 충실한 삶의 방식이 어떤 가치가 있는지 많은 것을 말해준다.

이제 내 안의 물고기를 만나보자.


## 내 안의 물고기

'내 안의 물고기'라는 말은 시카고대학교의 진화생물학자 닐 슈빈Neil Shubin이 인체 구조 진화의 놀라운 역사를 다룬, 2008년에 출간된 동명의 책에서 처음 사용했다. 다음에 칵테일을 너무 많이 마셔서 몸을 가누지 못하게 될 때는 내 안의 물고기를 나무라야 할 것이다. 프로산타 차크라바티Prosanta Chakrabarty는 어류학자이자 루이지애나주립대학교 교수로 이전에 보고된 적 없는 아귀와 동굴어 종을 포함해 12개가 넘는 새로운 어종을 발견했다. 아귀는 공상과학 영화에 나오는 물고기처럼 매우 기괴하게 생긴 심해어다. 동굴어는 이름이 말해주듯이 동굴이나 지하수에 서식하고, 대부분 보지를 못한다. 차크라바티가 발견한 물고기 중 하나인 루이지애나 팬케이크 박쥐물고기는 2011년 애리조나주립대학교 종탐사국제연구소에 의해 '새로운 종 톱 10'으로 선정되었다.[9]

다소 보기 흉한 팬케이크 박쥐물고기는 팬케이크처럼 납작하고 몸에 가시가 돋아있고, 눈이 크고 불룩 튀어나왔고, 지느러미로 뛰어다닐 수 있다. 어두운 곳에 사는 아귀나 동굴어처럼 이 박쥐물고기도 고립되고 빛이 들지 않는, 지구상에서 가장 황량한 곳에 서식한다. 차크라바티는 어떤 물고기도 절대 '못생겼다'거나 '혐오적'이라고 묘사하지 않을 것이다. 그러나 이 물고기가 왜 그런 모습이 되었는지 궁금해진다.

차크라바티는 어릴 때 물고기에게 빠졌다. 뉴욕 퀸즈에서 자란 그는 코니아일랜드에 있는 뉴욕 수족관에서 자원봉사를 했고, 나중에는 미시간대학교에서 박사학위를 받았다. 지난 10년 동안 루이지애나주 배턴루지에 있었다. 내가 그를 인터뷰했을 때 그는 도롱뇽을 찾기 위해 쌍둥이 딸 한 명과 멕시코만을 향하고 있었다.

차크라바티가 알려준 놀라운 사실 첫 번째는 물고기가 완벽한 몸을 가졌다는 것이다. 물고기의 척추는 중력의 영향을 받지 않고 물속을 빠르게 이동할 수 있게 한다. 인간은 똑바로 서있기 위해 종일 중력을 거슬러야 한다. 그래서 허리가 안 좋고 무릎이 아프고 골관절염이

생기기 쉽다.

차크라바티는 우리 인간이 "우리에 감금된 채 생활하고 있다."라고 나에게 처음 말한 사람이다. 그는 미국에서 가장 큰 규모의 진화 생물학 강의를 맡아 가르치면서 인류의 과거와 관련된 여러 가지 잘못된 정보를 바로잡고 있다. 진화에 대한 내 생각을 바로잡아 준 것도 차크라바티 교수다. 진화라고 하면 원숭이를 닮은 네 발 달린 털북숭이 동물에서 두 발로 걷는 벌거벗은 원시인으로 변하는 고전적인 과정을 떠올린다. 그러나 인간의 기원을 이해하기 위해서는 더 먼 과거로 돌아가보는 것이 필요하다. "우리는 원숭이가 아니라 물고기입니다. 이 사실을 아는 것은 실제로 우리가 어디에서 왔는지 이해하기 위해 정말 중요합니다." 차크라바티가 테드TED 강연에서 말했다. 그러고 나서 청중에게 인간이 진화의 목표가 아니라고 상기시켜줬다.[10] 인간은 자연선택의 힘으로 변하는 원시적 생명체들을 모아놓은 긴 줄의 끝에 서 있는 완벽하게 진화한 생물이 아니다.

그는 "약 30억 년 전, 다핵 진핵생물이라고 불리는 하나 이상의 세포로 구성된 생명 형태—곰팡이계, 식물계, 동물계—가 진화했다. 최초의 척추동물은 물고기다. 엄밀히 따지면 모든 척추동물은 물고기다. 따라서 사실상 당신과 나도 물고기다. 그러니 내가 경고하지 않았다고 하지 마라."라고 덧붙였다. 한 계통의 물고기가 육지로 올라왔고, 포유류와 파충류 등이 생겨났다. 어떤 파충류는 새가 되었고, 어떤 포유류는 영장류가 되었다. 또 어떤 영장류는 꼬리가 있는 원숭이가 되었고, 다른 영장류는 유인원이 되었다. 유인원에서 다양한 인간 종이 진화했다. 그러므로 오늘날 우리가 알고 있는 원숭이에서 온 게 아니라, 그저 원숭이와 공통된 조상을 공유하고 있다고 분명히 말할 수 있다.

테드 강연에서 차크라바티는 "우리 자신을 물에 서툴도록 진화한, 물 밖에 사는 작은 물고기로 생각하라"고 강조했다. 우리의 아가미는 후두와 중이로 변했고, 척추는 두 다리로 서는 자세를 지탱하기 위해 더 튼튼해져야 했다. 그러나 큰 머리와 평평한 발로 똑바로 서는 것은 최선의 진화 전술이 아니었을 것이다. 무거운 머리를 들고 엉덩이에 무게 중심을 두고 일어선다는 것은 나중에 정형외과적 문제가 생긴다는 의미다. 해법은 똑바로 서고 특히 머리와 골격계를 지지하는 코어 근육을 만들면서 신체 정렬에 초점을 맞추는 것이다.[11]

만일 그런데도 물고기라는 생각을 할 수 없다면 만취해서 몸의 균형을 잃었을 때를 생각해보라. 인간의 직립 이족보행은 온몸을 쑤시고 아프게 하는 것 외에도 몸의 균형을 유지하기 어렵게 만든다. 특히 술 취했을 때는 더 심하다. 몸에서 혈액은 내이로도 흘러 들어가므로 술을 많이 마시면 혈액으로 흡수된 알코올이 내이의 내림프액으로 유입된다. 게다가 술을 마시면 내이로 가는 혈류가 증가한다. 평형감각을 돕는 내림프액은 평상시 양이 많지 않고 알코올보다 농도가 높은데, 거기에 알코올이 더해지면 농도가 떨어진다. 그러면 젤 상태의 림프액 안에서 섬모같이 생긴 신경세포인 유모세포가 자극을 받고, 뇌가 잘못된 메시지를 받아 몸을 움직이고 있지 않은데도 움직이고 있다고 생각하면서 문제가 발생한다. 머리가 흔들려도 안정되기 위해 눈은 전정계에 의존한다. 움직임을 감지할 수 있는 뇌의 능력은 수생 생물의 특징으로, 진화의 흔적으로 남아있다. 회전 운동을 경험하면 뇌는 눈 근육에 메시지를 보내고, 그러면 눈동자가 자꾸만 한쪽으로 확

움직이는데, 주로 오른쪽으로 움직인다.(이것은 체위성 알코올 안진이라 불리는 증상으로 음주 단속 시 경찰관이 음주한 것으로 보이는 운전자에게서 찾는 신호 중 하나이다.) 내림프액의 비정상적인 변화는 술 취한 사람들이 느끼는 메스꺼움과 어지러움을 유발하는 여러 연쇄 효과도 일으킨다. 우리 몸은 술을 많이 마실 수 있게 설계되지 않았고, 고래처럼 마신다는 표현처럼 술을 많이 마시면 위험하다. 반복적 음주로 알코올에 장기간 노출되면 측두엽의 청각 정보 처리 영역인 중추 청각 피질이 손상된다. 중추 청각 복합체가 손상되면 소리 처리가 지연될 수 있다. 그러면 소음 환경에서 다른 사람의 말을 구별하기 어렵고 말소리가 너무 빠르면 이해하기 힘들 수 있다.[12]

게다가 고통스러운 숙취를 겪을 때도 안진을 겪을 수 있다. 알코올이 내이 림프관에서 혈류로 다시 유입되면서 일어나는 증상이다. 우리의 간은 전날 밤부터 이미 혈류의 혈중알코올농도를 관리했을 테지만 아침이 되면 다시 회전성 어지러움이 발생할 수 있다. 이번에도 눈동자가 자꾸만 한쪽으로 휙휙 움직이는데, 술을 마셨을 때와 반대 방향으로 안진이 일어날 것이다. 이는 알코올이 몸에서 빠져나가는 것보다 귀에서 빠져나가는 속도가 더 빨라서 실제로 외이도의 혈중알코올농도가 낮아지기 때문이다.[13]

스스로 수생 생물이라고 여기지 않더라도 우리 모두 어머니의 자궁에서 양수에 둘러싸여 완전히 물에 잠긴 상태로 시작한다는 사실은 부정할 수 없다. 시간이 지나면서 땅에서 방향을 잡고, 기는 법을 배우고, 그러고 나서 걷는 법과 달리는 법까지 배운다. 완벽한 몸을 가진 물고기처럼 인간의 척추도 움직임을 지탱한다. 하지만 요즘 우리는 마땅히 우리 몸의 설계를 존중해야 하는데도 그러지 않는다. 네 발이 아닌 두 발로 걸을 수 있다는 것은 에너지 효율 면에서 많은 이점이 있다. 예를 들면, 더위를 식히고, 주변을 조사하고, 도구와 유아를 운반하고, 장거리 여행을 가능하게 한다. 그러나 너무 오래 앉아 있고, 구부정한 자세로 고개를 푹 숙이는 등 여간해서는 몸을 움직이려고 하지 않기 때문에 그런 이점들이 퇴색될 수 있다. 우리는 움직이도록 설계되었다.

오래 앉아 있는 습관과 잘못된 자세는 골격 건강을 해치는 양대 주범이다. 그러나 바른 척추 정렬을 유지하는 것이 단지 목, 어깨, 허리의 부상과 통증을 예방하기 위한 것만이 아니다. 몸을 세우면 호흡, 음식 삼키기, 전신 혈액 순환에 도움이 되고 목·어깨·등 부위에 주로 나타나는 관절 경직과 골격 통증 같은 질병 예방에도 좋다.[14] 이와 관련해서 뉴질랜드 오클랜드대학교에서 발표한 연구 결과는 놀랍다. 우울증이 있는 사람들을 대상으로 평소 앉던 방식대로 앉은 사람들과 좋은 자세로 앉은 사람들을 비교했을 때, 몸을 세워 바르게 앉은 사람들이 훨씬 활력이 넘치고 근심이 적었으며 미래에 대해 더 밝게 전망했다. 이처럼 자세가 정신 건강을 포함해 건강 전반에 상당한 영향을 미칠 수 있다.[15]

올바른 자세를 잡는 방법은 어렵지 않다. 튼튼한 코어 근육을 기르고 유지하라.(엄청난 식스팩 근육이 필요하지는 않다.) 걸을 때, 앉아 있을 때, 서있을 때 어떤 자세로 있는지 의식하라.(몸을 곧게 세우고, 배는 집어넣고, 어깨는 긴장을 풀고 펴준다.) 편안한 낮은 굽의 신발을 신어라. 가능하다면 인체공학적 의자나 스탠딩 책상과 같은 자세에 좋은 장비를 사용하라. 앉을 틈 없이 분주한 내일을 위해 숙면을 도와주는 매트리스가 있으면 유용하다.

우리는 척추뼈가 있는 물고기를 본보기로 삼아야 한다. 물고기는 쉬지 않고 헤엄친다. 그것이 그들이 숨을 쉬는 방법이다. 헤엄치지 않고 오래 휴식하는 물고기는 볼 수 없을 것이다. 그렇게 끊임없이 헤엄쳐야 물이 일정하게 계속 아가미를 통과할 수 있고, 그래야 몸속에 적당한 산소 수준을 유지할 수 있다. 대부분의 물고기는 잠자는 동안에도 계속 움직인다. 우리가 움직임에 의존해 호흡하는 종은 아니지만, 잠시 생각해볼 필요는 있다. 면역력과 밀접한 관련이 있는, 우리 몸의 배수관과 같은 림프계를 작동시키기 위해 우리도 움직임에 의존하기 때문이다. 어떤 사람들은 림프계를 가리켜 순환계를 보완하는 몸의 하수도라고 부르기도 한다. 림프계의 주된 역할은 혈관에서 새어 나온 과도한 조직액과 단백질을 림프절을 통해 다시 혈류로 돌려보내며 체액을 관리하는 것이다. 그러나 감염과 싸우기 위해 림프구라고 불리는 백혈구와 항체를 생산하는 역할도 한다. 이것이 림프계가 신체의 적응면역반응에서 이른바 스타플레이어로 여겨지는 이유다. 림프계는 장에서 지방과 지용성 비타민의 흡수를 도우므로 장 기능에도 중요한 역할을 하게 된다.

충분히 움직이지 않으면 우리 몸에 여러 부작용이 생긴다. 그런데 그 부작용이 이동 장애나 면역력 감소, 체중 증가보다 더 직접적으로 당면한 문제라면 어떻게 될까? 움직이지 않고 가만히 앉아있기를 좋아하다 보면 숨쉬기가 어려워진다는 사실을 기억하라. 그러면 분명 더 자주 움직이려는 강한 의욕이 생길 것이다. 우리는 우리의 조상 물고

코끼리는 암에 걸리지 않는다

기와 크게 다르지 않음을 명심하라.


## 자연선택을 능가하다

오늘날 우리 대부분은 동물원 우리 안에서 생활하고 있다. 그렇다고 그것이 꼭 나쁜 것만은 아니다. 우리는 내가 사파리 여행에서 경험했던 것처럼 천막 옆에서 어슬렁거리는 사자 때문에 밤새 깨어있지 않는다. 다음에 먹을 식량과 물을 어떻게 구해야 할지 너무 걱정할 필요도 없다. 그러나 현대 생활은 다른 이유에서 스트레스가 될 수 있다. 삶이 꽤 편안할 수 있지만, 때로는 너무 편안해서 문제다.

하버드대학교 인간진화생물학과 학과장으로 있는 고인류학자 데니얼 리버먼Daniel E. Lieberman은 인류 진화 연구에 몰두하고 있다. 특히 오늘날 우리가 가지고 있는 신체가 어떻게 발달했는지에 큰 관심이 있다. 리버먼은 최근 수십 년 동안 문화 변화가 자연선택을 능가하면서 일어난 인류의 '진화' 속도에 놀라고 있다. 2013년에 출간된『우리 몸 연대기The Story of the Human Body』에서 그는 현대 사회의 만연한 만성 질환이 인류의 진화적 뿌리와 현대 생활 방식의 부조화로 빚어진 결과라고 주장한다. 책에서 "도넛을 먹고 엘리베이터를 타는 것이 한때 적응을 위한 행동이었지만 이제 그런 원초적 본능을 어떻게 이겨내야 하는지 모른다."라고 말한다.[16] 인류의 진화가 일어날 때는 대부분 먹을 것이 한정되어 있었다. 그래서 목적 없는 열량 소비는 유리한 점이 아니었다. 게다가 우리의 '해부학적·생리학적 시스템'은 규칙적인 움직임을 기반으로 기능하는 데 최적화되어 있었다. 그런데 현대 사회의 동물원 우리에 갇혀 생활하면서 모든 것이 변하고 있다. 우리 몸이 장시간 움직이지 않는 생활에 적응해 있지 않기 때문이다. 풍부한 영양물을 끊임없이 접하는 생활에도 적응하지 않았다. 우리 안의 물고기는 그저 아주 많이 삼키기만 할 뿐이다.

2019년, 의학계에서 가장 훌륭한 학술지로 손꼽히는 《란셋Lancet》에 전 세계에서 발생하는 사망의 5분의 1이 질 낮은 식단 때문일 수 있다는 연구 결과가 발표되었다.[17] 흡연이나 고혈압에 의한 사망률보다 높은 수치다. 교육이나 자원의 부족으로 인한 현상이 아니다. 연구진은 나이, 성별, 거주 국가, 사회경제적 지위 같은 요인에 상관없이 질 낮은 식습관 때문에 병에 걸린다고 보고했다. 통곡물과 과일은 적고 소금이 많이 함유된 식사 때문에 세계적으로 연간 700만 명이 사망하고 있다. 원하는 식량을 재배하거나 생산할 능력이 있고 계절에 구애받지 않고 세계 곳곳에서 식량을 얻을 수 있는데도 이러는 것은 아이러니하다. 오늘날 적자생존은 생존하기 위해 사냥과 채집으로 충분한 열량을 얻는 문제가 아니다. 중요한 것은 많은 음식 중에서 알맞은 음식을 선택하는 것이다.

2019년에 발표된 또 다른 연구는 우리 인간이 진화를 통해 섭취할 수 있게 된 음식이 아닌 초가공 식품에 주목했다.[18] 기상천외하고 잘 설계된 '동물원 같은' 실험이 미국 국립보건원 의료센터에서 성인 20명을 대상으로 4주 동안 진행되었다. 실험 참가자들에게 처음 2주 동안은 가공하지 않은 식품을 제공하고 나머지 2주 동안은 초가공 식품을 제공했다. 초가공 식품은 '대체로 저렴한 산업용 식이 에너지와

코끼리는 암에 걸리지 않는다

영양분 공급원에 첨가제를 넣어 만든 것'으로 고과당 옥수수 시럽, 식품 보존제, 감미료, 인공 착색제, 정제 탄수화물, 향미와 질감을 만드는 화학 첨가물, 소금, 정제 식용유와 트랜스 지방을 포함한다. 포장지에 담긴 빵과 과자, 탄산음료, 설탕이 든 시리얼, 라면, 분말 야채수프, 치즈 가공품, 전자레인지 조리 식품, 소시지나 생선 스틱, 핫도그 같은 육가공품 및 해산물 가공식품을 생각해보자. 참가자들은 각 2주 동안 매일 같은 양의 식단을 받았고, 원하는 만큼 먹어도 되었다. 가공되지 않은 식품의 식단을 먹은 2주 동안 참가자들은 1킬로그램이 빠졌지만, 초가공 식품의 식단을 먹은 2주 동안에는 하루에 500칼로리를 초과로 섭취했고 체중이 거의 1킬로그램 늘었다.

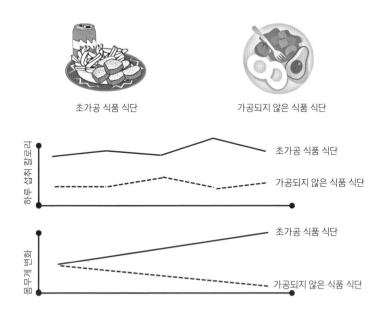

초가공 식품 식단        가공되지 않은 식품 식단

가공되지 않은 식품이 초가공 식품에 비해 14일 동안 체중 감량에 더 효과적이다.[19]

소규모 연구에서 나온 결과였지만, 다른 연구들도 비슷한 결과를 보였다. 미국 국립보건원의 연구에 이어 프랑스와 스페인에서 대규모로 진행된 비슷한 연구는 초가공 식품 섭취가 심장병과 사망에 직접적 상관관계가 있음을 입증했다.[20] 유럽에서 나온 이 두 연구는 수만 명을 대상으로 시행되었고, 특히 스페인의 연구는 초가공 식품을 매일 네 차례 이상 먹은 사람들은 하루에 한두 차례 먹은 사람들과 비교했을 때 사망 위험이 무려 62퍼센트 증가한다는 것을 보였다. 초가공 식품을 매일 한 끼씩 먹으면 사망 위험이 18퍼센트 증가했다. 연구자들은 반대로 미가공되거나 지중해 방식의 최소한으로 가공된 식품이 여러 질병에 대한 낮은 발병 위험과 상당한 연관이 있음을 알아냈다.[21]

2022년, 같은 날 발표된 새로운 대규모 연구 논문 두 편이 초가공 식품이 조기 사망 위험을 높인다는 증거를 추가로 제시했다. 그중 한 연구에서는 200명이 넘는 미국 의료종사자들을 24~28년 동안 추적 조사한 결과, 초가공 식품을 많이 먹으면 특히 결장암 발병 위험이 급증한다고 것을 발견했다.[22] 결장암은 최근 수십 년 사이 특히 청년들 사이에서 계속 증가세를 보여 의료 전문가들을 긴장시키고 있다. 결장암 발병과 초가공 식품의 상관관계는 이해가 된다. 소화계를 따라가면 최전선에 대장과 직장이 있지 않은가. 게다가 초가공 식품은 또 다른 사망 위험 요소인 비만을 일으키기가 매우 쉽다. 이런 연구 결과가 놀랍지 않을 수도 있다. 그러나 이전에는 이런 과학적 데이터가 없었다. 이 연구들은 관찰을 기반으로 한 데다 인과관계를 정립하지 못했지만, 생활습관이 우리 건강에 얼마나 큰 요인이 되는지 알려주고 있다.

초가공 식품은 최근에야 생겨났다. 진화 역사의 마지막 백만분의 일 초에 등장했고, 자연이 계획한 인간의 식량과 거리가 멀다. 우리 조상들은 설탕이 들어간 케첩을 곁들인 간식과 밀크셰이크를 걸신들린 듯 먹는 우리를 보면 어떻게 생각할까?

초가공 식품이 큰 문제가 되는 이유는 소화하기 어려워서가 아니라 너무 맛있어서 양을 조절하기가 어렵다는 것이다. 게다가 설탕, 소금, 포화 지방과 같이 다량 섭취했을 때 건강에 나쁜 성분을 함유하고 있다. 이는 포만감 신호를 조작할 수 있고, 어떤 것은 호르몬계를 혼동시켜 지방을 저장하고 열량을 태우고 활발한 신진대사를 유지하는 방식을 바꿔버릴 수 있다. 그뿐 아니라 소염·항암 효과가 있어 건강에 좋은 식물 화합물과 지방산, 단백질과 같은 우리 몸에 필요한 영양분과 섬유질이 부족하다. 그렇게 초가공 식품을 먹으면 우리 몸이 정말로 필요한 영양분들을 대체해버린다. 사람들은 대부분 하루에 통과일과 채소를 두 컵도 섭취하지 않는다. 필요한 네 컵에서 여섯 컵에 훨씬 못 미치는 양이다. 과일과 채소를 많이 섭취할수록 영양가 없고 건강을 해치는 음식을 먹을 가능성이 적을 것이다.

노스캐롤라이나대학교 채플힐 캠퍼스의 글로벌 보건대학원에서는 신진대사 건강이 좋은 미국인의 비율을 연구하려고 했다. 연구진은 약물 도움 없이 혈당, 중성 지방(혈중 지방), 고밀도 지단백 콜레스테롤HDL(좋은 단백질), 혈압, 허리둘레, 이렇게 다섯 가지 지수의 최적치 기준을 만족할 때, 신진대사 건강이 좋은 사람으로 규정했다. 연구는 2009년부터 2016년 사이 8,721명의 국민건강영양조사 자료를 조회

하여 만성질환에 걸릴 위험이 낮은 사람이 높은 사람에 비해 얼마나 되는지 산출했다. 연구 결과, 고작 12.2퍼센트 다시 말해 미국인 8명 중 한 명만 신진대사 건강 지수 최적치를 유지하고 있었다.[23] 미국 터프츠대학교 프리드먼 영양학대학원 연구진이 실시한 연구에서는 더 안 좋은 소식이 나왔다.[24] 연구진은 선행 연구에서처럼 국민건강영양조사 자료를 사용했는데, 이번에는 1999년부터 2018년까지 미국 성인 55,000명의 자료를 조사했다. 2022년 발표된 연구 결과에 따르면 최적의 심장 대사 건강 지수를 가진 사람은 6.8퍼센트(성인 15명 중 1명 미만)에 불과했는데, 이는 우리가 잘못된 방향으로 가고 있음을 시사한다.

만일 야생동물에 대해서도 똑같이 신진대사 건강 지수를 산출할 수 있다면 장담하건대 건강한 동물의 비율이 100에 가까울 것이다. 이는 우리가 진화를 통해 먹을 수 있게 된 음식을 계속 조작한다는 사실과도 어느 정도 관련 있다. 1860년대 특정 형질을 가진 농작물의 재배를 가속한 그레고어 멘델의 완두콩 실험 덕분이든, 유전자조작 식품 생산을 위한 외래종 유전자 도입 때문이든 아니면 비용이 저렴하고 편리한 초가공 식품에 대한 선호에서 비롯되었든 간에 우리가 먹을 수 있는 음식이 크게 바뀌었다. 만일 우리가 원래 의도된 방식으로 음식을 먹는다면, 과일이나 채소를 갈아서 먹거나 가공된 형태로 먹는 게 아니라 통째로 먹는다면 우리 건강은 더 나아질 것이다.

나는 오랫동안 갈아먹는 것을 반대해왔다. 압축해서 만든 신선한 주스에 영양분이 가득하리라 생각할 수도 있지만, 압착 주스는 포만감을 주고 음식물이 소화계를 따라 잘 이동하도록 도와 소화기 건강에도 좋은 섬유질 껍질을 제거해버린 것이다. 과일을 믹서기의 파괴력에 맡기거나 햇빛이나 바람을 쐬게 하면 산화가 일어나 영양 많은 과일즙을 잃게 된다. 과육의 전반적인 화학적 성질이 바뀌고 그에 따라 영양분도 바뀐다. 간단히 말해 믹서기로 갈아 만든 주스는 완전식품이 아니라 가공식품이다. 게다가 대부분의 주스는 전체 영양 방정식을 교란하고 무너뜨리는 첨가당을 함유하고 있다. 결과는 누가 되었든 신진대사 건강이 나빠진다는 것이다.

앞에서 설명한 신진대사 건강 지수가 좋지 않을 때, 즉 혈압과 혈당이 높고, 복부 체지방이 많고, 중성 지방이 증가하고, 콜레스테롤 수치가 비정상일 때를 가리켜 신진대사 증후군 또는 X증후군이라 부른다. 이는 심장병, 뇌졸중, 당뇨, 수면 무호흡, 간 질환, 신장 질환, 암, 알츠하이머병의 발병 위험을 높이는 위험 인자들의 집합이다. 심지어 후속 효과로 면역력이 약해지므로 염증으로 사망할 위험도 매우 크다. 신진대사 건강 지수 가운데 최소 세 개의 수치가 나쁘다면 신진대사 증후군으로 봐야 한다. 신진대사 증후군은 사람들에게 생소하지만 21세기 공중 보건에 가장 큰 위협이 되는 매우 흔하고 심각한 질환으로 여겨진다. 게다가 야생에서는 발견되지 않는 최악의 문명 질병이다.

데니얼 리버먼은 그의 저서에 질병 없이 오래 사는 방법을 요약해 놓았다. "신체 활동이 왕성하고 과일과 채소를 많이 먹고, 담배를 피우지 않고, 술을 적당히 마시는 45세에서 79세까지 남녀는 평균적으로 건강하지 않은 생활습관을 지닌 사람들보다 사망 위험이 4배 더 낮다."[25] 이 방법은 우리가 동물원 우리 안에서 살더라도 가능하며, 동물원 생활의 부정적 영향을 이겨내는 데 도움이 될 수 있다. 야생동물들은 진화를 통해 먹을 수 있게 된 음식을 여전히 먹으면서 활기찬 삶을 누리고 있다. 그런 야생동물들처럼 행동해야 한다. 자연의 원리에 반하는 우리의 행동이 어디에서 나오고 있는지 이해해야 한다. 우리는 직장생활을 하면서 위험을 감수할 수 있지만, 그렇다고 행동 양식 때문에 위험을 감수할 수는 없다. 리버먼이 제안한 건강한 습관 리스트에 우리가 꼭 노력해야 하는 중요한 습관이 하나 빠졌다. 아마도 우리보다 반려견이 훨씬 잘 지키는 그 습관에 대해서는 다음 장에서 추가로 이야기하겠다.

코끼리는 암에 걸리지 않는다

# 내 안의 물고기를 기억하라

야생동물들은 현대 기술의 혜택을 누리지 못한다. 그러나 문명의 질병에 시달리지도 않는다. 모든 생명체는 위협을 받으면 경계 모드로 들어간다. 그러나 우리 인간은 불면증, 부실한 음식 중독, 소파에서 벗어나지 않으려는 습관 외에 정말로 싸워야 할 것이 없을 때 오히려 스트레스 때문에 흥분하고 계속해서 싸움에 휘말리는 경향이 있다. 우리는 가끔 '안전한 공포'처럼 건강한 수준의 일시적 스트레스를 즐기고, 바른 자세를 유지하기 위해 몸의 생리를 존중하고, 마치 움직임에 의존해 호흡하는 듯이 자주 움직이고, 되도록 자연 상태의 음식을 먹어야 할 것이다.

내 안의 물고기를 기억하라. 물고기가 물을 마시듯 술을 마시지 말고, 몸의 무게를 지탱하면서 뼈와 근육이 약해지지 않도록 도와주는 강한 코어를 길러 코어를 이용해 바른 자세로 부드럽게 세상을 헤엄쳐 나아가라. 신진대사 증후군의 징후가 있는지도 살펴라. 신진대사 증후군의 증상은 그게 무엇이든 누그러뜨리거나 치료할 수 있다. 이런 기본 원칙을 지킨다면 우리는 현대 환경에 잘 적응하고 아늑한 공동의 동물원에서 즐기며 살 수 있을 것이다.

조지와 오래전 세상을 떠난 멋진 새디

# 2장

# 오 나의 개!

## 개는 인간의 가장 좋은 친구 그 이상이다

> 개는 자기 주인을 나폴레옹 같은 영웅으로 생각한다. 개가 계속 인기
> 있는 이유가 거기에 있다.
>
> —올더스 헉슬리

미국의 7,800만 가구에는 네 발 달린 털북숭이 가족이 있다. 우리 집도 그중 하나다. 내가 이 경이로운 털북숭이를 사랑하게 된 것은 오래전으로 거슬러 올라간다. 아내 에이미와 나는 결혼한 지 막 1년 되었을 때 첫 아이, 그러니까 강아지를 기를 준비가 되었다고 생각했다. 우리는 에이미의 당고모부가 주선한 소개팅으로 만났다. 나는 국립보건원 연구생이고 에이미는 예일대학교 대학원생이었는데, 당시에 나는 예일대학교에서 학술 발표를 할 예정이었다. 우리 둘 다 소개팅을 한다고 해서 꼭 저녁을 먹어야 된다고 생각하지 않았기 때문에 뉴헤이븐에 있는 아티쿠스 북카페에서 만나 차를 마셨다. 그 나머지는 굳이 말하지 않아도 알 것이다.

개를 기르겠다는 생각이 든 것은 에이미와 뉴욕시 매디슨 스퀘어 공원을 걷다가 사랑스러운 버니즈 마운틴 독을 산책시키고 있는 젊은 여성과 마주쳤을 때였다. 우리는 곧바로 뉴욕 북부 지역에 사는 한 사육사에게 연락했다. 버니즈 마운틴 독은 스위스 베른 지방 태생으로 테디베어 같은 이목구비를 가지고 있으며 황갈색, 검은색, 흰색으로 이루어진 독특하고 굵은 얼룩무늬 털을 가진 아름다운 대형견이다. 눈 위에는 황갈색의 작은 반점이 두 개 있는데 잉크처럼 검은색 얼굴 털과 대비되어 쉼표 모양의 눈썹처럼 도드라져 보인다. 그 반점은 보호복의 일부로 사냥감이나 가해자를 속이기 위한 것으로 마치 눈처럼 보이기 때문에 개의 시선 방향이 헷갈릴 수 있다. 잠을 자고 있을 때도 눈은 뜬 것처럼 보인다. 원래 농장을 지키거나 목축하는 데 쓰였던 버니즈 마운틴 독은 능숙한 일꾼이고, 다정하고 충성스러우며 주인을 보호하려는 성향이 있다. 우리가 연락한 사육사에게 때마침 우리에게 적합한 강아지가 있었고, 결혼 1주년을 기념할 겸 그곳으로 여행 가기로 했다.

우리는 한눈에 아서에게 반했다. 아서는 브루클린 집으로 돌아오는 차 안에서 내내 우리 무릎 위에 앉아 있었다. 사교적인 아서는 자라면서 마을 여기저기에서 예쁨을 받았다. 녀석이 모르는 사람도 없었고 녀석을 모르는 사람도 없어서 브루클린 하이츠의 시장으로 통했다. 언제나 일꾼처럼, 할 수 있는 일이라면 우리를 기꺼이 도왔다. 장 보러 가게 되면 위풍당당하게 쇼핑백을 입에 물고 아파트로 돌아왔고, 피자 상자를 말끔히 처리한 적도 있다. 그로부터 2년 후 우리 딸 시드니가 태어났다. 시드니는 부드러운 털로 덮인 아서의 배에 누워

코끼리는 암에 걸리지 않는다

우유를 마시며 많은 시간을 보냈다.

우리가 용기 내어 서부로 이사했을 때 아서도 함께 갔다. 그러나 고작 6년을 살고 위염전으로 죽었다. 버니즈 마운틴 독은 위장이 뒤틀리고 가스가 차서 위장으로 혈액 공급이 차단되는 위염전에 걸리기 쉽다. 그다음에 데려온 버니즈 마운틴 독이었던 요기도 암에 걸려서 오래 살지 못했다.

우리는 교훈을 얻었다. 충직하고 다정한 버니즈 마운틴 독을 여전히 좋아했지만, 이번에는 개를 너무 빨리 잃는 상실감을 경험하고 싶지 않았다. 세 번째로 만난 새디는 반은 버니즈 마운틴 독이고 반은 그레이트 피레네인 혼종견이었다. 매일 아침 녀석은 내가 일어날 때 같이 일찍 일어나서 글을 쓰거나 일하는 동안 옆에 앉아있었다. 57킬로그램에 육박하는 대형견인데도 무척 귀여웠다. 녀석은 자신이 몸집이 그렇게 크다는 것을 자각하지 못하는 듯했다. 그러니 걸핏하면 꼬리로 여기저기 쓸고 다니며 물건들을 떨어뜨렸을 것이다. 그리고 조지는 2021년 새디가 세상을 떠나기 바로 전에 우리 집에 왔다.

같은 종(종명은 라틴어에 뿌리를 두며 'Canis fameliousis'이다)에 속하는 개의 품종은 상상을 초월할 만큼 많다. 최소 150가지 품종이 있는데, 이들의 공통 조상은 회색 늑대(학명은 라틴어에 뿌리를 두며 'Canis lupus')다. 개의 품종이 그렇게 많아진 것은 지난 약 150년 동안 특정 목적을 위한 이종 교배가 많이 이루어졌기 때문이다.* 지구상의 어떤 종도 그렇게 폭넓게 유전적 변이를 일으키지 않았다. 개는 인간이 행한 가장 큰 유전학 실험의 산물이다. 그러므로 개를 연구하는 것은 매력이 있다. 최근 인간 건강에 도움이 되는 정보를 알아내기 위해 동물 친화적인 환경에서 개 연구가 점점 많이 진행되고 있다. 개는 우리보다 훨씬 빠르게 노화가 진행되기 때문에 학자들은 인간 노화의 우수한 모델로 개를 높이 평가하게 되었다.

캘리포니아대학교 데이비스 캠퍼스의 저명한 수의학 교수 마이클 켄트Michael Kent는 개의 암을 연구한다. 다른 과학자들과 마찬가지로 그도 인간 질병의 연구 모델로 개의 가치를 높이 평가한다. 희귀하고 특이한 소아암과 같은 특별한 예를 제외하고, 전체 수명을 고려하면 일반적으로 개가 인간보다 훨씬 이른 나이에 암에 걸린다. 그 이유를 알아낼 수 있다면 인간이 암에 걸리지 않는 방법을 알아내는 데 도움이 될 것이다. 켄트는 인간의 장수와 개 사이에 연결고리가 있다고 확신한다. 반려견을 키우는 사람들이 더 높은 삶의 질을 누리고, 보다 행복하게 오래 살기 때문이다.

우리는 대개 개를 자연계를 이해하기 위한 매개체라기보다 동반자로 생각한다. 그런데 개는 우리에게 놀라운 지혜의 원천도 될 수 있다. 다윈은 개에게 빠지지 않았다면 자연과학을 추구하지 않았을지도

---

* 아무리 뛰어난 다윈이라도 개에 대해서는 틀린 게 있었다. 그는 개의 놀라운 품종 다양성이 여러 종류의 야생 개들의 교배로 생긴 것이라고 생각했다. 현대 DNA 연구 결과는 그렇지 않아 보인다. 오늘날의 개는 어떤 품종이든 늑대의 후손이다. 개의 역사에서 가축화가 두 차례 일어났을 것이고, 그래서 개는 독특하지만 공통된 두 조상으로부터 생겨났을 것이다. 사실 다윈이 유년기에 진지한 과학도로 자연을 많이 관찰하게 된 것은 어릴 적에 일찍이 개를 사랑한 덕분이었다. 다윈의 연구에 개가 어떤 역할을 했는지는 자주 논의되지 않지만, 분명한 것은 개와의 경험이 그에게 큰 영향을 미쳤다는 것이다. 21세기의 우리가 잊고 있는 점은 다윈이 살았던 빅토리아 시대 영국에서는 개가 반려동물 이상이었다는 것이다. 개는 소를 몰고, 사냥꾼을 사냥감에게 안내하고, 해충을 방제하는 시골 생활에 필수적인 존재였다.

코끼리는 암에 걸리지 않는다

모른다. 청소년기에 개와 교류한 경험이 그의 과학적 접근을 형성하는 데 일조했다. 그는 개의 행동을 관찰하고, 자연 속에서 개의 역할과 번식 습성 그리고 그 사이 관계를 연구했다.

오늘날 데이비드 앨런 펠러David Allan Feller만큼 다윈의 개에 대해 잘 아는 사람은 세상에 없을 것이다. 변호사였던 펠러는 그 일을 그만두고 생물학 역사와 과학 분야에서 동물의 역사를 연구하기 시작했고, 2005년에 「개의 상속자: 개가 찰스 다윈의 자연선택설에 미친 영향」이라는 제목의 석사 논문을 썼다. 논문에서 그는 "다윈의 연구에서 개의 영향력에 주목하는 사람이 거의 없는 게 놀랍다."라고 기술하면서 다윈의 과학적 견해는 상당 부분 개를 관찰한 덕분이라고 말한다.[1] 이어서 펠러는 다윈의 고향이나 다름없는 케임브리지대학교 과학 역사철학과에서 박사 과정을 밟았다. 반려견을 3마리 키우고 있는 펠러에 따르면, 다윈의 연구 일지와 노트에 명시되어 있는 자연선택의 토대는 갯과 동물의 유사성에 기초한다. 『종의 기원』의 밑바탕을 이루는 다윈의 1842년 논문은 그레이하운드를 적응과 선택의 예를 보여주는 모델로 사용하고 있다. 그레이하운드는 토끼를 쫓는 것에 잘 적응했다. 하지만 선택적 번식으로 토끼를 쫓게끔 개량된 종이기 때문에 그런 행동을 보이는 것만은 아니다. 다윈도 그레이하운드를 타고난 포식성과 야생성이 있는 동물이라고 생각했고, 이것도 자연선택의 결과라고 봤다. 다윈의 예리한 시선과 그에 따른 관찰은 곧이어 다른 동물들로도 옮겨졌다.

오늘날 개는 우리가 다른 생명체뿐만 아니라 우리 자신과 이 세상을 잘 이해하도록 도울 수 있을까? 내 추측으로는 그렇다. 우리는 삶에 개가 필요하도록 진화했다. 하지만 개들은 어떤가? 그들에게도 우리가 필요할까? 이에 관한 흔하고도 놀라운 오해가 있다. 나도 여러 번 마주한 적이 있다. 개가 인간의 반려자가 아니라 오히려 우리가 그들의 반려자라는 생각이다. 사실 개는 우리 때문에 진화한 것이지 우리를 위해 진화한 것이라 할 수 없다. 바꿔 말해서, 어떤 수렵 채집인이 귀여운 새끼 늑대를 발견해서 집으로 데려가 길렀고, 후대에 순종적인 개로 진화했다는 오래전 이론은 허튼소리일 것이다. 어쩌면 그들이 우리에게 접근했고 우리를 어느 정도 길들였는지도 모른다.

그런데도 우리는 개를 우리의 가장 친한 친구로 만들었고, 우리를 오래 살게끔 도와주는 중요한 반려자로 그들을 곁에 두는 것에 익숙해졌다. 2021년 핀란드의 한 연구진이 멋지게 요약했듯이 "개는 현재 지구상에서 개체 수가 가장 많은 육식 동물이다. 그 점에서 개의 가축화는 인간과 개 모두에게 성공인 셈이다."[2] 게다가 개는 다양한 방식으로 인간의 생계에 크게 기여한다. 그중 하나가 기분 좋은 느낌을 줘서 우리가 계속 살아가도록 돕는다는 것이다.* 개를 기르는 것의 이점을 알아보기 전에 먼저 이 복슬복슬한 친구가 어디에서 왔는지 알아보자.

---

* 개는 처음으로 인간과 유대감을 형성한 동물 종이다. 그들은 야생 늑대에서 고집 센 반려동물로 바뀌었다. 이름이 알려진 최초의 반려견은 기원전 3000년 초기 이집트 파라오가 기르던 아부티우다. 하지만 인간과 개가 짝을 이뤘다는 흔적은 구석기 시대로 거슬러 올라간다. 고생물학자들이 인류 진화의 단서를 찾아 매장지를 발굴했는데, 그곳에서 어린아이들을 포함한 초기 인류가 네 발 달린 반려동물과 함께 발견되었다. 2020년 《더 월스트리트 저널》에서 언급했듯이 "인간은 약 1만 년에서 1만 2,000년 전 양, 염소, 소 같은 가축을 기르기 오래전부터 동물을 친구로 키웠다. 그와 대조적으로 말은 고작 6,000년 전에야 유라시아에서 가축으로 길들여졌다. 말은 가정용 반려동물로 간주되지 않았지만, 주인에게 열정적인 감정을 불어넣어 줬다."

# 다정한 것이 살아남는다

개의 가축화가 언제 일어났는지는 여전히 논쟁 중이다. 어떤 사람들은 4만 년 전에 일어났다고 말한다. 그러나 《사이언스》에 발표된 DNA 분석은 13만 년 전이나 그 이전에 개의 가축화가 시작되었음을 암시한다. 두 의견의 차이가 매우 크다. 우리는 개의 가축화가 한 번 이상 일어났는지, 어디에서 일어났는지, 유럽에서인지 아시아에서인지도 확실히 모른다. 그러나 분명히 알 수 있는 것은 늑대에서 개로 진화한 시기가 중요한 의미를 지닌다는 것이다. 인간은 고작해야 약 1만 년에서 1만 2,000년 전에 정착해서 씨앗을 뿌리고 목축하기 시작했으므로 늑대가 인간사회에 적응한 시기는 인간의 정착 생활보다 수백 세기나 앞선다. 이러한 시기 차이는 인간이 자신을 지켜줄 보호자나 유용한 동무로 사용하려고 개를 가축화했다는 오랫동안 전해 내려온 설명에 의문을 제기하므로 중요하다.

혼자 사는 사냥꾼이 다친 늑대와 친구가 되었다는 이야기는 그냥 전해 내려오는 이야기일 뿐이다. 오히려 늑대가 사냥 채집인들 사이에서 스스로 자신을 길들였다는 이야기가 더 그럴 듯하다. 늑대들은 인간이 그들을 추운 곳에서 꺼내 집으로 데리고 가 먹이를 주게끔 했을 것이다. 다시 말해서 늑대들이 우리에게 기대어 몸을 녹였지 그 반대가 아니었다. 늑대를 길들이거나 늑대에게 접근하는 게 쉽지 않으므로 인간이 자기 이익을 위해 야생 늑대를 반려동물로 길들였을 가능성은 거의 없다(동화 '빨간 모자'에서처럼 몸집 큰 나쁜 늑대 같은 것은 없다. 늑대들은 사실 사람을 피하고 두려워한다.) 듀크대학교 개 인지능력

연구센터 설립자이자 『개는 천재다The Genius of Dogs』의 공저자 브라이언 헤어Brian Hare에 따르면, 늘어진 귀, 동그랗게 말리거나 짧은 꼬리, 털에 나타나는 얼룩무늬와 같이 시간이 흐르면서 개에게 나타난 신체 변화는 자기 가축화를 반영하는 과정의 결과로 일어난다고 한다.[3] 개의 신체적 변화를 이끄는 것은 다정함이다. 다정한 동물이 진화 환경에 유리하기 때문이다. 이것을 '다정한 동물의 생존'이라고 부른다. 이 선택은 단지 몇 세대 만에 비교적 빨리 일어날 수 있다. 가장 주목할 만한 자기 가축화 증거는 지금은 유명해진, 러시아의 한 실험에서 나왔다. 연구자들은 여우 농장의 여우들을 단 45년 만에 인간이 가까이 가도 온순한 품종으로 개량했다.[4] 게다가 여우들은 인간의 사회적 신호(예를 들어, 손가락으로 가리키기)를 알아차렸다. 개에게서는 흔히 볼 수 있지만, 늑대뿐만 아니라 침팬지 같은 다른 영장류에서도 볼 수 없는 능력이다. 심지어 여우들은 강아지처럼 겉모습이 점점 귀여워지기 시작했다.

진화생물학자들은 자기 가축화에 유전적 힘이 작용한다고 생각한다. 2017년 프린스턴대학교와 UCLA의 공동 연구팀은 인간의 초사회적 행동을 조정하는 유전적 변이가 개에게도 있다는 의견을 내놓았다.[5] 연구에 따르면 냉담한 늑대들에게 온전히 남아있는 DNA의 한 영역이 다정한 개에게는 손상되어 있었다. 인간에게 그 DNA 영역의 유전적 변이가 있다는 것은 흥미롭다. 윌리엄스 뷰렌 증후군이라고 불리는 희귀 유전 질환으로, 이 질환을 앓는 사람은 심장 및 근골격 결함을 포함해 골치 아픈 신체 이상과 지나치게 다정하고 사람을 잘 믿으려 하는 특징이 있다. 이는 사회적 행동에 유전적 기반이 있음을 가리킨다.

우리가 사랑하게 된 천진난만한 강아지 눈은 개가 사람의 관심을 얻기 위해 진화한 것이라는 새로운 증거도 나왔다. 2019년 미국 국립과학원 학술지에 실린 한 논문은 늑대와 다르게 개의 얼굴은 복잡한 표정을 표현할 수 있는 구조로 되어 있고, 이는 눈을 감싸는 한 쌍의 특별한 근육 덕분이라고 언급했다.[6] 개가 속눈썹을 위로 올리면 그 근육 때문에 "나 너무 귀엽죠. 그러니 입양하세요."라고 말하는 듯한 표정으로 보인다. 이것은 인간과 의사소통을 잘하기 위해 가축화한 개에게 독특한 능력이 진화했을지도 모른다는 것을 보여주는, 과학자들이 발견한 첫 번째 생물학적 증거이다. 특정 형질을 개에게 심어주고 싶은 인간의 욕구는 개의 행동 진화에도 영향을 미쳤다. 인간이 개의 선택적 교배에서 가장 많이 고르는 형질은 무엇일까? 그것은 늘어진 귀와 들창코와 같은 어린아이 같은 특징으로, 덕분에 개의 모습이 사나워 보이는 늑대와 달라졌다.

수천 년에 걸쳐 인간과 개의 관계가 아주 많이 친밀해졌기 때문에 뇌도 서로 잘 공감한다. 여러 연구를 통해 개가 인간 뇌의 모성유대감 시스템을 긍정적으로 이용할 수 있다는 놀라운 현상이 입증되었다. 우리가 개의 눈을 사랑스럽게 들여다볼 때 뇌는 어머니와 아기 사이 유대감과 신뢰감에 관여하는 옥시토신이라는 호르몬을 분비한다. 다른 포유동물의 관계도 옥시토신과 유대감이 특징으로 나타나지만, 인간과 개의 양방향적인 친밀한 관계는 지금까지 서로 다른 두 종 사이에서 볼 수 있는 유일한 예다. 궁극적으로 개 연구를 통해 인간의 인지능력과 정신 건강에 관해서도 많은 것을 알아낼 수 있음을 암시한다. 우리는 설치류나 파리 같은 연구에 사용하는 다른 동물들보다 개과 동물 친구와 생물학적 특징을 더 많이 공유하고 있다.*

다정한 것이 살아남는다는 개념은 인간에게도 적용된다. 브라이언 헤어와 듀크대학교 인지신경과학연구센터 연구원인 아내 버네사 우즈Vanessa Woods는 공동 연구를 통해 자기 가축화가 인간에게도 일어난다고 주장했다. 그들은 인간이 진화의 후기에 경쟁에서 다른 인간 종을 능가하도록 도와주는 다정함을 얻기 위해 극심한 선택 과정을 겪었다는 이론을 내놓았다. 《사이언티픽 아메리칸》에 발표한 논문과 2020년 출간된 『다정한 것이 살아남는다Survival of the Friendliest』에 이렇게 말하고 있다. "이 다정함은 자기 가축화를 통해 진화했다. 가축화는 다정함을 얻기 위한 집중적 선택을 수반하는 과정이다. 가축화되면 그 동물은 더욱 다정해지고 그 외에도 서로 완전히 무관해 보이는 많은 변화를 겪는다. 가축화의 징후는 얼굴 모양, 치아 크기, 다양한 신체 부위나 털의 색소 형성으로 나타나며 호르몬, 생식 주기, 신경계의 변화도 포함한다. 우리는 가축화를 인간이 동물에게 하는 것으로 생각하지만, 자기 가축화로 알려진 과정인 자연선택을 통해서도 가축화가 일어날 수 있다."7

이 도발적인 이론은 비판에 부딪혔다. 하지만 공격적이고 독재적

---

* 흥미롭게도 인간의 DNA가 개의 유전체로 볼 수 있는 선사시대 일부를 항상 드러내 보이는 것은 아니다. 런던에 있는 프랜시스 크릭 연구소Francis Crick Institute의 폰투스 스코글런드Pontus Skoglund 박사는 2020년 개의 진화에 관한 연구를 공동으로 이끈 집단 유전학자이다. 그는 《네이처》에 실린 인터뷰에서 "개는 인류 역사를 밝혀내는 독립된 추적 염료이다."라고 말했다. 그는 또 "때때로 인간 DNA는 개의 유전체로 볼 수 있는 선사시대의 부분을 보여주지 못할지도 모른다."라고 덧붙였다.

인 특성과 대조적으로 친사회적이고 협력적이고 다정한 특성이 어떻게 진화적 생존뿐만 아니라 일상생활에서도 우리에게 도움이 되는지 여전히 생각해볼 가치가 있다. 그러니 다음번에 다른 사람에게 거칠고 적대적인 말을 하고 싶은 마음이 굴뚝같을 때나 심지어 그들이 성가시게 굴고 짜증 나게 할 때도 이 점을 생각해보라. 7장과 11장에서 우리는 다른 사람을 돕는 것, 즉 이타주의가 어떻게 생명을 구할 수 있는지 보게 될 것이다. 미래의 연구는 "다정함이 건강과 삶의 성공도 가능하게 할까?"라는 질문에 답해야 할 것이다. 우리는 우정이 행복에 필수적 요소이고, 심지어 인지능력 쇠퇴를 막기 위해서도 중요하다는 것을 안다. 그래서 장담컨대 위 질문의 답은 "그렇다"일 것이다.

우리의 네 발 달린 친구들은 전혀 놀라지 않을 것이다.


## 개과 동물 의학, 출동!

마이클 켄트는 어릴 때 수의사가 되리라 생각해 본 적이 한 번도 없었다. 1990년대 초반, 그는 사진기자가 되는 게 꿈이었고, 가족 중 처음으로 대학에 들어갔다. 아버지는 뉴욕 록랜드 카운티에서 배관공이었고, 어머니는 온갖 잡일을 했다. 그러나 그의 집안 배경에는 과학이 있었다. 할아버지가 공학회사 노스롭그루먼(전에는 그루먼 항공우주회사라고 불렀다)에서 기술문서 작성을 담당하는 테크니컬 라이터tech writer였고, 달로 여행하는 우주비행사들을 위한 매뉴얼도 하나 썼다. 켄트는 보스턴대학교 1학년 때 잠시 공학 수업을 들었지만, 곧 전공을 정치학으로 바꿨다. 하지만 그것도 맞는 길이 아니었다. 대학 졸업 후 로스앤젤레스에서 자기 길을 찾으려고 이런저런 일을 했지만, 그 어떤 것도 그의 길이 아니었다. 그가 애지중지하게 되는 개가 인생에 들어오기 전까지는 말이다. 이 개를 통해 켄트의 진로는 완전히 바뀌었다. 그는 곧 동물원에서 일자리를 구하고, UCLA 평생교육 프로그램을 통해 처음으로 생물학 강의를 수강하고, 시내에 있는 큰 동물병원에서 자원봉사를 했다. 그 이후에는 캘리포니아 북부에 있는 캘리포니아대학교 데이비스 캠퍼스에 입학했다. 그곳에서 수의학 학위를 받았고, 지금은 외과방사선학과 교수로 있다.

켄트는 개를 인간 건강과 노화의 최고 모델로 생각하고 개에 초점을 맞춰 연구하고 있다. 실험실에서 사용되는 설치류나 다른 동물과 달리 개의 생리학은 복잡하다. 질병 과정도 우리와 비슷하다. 특정 질병이 발현되고 진행되는 방식이 인간의 경우와 같다는 말이다. 그러기 때문에 개는 새로운 치료법의 유효성과 유독성을 시험하고 연구하기에 좋은 모델이다. 개들은 암은 물론이고 당뇨병, 뇌전증, 개의 인지 기능 장애로 알려진 알츠하이머병, 크론병에도 걸린다. 게다가 흔히 인간과 같은 환경적 발병 요인에 노출되어 있다. 우리는 다른 어떤 동물보다 개와 더 많은 바이러스를 공유하며, 개는 인간과 놀라우리만큼 비슷한 면역 체계를 갖고 있다. 오랫동안 우리는 인간의 의학을 개에게 적용하고, 인간을 중심으로 개를 치료했다. 이제는 그 반대다. 2017년, 의학 전문 매체 스탯뉴스STAT NEWS는 "다양한 동물을 사용한, 많은 난치병 임상연구를 진행하기 위해 이제 수의사들은 전 세계의 의사 및 다른 전문가들과 긴밀하게 협력하고 있으며 수의과대학들은 그

들의 비교의학 연구를 '하나의 건강One Health'이라고 부른다."라고 보도했다.[8]

미국 식약청은 동물 복지를 무시하는 비도덕적 실험을 줄이기 위해 개 임상 시험 수를 줄이려는 노력을 벌여왔다. 그러나 나는 안전하고 인간적인 방법으로 개를 연구하면 유용한 결과를 많이 얻을 수 있다고 생각한다.* 동물들에게 잔인하지 않은 연구들도 많다. 동물 환자들 옆에는 대개 자신의 반려동물을 구하기 위해 무엇이든 하려고 하는 헌신적인 주인이 있다. 켄트는 반려동물 주인이 시험의 위험성을 이해하도록 반드시 충분한 정보를 제공한 후 시험 동의 절차를 밟는다.

인간 암 환자 치료에 도움이 되는 최근 발전된 많은 면역 요법은 자발적 개 암 모델에 먼저 임상 시험을 시작해서 이룬 성과다. 여기에서 '자발적 모델'은 실험실에서 인공적으로 유도된 암이 아니라 자연적으로 발생한 암을 말한다. 인간과 개가 공통으로 걸리는 특정 종양은 현미경으로도 구별되지 않는다. 켄트는 인간 암 환자를 연구하는 방사선 종양학자들과 협력해 인간의 암과 비슷한 방식으로 행동하는 개의 전이성 폐암과 뼈암을 퇴치하기 위한 새로운 면역 요법을 시험하는 데 성공했다. 그 치료법으로 많은 개가 수명을 연장했다. 전통적인

---

* 2022년 여름, 연구용으로 팔리기로 되어 있던 비글 수천 마리가 버지니아의 한 번식장에서 구조되었다. 그 번식장은 부실한 건강 관리, 불충분한 먹이, 비위생적인 환경, 마취 없이 하는 안락사를 포함해 여러 항목의 동물복지법을 위반했다. 나는 그 구조 조치에 박수를 보낸다. 그리고 연구 및 시험 환경에서 개에 대한 비윤리적 대우를 근절하고, 안전한 연구 환경에서 개의 긍정적 참여를 장려하는 새로운 규제가 나오면 좋겠다.

임상 시험은 고통스러울 정도로 시간이 오래 걸리고 절실한 환자들에게 아무 해결책을 내놓지 못할 수도 있는 데 반해, 개를 통한 연구는 훨씬 더 빨리 인간 의학에 획기적 발전을 가져올 수 있다. 개의 수명은 인간보다 훨씬 짧으므로 훌륭한 개입과 실험을 통해 병에 대한 이해를 얻는 것은 그리 오래 걸리지 않는다.

어떤 원리로 진행되는지 이해하기 위해 뼈암을 예로 들어보자. 뼈암(골육종)은 최근 수십 년 동안 이렇다 하게 발전한 치료법이 없어서 개와 인간 환자 모두 예후가 좋지 않다. 골육종은 뼈에 발생하는 공격적인 암으로 일반적으로 신체의 다른 부위로 전이된다. 치료하지 않으면 골육종에 걸린 개의 90퍼센트가 1년 안에 전이를 경험하고, 인간 환자의 85퍼센트에서 90퍼센트가 2년 안에 전이를 겪는다.[9] 일단 전이가 되면 생존 확률은 참담하리만치 낮다. 인간 환자의 경우, 5년 동안 생존하는 비율은 20퍼센트 미만이고, 2년 동안 생존하는 개 환자는 5퍼센트 미만이다.

개와 인간은 골육종의 유전적 특징이 비슷하고, 암에 걸렸을 때 면역 체계가 복잡하게 상호작용하는 방식도 매우 비슷하다. 그러므로 같은 치료법을 사용해 치료할 수 있을 것이다. 이미 개를 대상으로 임상연구를 착수한 치료법은 자연살해 세포(줄여서 NK 세포)와 T세포라는 특수 면역 세포를 조작하는 새로운 방법에 주목하고 있다. 이 세포들은 다른 면역 세포와 암세포들 사이에서 복잡한 방식으로 상호작용해서 종양의 경로 변화를 초래하는데, 이는 암 치료에 유리할 수도 불리할 수도 있다.[10] NK 세포는 특히 암세포를 표적으로 삼아 암 확산을 효과적으로 막는 능력으로 잘 알려져 있다. 개를 대상으로 한 임상

연구들은 NK 세포의 힘을 이용해 골육종을 치료하는 것을 보여주면서 인간 대상 임상 시험의 귀중한 선구자가 되었다. 새로운 면역 요법을 사용해 개의 골육종을 성공적으로 치료할 수 있다면 인간도 치료할 수 있을 것이다. 면역 요법 분야는 진행암 치료에 관한 가장 기대되는 분야다.

엘리노 칼슨과 나는 각자 연구실에서 줌Zoom으로 만났다. 칼슨은 MIT와 하버드대학교의 공동연구소인 브로드 연구소에서 개를 연구하고 있다. 그곳에서 척추동물 유전체학 연구그룹을 이끌고 있고, 매사추세츠주립대학교 의과대학에서는 생물정보학과 통합생물학을 가르치고 있다. 스웨덴에서 태어나 미국 로드아일랜드에서 성장한 칼슨은 자신을 유전체를 이해하려고 애쓰는 '유전체학자'라고 소개한다. 고등학교에서 그레고르 멘델과 멘델의 완두콩에 대해 배운 후로 유전학에 완전히 빠졌다. 유전체가 어떻게 작용하고, 왜 동물들이 잘못되는 경우가 생기는지 이해하기 위해 수백 종의 DNA를 연구하고 있다. 그녀의 연구에 가장 중심적인 역할을 해온 동물은 개다. 주목받고 있는 특별한 연구 프로젝트로 다윈의 방주 계획Darwin's Ark initiative을 들 수 있다. 이 프로젝트는 일반적인 건강 문제나 행동 문제의 답을 찾는 공동 연구에 참여할 반려동물을 모집하고 있다. 순종이든 잡종이든 개를 기르고 있다면 시민 과학자로 칼슨의 실험실에 등록하고 자신의 개의 성격과 행동에 관한 약 100개 질문으로 구성된 설문 조사에 응하면 된다. 칼슨이 조사 자료를 독점하거나 팔지 않을까 걱정하지 않아도 된다. 이 놀라운 프로젝트에 참여하고 싶다면 키트를 주문해서 면봉으로 개의 입을 문질러 닦은 후에 면봉을 보내면 된다. 칼슨의 실험실에서는 면봉으로 채취된 표본을 이용해 DNA를 분리하고 염기서열을 분석한다. 그런 다음, 현재 우리가 '23andMe.com'과 'Ancestry.com' 등의 유전자 분석 관련 사이트에서 누구나 얻을 수 있는 개인 유전체 데이터처럼 동물의 유전 정보와 조상 정보를 파악해 주인에게 보내 줄 것이다. 그렇게 얻은 동물에 관한 데이터는 개인 정보 보호 아래 과학계에서 자유롭게 공유되는 거대한 데이터 뱅크에 추가된다.

프로그램에 등록된 개 22,000여 마리에서 250만 건 이상의 설문 자료를 수집했다. 현재, 타샤라는 이름의 복서견의 DNA 염기서열 분석이 끝났으며, 다양한 견종 사이 유전체 변이를 이해하고 그런 변이가 인간 유전체와 어떤 관련이 있는지 밝히기 위한 많은 연구가 진행 중이다. 각 견종의 유전체 변이 패턴을 이해하고, 유전체 변이와 예를 들어 골든리트리버의 높은 암 발병률이 어떤 관련이 있는지 이해할 수 있다면 이 털북숭이 친구들처럼 유전적으로 균일하지 않은 인간 개체군에서는 정보를 발견하기 어려운 복잡한 질병에 대해 파악할 수 있다.[11]


## 생명을 구하는 소프트웨어, 유전체 안내서

DNA의 다른 말인 유전체는 다음 세대에게 생명을 물려주기 위한 정보뿐만 아니라 신체가 수행하는 모든 기능에 대해 세포 안에 담긴 지시 정보 전체를 가리킨다. 모든 세포 안에 들어있는, 신체 기능에 관한 자세한 설명도 모두 포함한다. 모든 세포에는 사용 매뉴얼이 있다. 인간의 경우는 약 30억 자 분량의 매뉴얼이다. DNA를 편집하기 위해 최근 개발된 크리스퍼CRISPR기술이 큰 화제가 되고 있어서 건강 분야에서 특히나 중요하게 여겨지는 개념이다. 생물 종은 모두 고유한 유전체를 가지고 있다. 상어 유전체, 장미 유전체, 연쇄상 구균 유전체 등등이 각기 존재한다. 그런데 같은 종 안에서도 각각의 개체들은 표준 유전체와 조금 다른 독특한 유전체를 가지고 있다. 즉 '인간 유전체'나 '개 유전체'라는 용어는 해당 종 내에서 일반적으로 공유하는 기본 DNA 구조를 대표하는 말이고, 종 내에서도 특정 형질이나 질환 발병 위험도를 부여하는 변이들이 있다.

DNA는 부분들이 어떻게 협력하는지를 설명하는 완전한 매뉴얼이라기보다 부분이나 요소들이 나열된 목록으로 보는 것이 이해하기 쉽다. 암이나 치매와 같은 만성질환이나 퇴행성 질환을 앓고 있는 사람을 생각해보라. 그 사람도 전에는 암이나 치매에 걸리지 않은 사람이었다. 그런데 여전히 같은 DNA를 가지고 있다. 암이나 치매가 있고 없고 차이는 전적으로 유전체에 있는 게 아니다. 그 사람이 가진 세포 대부분이 암세포로 바뀌거나 치매를 악화시키는 게 아니다. 두 질환 모두 고정된 DNA 조각의 경계에서 벗어나 실제로 일어나는 동적인 과정이다. 질환에 대한 유전적 취약성이 있을 수 있지만, 병 자체가 유전되는 것은 아니다. 단지 병에 대한 유전적 소인이 있다는 말이다. 실제로 개인이 병에 걸리는 것은 주로 그 사람의 환경에서 발생한 다른 요인들 때문이다.

2003년 인간 유전체 지도를 완성한 인간 유전체 프로젝트에서 얼은 획기적인 발견 하나는 모든 사람의 DNA 염기서열이 대략 99.9퍼센트 비슷하다는 것이다. 단일염기다형성Single nucleotide polymorphisms(줄여서 SNPs이라고 하고 '스닙스'라고 읽는다)이란 DNA 염기서열의 변이를 말하는데, 염색체의 전체 염기쌍 30억 개를 따라가다 보면 100~300개에 하나꼴로 변이가 일어난다. 염기는 잘 알려진 DNA의 이중 나선 구조에서 가로대를 이루는 부분이다. 인간 유전체는 대략 30억 염기쌍으로 이루어져 있고, 염기쌍은 흔히 알파벳 A(아데닌), G(구아닌), C(시토신), T(티민)로 알려진 네 가지 화학 염기 뉴클레오타이드로 구성된다. 뉴클레오타이드는 유전자를 구성하는 핵심 원소이며, 유전자 하나가 또는 여러 유전자가 결합해서 눈 색깔부터 파킨슨병 같은 질병에 대한 소인까지 모든 것을 결정한다. SNPs는 질병, 환경 요인, 약물 등에 대한 우리의 반응에 유전적 표지를 제공하는 유전적 정보가 변경되는 것이다. 예를 들어, 특정 유전자에 G 대신에 A가 있으면 남성형 대머리나 부착형 귓불(귓불이 없는 귀) 형질이 나타난다. 뉴클레오타이드 배열의 변이는 낭포성 섬유증이나 유방암, 겸상 적혈구 빈혈, 건선 등에 대한 유전적 표지를 제공한다.

엘리노 칼슨 박사에 대해 재미있는 점이 하나 있다. 내가 상상한 박사의 모습은 퇴근 후 긴 가죽 줄이 서로 뒤엉킨 퍼그와 치와와, 래브라도 리트리버와 골든리트리버 6~7마리를 데리고 산책하는 사람이었지만, 사실 칼슨은 개를 기른 적이 없고 자신을 '애견인'이라 생각한 적은 더더욱 없다고 한다. 그러나 쾌활한 성격과 타고난 호기심을 지니고 있고, 어떤 개라도 좋아할 만한 그녀의 환하고 앳되어 보이는 얼굴과 낙천적인 성격에서 개에 대한 사랑이 묻어난다.

우리 연구소에는 알록달록한 학술서로 채워진 커다란 책장이 있다. 책들은 전체적으로 보면 생명에 관한 정보의 원천인 23쌍의 인간 염색체를 상징적으로 나타내도록 정리되어 있다. 우리 몸의 각 세포는 핵 안에 이 책장의 내용 전부를 담고 있다.

10여 년 전, 칼슨이 유전체 연구를 시작한 초기에는 충분한 표본을 얻는 것이 어려웠다. 그녀가 보물 같은 데이터를 수집할 기회를 얻게 된 것은 반려견을 키우는 사람들을 만나면서였다. 칼슨은 개 연구 프로젝트에서 단지 암만 연구하는 게 아니라 포식자인 늑대에서 사랑스러운 반려견으로 진화하는 동안 개의 유전체가 어떻게 변화했는지도 연구하고 있다. 그녀는 '가축화'가 명확하게 정의되지 않은 과정이라고 서슴지 않고 지적한다. 가축화 개념에는 착하게 행동하고 문명화되고 심지어 똑똑해지는 것도 이에 포함되지만, 사실상 모호하고 겉으로만 그럴듯해 보이는 정의다. 실제로 늑대는 개보다 똑똑해서 어려운 문제도 풀 수 있는 반면에 개는 문제 풀기를 포기하고 '도와주세요' 하는 표정을 지으며 주인에게 호소할 것이다. 게다가 개는 핵가족 개념이 없지만, 늑대는 가족 단위로 무리 지어 다니고 수컷도 양육에 투입되어 부모가 함께 새끼를 키운다. 주변에 사람이 없더라도 수컷 개는 새끼 양육에 참여하지 않는다. 그렇다고 해서 개가 상대적으로 우둔하고 무심하다는 뜻이 아니다. 그저 행동 면에서 늑대와 다르다는 말이다. 늑대는 독립적이다. 그래서 사람이 길을 안내해주거나 애정을 주리라고 기대하는 일이 절대 없을 것이다. 개는 우리를 자기 가족으로 생각한다.

개 유전체가 비교적 짧은 기간에 많은 변화를 겪었다는 사실은 그들의 유전체를 연구할 때 매우 유용하다. 개는 수만 년 전에 조상인 회색 늑대에서 진화하기만 한 게 아니라 가축 몰기, 사냥하기, 던진 물건 물어오기, 안내하기, 놀이 등 다양한 작업을 수행하는 다양한 견종이 나오도록 의도한 계획 교배의 강력한 영향도 받았다. 인간은 지금까지 대략 4,000년 동안 의도된 결과를 얻기 위해 개들을 교배시켜 왔지만, 200년 전부터야 선택적 교배를 최고치로 끌어올려 특정한 신체 특징과 성격을 가진 견종을 얻기 시작했다. 우리는 자연의 법칙을 함부로 바꿨고, 심지어 순전히 허영심을 채우기 위해 새로운 견종을 만들기도 했다. 그 과정에서 많은 개가 가족과 짝짓기하는 근친 교배가 이루어졌다. 근친 교배는 암 조기 발병, 대형견의 고관절 이형성증, 소형견의 습관성 슬개골 탈구와 같은 특정 질환의 발병 위험을 높이고 유전 질환의 확산을 촉진한다. 그것은 대자연의 원리로 이루어지는 자연선택이 아니다. 그러나 유전자와 유전자 변이가 실제로 무엇을 하는지 배울 수 있는 매력적인 유전체 연구의 장을 마련해줬다. 칼슨은 특히 정신 건강 문제의 해답을 찾기 위해 열심히 연구하고 있다.[12]

우리는 개에게 정신과적 문제가 발생하지 않는다고 생각한다. 그러나 어떤 개는 끊임없이 자기 꼬리를 쫓거나 씹고, 슬픈 척하거나 심지어 우울한 것처럼 행동한다. 강박 장애, 불안증, 심지어 외상후 스트레스 장애 증상을 보일 수도 있다. 칼슨과 동료 연구자들은 강박 장애를 겪는 도베르만 핀셔 90마리와 강박 장애를 보이지 않는 도베르만 60마리의 유전체를 비교해서 몇 가지 중요한 차이를 밝혀냈다.

2014년 《사이언스》에 소개된 연구에서 "연구자들은 불 테리어, 셰틀랜드 쉽독, 독일 셰퍼드의 유전체를 스캔해서 강박 장애 행동을 보이는 개에게서 돌연변이 비율이 높은 유전자를 4개로 좁혔다." 이 연구가 매우 놀라운 이유는 인간의 정신 질환이 유전되는 경향이 있다는 것을 알고 있는데 아무리 많이 연구해도 정신 질환과 관련된 유전자를 찾기 어려웠기 때문이다.[13] 이제 우리는 다음과 같은 질문을 탐구해야 한다. 현재의 유전학 지식을 이용해서 정신 질환을 앓는 사람의 어떤 뇌 경로가 잘못되었는지 정확하게 찾아낼 수 있을까? 안전하고 건강한 방법으로 잘못된 경로를 표적 치료하는 법을 설계할 수 있을까? 《사이언스》의 글은 다음과 같이 이어졌다. "실제로 효과적인 강박 장애 치료법을 찾는 것은 의료계에서 매우 필요한 일이다. 전형적으로 항우울제가 사용되는 현행 치료법은 인간이든 개든 대략 50퍼센트의 환자에게만 효과가 있기 때문이다. 칼슨과 그의 동료들은 만일 강박 장애가 있는 개에게서 확인된 유전자가 인간 강박 장애에 관여하는 경로와 관련되어 있다면 개가 이 질병에 대한 좋은 모델이 될 수 있을 것이라고 설명했다."[14] 전통 정신의학은 인간의 정신을 이해하기 위해 다른 동물에게 기댄다는 생각에 소극적이지만, 동물을 통한 연구 결과들이 우리에게 유용한 정보를 제공한다는 점에서 더 많은 연구가 이뤄져야 한다.

오늘날 정신과적 문제는 전 세계적으로 흔하다. 대략 세계 인구의 25퍼센트가 학습, 행동, 대인관계, 개인 건강에 중대한 영향을 미칠 수 있는 정신 질환이 있는 것으로 추정된다. 지금까지 밝혀진 최대의 정신 질환 유전자 지도는 2019년에 발표된 것으로, 대략 23만 명의 환자와 대조군 50만 명의 정보를 포함한다.[15] 강박 장애, ADHD(주의력 결핍 및 과잉 행동 장애), 거식증, 조현병, 조울증, 자폐증, 투렛증후군 등 8가지 흔한 정신 질환과 관련 있는 100개 이상의 유전자를 설명한다. 이 유전자들이 있다고 해서 정신 질환으로 진단되는 것은 아니고 그저 정신 질환과 관련 있다는 것이므로, 미래에는 누가 어떤 약에, 얼마의 용량에 반응할지 예측하는 데 유용할 것이다. 하지만 이 같은 기술이 어떻게 될지 알기에는 아직 이르다.[16]

흥미롭게도 우리가 직면하는 많은 건강 문제가 반려견에게 반영되어 나타날 수 있다. 만일 당신의 개가 불안해한다면 당신에게 그럴

코끼리는 암에 걸리지 않는다

가능성이 있다. 개가 과체중이고 건강이 안 좋다면 거울을 들여다봐야 할 것이다. 개에게 알레르기가 있다면 당신도 그러지 않는가? 가정의학과 의사 다프네 밀러는 많은 수의사와의 인터뷰를 통해 반려동물의 건강이 일반적으로 주인의 건강과 일치할 수 있음을 발견했다. 그는 《워싱턴포스트》에 실은 기사에서 "불안감, 알레르기, 소화기 감염증, 심지어 불면증도 반려견과 주인에게 쌍으로 일어날 수 있다."라고 설명했다.[17] (본래 반려견을 기르는 큰 이유 중 하나는 반려견이 우리가 누구인지를 보여준다는 것이다.)

## 개를 키우는 것의 장점

과학자들은 이제야 막 반려동물과 인간 쌍을 연구하기 시작했지만, 연구 결과는 흥미로운 초기 발견을 더욱 강조하고 있다. 예를 들어, 네덜란드에서 나온 연구는 과체중 개의 주인도 과체중일 가능성이 크다는 것을 보였다. 논문 저자들은 개와 주인이 함께 산책하는 시간이 그 듀오의 과체중을 가장 잘 예측할 수 있는 변인이라고 주장한다. 부모와 자녀 사이에도 같은 현상이 일어나는 것을 미루어 보면 그다지 놀라운 사실이 아니다. 실제로 부모 양쪽이 비만이면 자녀도 비만일 가능성이 80퍼센트이고, 부모 중 한쪽이 비만이면 아이가 비만일 가능성은 50퍼센트다.[18]

  개와 주인의 알레르기 진단을 연관 지어 생각하는 것이 이상해 보일 수도 있지만, 2018년 핀란드에서 발표된 연구 결과에 따르면 도시 환경에 살면서 자연이나 다른 동물들과 단절된 사람과 반려견은 아이와 동물이 많은 가정이나 농장에 살거나 주기적으로 숲을 산책하는 사람과 반려견보다 알레르기 위험이 높다.[19] 개의 알레르기는 흔히 인간의 습진과 비슷한 아토피 피부염으로 진단되는데, 수의사를 찾아가는 가장 흔한 이유 중 하나다.

개는 여러 면에서 우리에게 도움을 준다. 우선, 개에게 시간에 맞춰 먹이를 주고 산책시켜 줘야 하므로 일정 관리 기술이 좋아진다. 개는 가족을 지켜주고, 위험을 감지할 수도 있다. 지진이 실제 발생하기 전에 일어나는 지하 지진 활동을 들을 수 있어서 지진을 몇 분 더 빨리 감지할 수 있고, 큰 폭풍우나 쓰나미가 다가오고 있다고 신호 보내는 공기 변화를 냄새로 알아챌 수 있다. 예리한 감각을 지니고 있어서 범죄자를 추적하고, 불법 약물이나 폭발물을 찾고, 갇힌 사람이나 죽은 사람의 위치를 찾는 데 뛰어난 조력자가 될 수 있다. 훈련을 통해 암이나 코로나바이러스에 걸렸는지, 위험한 수준의 저혈당인지, 심지어 임신했는지 냄새를 맡아 알아낼 수 있다. 아이들이 더 강한 면역 체계를 갖게끔 도와줄 수도 있다. 반려동물의 털에 들어있는 박테리아, 먼지, 흙, 비듬 같은 것에 노출되면 발달 중인 면역 체계가 강화되고, 나중에 알레르기와 자가면역질환에 걸릴 위험이 낮아질 것이다.

아주 최근에는 개들이 사람에게서 심리적 혼란을 나타내는 호흡과 땀의 변화를 감지해서 언제 스트레스를 받는지 냄새로 알아차릴 수 있다는 연구 결과도 나왔다.[20] 개들은 종종 자기 회의감, 또래 친구의 평가, 원치 않는 어른들의 기대, 감정적 혼란으로 가득 찬 청소년기의 스트레스를 완화하는 데도 도움이 될 수 있다.[21] 그들은 우리에게

코끼리는 암에 걸리지 않는다

위안과 포옹과 조건 없는 사랑을 준다. 그리고 현재를 살아가는 법을 알기 때문에 우리가 오롯이 현재에 집중할 수 있게 도와줄 수 있다. 반려견이 어김없이 우리 얼굴을 핥을 때 그것을 즐기고 함께 놀면서 느끼는 유대감은 뇌와 신경계에 행해지는 치료와 같다. 그것으로 우리는 그들과 마음이 통하며 진정될 수 있다. 일부 의료 기관에서는 환자들이 힘든 치료를 견뎌내도록 돕기 위해 개와의 접촉 치료를 활용하고 있다. 개는 신체적 접촉과 입맞춤으로 사랑과 감동을 줌으로써 우리가 마음을 달래고 스트레스 상황에서 벗어날 수 있게 한다. 개를 껴안고 싶은 것보다는 덜 할 수 있지만, 그게 토끼든 고양이, 새, 거북이 또는 미니피그이든 간에 동물을 옆에 두면 정서적으로 안정되고 불안감이 낮아진다. 그러나 최고의 만능 '치료사'를 가리는 경연 대회에서 우승자는 항상 개일 것이다.

　개를 기르는 사람들은 오래 산다. 우리가 나이 들수록 조심해야 하는 2대 주요 사망 원인이 외로움과 심혈관 질환인데, 개가 그 위험을 줄여준다. 2019년 학술지 《사이언티픽 리포트》에 발표된 한 연구 결과는 개를 기르는 사람들이 대체로 더 활동적이고 건강이 좋을 수 있음을 암시한다.[22] 나는 개를 책임지고 돌보는 일에 이로운 점이 있다고 생각한다. 돌봐야 할 개가 있으면 온종일 소파에 앉아 가만히 마들렌 빵을 먹고 있을 수가 없을 것이다. 게다가 2019년에 발표된 이 연구는 반려견을 기르는 사람들은 스트레스에 대한 반응성이 낮고 스트레스를 받는 일이 생기더라도 혈압이 빨리 회복된다는 것을 밝혀냈다.[23] 내가 알고 있는 지식을 기반으로 추측하더라도 개들은 전반적으로 주인의 혈압을 낮추는 데 도움이 된다. 집에 들어가면 조지가 기다렸다는 듯이 달려와 껴안고 입맞춤하고 우렁차게 짖으면서 나를 반긴다. 그러면 온몸의 긴장이 풀리는 듯하다. 그런데 개와 관련해서 우리가 피해야 하는 한 가지 습관이 있다. 그것은 개처럼 자는 것이다.

## 개처럼 자지마라

밤에 잘 자는 것을 가리키는 표현으로 "개처럼 잔다"라는 말을 들어봤을지도 모르겠다. 그러나 개의 수면 방식을 생각해보면 정확한 표현이 아니다. 밤중에 조지가 무언인가로 깜짝 놀라게 되면 갑자기 보호받으려는 행동을 시작하고, 그러면 나는 뜬눈으로 밤을 새워야 한다. 잠을 방해받으면 예측할 수 없는 상태가 되는 개에서 유래한, 성경 시대의 속담처럼 "잠자는 개를 건들지 마라."

사람들은 대체로 낮 동안에 깨어있고, 밤에 긴 잠을 잔다. 수면 시간의 4분의 1은 안구가 빠르게 움직이며 자는 렘수면이다. 이 단계일 때 꿈을 꾸고, 학습과 기억 생성 및 기억 유지에 필요한 뇌 영역이 활성화된다. 렘수면 단계일 때는 뇌 활동이 계속 일어나기 때문에 안구가 이리저리 빠른 속도로 움직인다. 과학자들은 빠른 안구 운동이 꿈을 꾸는 동안 장면을 바꿀 수 있게 해준다고 말한다. 이 단계에서는 맥박과 호흡이 빨라지고 혈압도 높아진다.

개는 일정하지 않은 수면 패턴 때문에 수면 시간의 대략 10퍼센트만 렘수면을 한다. 미국 애견협회 컨넬 클럽에 따르면 "개는 하루의 절반이나 되는 시간을 잠자면서 보낸다. 그리고 하루의 30퍼센트는 깨어있더라도 긴장을 푼 상태로 있고, 남은 20퍼센트 동안에만 활동적이다." 그러나 규칙적인 일정을 따랐을 때 최상의 수면을 얻을 수 있는 인간과 달리 개들은 언제든 어디에서나 잘 수 있다. 그들은 따분해서 잠이 들었다가 쉽게 깨서 당면한 상황에 즉시 주의를 기울일 수 있다. 이는 모자란 렘수면을 보충하기 위해 전체 수면 시간이 더 많이 필요하다는 것을 의미한다. 보통의 개는 하루 24시간 중에서 대략 12시간에서 14시간을 잔다. 강아지들은 이것저것 탐구하고 배우느라 많은 에너지를 소모하므로 18시간에서 20시간의 수면이 필요할 것이다. 나이가 들수록 그리고 품종에 따라 더 많은 휴식이 필요할 수도 있다.[24]

수면이 인간에게 중요한 만큼 개에게도 똑같이 중요하다. 잠은 기억 정리 외에도 면역 체계 미세조정, 호르몬 조절, 세포 재생에 박차를 가한다. 생물학적 '집 청소'를 하기 위해 잠자는 동안 우리 몸은 동력이 높아진다. 몸이 물리적으로 휴식을 취하는 동안에 중요한 일에 쏟을 에너지가 더 생기기 때문이다. 그때 우리 뇌는 세포 잔해를 분해하고 청소하기 위해 은밀한 면역 체계인 글림프 시스템glymphatic system을 활성화시킨다.(노폐물 축적은 뇌 질환 발병과 관련 있을 수 있다.) 대략적으로 태양일과 관련 있는 하루 주기 리듬circadian rhythm은 수면 주기를 관장하는 우리 몸의 내부 시계와 같은데, 수면이 하루 주기 리듬을 초기화하는 버튼 역할을 한다. 여기서 하루 주기를 의미하는 영어 철자 'circadian'은 대략을 의미하는 라틴어 circa와 '하루'를 의미하는 dian에서 유래했다. 건강한 생체 리듬은 체온과 혈압 변동 및 뇌 화학물질의 변화뿐만 아니라 배고픔과 포만감부터 스트레스와 세포 재생까지 다양한 일을 담당하는 호르몬과 효소들이 정상적 패턴으로 분비되도록 지시한다. 지금의 우리 몸은 오늘 아침이나 어젯밤과 같지 않다. 한 시간 후나 내일과도 같지 않을 것이다. 밤에 숙면하지 못하면 하루 주기 리듬은 다음날 아침 피곤함과 '몽롱함'을 느끼게 하고 탄수화물(특히 설탕)이 당기게 한다.

개의 수면을 연구한 논문을 보면, 인간처럼 개도 비렘수면 단계에서 수면방추라고 하는 짧은 전기활동을 겪는다고 한다.[25] 우리와 마찬가지로 개의 학습된 기억 유지도 수면방추 주파수와 관련 있다. 인간을 대상으로 한 연구들은 대부분 하나같이 수면의 질이 과거 사건과 새로운 정보를 기억하는 능력에 영향을 미친다고 말한다. 수면방추는 학습된 정보를 장기 기억으로 보관하고, 그러고 나서 새로운 정보를 배울 준비를 하는 방법이다. 수면방추가 일어나는 동안 뇌는 한 가지 일에 집중한다. 그래서 정보 보관이 더 쉬워지는 것이다. 안타깝게도 우리는 개처럼 종일 수시로 잠을 자는 사치를 부리지 못한다. 잠을 한 번에 길게 자야 한다. 그래서 개처럼 자려면 하루에 적어도 7시간에서 9시간을 저축하고 있어야 한다. 사실, 개처럼 잔다는 관용 표현은 숙면이 아닐지라도 많은 시간을 잔다는 것을 가리키기 위해 만들어졌다. 최대한 수면방추가 일어나는 잠을 자기 위해서는 침실을 되도록 어둡고 조용하게 유지해서 빛과 소음이 잠을 방해할 위험을 줄여야 한다. 수면의 질이 중요하다. 꼭 수면의 양을 중요시할 필요는 없다. 개처럼 9시간을 자는 것보다 통나무처럼 8시간을 자는 게 좋다.

흥미로운 점은 우리가 여행할 때는 그게 같은 표준시간대에 있는 지역이든 아니든, 이모 집에서 자든 호텔에서 자든 간에 첫날 밤에는 말 그대로 개처럼 자게 된다는 것이다. 우리의 뇌는 낯설어진 수면 장소를 인지할 줄 안다. 침대의 느낌이 다르고, 시각적 단서와 주변 소리, 빛도 다르다. 그다지 깊은 잠을 자지 못하고, 아무리 오래 잤다고 해도 다음날 느껴진다. 일종의 보호 기제다. 우리 뇌가 "이봐, 침대가 평소에 쓰던 게 아니야. 그러니까 무슨 일이 생겨서 도망쳐야 할 수도 있으니 깊이 잠들지 마."라고 말하고 있다. 이 문제를 해결할 방법이 있다. 나는 여행을 가기 몇 주 전부터 스마트폰을 야간 시계로 사용한다. 그렇게 하면 밤에 시계를 볼 때 그 광경이 내 뇌에 낯설지 않게 된다. 모양과 푹신함의 정도가 집에서 쓰는 베개와 같은 여행용 베개도 챙겨서 간다. 새로운 장소이지만 익숙한 베갯잇 감촉과 냄새로 뇌가 편안함을 느낄 수 있게 하려는 것이다. 사소한 차이인 것 같지만, 수면의 질에 큰 차이를 만든다. 그래서 여행 중일 때도 개처럼 자는 게 아니라 원래 자던 방식대로 잘 수 있다. 나는 다양한 기기로 수면 주기를 측정하는 별난 사람 중 하나인데, 그런 시도가 나에게는 도움이 되었다. 이것이 수백만 년 사용된 방법은 아니겠지만 장난 좋아하고 편견 없는 우리의 네 발 달린 친구들로부터 얻은 지혜처럼 아주 유용하다.

# 개와 우정을 나눠라

개는 인간의 가장 좋은 친구 그 이상이다. 인간 의학의 모델이고, 때때로 우리 자신을 비추는 거울이고, 건강에 관해 조언해주는 훌륭한 멘토이다. 다른 어떤 종도 우리에게 현재에 충실하며 살고, 행복할 때 기뻐서 껑충 뛰고, 매일 놀이에 참여하고, 늘 호기심을 가지고 새로운 경험을 추구하고, 꼼꼼하게 관찰하고 위험한 상황에 대비해 늘 경계하고, 낯선 사람에게도 다정하고 친근하게 대하고, 물을 많이 마시라는 말을 하지 않을 것이다.

목줄은 이를 한쪽에서 차고 다른 한쪽은 잡아당기는 일방적인 게 아니라 양방향의 것이다. 건강도 양방향의 것이다. 우리는 세심하게 설계된 연구 환경에서도 개에게 배울 수 있다. 이제 우리는 여행할 때 개처럼 자지 않고 필요한 잠을 충분히 잘 수 있도록 수면 환경을 교묘하게 바꾸는 법도 안다. 아주 머나먼 옛날, 개로 진화하기 이전의 늑대들이 먹이를 찾아 인간 정착지 외곽에 있는 쓰레기장 주변을 어슬렁거리다가 우리에게 다가와 친하게 굴었을지도 모르지만, 그 이후로 우리는 서로가 필요하다는 것을 알 만큼 아주 오랜 시간 함께 진화했다. 개똥 치우기와 가끔 돌보미 구하기부터 매일 일상적으로 하는 사료 먹이기, 산책시키기, 낮잠 재우기까지 개를 키우면 으레 생기는 여러 가지 요구가 있지만, 개를 키우는 것은 무수히 많은 이점이 있고 얼마

코끼리는 암에 걸리지 않는다

든지 해도 좋은 일이다. 개를 산책시키는 친구나 이웃과 함께 저녁 산책을 즐겨보기를 바란다. 그러면 여러 면에서 유익한 우정과 우정이 가져다줄 기쁨을 누릴 수 있을 것이다.

Fig. 19.—English Carrier.

1890년 찰스 다윈의 영국 전령 비둘기 삽화

# 3장

# 집으로 돌아가는 머나먼 길

## 패턴 인식의 힘과 과잉 사고의 위험성

> 사람은 자기가 한 약속을 지킬 수 있는 좋은 기억력을 가지고 있어야
> 한다.
>
> ─프리드리히 니체

일상생활에서나 건강을 유지하는 능력에서나 습관만큼 강력한 것은 없을 것이다. 연구에 따르면 매일 하는 행동의 절반 정도가 (47퍼센트 이상) 결정이 아니라 습관이다.[1] 우리는 스스로 행동을 제어하면서 흥미진진하고 변화무쌍한 삶을 살고 있다고 생각하고 싶겠지만 아침에 일어나는 시간부터 교류하는 사람, 좋아하는 음식과 싫어하는 음식, 사용하는 단어와 표현과 억양, 운전할 때 이용하는 경로, 걷는 모양(걸음걸이도 지문처럼 개인마다 다르다), 직장에서 보이는 행동, 하루를 끝마치고 잘 준비를 할 때 펼쳐지는 일련의 사건들까지 매일 비슷한 습관을 유지한다. 삶은 우리가 원하는 만큼 즉흥적이거나 극적이지 않고, 오히려 반복성을 띤다. 그러나 그런 반복 속에 안정감

과 편안함이 있다. 운전해서 목적지에 도착했을 때 실제로 오는 길이 어땠는지 전혀 생각나지 않은 적이 있지 않은가. 심지어 운전을 어떻게 해야 하는지, 이를테면 우회전하기 전에 사이드미러를 확인하려고 언제 고개를 돌려야 하는지, 어디에서 다른 차와 거리를 많이 두어야 하는지, 얼마나 조심스럽게 브레이크를 밟아야 하는지 따위를 생각한 것도 기억나지 않을 것이다. 이런 재주는 우리 내면의 GPS와 패턴 인식 능력 덕분이다. 시각적 관찰 정보(물론 촉각적 정보이거나 청각적 또는 후각적 정보일 수도 있다)를 기억 저장고에 있는 관련 데이터와 연결하는 뇌 과정을 묘사할 때 우리는 패턴 인식이라는 용어를 사용한다. 생활 속 순간적인 결정을 하기 위해 우리는 사고 패턴을 확인하고 어떤 상관관계가 있는지 알기 위해 이를 기억과 연관시킨다. 여기에는 시각광학과 엄청나게 빠른 속도로 일어나는 뇌 처리 과정 사이 매우 복잡한 네크워크가 수반된다. 일주일 먹을 식료품을 사기 위해 마트를 돌아다니며 선반에서 물건을 꺼내 카트 안에 담으면서 머릿속에서는 딴생각하는 때를 생각해보라. 이번에도 패턴 인식 기술 덕분에 그런 재주를 부릴 수 있다. 패턴 인식은 일을 처리하는 열쇠인 동시에 삶에 실질적으로 꼭 필요한 정신의 멀티태스킹 작업이다.

인간은 습관의 동물이다. 하지만 습관이 동력이 되어 일어나는 것이 완전히 의식적인 행동이나 부분적으로 의식적인 행동만 있는 게 아니다. 우리 뇌는 따로 생각하지 않고도 호흡과 소화, 혈액 순환과 같은 기본적인 활동을 관리한다. 아침 식사 자리에서 다른 사람과 대화하면서 머릿속으로는 음식을 베어 물고 씹고 삼키는 동작을 의식적으로 계산해야 한다면 얼마나 피곤할지 상상해보라. 그런데 습관은 우리

코끼리는 암에 걸리지 않는다

삶에 너무 깊이 뿌리박혀 있어서 쉽게 깨거나 바꾸기 어렵다는 단점이 있다. 우리가 습관을 형성하는 만큼 습관도 우리 삶을 형성한다.

습관은 사고의 패턴이다. 사고 과정에서 우리가 따르는 리듬은 중요한 정보를 기억하고 중요하지 않은 것은 잊고, 입력 데이터를 재빨리 처리하고, 뇌의 창의력 영역을 자극하고, 정신 에너지를 마음껏 사용해서 집중이 요구되는 복잡한 추상적 사고에 참여하는 것과 깊이 관련되어 있다. 간단히 말해서 습관은 우리의 인지 전체에 튼튼한 기반을 제공한다. 이미 알고 있는 것을 벗어나 탐구하고 새로운 아이디어를 떠올리고 혁신하고 발전하게 해준다. 사고와 일, 결정과 일과 속에서 패턴을 찾을 때 능률적인 삶을 가능하게 하는 새로운 습관을 개발할 수 있다. 인간은 기억력을 포함해 인지능력을 향상할 수 있다. 그런데 패턴 인식은 인간만 가지고 있는 게 아니라 동물계 전체에서 찾아볼 수 있는 기술이다. 많은 종의 시간 감각과 공간 감각을 책임지는 기술이고, 때로는 엄청나게 먼 거리를 이동해서 먹이와 물과 짝을 찾고 무사히 집으로 돌아가기 위한 항해 기술이다. 언어를 사용하는 의사소통 능력도 패턴 인식에 포함된다. 이는 글자로 단어라는 실을 뽑아내고 그 실을 엮어 문장을 만드는 것을 의미한다.

패턴은 우리 눈에 보이는 곳 어디에나 존재한다. 예술 작품, 교통신호, 사회적 상호작용, 컴퓨터 프로그램, 수학, 하루 24시간을 주기로 증감을 반복하는 호르몬 및 생화학물질 분비 같은 생체 리듬 그리고 자연 전체에서 찾아볼 수 있다. 내셔널지오그래픽 잡지를 하나 집어 펼쳐보면 동물과 풍경, 기암괴석, 꽃, 별, 모래가 경이로운 장관을 이루는 사진을 볼 수 있다. 10분 동안 산책하면서 나무나 식물에서 또는 주변에 있는 아무 지형지물에서 패턴을 열 가지 이상 찾아보라. 이 간단한 훈련을 통해 몇 분 안에 인지능력을 향상할 수 있다. 데이터가 보여주듯이 이것은 인지 기능 쇠퇴를 막을 수 있는 매우 유익한 기술이다.

캘리포니아대학교 샌프란시스코 캠퍼스의 애덤 가잘레이 교수는 신체 활동과 패턴 인식을 이용해 노인들의 인지능력을 향상할 목적으로 '뉴로레이서NeuroRacer'라는 비디오 게임을 개발했다. 2013년 《네이처》 표지 기사에 실린 그의 연구는 60대, 70대, 80대 피험자들이 한 번에 두 가지 일을 동시에 하는 것이 기억력과 집중력 같은 다른 기능의 향상과도 관련 있음을 입증했다.[2] 여기에서 역사적으로 많은 연구가 기억력 훈련이 인지 기능 향상에 도움이 될지 의심해왔다는 사실을 언급할 필요가 있다. 하지만 과학자들 사이에서도 인지력을 향상하고 인지 기능 쇠퇴를 막을 수 있는 게임 종류와 뇌풀기 문제에 대한 논의가 계속되고 있다는 점에 주목해야 한다. 기억력 향상을 위한 이 재미있는 도전은 정말 손해를 볼 게 하나도 없다. 그렇다고 하루아침에 똑똑해지거나 문제를 추론하고 해결하는 지적 능력이 갑자기 향상되지는 않는다. 그저 머릿속에 정보를 저장하고, 다양하거나 대조되는 생각과 데이터를 효율적으로 조직하는 능력이 강화될 수 있을 것이다.[3] 기억력 훈련은 멀티태스킹과 똑같은 것이 아니다. 멀티태스킹은 기본적인 이중 기능 작업을 수행하거나 복잡한 과제를 번갈아 할 때처럼 여러 과제에 대한 정보를 유지하고 업데이트할 수 있는 것을 말한다. 자연 속에서 산책하며 패턴을 찾아보는 것, 운전하면서 핸즈프리로 전화 통화하는 것도 일종의 실생활 멀티태스킹이다. 저녁 식사를 준비하고, 손님을 대접하고, 아기 울타리 안으로 아기를 데려가는 것을 거의 동시에 온전한 정신으로 할 수 있는 것도 멀티태스킹이다.

123, 234, 345, … 이렇게 수열이 주어졌다. 다음에 오는 수는 무엇일까? 만일 456이 머릿속에 떠올랐다면 정답이다. 아마 순간적으로 이 수가 떠올랐을 것이다. 이것을 계층적 연속 패턴hierarchical serial pattern이라 부른다. 이 패턴을 인식할 줄 아는 능력은 유아기에 나타난다. 인간에게만 특별한 게 아니라 모든 포유동물에 있는 능력이다. 간단한 패턴을 거의 보는 즉시 인식하는 이 능력은 포유동물이 자극에 반응하고 환경에 적응하고 주변 세계를 이해하도록 돕는다. 이 능력이 없다면 동물들이 어떻게 확실한 먹이와 물의 원천을 찾을 수 있겠는가? 실제로 비둘기는 인간만큼이나 계층적 연속 패턴을 잘 인지하며, 수학적인 문제에 대해서는 인간을 능가할 수도 있다.

사람들은 패턴을 찾으라고 요구받지 않거나 특정한 패턴을 구별하는 훈련을 받지 않으면 대부분 패턴을 알아차리지 못한다. 환자들의 성격을 이해하고, 그들이 앓고 있는 암의 생물학적 특성을 파악하고, 가장 적절한 치료 과정의 전략을 세우기 위해 나는 매일 패턴 인식을 이용한다. 현미경으로 암의 생체 조직을 들여다보면 정상적인 조직은 시골 상공을 가로질러 날면서 내려다본 정갈하게 정리된 옥수수밭과 비슷하다. 패턴이 깔끔하고 구조적이고 질서정연하다. 침입하는 암의 모습은 누군가 무단침입해서 망쳐놓은 옥수수밭 같다. 나는 현미경으로 혼돈과 무질서, 어지러움과 파괴의 패턴을 본다. 그러나 결과가 이분적으로 나타나는 것은 아니다. 변화는 단계적으로 일어난다. 전형적으로 세포가 흐트러져 있을수록, 즉 정상 조직의 모습과 거리가 멀수록 암은 더 공격적이다.(**그림 1** 참고) 내가 모든 환자의 표본을 현미경으로 관찰하려고 하는 이유가 여기에 있다. 수년간의 연습으로 나는 특별한 패턴을 인식할 수 있는 기술을 터득했고, 환자의 결과를 예측할 수 있게 되었다. 현미경으로 표본을 들여다보면 암이 원래 알려진 것보다 공격적일지 아닐지를 알거나 직감할 수 있다. 이 과정을 기초로 다음 치료 단계에 관해 환자와 의논할 때 방향을 잡는다.

패턴 인식은 단순히 교과서에서 배우는 게 아니라 수년간의 경험에서 배우는 것이다. 비유하자면, 프로 야구선수가 일찍부터 투구를 감지하고, 프로 바둑기사가 최상의 수를 예측하고, 조류관찰자가 두 새가 다른 종임을 울음소리로 구별하고, 소믈리에가 여러 포도주의 미묘한 맛의 차이를 알고, 예술품 수집가가 위조 그림을 단번에 알아보는 기술과 같다. 우리는 모네 작품의 위작을 식별하지 못할 수는 있지만, 패턴 인식을 통해 모네와 피카소의 그림은 분명히 구별할 수 있을 것이다. 사실 우리의 직감 중 상당 부분이 패턴 인식에 대한 반응으로 생기는 것이다. 그런데도 우리는 직감에 주의를 잘 기울이지 않는다. 느낌은 진짜다. 뇌가 이전 경험들을 종합하고 그 결과에 기초해 결론 내린 것을 나타낸다. 진화는 동물계에서 직감 능력이 매우 뛰어난 동물들을 선택해왔다. 위험을 잘 감지하지 못하는 동물들은 살아남지 못하지 않았는가. 우리는 인간이기에 이 특성을 억누르라고 배웠지만, 우리가 자연에서 배울 수 있는 중요한 교훈이 여기 있다. 바로 본능을 믿으라는 것이다.

내가 처음으로 암 관련 패턴 인식 기술을 배운 것은 뉴욕 메모리얼 슬론 케터링 암센터에서 수련의로 있을 때였다. 그곳에서 내가 가장 좋아하는 멘토였고, 지금은 고인이 된 데이비드 골드 교수의 지도를 받았다. 골드 교수는 세계적으로 유명한 의학계의 거장이었고 매우 사랑받는 교육자이자 과학자 그리고 의사였다. 그는 꼼꼼하게 기록하는 일의 중요성을 가르쳐주었고, 이 과정에서 문법과 단어 선택이 중요하다고 강조했다. 우리는 항상 환자를 보러 가기 전에 현미경으로 환자의 골수 상태와 면역 세포 상태 등을 알려줄 수 있는 말초 혈액 도말 검사를 하고 암 생체 조직을 관찰했다. 진료실에서 골드 교수와 함께 관찰하고 그의 지도를 받으며 축적한 데이터는 결과적으로 나의 패턴 인식 기술의 밑바탕이 되었다.

2015년, 캘리포니아 대학교 병리학 교수인 리처드가 발표한 연구(**그림 1**의 출처 참고)에 따르면 비둘기들이 훈련을 받으면 인간 전문가만큼이나 암을 잘 발견할 수 있음을 보였다.[4] 비둘기가 고유의 시야로 암

**그림 1**
다양한 배율로 확대한 착색 유방 종양 표본.
왼쪽이 양성 종양 표본이고 오른쪽이 악성 종양 표본이다.

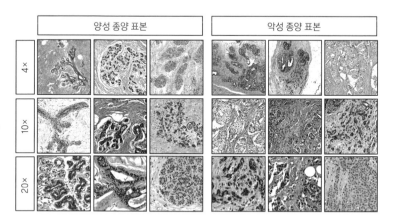

출처: Richard M. Levenson et al., "Pigeons (Columba livia) as Trainable Observers of Pathology and Radiology Breast Cancer Images," PLoS One 10, no. 11 (November 2015): e0141357.

패턴을 찾아낼 수 있다는 것이다.

## 새의 시야

산타모니카에서 웨스트우드로 잠깐 차를 몰고 가면 UCLA 뇌연구소 지하층에 있는 아론 블레이스델의 연구실을 방문할 수 있다. 연구실 안에는 비둘기 새장으로 채워진 옷장 같은 방이 있다. 비둘기들은 구달, 보니것(**그림2** 참고), 다윈, 쿠스토 등등 각기 기막힌 이름을 가지고 있다. 그곳에서 브레이스델은 비둘기의 인지 기능과 세상을 지각하는 방법을 연구한다. 비둘기가 123, 234, 345,… 수열 문제를 풀 수 있다는 것을 보인 실험도 이곳에서 이뤄졌다. 그 복잡하고 정교한 실험에서 비둘기들은 수열 문제를 푸는 위업을 기록하기 위해 수에 관한 규칙을 배우고 부리로 터치스크린을 쪼는 것을 훈련했다. 비둘기들의 신경처리 속도는 놀라웠다. 블레이스델에 따르면 "비둘기들은 씨앗을 먹으려고 부리로 쫄 때 씨앗 크기보다 크지도 작지도 않게 정확히 그 크기로 입을 벌릴 수 있다."

우리는 3차원 세상을 볼 때 초점을 쉽게 맞출 수 있도록 두 눈이 비교적 가까운 위치에 있는데, 비둘기의 두 눈은 머리 반대편에 있다. 그런 단점을 보완하기 위해 비둘기는 양쪽 눈 각각에 안와foveae가 두 개씩 있다. 안와는 망막에 움푹 들어간 작은 구멍으로 인간에게는 하나가 있는데 새들은 두 개를 가지고 있어서 매우 선명하게 볼 수 있다. 눈가에 있는 안와는 위협 요소가 있는지 세상을 훑어보는 데 사용되고, 중심에 있는 안와는 씨앗과 같이 가까이에 있는 사물에 집중할 수 있게 돕는다.

블레이스델은 비둘기들이 어떻게 공간적 패턴 학습을 이용해 시각 세계를 단순화하는지 연구했다. 비둘기는 위협을 피하기 위해서뿐만 아니라 방향을 읽어 자기 위치를 파악하기 위해 3차원 세상에 대한 공간 지도를 만든다. 인간과 비둘기가 공유하는 가장 과소평가된 능력이 머릿속에 비슷한 공간 지도를 여러 개 만들고 따로따로 얻은 그 지도들을 종합해서 통일된 그림을 완성하는 것이다. 심지어 전에 본 적이 없는 것들 사이의 공간적 관계도 추론할 수 있다.

친구나 가족이 새로 이사한 집에 초대받아 갔을 때를 생각해보라. 거실을 지나면서 가구 배치와 탁자 위에 놓인 다양한 물건을 눈으로 메모했을 것이다. 나중에 다시 그 집을 방문했을 때 누군가 의자 하나를 치웠다는 것을 알아차릴 것이다. 더 나중에 다시 가면 의자가 있던 자리에 새로운 가구가 놓여 있다는 것도 알아차릴 수 있다. 거실에 들어갈 때마다 머리에서는 스냅 사진으로 구성된 시각적 지도가 만들어진다. 스냅 사진은 순간순간 뇌가 수집한 자료의 부분이지만 다시 그 거실로 돌아왔을 때 전반적인 변화를 느끼기에 충분하다. 뇌가 거실의 모든 세부 사항을 하나하나 기억하고 있다면 의자가 치워진 것을 알아차리기가 더 어려울 수도 있다. 우리의 뇌는 새로 거실에 들어갈 때마다 전에 방문했던 기억을 되새김질한다. 그리고 그때의 정보를 현재 시야에 통합함으로써 공간적 추론을 한다. 인지 활동이 이뤄지고 있다는 뚜렷한 신호다. 거실에 들어갈 때마다 한 번도 온 적 없는 것처럼 완전히 다르게 느껴진다면 어떻게 될지 상상해보라. 혼란스럽고 어디가 어딘지 모르겠고, 어쩌면 치매에 걸린 것은 아닌지 걱정하면서 겁에 질릴 수 있다.

우리는 공간적 추론만 하는 게 아니라 온종일 일상적인 과제를 완수하기 위해 중요한 추론을 한다. 시간 추론이 좋은 예다. 1번 버스가 도착하고 대략 30분 뒤에 2번 버스가 도착한다는 것을 알고 있다고 해보자. 만약 누군가 1번 버스가 20분 전에 떠났다고 말해준다면 우리는 얼마나 기다려야 2번 버스가 오는지 안다. 머리를 쓰지 않고도 순간적으로 이런 추론을 한다.

노인 인구의 퇴행성 신경 질환이 빠른 증가세에 있으므로 이러한 추론 능력을 이해하고 유지할 필요가 있다. 만일 몸의 움직임과 환경,

**그림 2**
아론 블레이스델의 똑똑한 비둘기 '보니것'

코끼리는 암에 걸리지 않는다

시간 경과를 기민하게 추적하는 정신 작용을 이해할 수 있다면 까다로운 퇴행성 질환을 치료하고 관리하는 게 더 쉬워질 수도 있다. 알츠하이머병 같은 병에 관한 논의는 기억력 문제를 중심으로만 이뤄지는 경우가 많은데, 사실 이 병은 머릿속 공간 지도와 전반적 시간 기록 기능까지 포함해 많은 영역에 영향을 미치는 복잡한 질병이다. 인간의 인지를 이해하기 위해 비둘기와 비둘기의 정교한 운항 기술을 연구하는 게 이상해 보일 수도 있지만, 실제로 새들은 훌륭한 연구 사례를 제공할 수 있다. 이미 밝혀졌듯이 새는 절대 멍청하지 않다. 오히려 아인슈타인과 같다.

## '새 대가리'라는 말은 칭찬이다

'이해력이 새 수준'이라는 말은 집중하지 못하고 경솔한 사람을 가리키는 것으로 17세기에 만들어졌다. 20세기 초반까지 '새 대가리'는 지능이 모자란 사람을 가리키는 은어였다. 지능이 떨어지면 뇌 크기가 새처럼 작으리라 추정해서 나온 말이다.* 그러나 새의 두뇌는 전체 몸집에 비해 크다. 비둘기 연구에서 밝혀졌듯이 새들은 인상주의 그림과 입체파 그림을 구별할 수 있다. 블레이스델은 명석한 새들을 정말 사

---

* 2005년 29명의 신경과학자가 참여한 '조류 뇌 명명법 컨소시엄'이라는 국제 컨소시엄에서 새 뇌의 해부학적 구조에 새로운 이름을 붙이자는 제안이 나왔다. 새의 뛰어난 인지능력이 조류보다는 포유류와 더 비슷하다는 사실을 표현하기 위해서였다. 과학자들은 '새 대가리'라는 구시대적 표현이 올바르게 이해되기를 바랐다.

랑한다. 동물들을 '자연의 로봇'이라 부르는 자칭 자연주의자인 그는
비둘기를 묘사할 때 사랑스럽다, 귀엽다, 겸손하다 등의 단어를 사용
한다. 블레이스델은 "사람들은 대부분 주변에 보이는 비둘기를 무시한
다. 그들에게는 비둘기 소리가 배경 소음에 불과하다."라고 말한다. 그
러나 그에게 "비둘기는 서커스단 광대와 같다. 한쪽 구석에서 자기 일
을 하는 재미있는 존재다."*

　비둘기의 평균 수명은 3~5년이다. 그래도 매나 독수리에게 잡아
먹히지 않는다면 때때로 10년 이상도 살 수 있다.**5 인간은 수천 년
동안 공중 곡예를 감상하거나 경주에 내보내기 위한 스포츠용부터
통신용까지 다양한 목적으로 비둘기를 길들였다. 인간이 최초로 길들
인 비둘기는 도시에서 흔히 볼 수 있는 바위 비둘기로도 알려진 참비
둘기다.(진정한 야생 비둘기는 존재하지 않는다.) 왜 그렇게 많은 비둘기
가 도시의 거리를 장악하고 있는지 궁금할 것이다. 이유는 간단하다.
수 세기에 걸쳐 인간이 비둘기를 도심으로 데리고 오기도 했고, 마침
비둘기도 콘크리트 면과 딱딱한 바닥을 좋아하기 때문이다. 비둘기는
지중해 연안의 바위 턱과 절벽에서 진화했다. 비둘기목에는 집비둘기
와 멧비둘기 300여 종이 있다. 역사적으로 비둘기는 식량의 원천으로
인간 생존에 매우 중요했고 사회에서 다용도로 쓰였다.6 기원전 776년

---

*　블레이스델은 어쩌다 보니 비둘기 알레르기가 생겼다. 비둘기를 맨손으로 만지면서 그
피부나 깃털에 있는 알레르겐과 접속하면 천식이 심해지고 독감 증상이 나타날 수 있다.
**　수명을 비교해보면 많은 조류종이 비둘기보다 오래 산다. 두루미, 벌새, 올빼미, 대
머리독수리를 포함해 많은 종이 비둘기보다 오래 살 것이다. 청모자 아마존 앵무새는 가
두어 키웠을 때 66세까지 살 수 있고, 90세까지 산 앵무새도 있다는 일화도 보고되었다.
인간의 수명으로 치면 수백 년에 맞먹는다. 자세한 정보는 이 장의 미주 5번을 참조하라.

첫 번째 올림픽의 결과를 전달한 것도 비둘기였고, 그로부터 2500년 후 나폴레옹이 워털루 전투에서 패배했다는 소식을 전달한 것도 비둘기였다. 평생 도시를 떠나본 적 없는 나는 비둘기를 봐도 별생각이 없었다. 그러나 최근 '날개 달린 쥐새끼'(유감스럽지만 1980년대 영화 〈스타더스트 메모리즈Stardust Memories〉에서 우디 앨런이 비둘기에게 붙인 별명이다)를 공부한 후로는 길거리에서 어디로 가고 있고 어디로 가고 싶은 건지 모르는 듯 계속 머리를 흔들고 이상하게 통통 뛰어다니는 비둘기를 보면 예전과 다르게 보게 된다.

비둘기는 집에서 2,000킬로미터 떨어진 곳에서도 집으로 돌아가는 길을 찾을 수 있고, 지금 어디에 있는지 전혀 알지 못하도록 시각과 후각뿐만 아니라 천재적인 길 찾기 능력의 열쇠로 밝혀진 지구 자기장도 이용하지 못하게 하는 완전 고립 상태에서 아무 곳에 풀어놓아도 집을 찾아갈 수 있다. 심지어 이동 방향을 추적할 수 없도록 운송 중에 새장을 회전시켜 헷갈리게 하더라도 비둘기는 신기하게도 가장 짧은 경로의 돌아가는 길을 찾아낸다. 정확히 어떻게 집을 찾아가는지는 아직 밝혀지지 않았지만, 비둘기의 비행 능력이 수천 년 동안 높이 평가되고 이용됐다는 것은 분명한 사실이다.

한때는 미국에 서식하는 비둘기의 4분의 1 이상이 나그네 비둘기였다고 한다. 북미 지역 나그네 비둘기는 한때 엄청난 수가 함께 떼 지어 다녀서 낮인데도 몇 시간 동안 하늘을 밤하늘처럼 만드는 것으로 유명했다. 그러나 그렇게 몰려다녔기 때문에 사냥 표적이 되기 쉬웠다. 수십 년 사이에 종 전체가 지구상에서 사라지는 것은 드문 일인데 나그네 비둘기는 20세기 들어 멸종하기 시작했다. 새로 발표된 한 연구는 유전적 다양성의 문제도 있지만 지나친 사냥과 서식지 파괴 같은 인간의 개입을 주범으로 지목했다. 나그네 비둘기들은 수십억 마리가 무리 지어 살며, 먹이를 찾고 새끼를 기를 때도 협력한다는 독특한 특징이 있다. 하지만 개체 수가 급격히 줄어들면서 더는 번성하지 못했다.

다년간 선택적 번식의 결과로 전령 비둘기 또는 전서구라고 불리는 비둘기가 우리 곁에 남게 되었다. 전서구의 공식 이름은 '레이싱 호머Racing Homer'이다. 이들은 속도와 귀소성이 뛰어나도록 개량되었고 3천 년 전부터 경주용으로 사용되었다. 역사상 가장 유명한 정복자로 손꼽히는 몽골의 전사 칭기즈칸은 광대한 제국을 통치하기 위해 비둘기를 통신용으로 사용했다. 역사 속 많은 전쟁에서 비둘기는 중요한 역할을 담당했다. 별도의 배터리나 전력이 필요하지 않고 그저 먹이와 물만 주면 되었다. 전서구로 전쟁터에서 비교적 안전한 통신이 가능했고, 필요할 때는 무선 통신 장비 대신 사용할 수 있다. 1918년 10월 4일, 1차 세계대전이 한창일 때 194명으로 구성된 미군 대대는 독일군에게 포위되어 꼼짝도 못 하는 상황에서 무지막지한 공격을 받고 있었다. 게다가 혼선과 혼돈으로 아군의 포격까지 받았다. 그때 참 적절하게도 '친애하는 친구'라는 뜻의 프랑스어 이름을 가진 전서구 쉘아미Cher Ami가 이들의 탈출 작전에 투입되었다. 모두가 전사하지 않도록 아군의 포격이 멈추기를 간절히 바라던 미군 병사들은 아군의 사격 중지를 요청하는 쪽지를 매단 쉘아미를 날려 보냈다. 곧이어 독일군의 조준사격으로 쉘아미가 공중에서 떨어졌다. 한쪽 눈과 다리 하나를 잃었고 총알이 가슴을 관통해서 부상이 심했다. 그러나 쉘아미는 기적적으로 다시 날아올라 약 40킬로미터 떨어진 본부까지 비행에 성공

코끼리는 암에 걸리지 않는다

했다. 프랑스군은 쉘아미에게 미군 퍼플하트 훈장과 비슷한 십자훈장을 수여했다.[7]

　2차 세계대전 기간 미국은 20만 마리의 전서구를 준비했다. 오늘날 중국군은 복잡한 첨단 통신 장비가 전쟁에서 실패할 경우를 대비해 전서구 부대를 운영하고 있다. 특히 비행 속도를 최대 시속 160km까지 낼 수 있는 빠른 비둘기들은 값이 꽤 비싸다. 2013년 세계에서 가장 빠른 경주용 비둘기는 거의 50만 달러에 팔렸다. 2020년에 이 기록을 능가하는 비둘기가 등장했다. '뉴킴'이라는 이름의 비둘기. 가격은 무려 190만 달러였다.[8]

　비둘기 기르기는 빅토리아 시대 영국민 사이에서 흔히 볼 수 있는 취미였다. 왕족부터 광부에 이르기까지 계급에 상관없이 모든 사람을 끌어들이면서 대대적인 비둘기 열풍이 일었다. 열성적인 비둘기 애호가들은 기발한 번식 방법으로 특이한 종도 '창조'했다. 엄청난 비둘기 애호가로 알려진 다윈도 1856년에 비둘기를 기르기 시작했다. 하지만 그에게는 취미라기보다 비둘기 번식 과정을 알기 위한 실험에 가까웠다. 다윈은 곧이어 비둘기 기르기에 완전히 빠지게 되었다. 다양한 비둘기를 수집했고, 런던 비둘기 클럽에 가입했으며, 유명한 비둘기 사육자들과 친분을 쌓았다. 1859년, 그는 이후 『종의 기원』이 되는 원고 초안을 여기저기 돌리기 시작했다. 그 글을 읽은 어떤 사람은 그것을 '다듬어지지 않은, 바보 같은 상상력의 소산'이라고 평가하면서 다윈에게 차라리 비둘기에 관한 짧은 책을 쓰라는 실용적인 조언을 했다. 그 사람은 "모든 사람이 비둘기에 관심이 있으므로" 이에 관한 책을 써야 "영국의 모든 학술지에 서평이 실리고, 가는 곳마다 사람들 입에

오르내릴 것이다."라고 했다.*

비슷한 시기에 혁신적인 기자였던 파울 율리우스 로이터가 전서구를 이용해 브뤼셀에서 독일로 주식 시세 정보를 보내는 통신사를 설립했다. 그러면서 전신이 아직 발달 중이던 시기에 베를린과 파리의 연결이 가능해졌다. 비둘기는 우편 열차보다 두 지점 사이를 빨리 이동할 수 있었으므로 로이터는 파리 금융거래소의 중요한 금융 소식에 빨리 접근할 수 있었다. 결국에는 비둘기를 이용한 방식에서 직접 전신 통신으로 대체되었고, 로이터는 사업을 확장해 로이터 통신이라는 이름의 글로벌 제국을 건설했다. 이 통신사는 오늘날에도 여전히 이름을 그대로 쓰고 있고, 컴퓨터를 이용해 전 세계 150여 국가로 24시간 정보를 전송한다.

그런데 우리가 아직 답을 찾지 못한 질문들이 있다. 비둘기들은 어떻게 집으로 돌아가는 길을 찾는 것일까? 비둘기의 길 찾기 마법에서 핵심이 무엇일까? 여기에서 어떻게 치매를 치료하는 법을 배울 수 있을까?

---

* 비둘기에 대한 열정은 역사적으로 많은 위대한 사람들에게 영향을 미쳤다. 존 오닐의 『아낌없이 주는 천재: 니콜라 테슬라의 비범한 삶Prodigal Genius: The Extraordinary Life of Nikola Tesla』을 보면 테슬라가 뉴욕시 호텔 방에서 다친 야생 비둘기를 어떻게 돌봤는지 묘사한다. 테슬라는 자신이 가장 좋아했던 비둘기에 대해 이렇게 말한다. "나는 그 비둘기를 사랑했다. 남자가 여자를 사랑하듯 말이다. 그 아이는 내 인생의 기쁨이었다. 내가 그 아이에게 필요한 존재가 된다면 다른 어떤 것도 중요하지 않았다. 그 아이가 내게 있는 한 내게는 인생의 목적이 있었다."

코끼리는 암에 걸리지 않는다

# 귀소성

내가 시공간의 어디에 있는지 어떻게 '알까?' 하고 생각해보면 머릿속에 여러 가지가 떠오른다. 시각, 청각, 촉각, 후각 같은 감각이 있고 중력, 움직임, 균형과 관련해서 몸을 인식하는 전정계도 있다. 전정계 중심은 귀의 가장 안쪽 내이에 있고, 좌우 내이의 전정 기관은 머리 양쪽에서 대칭을 이룬다. 전정 기관 말단에는 선형 가속도와 각 가속도를 모두 감지하는 작은 유모세포가 있다. 전정계는 진화에서 처음 등장한 감각계 중 하나이며, 1장에서 언급했듯이 우리가 물고기에서 진화했음을 보여주는 흔적이다. 갑작스러운 어지럼증을 경험하거나 빙빙 도는 것 같거나 곧 쓰러질 것 같은 느낌을 경험한다면 내이 감각 신호에 문제가 있을 가능성이 있다. 우리는 뇌가 균형과 관련된 정보를 어떻게 해석하고 처리하는지 지금도 알아가고 있지만, 현재 진행 중인 연구가 인공 달팽이관 설계를 개선해서 어지럼증과 균형 장애가 있는 사람들에게 큰 도움이 될 것이다.

우리에게는 고유 감각이라 불리는 감각도 있다. 신체 부위의 상대적 위치와 이를 움직일 때 들어가는 노력의 강도를 알게 해주는 감각이다. 운동 감각이라고도 불리는데 어떤 사람은 이것을 '육감'이라고 생각한다. 고유 감각은 자신이 공간 속에 정확히 어떻게 위치하는지 알려주고 운동을 계획할 수 있게 해주므로 중요하다. 고유 감각계는 특화된 신경 말단인 감각 수용기로 구성되어 있다. 근육, 피부, 인대, 힘줄, 관절에 분포된 감각 수용기들이 종합적으로 몸의 위치와 움직임에 관한 정보를 뇌에 전달한다. 운동 출력과 관련된 중추신경계 신호에서 얻은 감각도 고유 감각계에 필수적이다. 눈을 감고도 직선으로 걸을 수 있고, 좁은 공간을 통과할 수 있고, 연필로 글을 쓸 때 정확한 양의 압력을 가할 수 있는 것이 모두 고유 감각을 실제로 사용하는 예다. 고유 감각은 나이가 들면서 나빠질 수 있어서 사람들이 쉽게 넘어질 뿐만 아니라 고유 감각계가 제대로 작동해야 가능한 기본적인 기능을 수행하는 능력도 점점 떨어지고, 결과적으로 퇴행성 관절 질환이 생긴다. 이처럼 중요한 고유 감각계의 악화를 예방하는 가장 좋은 방법은 운동이다. 운동으로 고유 감각계를 건강하게 유지할 수 있다.

우리는 자신이 세상 어디에 있는지 알도록 도와주는 이런 감각들 외에도 기억과 경험을 검색하는 복잡한 인지 과정 또한 경험한다. 이 모든 요소가 혼합된 패턴 인식도 있다. 우리는 눈으로 보고, 머릿속으로 기록하고, 과거의 기억을 회상하고, 정보와 지식을 업데이트하고, 생각하고 추론하고, 결정을 내리고, 움직이고, 더 많이 본다. 집으로 돌아가는 방법을 '알고' 있다면 그것은 비둘기처럼 머릿속 공간 지도를 이용해 길을 찾아가도록 이 모든 요소가 작용하고 있다는 말이다.

전서구에게는 환경에 대한 놀라운 기억을 형성하도록 돕는 다른 과정이 있다. 우리처럼 시각적 신호나 주요 지형물을 사용하는 것 외에도 후각을 사용하고 태양의 위치와 고도도 사용하는 듯하다. 우리 몸이 24시간 태양일을 사용해 호르몬 주기와 생체 리듬을 지시할 수 있듯이 비둘기도 말하자면 시간을 알 수 있다. 물론 비둘기나 인간이나 뒤에서 작용하는 이런 힘을 의식하지 못한다. 최근 과학자들은 비둘기가 자기감지능력magnetoreception, 즉 지구 자기장을 감지하는 능력을 이용해 길을 찾아간다는 것을 확인했다.[9] 비둘기의 뇌에 자기장에

코끼리는 암에 걸리지 않는다

관한 상세한 정보가 기록되어 있고 부리에 농축된 철 입자가 일종의 생체 나침반 역할을 해 길 찾기가 가능하다는 학설이 제기되었다. 그러나 이 학설을 비판하는 사람들은 부리의 철 입자가 자기 감지가 아니라 철분 저장(철분은 혈액 속에서 산소를 운반하는 데 필요한 헤모글로빈의 주요 구성 요소이다)과 관련 있다고 말한다. 또 다른 학설은 비둘기 눈 망막에 있는 크립토크롬cryptochrome이라는 단백질이 국소 자기장 세기에 따라 달라지는 전기 신호를 만들어내고, 그 전기 신호로 "새들이 지구 자기장을 볼 수 있다."라고 주장한다.[10] 비둘기 내이에는 큐티쿨로솜cuticulosome이라는 작은 철 입자가 있는데, 비록 큐티쿨로솜의 자성이 지구 자기장을 감지할 만큼 강하지는 않지만 네 번째 학설은 이 입자에 주목하고 있다.

지구가 서식 가능한 행성이 된 것은 지구 자기장 덕분이라고도 할 수 있다. 태양풍이 지구 대기를 조금씩 잡아먹고 방사선으로 생명체를 새까맣게 태울 수 있는데 지구 자기장이 그런 태양풍을 막는 방패 역할을 한다. 지구 자기장은 액체 상태의 철로 이루어진 지구의 핵이 응고되면서 생긴다. 핵이 냉각되고 결정화가 일어나면 주위의 액체 상태 철이 자극을 받아 강력한 전류가 발생한다. 지구가 자전축을 중심으로 회전할 때 그 전류가 자전축에서 11도 기울어진 지구 주위로 자기장을 만든다. 그렇게 만들어진 자기장은 멀리 우주까지 뻗어 나간다. 지표면에는 두 개의 자기극이 형성된다. 핵에서 열이 빠져나가면서 대류 운동이 발생하고, 그때 생성되는 대류 전류에 의해서 자기극이 만들어진 것이다. 대류 전류는 외핵의 액체 상태 철과 니켈 혼합물에서 생겨난다. NASA 연구자들은 "자기장의 보이지 않는 자력선이 지구의 남극에서 나와 북극으로 연속적인 폐회로 모양으로 이동한다"는 것을 발견했다. 아주 오래된 교란되지 않은 화산암이나 퇴적암, 호수 및 해양 퇴적물, 용암류, 고고학적 유물에서 발견되는 자성 광물은 지구 자기장의 세기와 방향, 자극 역전 현상이 발생했던 시기를 밝혀줄 수 있다.[11] 지질 시대별 지구 자기장의 변천사를 구성하기 위한 연구가 과학자들 사이에서 활발히 이뤄지고 있다. 지구 자기장을 감지하고 이용하는 동물과 그들의 자기장 활용 방법에 관한 연구도 최근에 시작되었다.

박테리아, 꿀벌, 달팽이부터 바닷가재, 무지개송어, 연어, 바다거북, 개구리, 개에 이르기까지 우리와 지구를 공유하는 많은 유기체가 지구 자기장을 감지할 수 있는 것으로 보인다. 개들은 배변할 때 지구 자기장의 남북 방향으로 머리를 향하는 것을 좋아한다. 하지만 인간은 어떤가? 우리에게 자기장을 감지하는 제7의 감각이 있을까? 우리가 자신도 모르게 지구 자기장을 감지할 수 있다면 그 자기장이 우리 행동에 영향을 미칠까?[12]

2019년, 캘리포니아공과대학 연구팀은 인간이 지구 자기장을 감지할 수 있음을 주장하는 논문을 발표해 돌풍을 일으켰다.[13] 《사이언스》 스태프 작가 켈리 서빅은 생물물리학자 조 커슈빈크의 연구팀이 뇌전도 검사를 이용해 "지구 자기장과 강도가 같은 고도로 제어되는 자기장에 변화를 줬을 때 그에 대한 반응을 알아보기 위해 피실험자 두피에 전극을 부착해 뇌 활동 신호를 기록했다."라고 전했다.[14] 연구팀은 모든 것을 제어하기 위해 자기장이 차단된 지하 2층 방에서 실험을 진행했다. 피실험자들을 전기 코일로 만든 맞춤형 자기장에 노출시키고 뇌전도 검사 기계로 그들의 뇌파를 기록했다. 연구자들은 실제로 특정한 뇌파 패턴을 기록했고, 뇌전도 검사에서 알파파로 불리는 특정 뇌파에 변화가 있음을 보였다. 그러나 변화를 보인 참가자들은 고작해야 3분의 1 미만이었다. 이것은 개인 차이가 있음을 의미한다. 그것이 유전적 차이인지 학습된 차이인지는 분명하지 않지만, 실험 데이터는 충분히 흥미롭다.[15] 자기감지능력이 일부 사람에게만 있다면 지자기를 감지하는 것이 어떻게 가능한지, 더 나아가 우리에게 이로운 점이 있다면 그게 무엇인지 이해하려면 한참 멀었다.

《사이언스》에 실린 서빅의 기사는 이어서 다음과 같이 설명한다. "자기감지능력 메커니즘은 지구 자기장에 맞춰 조절되는 자철석 결정을 품고 있는 특정 박테리아에게만 있다. 새의 부리와 물고기의 주둥이도 인간의 뇌와 마찬가지로 자철석을 포함하고 있다. 길더와 동료 연구자들은 인간의 뇌 영역 중에서도 뇌간과 소뇌와 같은 원시뇌에 자철석이 가장 많이 농축되어 있음을 최근에 알아냈다. 그러나 자철석을 포함하고 있는 감각 세포가 어떤 것인지는 아직 밝혀지지 않았다." 다음과 같은 중요한 질문에 답할 수 있으려면 인간의 지자기 감지 시스템을 규명하기 위한 많은 연구가 필요하다. 우리가 무의식적으로 지자기의 자극을 처리할 수 있다면 무엇을 할 수 있을까? 지구 자기장은 다른 생물에게 생체 나침반 역할 외에 무엇을 해줄 수 있을까? 자기장 노출이 부정적인 결과를 가져올 수도 있을까? 비행기 헤드셋의 자석이 조종사의 자연스러운 방향 감각을 훼손할 수 있을까? MRI 기계의 강한 자기장이 우리 몸 안에 있는 자철석을 변화시킬까?[16] 여기에 새로 나온 저주파 초음파 이론도 덧붙일 수 있다. 이는 비둘기가 올바른 방향으로 길을 찾아가는 방법을 설명한 다섯 번째 이론이다. 전서구들은 방향이 헷갈리거나 방향 감각을 잃으면 집으로 곧장 날아가는 게 아니라 엉뚱한 방향으로 사라지거나 아무렇게나 흩어진다. 이에 대해 과학자들은 비둘기가 이 소리를 '들어서' 즉 극저주파 소리를 따라감으로써 집을 찾아가는 능력에 문제가 생기면 길을 헷갈리게 된다는 의견을 내놓았다.

초저주파는 인간이 감지할 수 없을 정도로 낮은 주파수로 바다와 땅에서 나오는 음파를 가리킨다. 비둘기는 이 음파를 들을 수 있다. 우리가 눈으로 집 근처 풍경을 시각적으로 인지하는 것처럼 비둘기들은 초저주파 소리를 이용해 비둘기집 주변의 지형을 이미지화하는 것일지도 모른다. 그러나 특정 지역의 날씨와 지형이 비둘기가 의존하는 초저주파를 방해한다고 하면 일부 비둘기가 방향을 잃고 잘못된 길로 날아가는 이유를 설명할 수 있다. 만약 우리 인간도 언젠가 초저주파를 들을 수 있고 인공지능의 도움을 받아 그 힘을 활용할 수 있다면 어떨까? 아마도 길을 잃지 않도록 도와줄, GPS 장치보다 더 강력한 도구를 개발할 수 있을 것이다. 비교적 가까운 미래에 인공지능이 동물들의 의사소통을 해독하는 것을 도울 것이다. 인공지능 분야의 발전은 그야말로 인상적이다. 애플 기기에 사용하는 시리Siri 같은 장치가 동물의 말을 해석하는 모습을 상상해보라.

블레이스델은 어떤 하나의 메커니즘이 비둘기를 집으로 안내하는 게 아니라고 말한다. 비둘기는 현재 위치와 목적지에 따라 이용할 수 있는 가장 유용한 전략을 선택한다.

이제 비둘기가 머리를 앞뒤로 흔들며 걷는 정말 흥미로운 이야기

코끼리는 암에 걸리지 않는다

를 해보자. 비둘기가 머리를 앞뒤로 빠르게 움직이는 것은 주변의 장면이 흔들리지 않도록 순간적으로 눈을 물체에 고정하기 위한 것이라고 한다. 가끔 공원 의자에 앉아 이 역설을 곰곰이 생각해보라. 움직이면 당연히 시야가 흔들리므로 모든 동물은 주변 세상이 흔들리지 않도록 고정하는 방법이 필요하다. 그런 방법이 없다면 시야가 흐려지고 어질어질할 것이다. 인간의 눈은 움직임을 추적하는 뇌 영역과 신경 근육으로 연결되어 있어서 움직임이 있으면 본능적으로 가벼운 안구 떨림이 일어나는데, 비둘기는 길고 유연한 목을 이용해서 움직임을 추적한다. 그래서 실제로는 목을 흔드는 게 아니라 머리를 앞으로 내밀어 물체에 시선을 고정하고, 그런 다음 몸이 그 방향을 따라가는 것이다. 눈에 있는 광수용체(안와)가 주변 환경에 대한 안정적인 이미지를 포착하는 데는 대략 20밀리초(즉 2/100초) 걸린다. 비둘기는 머리를 앞으로 내밀고, 새로운 사물에 시선을 고정하고, 그러고 나서 몸을 앞으로 당기는 행동을 반복한다. 과학자들은 비둘기를 촬영하고 움직임을 프레임별로 분석해서 이 사실을 알아냈다. 주변 풍경의 변화가 없는 곳에 있으면 비둘기는 걸을 때 머리를 움직이지 않는다.

동물들이 어떻게 자신의 움직임을 추적하고 끊임없이 움직이는 주변 세상을 고정하는지 이해할 수 있다면 우리는 현기증이나 협응 장애 같은 움직임과 관련된 어려운 질환을 훌륭히 치료할 수 있을 것이다. 앞에서 언급했듯이 우리는 눈, 내이, 뇌를 조합해서 GPS로 사용하므로 이 중 어느 하나에 문제가 생기면, 예를 들어 비정상적인 안구 움직임, 내이에 물이 차는 것, 전정 신경 감염, 균형감각을 담당하는 뇌 부위 외상 등이 있으면 세상은 방향을 전혀 알 수 없는 미로로 변해버려 집을 찾아갈 수 없다. 현재 다른 동물들을 통해 인간의 전정 질환에 대한 새로운 치료법을 개발하기 위해 연구가 진행되고 있다. 한 예로 전기 임플란트를 들 수 있는데, 설치류인 친칠라로 균형 장애 치료 효과가 입증된 이 방법은 존스홉킨스대학교 연구진에 의해 인간 환자에게 임상 시험 중이다.[17]

## 몬티 홀 딜레마

비둘기의 놀라운 시각적 정교함은 말 그대로 광범위한 영역에 미친다. 비둘기는 마치 길을 보여주는 컴퓨터 프로그램이 내장되어 있기라도 한 듯 길을 잘 찾을 수 있을 뿐만 아니라 어떤 패턴 인식 시험에서는 인간들보다 더 좋은 성적을 낸다. 어떻게 그럴 수 있을까? 놀랍게도 그 답은 비둘기들은 눈에 보이는 것에 관해 너무 많이 생각하지 않는다 는 것이다. 블레이스델은 비둘기로부터 문제를 너무 오래 생각하지 않 는 법과 사고 편향을 피하는 법을 배웠다고 말한다. 마땅히 해결해야 할 이 두 가지 흔한 사고 결함 때문에 우리는 더 큰 그림을 보지 못할 수 있다. 이 단점을 전형적으로 보여주는 이야기를 블레이스델이 들려 준다.

　여기 '몬티 홀 딜레마'가 무엇인지 잘 보여주는 예시가 있다. 지금 게임 쇼에 출연했다고 상상해보자. 세 개의 문이 제시되어 있고, 각 문 뒤에 무엇이 있는지 알고 있는 사회자가 세 문 중 하나에는 번쩍거리 는 새 자동차가 있고, 나머지 두 문은 염소를 숨기고 있다고 말한다.

출연자는 문 하나를 선택해서 그 뒤에 있는 게 무엇이든 상품으로 가져갈 수 있다. 당연히 당신은 자동차 상품을 기대하며 문을 하나 골랐다. 사회자가 나머지 두 문 중 하나를 열자 문 뒤로 냄새나는 염소가 보인다. 이제 사회자는 처음 선택을 그대로 유지할 것인지, 아니면 남아있는 문으로 바꾸고 싶은지 묻는다. 자, 어느 문을 선택하겠는가? 이것이 '몬티 홀 딜레마Monty Hall Dilemma'라고 불리는 문제이며, 이와 비슷한 선택 게임을 다루는 1960년대 TV쇼 〈거래를 합시다Let's Make a Deal〉 사회자 이름을 따서 불리게 되었다. 사실은 확률을 이용하는 전통적인 뇌풀기 수학 문제이다.

대다수 사람은 확률이 50대 50이므로 차이가 없으리라 가정하고 처음 선택을 고수한다. 이 선택이 논리적으로 맞는 것처럼 들린다면 이 악명 높은 퍼즐에서 실패한 것이다. 선택을 바꾼다면 자동차를 얻을 확률은 두 배로 높아진다. 시시하고 형편없는 얕은 술수처럼 들릴 수 있지만, 오랫동안 유명 수학자들도 이 딜레마로 골머리를 앓았다. 매번 선택을 바꾸는 것이 최상의 전략이라는 엄연한 사실을 컴퓨터 시뮬레이션으로 증명해 보이기 전까지 수학자들도 새로운 확률적 설명을 받아들이려고 하지 않았다. 그러나 비둘기들은 이 몬티 홀 딜레마를 접했을 때 대부분 현명한 선택을 한다.

과학 전문 작가 에드 용은 2010년 《디스커버》에 비둘기의 몬티 홀 딜레마 실험을 멋지게 기술했다.[18] 워싱턴주 휘트먼대학 심리학과의 월터 허브랜슨 교수와 당시 그의 연구조교였던 줄리아 슈뢰더는 한 달 동안의 실험을 통해 비둘기들이 약간의 훈련으로 더 좋은 선택을 하는 법을 배울 수 있고, 거의 매번 처음 선택에서 다른 것으로 바꾼다는 것을 보였다. 자동차가 나머지 두 문 뒤에 있을 확률은 50대 50이 아니다. 게임을 시작할 때, 자동차가 있는 문을 선택할 확률은 3분의 1이다. 염소가 있는 문을 선택할 확률은 3분의 2이다. 그러나 사회자는 자동차가 어디에 있는지 드러내고 싶지 않으므로 문을 열 때 항상 염소가 있는 문을 택할 것이다. 사회자가 다른 문을 열지 않았다는 사실은 그 문 뒤에 자동차가 있을 수 있음을 암시한다. 그런 사회자의 행동은 참가자가 선택을 바꿔서 이 퍼즐에서 이길 확률을 3분의 2로 높인다.

허브랜슨과 슈뢰더는 비둘기 6마리를 가지고 실험에 돌입했다. 비둘기가 부리를 이용해 선택을 나타낼 수 있도록 게임 형식을 조금 변경했다. 비둘기에게 문을 대신해 불이 들어온 열쇠를 세 개 제시한다. 그중 한 열쇠는 부리로 쪼면 먹이가 나오게 되어 있다. 여기서는 모이가 멋진 새 차와 같은 것이다. 처음에 비둘기가 열쇠 하나를 골라 쪼면 열쇠 세 개 모두 불이 꺼진다. 그러나 잠시 후 비둘기가 선택한 열쇠를 포함해 두 개의 열쇠에 불이 다시 들어온다. 몬티 홀처럼 사회자 역할을 하는 컴퓨터가 비둘기가 선택하지 않은 열쇠 중 하나를 골라 불이 꺼지게 한 것이다. 남은 두 개의 열쇠 중 게임에서 이기는 열쇠를 정확히 두드리면 비둘기는 모이를 상으로 받는다. 실험 첫날, 비둘기들은 평균적으로 3번 중 1번꼴로 선택을 바꿨다. 그러나 한 달 지나자 6마리 모두 거의 매번 선택을 바꿔서 모이를 얻었다. 음식 보상물이 비둘기들의 행동을 강화한 것이다. 허브랜슨과 슈뢰더는 비둘기가 처음 선택을 고수했을 때 보상을 더 많이 받도록 확률을 거꾸로 바꿔 보았다. 이번에도 다시 한 달간의 훈련 후 비둘기들은 새로운 확률을 알아차

코끼리는 암에 걸리지 않는다

리고 현명한 선택을 했다. 인간은 그렇게 똑똑하지 않다. 비둘기처럼 경험을 기반으로 추측을 잘하지 못한다. 2010년에 발표된 허브랜슨과 슈뢰더의 논문에서 한 구절을 빌려온다면, "인간들은 대부분 몬티 홀 딜레마에 직면했을 때 완전히 실패한다."[19] 직관적 사고의 충동을 극복하지 못하기 때문이다.

허브랜슨과 슈뢰더는 피실험자로 대학생 13명을 모집해서 비둘기 실험과 비슷한 설정의 실험을 수행했다. 학생들은 되도록 점수를 많이 따라는 말 말고는 별다른 지시를 받지 않았다. 그들은 불이 켜지든 아니든 세 개의 열쇠에 어떤 일이 일어나는지 파악하기 위해 시행착오 학습법을 사용해야 했다. 한 달 동안 이기는 열쇠를 추측하는 시도를 200차례 했다. 실험을 시작했을 때 처음 선택을 고수할 가능성과 선택을 바꿀 가능성이 거의 같았다. 그런데 마지막 시도에서도 선택을 바꾸는 경우는 여전히 3번 중 2번이었다. 단도직입적으로 말해서 비둘기가 대학생보다 뛰어났다. 바꿔 말하면 비둘기는 학습했지만, 대학생들은 그러지 못했다.

왜 우리는 이 문제를 능숙하게 풀지 못할까? 허브랜슨과 슈뢰더는 우리 인간이 자기 지능의 피해자가 될 수 있다고 생각한다. 몬티 홀 딜레마 같은 문제에 직면할 때 우리는 최선의 해결책을 찾기 위해 시행착오 학습법보다는 논리를 사용해 문제를 철저히 파헤치려고 한다. 논리에 기대는 접근법이 대체로 그런대로 괜찮지만, 여기에는 장애물이 있다. 우리는 사건 X가 일어날 때 사건 Y가 일어날 확률은 얼마인가를 묻는 조건부 확률 문제를 잘 풀지 못한다. 추론을 시도하더라도 십중팔구 오답에 이를 것이고, 또 고집스럽게 오답을 고수한다. 우리와 대조적으로 비둘기는 확률 문제를 풀 때 경험에 기댄다. 훨씬 간단하고 관찰에 기반한 비둘기의 접근 방식은 반복적으로 적용된다. 비둘기들은 열린 마음으로 가장 큰 성과를 낼 수 있는 전략을 사용할 것이다. '확률 매칭probability matching'의 희생물이 되지도 않는다.

에드 용은 그의 저서에서 이렇게 말한다. "선택을 바꿨을 때 이길 확률이 3분의 2라면, 우리는 3번 중에서 2번꼴로 선택을 바꿀 것이다. 그것이 항상 선택을 바꾸는 것보다 나쁜 전략인데도 말이다."[20] 비록 궁극적으로 비합리적인 선택이 될 수 있을지라도 우리는 관련된 결과 확률에 '매칭'하는 방식으로 예측할 것이다.** 허브랜슨과 슈뢰더의 실험에 참여한 학생들은 확률 매칭 전략을 씀으로써 이길 가능성을 망쳐놓았다. 그러나 비둘기들은 항상 선택을 바꿨다. 의사 결정에서

---

* 에드 용의 저서 『이토록 굉장한 세계: 경이로운 동물의 감각, 우리 주위의 숨겨진 세계를 드러내다An Immense World: How Animal Senses Reveal the Hidden Realms Around Us』는 읽어볼 만한 중요한 책이다.

** 데릭 퀼러와 그레타 제임스는 2014년에 학술지 《학습과 동기 심리학Psychology of Learning and Motivation》에 발표한 논문에서 다음과 같이 기술하고 있다. "시행할 때마다 녹색등이나 적색등이 나타나는 간단한 컴퓨터 게임을 생각해보자. 당신의 임무는 어떤 색이 나타날 것인지 예측하는 것이다. 정확한 예측을 하면 소액의 상금을 받게 된다. 되도록 상금을 많이 버는 것이 목표라면 당신은 어떻게 해야 할까? 이 과제에서 어려운 점은 대부분 매번 시도할 때 녹색등이 나타날지 적색등이 나타날지를 정하는 과정의 불확실성에서 기인한다. 둘 중 하나가 나머지보다 더 자주 나타날까? 적색등과 녹색등이 나타나는 순서에 예측 가능한 패턴이 있는가? 게임이 진행되는 동안 녹색등이 나타날 확률이 바뀌는가?" 인간을 대상으로 한 실험에서 밝혀졌듯이 우리는 결과 확률에 매칭시켜서 예측하는 경향이 있다. 예를 들어, 녹색등이 켜지는 게 100번 중 75번이고 나머지 25번에 적색등이 켜진다면, 사람들은 75퍼센트 확률로 녹색등이 켜지고 25퍼센트 확률로 적색등이 켜지리라 예측하는 성향이 있다. 이런 현상을 '확률 매칭'이라고 부른다. '매칭 법칙' 또는 '허스타인 법칙'이라고도 알려진 이 법칙은 경제학자와 심리학자들 사이에서 수년에 걸쳐 연구되었지만, 아직 완전히 밝혀지지 않았다.

확률 매칭을 사용하지 않은 것이다. 비둘기들은 문제를 지나치게 많이 생각하지 않았기 때문에 성공했다. 그들은 경험에서 얻은 지혜를 따른다. 반면에 인간은 너무 많은 생각으로 인지적으로 산만해질 수 있고, 그래서 경험하고 있는 것에 충분한 주의를 기울이지 못한다. 한마디로 우리는 생각을 너무 많이 한다!

아이러니하게도 어린 학생일수록 몬티 홀 딜레마를 잘 풀어낸다. 중학교 2학년 학생들은 대학생들보다 선택을 바꾸는 것의 이점을 더 잘 파악하는 것 같다. 당연하면서도 아이러니하게 그들은 고급수학을 아직 배우지 않았다는 이점이 있었다. 다른 때는 몰라도 이 상황에서는 교육이 실제로 방해물로 작용했을 수 있다. 허브랜슨과 슈뢰더의 말을 빌리자면 "비둘기는 몬티 홀 딜레마 같은 복잡한 문제를 전통적 확률 기반으로 해석하는 인지 체계를 가지고 있지 않을 것이다. 그러나 비둘기가 수많은 시행의 결과를 관찰하고 그에 맞춰 이후 행동을 조정하면서 경험적 확률값을 축적할 수 있다고 가정해도 결코 틀린 말이 아니다."[21]

여기에서 우리가 얻은 교훈은 때로는 너무 많이 생각하지 않는 것이 더 이롭다는 것이다. 대신에 자신의 직감을 믿어라. 어쩌면 비둘기를 라스베이거스로 데리고 가는 게 나을지 모른다.(그곳 카지노들은 우리가 오류를 저지르고 편견을 갖기 쉬운 인간처럼 생각하리라 기대한다. 만일 어떤 사람이 카드 카운팅을 하고 매판 정확한 통계치를 알아내어 그 수치를 기반으로 결정을 내린다면 그 사람은 시간*이 지나면 카지노를 상대로 이길 것이다. 이런 이유에서 카지노 측에서는 카드 카운팅을 하는 손님을 쫓아내는 것이다.) 문제에 관해 너무 많이 생각하려는 충동을 억제하는 게 특히 중요할 때가 있다. 직관에 어긋나는 문제이거나, 같은 것에 대해 상반된 두 가지 믿음이 동시에 생겨 심리적으로 불편해지는 인지부조화를 일으키는 문제일 때이다. 몬티 홀 딜레마가 정확히 그런 문제다.

미래에는 인공지능이 정신 집중을 방해하는 편견과 오류를 제거해주면서 우리가 더 좋은 의사 결정을 할 수 있도록 도와줄 것이다. 한 예로, 내가 지금까지 수년 동안 진료한 모든 환자 사례를 컴퓨터에 입력한다면 앞으로 어떤 치료 과정을 진행해야 할지 결정할 때 더 좋은 결정을 내릴 수 있을 것이다. 인공지능이 인간의 두뇌를 대체하지는 않을 것이다. 그러나 암 치료 방법을 선택할 때든 자녀가 지원할 대학을 결정할 때든 이상적인 결과를 얻을 수 있는 좋은 결정을 빠르고 쉽게 내도록 우리의 능력과 사고를 높이는 데 유용한 도구가 될 수 있다.

---

* 카드 게임에서 어떤 카드가 몇 장 노출되었고, 어떤 카드가 남아있는지 머릿속으로 조사하는 것

코끼리는 암에 걸리지 않는다

# 비둘기의 사고방식을 배워라

비둘기 연구로부터 얻은 세 가지 교훈으로 우리 삶을 더 풍요롭게 바꿀 수 있다.

첫째, 주변 환경 속 패턴에 세심한 주의를 기울이며 지각 과정에서의 직감력을 기르자. 항상 패턴에 주의를 기울이면 대체로 더 좋은 기억을 쌓고, 뇌의 반응 처리 속도를 높이고, 좋은 결정을 내릴 가능성을 높일 수 있을 것이다. 매일 10분 동안 밖으로 나가 최소 열 개의 패턴을 찾아보자. 연습을 계속하면 장기적인 인지기능의 변화가 생길 것이다.

새로운 패턴을 만들어보기도 하라. 예를 들면 거실에 가구를 재배치하고, 주로 사용하는 손이 아닌 손을 사용해서 양치나 식사 같은 습관적 과제를 수행하고, 시계 차는 팔을 바꾸고, GPS를 사용하지 말고 매일 다른 길로 운전해서 출근해보라. 매일 경로를 바꿔 출근하는 일은 결코 사소한 게 아니다. 길을 잃는 것은 나이 들었을 때 발생하는 기억력 문제라기보다 보통 인지력 저하의 초기 징후로 나타날 수 있다. 예측 가능한 격자 모양 도로망이 동네 골목까지 연결된 도시 환경에서 자란 사람이라면 시골이나 예측할 수 없는 낯선 환경에서 길을 찾기 위해 애써야 할 것이다. 어린 시절의 환경은 건강과 행복뿐만 아니라 나이 들었을 때 이동 능력에도 영향을 미친다. 그러니 자신에게 도전하라. 도달해야 할 목적지가 있을 때 그곳으로 가는 모든 과정에 혼자 힘으로 세심한 주의를 기울여라. 한 소규모 연구에서 자동차의 GPS 안내 시스템을 자주 사용하는 사람일수록 나이 들었을 때 인지 능력 저하율이 높을 수 있다는 우려가 나왔다.[22]

둘째, 중요한 결정을 내릴 때는 한 발짝 뒤로 물러나라. 인간 고유의 특성이 오히려 방해물이 될 수도 있다. 직감적 반응이 굉장히 중요할 때도 있다. 특히 거의 무의식으로 빨리 결정을 내려야 할 때 그렇다. 그러나 결정을 내리는 일이 순전히 데이터에 의해서만 주도되는 게 아님을 깨달아라. 우리의 기억은 시간에 따라 바뀌고, 감정의 영향을 받을 수도 있다. 그래서 과거 경험에 대한 기억이 바뀔 수 있다.

나는 중요한 결정이 있으면 하룻밤 자고 나서 생각한다. 새로운 날은 새로운 관점을 제공한다. 내가 생각한 게 '정답'이 될 수 있도록 감정을 덜어내고 반복하는 학습을 기반으로 논리나 규칙을 보강하면서 비둘기처럼 생각할 수 있게 해준다. 갑자기 기억이 나지 않거나 기억의 오류로 정보가 잘못될 수도 있지만 시간이 지나면서 결국은 정확한 기억이 우위를 차지해야 한다. 중요한 결정이 임박했을 때는 가능한 것을 모두 적어보라. 가능한 선택과 찬성과 반대 각각에 대한 기본 전제도 적어라. 그러면 우리의 편견과 인지부조화를 없애는 데 도움이 되고, 이를 통해 더 적절한 결정을 내릴 수 있게 될 것이다. 하던 일을 멈추고 더 깊이 생각하라. 그때 우리는 숨겨진 편견들을 마주하게 되는데, 무의식 세계에 있던 편견들이 문제해결을 위해 헤쳐 나가야 하는 의식 세계의 최전선으로 올라오게 된다.

셋째, 기억하고 싶은 만남이 있을 때는 기본적인 세부 사항을 적어라. UCLA를 방문했을 때 이 조언을 들은 후로 나는 그대로 시도해봤다.

코끼리는 암에 걸리지 않는다

그것은 놀랍도록 큰 차이를 만들었다. 어떤 만남이든 간단한 메모를 해두면 사건을 훨씬 잘 기억할 수 있고 그 경험에서 많은 것을 배울 수 있다. 내가 사용하는 방법은 간단하게 몇 가지 키워드를 적거나 시각적 이미지를 그리는 것이다.

뇌를 더 자극하고 확장할수록 건강하게 오래 살 확률이 높아진다. 뇌를 자극하기 위해 새로운 언어를 배우거나 점묘법을 익히거나 상대성 이론에 관한 글을 읽을 필요는 없다. 새롭고 흥미로운 경험이라면 그것으로 기적을 낳을 수 있다. 매일 자신에게 도전하라. 분명 의미 있는 변화를 경험할 수 있다. 일상적인 것처럼 보여도 각별한 주의를 기울인다면 절대로 평범하지 않은 것들도 좋다. 늘 하고 싶었지만 잘하지 못해서 또는 불편해질까 봐 겁나서 하지 못했던 활동을 새로 탐색하면서 시작할 수도 있다. 언제든 먼 길로 돌아 집으로 가라. 다양한 패턴과 이정표로 채워진 긴 경로의 미묘한 차이에 관심을 기울여라.

케냐 마사이마라 국립공원에서 찍은
아름다운 기린 사진

# 4장

# 기린의 역설

## 기린의 긴 목과 중력이 가르쳐주는 심장병 없애는 법

> 자연은 모든 참된 지식의 원천이다. 나름의 논리와 법칙을 가진다.
> 자연에서는 원인 없는 결과가 없고 필요 없는 발명이 없다.
>
> —레오나르도 다 빈치

레오나르도 다 빈치를 생각할 때 최소 한두 가지는 머릿속에 떠오를 것이다. 확실한 하나는 「모나리자」일 테고, 아마도 전설적인 인체비례도 「비트루비안 맨」도 떠오를 것이다. 이 두 작품은 레오나르도 다 빈치의 가장 뛰어난 대작이므로 실제로 본 적 없어도 마음속에 그릴 수 있다. 나는 이 완벽한 박식가가 수학과 기술 분야에서 보인 천재성도 떠올린다. 레오나르도는 헬리콥터, 낙하산, 계산기, 로봇 등의 경이로운 현대적 도구들이 사용되리라 예측했다. 게다가 인체의 신비를 탐구하면서 여러 이론을 내놓았는데, 이 이론들은 이제야 제대로 이해되고 있다. 인류에 대한 그의 가장 큰 공헌은 예술이 아니라 그의 그림 기법에 영향을 미친 의학에 대한 사색일 것이다.

500여 년 전, 화가로서 최고의 명성을 누리던 50대 중반의 레오나르도 다 빈치는 21세기 들어서야 제대로 검증된 방식으로 의학에 공헌했다. 미켈란젤로가 시스티나 성당 벽화를 그리기 시작한 1508년에 레오나르도는 민첩하고 호기심 어린 손으로 시체를 직접 해부해서 죽상동맥경화증의 과정을 최초로 기록했다. 이 질환은 동맥혈관 벽에 플라크 같은 물질이 쌓여 혈관의 탄력이 떨어지고 뻣뻣해지고 두꺼워졌을 때 생긴다. 그 시체가 레오나르도의 인생에 들어온 것은 정말이지 완벽하게 시의적절했다.

　레오나르도에게 처음 해부학에 관한 흥미를 불어넣은 사람은 해부학자 마르칸토니오 델라 토르레 교수였다. 그는 해부학 교재에 삽화를 그려달라는 의뢰를 받으면서 토르레 교수를 알게 되었다. 삽화 작업을 준비하는 과정에 레오나르도는 피렌체 산타 마리아 누오바 병원(설립된 지 730년이 넘은 이 병원은 13세기에도 그랬지만 지금도 여전히 환자로 붐비는 곳이다)을 시작으로 여러 병원에서 시체를 해부하기 시작했다. 표본을 찾아 밤에 병원에 방문해서 의사들로부터 생리학을 배웠다. 이 과정에서 한번은 100살이 넘었다고 하는, 죽어가는 남성을 만나게 되었다. 그게 사실인지 아닌지는 알 수 없다. 어쨌든 몇 시간 후 노인의 평화로운 죽음을 연구하기 위해 펜과 메스에 자신의 재능을 쏟아 붓게 되는 이 예술가에게는 엄청난 역사적 의의가 있는 기회였다. 노인은 신체의 내부 작용, 특히 심장과 혈관과 근육의 작용을 살필 수 있는 최고의 모델이 되었다. 레오나르도는 그 후 몇 년 동안 해부학 연구를 기록하면서 이른바 예술병리학자로 활동했다. 그렇게 실제 해부를 경험하기 20년 전 쯤에 이미 자신이 생각하는 이상적인 인

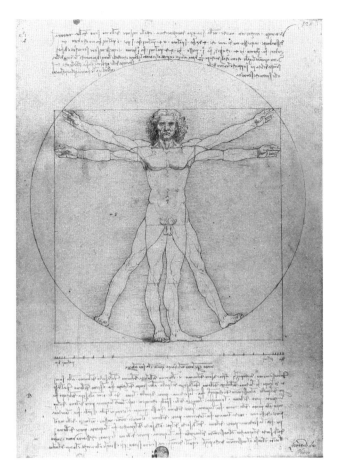

레오나르도 다 빈치의 인체비례도(위), 엘리슨변형의학 연구소 로고(아래)

체 비율을 그림으로 그렸다. 그것이 바로 「비트루비안 맨」이고, 현재 우리 연구소 로고의 기초가 되었다. 로고의 핏방울과 나무뿌리 상징에 주목해서 보라.*

레오나르도는 이후 해부학 예술에 더 몰입하면서 240편의 정밀한 그림을 그려냈고, 그중에 자궁 속 태아를 묘사한 습작 2편은 소름 돋을 정도로 정확하다. 레오나르도 다 빈치에 관한 훌륭한 전기를 쓴 월터 아이작슨에 따르면, 레오나르도는 그때 죽은 100세 노인과 이전에 조사했던 내용으로 심장에 관해 상세히 기록할 수 있었고, 이 기록은 그가 남긴 가장 큰 의학적 유산이 되었다. 그는 노인의 죽음에 대해 "심장으로 혈액을 공급하는 동맥의 기능 저하로 심실이 매우 마르고 쪼그라들고 시들어 있었고 결국 혈액이 공급되지 않아 쇠약해져서" 사망했다고 결론 내렸다. 노인은 레오나르도의 설명처럼 "장간막 동맥 혈관의 외벽이 두꺼워지면서 통로가 계속 좁아져 발생한" 죽상동맥경화증으로 사망했다.[1]

철두철미한 다른 과학자들과 마찬가지로 레오나르도도 비교의 힘을 이용해 결론을 도출했다. 또 다른 사례로, 같은 병원에서 두 살 난 남자아이가 사망해서 레오나르도에게 들어왔다. 해부한 결과, 아이의 혈관은 노인과는 매우 다른 양상을 보였다. 노인의 막힌 혈관과

---

* 2017년에 『레오나르도 다 빈치』라는 단순한 제목으로 레오나르도 다 빈치의 최신 전기를 출간한 작가 월터 아이작슨은 내가 '다 빈치'라는 호칭을 썼을 때 화를 낸 적 있다. 다 빈치는 그의 출신지를 가리키는 말이므로 레오나르도라고 불러야 맞는다고 했다. 나는 여러 학문 분야를 섭렵한 과학자 레오나르도에 대한 경의의 표시를 새로 설립하는 연구소 로고에 남기고 싶었다. 바로 월터가 인체비례도를 로고로 만들자고 제안한 사람이다.

달리 아이의 혈관은 말랑말랑하고 막혀있지도 않았다. 레오나르도는 관상동맥질환과 죽상동맥경화증에 관해 기록했고, 게다가 시간이 병의 원인일 수도 있다는 이론을 내놓았다. 즉, 나이 들수록 혈관이 지저분해지고 경직된다는 것이다. 그는 다음과 같은 적절한 비유로 글을 마무리했다. "인간의 혈관계는 시간이 지날수록 껍질이 단단해지고 과육이 줄어드는 오렌지처럼 반응한다."[2] 레오나르도는 자신이 발견한 것을 묘사하기 위해 자연에서 볼 수 있는 장면이나 기계 부품을 이용한 간단하고 인상적인 비유를 즐겨 사용했다. 예를 들어, 싹이 튼 씨앗 바로 옆에 심장과 동맥을 그려 넣은 그림에서 레오나르도는 씨앗에 '너트'라는 이름을 붙이고 씨앗에서 위쪽으로 가지가 뻗어 나가고 땅속으로 뿌리가 뻗어 가는 모습을 그렸다. 그리고 그림 밑에 "심장은 정맥이라는 나무를 생성하는 너트다."라고 적었다.[3]

레오나르도는 불가사의할 정도로 많은 것을 정확히 이해하면서 당시 지배적 사고 체계를 무너뜨렸다. 물론, 그는 혈액이 온몸을 순환한다는 것을 완전히 이해하지 못했고, 2세기 그리스 의사 갈레노스 때부터 있었던 '심장이 혈액을 따뜻하게 데운다'는 잘못된 이론에 동의하기도 했지만, 심장이 단순히 혈액계 중심에 있는 근육임을 보였고 이전에 생각했던 것처럼 혈액이 간에서 만들어지는 게 아니라는 점을 밝혔다. 인간의 심장이 어떻게 4개의 방으로 구성되어 있는지 설명했고, 손목에서 만져지는 맥박이 좌심실 수축과 일치한다는 것을 보였다. 그리고 나서 몸속 혈액 흐름을 심장 판막의 개폐에 연결시켜 생각했다. 게다가 시간이 지남에 따라 플라크가 생긴 동맥이 건강 위험을 초래할 수 있다는 것도 관찰로 알아냈다. 동맥경화증 연구 역사에서

한 사람이 이렇게 많은 사실을 알아낸 경우는 없었다.[4]

수 세기가 지난 지금도 나는 부검을 할 때 죽상동맥경화증 유병률에 놀란다. 대부분의 사람들이 죽상동맥경화증을 가지고 있다. 물론 모든 사람이 증상을 보이는 게 아니며 많은 사람이 문제없이 지낸다. 이것은 누가 왜 심장병에 걸리는지를 알아내기 위한 추가 연구의 실마리가 될 것이다.*

놀라운 사실은 레오나르도 다 빈치가 알아낸 중대한 관찰 결과와 그림들이 그가 사망한 이후에야 빛을 보게 되었고, 그의 연구 노트는 그가 사망하고 250년 넘어서야 검토되었다는 것이다. 그의 기록들이 조금 더 일찍 발표되었다면 분명 의학에 크게 이바지했을 것이고, 기술 진화에 더욱 박차를 가할 수 있었을 것이다. 해부학자들이 심장 주변으로 피가 흐르도록 대동맥 심장 판막이 어떻게 열리고 닫히며 작동하는지에 관한 레오나르도의 의견을 받아들이는 데는 수백 년이 걸렸다. 2014년 옥스퍼드대학교 연구진이 살아있는 사람들을 대상으로 MRI 실험을 하고 나서야 레오나르도 다 빈치는 수 세기 전에 마땅히 받아야 했을 인정을 받았다.[5]

최근에 레오나르도 다 빈치의 놀라운 업적에 또 한 번 고개를 끄덕일 일이 있었다. 2020년 뉴욕 콜드 스프링 하버 연구소와 영국의 과

---

* 나는 전에 케냐와 탄자니아에 사는 마사이족에 관한 글을 쓴 적 있다. 그들은 주로 생우유와 생피 그리고 가끔 가축에서 얻은 고기를 먹는다. 전형적으로 포화지방과 콜레스테롤 함량이 높은 식단 때문에 생기는 심장병이나 암과 같은 질병은 그들 사이에서 발병률이 낮다. 부검해서 보면 죽상동맥경화증이 있더라도 보상적으로 동맥이 확장되어 있어서 살아있는 동안 문제를 일으키지 않았을 것이다.

코끼리는 암에 걸리지 않는다

학자들로 구성된 국제 연구팀은 마침내 레오나르도가 수 세기 전에 제기한 의문에 마침표를 찍었다. 레오나르도는 심장 내부 벽에 복잡하게 뒤엉켜 있는 '섬유주'라고 불리는 근섬유망에 주목했다.[6] 심장의 섬유주를 처음 그린 사람이 레오나르도다. 그가 그린 섬유주는 눈송이처럼 이어진 프랙탈 구조였다. 섬유주는 좌심실 질량의 13퍼센트나 차지하는데도 오랫동안 배아 발달의 잔여물로만 생각되었다. 16세기에 레오나르도는 거미줄 같은 섬유주의 목적이 혈액이 심장을 통과할 때 혈액을 따뜻하게 데우는 것이라고 추정했다.[7]

오늘날 우리는 그게 아니라는 것을 안다. 콜드 스프링 하버 연구소 과학자들은 섬유주에 관한 연구를 새로운 차원으로 끌어올렸다. 그들은 영국 바이오뱅크에서 얻은 25,000개의 MRI 스캔 결과를 분석해서 섬유주가 심장 기능에 영향을 미치며 나이 들었을 때 심부전 위험과 관련 있음을 보였다.[8] 이들과 공동 연구에 참여한 유럽 생물정보학 연구소는 아주 훌륭한 시각적 비유를 연구 보고서에 담았다. 골프공의 작은 돌기가 공기 저항을 줄여서 공의 비거리를 늘려주듯이 심장에서는 섬유주가 산소가 풍부한 혈액을 이상적으로 내보내도록 촉진한다는 것이다. 이 보고서는 섬유주의 독특한 패턴 발달에 영향을 미치는 DNA 영역 여섯 곳을 열거하고, 달라진 프랙탈 패턴이 심장병 발병 위험과 관련 있을 수 있다고 설명했다. 게다가 연구진은 그 DNA 영역 중 두 곳이 신경세포 분지를 제어하는 곳임을 발견했는데, 이는 "발달하는 뇌에도 비슷한 메커니즘이 작동할 수도 있음"을 암시한다.[9] 그들의 연구는 계속되고 있다.

레오나르도가 내린 결론 중 많은 부분이 의사와 심장전문의까지 포함해 대다수 사람에게 여전히 이해하기 어려운 내용이다. 우리는 외부 공간인 우주로 사람을 보낼 수 있지만, 우리의 내부 공간에 대해서는 아직도 이해하지 못하는 게 많다. 길거리에서 사람들에게 심장이 피를 따뜻하게 데운다고 말해보라. 꽤 설득력 있게 주장했을 때 얼마나 많은 사람이 그 말을 믿는지 보면 놀랄 것이다. '심장이 따뜻해지는' '심장 따뜻한' 이런 말들이 쉽게 오해를 불러올 수 있다. 하지만 우주 공간의 미세 중력 효과에 대해 오해하는 사람은 거의 없을 것이다. 심혈관계와 태양계는 한 번도 언급되지 않은 이야기를 공유하고 있다. 정말 그냥 추측이지만, 미래에 심장병을 어떻게 치료해야 하는지 알려주는 이야기일지도 모른다.

우리는 지금도 심장이 어떻게 작동하고 혈액 순환이 어떻게 일어나는지 알아가고 있다. 세상에는 심장병에 관한 이해를 돕고 그 문제의 치료를 가능하게 해줄, 아직 밝혀지지 않은 것이 훨씬 더 많다. 레오나르도가 사망한 지 500년이 더 지난 오늘날, 심장병은 여전히 세계 사망 원인 1위다.* 우리는 심장병에 대한 해결책과 새로운 인식을 찾아 하늘을 향해 우주로 고개를 들어도 좋을 것이다. 그전에 지상에 우뚝 서있는 생명체 기린에게 먼저 고개를 돌려보자.

---

* 레오나르도 다 빈치는 여러 차례의 뇌졸중으로 사망할 수도 있었는데, 그가 노령과 혈관 건강에 관해 많은 연구를 한 점을 고려하면 아이러니한 운명이다.

## 가장 중요한 부분, 심장

심장병과 뇌졸중은 지난 20여 년 동안 세계적으로 주요 사망 원인이었다. 가끔 사람들이 혼동하기도 하지만, 심장 마비와 심정지는 생리학적으로 매우 다른 별개의 질환이다. 심장 마비는 산소가 풍부한 혈액을 심장으로 전달하는 동맥이 막혔을 때 일어난다. 혈액을 공급받지 못한 심장 조직이 죽어가기 시작한다. 심장 박동이 멈추는 것은 아니지만 동맥이 오래 막혀있을수록 손상이 더 커지고, 곧 사망에 이를 수 있다. 심정지는 심장이 불규칙한 박동(부정맥)을 일으키는 전기적 오작동을 겪으면서 적절한 펌프 운동이 일어나지 않아 심장 박동이 완전히 멈춘 상태를 말한다. 미국 심장협회는 두 질환의 차이를 기억하기 쉽게 이렇게 설명한다. "심장 마비는 '순환' 문제이고 갑작스러운 심정지는 '전기적' 문제이다." 심정지는 심장 마비로도 생길 수 있다. 죽어가는 심장 조직이 심장에 전기적 장애를 일으킬 수 있기 때문이다. 심장이 뇌와 폐 그리고 다른 기관으로 혈액을 제대로 공급하지 못하면 그 사람은 곧 죽게 된다. 심장 마비는 실제로 일어나기 수일 또는 수주 전부터 서서히 증상이 나타나지만, 심정지는 보통 경고 없이 갑자기 일어난다. 심정지가 일어나면 몇 초 안에 의식을 잃고 맥박이 없어지고 곧 목숨을 잃는다.

뇌졸중은 뇌에서 일어나는 심장 마비와 같다. 혈전으로 혈관이 막히거나 뇌혈관이 파열되어 뇌로 피가 공급되지 않을 때 뇌졸중이 일어난다. 심장과 마찬가지로 생명을 주는 피가 부족하면 뇌도 손상되어 죽어가기 시작한다. 심장 마비, 심정지, 뇌졸중, 생명을 위협하는 이

세 가지 문제는 모두 고혈압, 흡연, 당뇨, 높은 콜레스테롤, 죽상동맥경화증(관상동맥 내부에 지방질과 플라크가 쌓이는 증상) 등과 같은 공통된 위험 요인으로 발생할 수 있다. 나이와 가족력도 발병 위험에 영향을 미친다. 하지만 심장이 정상보다 빨리 멈출 수 있는 문제는 전적으로 생활습관과 관련이 있다.(심부전은 심장이 몸의 요구를 충족시키기 위한 펌프 운동을 효과적이고 효율적으로 하지 못하는 심장 질환을 통틀어 일컫는 용어로, 심장이 완전히 작동을 멈추는 것은 아니지만 필요한 만큼 펌프 운동을 충분히 하지 못하는 상태를 말한다. 감염과 신장병부터 심장마비나 관상동맥질환 같은 심장 근육을 손상하는 질병까지 여러 요인으로 심부전이 발생한다.)

매년 새로운 심장이 필요한 사람이 심장을 공급할 수 있는 사망자 공여자보다 더 많이 생긴다. 공중 보건 조치로 갑작스러운 사고로 죽는 사망자가 줄고, 특히 안전띠 관련 법과 더 좋아진 에어백 덕분에 치명적인 자동차 사고가 줄면서 심장기증도 감소했다. 코로나19 기간에 외출 금지 명령으로 사람들이 안전하게 도로를 멀리했지만, 불행 속 한 가닥 희망이던 장기 이식은 현저히 감소했다. 지나가는 말이지만, 자동차 사고의 대략 94퍼센트가 운전자 실수에서 비롯되는데 자율 주행 자동차의 상용화로 장기 이식은 더욱더 감소할 것으로 보인다.[10]

심장병은 수천 년 동안 인간을 괴롭혀왔다. 이 병은 오랫동안 현대식 생활습관에서 기인한 현대인의 질병으로 여겨져 왔지만, 생각만큼 그렇게 새로운 질병이 아니다. 2013년 학술지 《란셋》에 실린 한 논문은 이집트, 페루, 미국 남서쪽 푸에블로 인디언, 알류샨 열도 우낭간

　　　　　　　　　　　　코끼리는 암에 걸리지 않는다

부족 등 4개 고대 사회의 미라들을 전신 컴퓨터 단층촬영 CT로 스캔해서 당시에도 죽상동맥경화증이 있었음을 입증했다.[11] CT 기술을 이용해 메스나 가위를 들이대지 않고도 미라의 관상동맥을 볼 수 있었다. 미라들이 살았던 시대의 폭은 4,000년이 넘었는데, 전체 137구 중에서 3분의 1 이상이 죽상동맥경화증을 확실히 가지고 있거나 유병 가능성이 있었다. 미라들이 실제로 무엇으로 사망했는지, 동맥 문제가 그 원인인지는 알 수 없다. 하지만 연구진은 죽상동맥경화증이 패스트푸드, 좌식 생활, 비만 문제 등이 등장하기 아주 오래전 고대인들에게도 흔한 질병이었다고 결론 내릴 수 있었다.

그렇다고 해도 20세기만큼 심장병이 만연한 때는 없었다. 1900년에 심장병은 폐렴과 결핵 같은 감염 질환에 이어 4번째로 가장 흔한 사망 원인이었다. 그로부터 30년 후 심장병은 주요 사망 원인이 되었고, 1960년대 중반까지 계속 증가했다. 20세기 상반기 심장병 증가는 여러 요인이 융합해서 나타난 결과였다. 2014년 미국 의학 저널에 실린 한 논문에는 "당시 감염 질환에 의한 사망이 감소하면서 미국인의 평균 수명이 더 길어졌다."라고 되어있었다. 그뿐 아니라 포화지방, 감미료, 정제 밀가루를 더 많이 포함한 가공식품 섭취가 증가하는 등 두드러진 식단 변화도 일어났다. 논문 저자는 자동차를 많이 이용하게 되면서 미국인의 전반적 신체 활동도 감소했다고 지적했다. 1900년에 5퍼센트 미만이었던 미국 내 흡연자 비율이 1965년에는 42퍼센트로 껑충 뛴 것 또한 문제가 되었다.[12]

흡연과 심장 질환의 연관성이 명백해 보이지 않을 수 있지만, 담배 연기에 혈액을 걸쭉하게 하거나 덩어리지게 하는 화학물질이 들어

있는 것은 분명하다. 니코틴은 혼자서도 혈관 내벽을 훼손하고 혈압과 심박수를 증가시키고 심장으로 충분한 산소가 전달되지 못하게 한다. 흡연 중 흡입되는 일산화탄소도 산소 전달을 차단하므로 문제가 악화될 수 있다. 니코틴에 의한 지속적인 혈관 수축은 시간이 지남에 따라 혈관 경직을 초래한다. 혈관이 경직되고 뻣뻣해지면 세포가 공급받는 산소와 영양분도 감소한다. 미국에서 흡연은 여전히 중요한 이슈로 심장병 사망의 20퍼센트가 흡연과 직접 관련 있다. 매년 대략 35,000명의 비흡연자가 간접흡연에 노출되어 생긴 심장 질환으로 사망한다.[13]

다행히 20세기 후반 들어 흡연과 높은 콜레스테롤의 부정적 영향을 인식하게 되면서 사람들은 또 한 번 생활습관의 변화를 맞이했다. 역사학자들은 1945년 4월 프랭클린 루스벨트가 뇌졸중으로 사망한 사건이 심혈관 질환에 대한 대중의 인식을 높이는 계기가 되었다고 주장한다.* 관상동맥질환에 의한 사망률은 1965년에 인구 10만 명당 466명에서 1980년에는 345명으로 떨어졌다. 대략 26퍼센트 감소한 것이다. 2008년 사망률은 인구 10만 명당 123명으로 1980년 대비 무려 64퍼센트나 감소했다. 심장병의 원인에 대해 더 많이 알게 되면서 치료뿐만 아니라 예방도 더 철저하게 잘하게 된 것이다.

---

* 루스벨트는 사망하기 두 달 전 크림 반도에서 열린 얄타회담에 참석했을 때 건강이 좋지 않은 게 역력했다. 2차 세계대전 이후 유럽의 정세를 논의하기 위해 조셉 스탈린과 윈스턴 처칠 두 정상과 만난 자리에서 숨을 색색거리며 문장을 제대로 완성하지 못했다. 세 사람은 그 후 20년 사이에 모두 뇌졸중으로 사망했다.

# 두근두근

심장은 24시간마다 266리터의 혈액을 내보내기 위해 하루에 10만 번씩 뛴다. 평생 그렇게 일하는 심장이 대단할 따름이다. 우리 몸 안에서 혈액은 하루에 약 2만 킬로미터를 이동한다. 미국 동해안에서 서해안까지 횡단 거리의 4배이다. 놀랍게도 혈액이 우리 몸을 한 바퀴 도는 데 걸리는 시간은 1분도 안 되는 50초다. 발에서 대략 1.2미터 높이에 자리 잡은 심장은 박동할 때마다 혈액을 끌어올리기 위해 중력을 이겨내야 한다. 심장이 몸으로 혈액을 내보내기 위해 한 번 펌프질할 때 쓰는 에너지양은 테니스공을 꽉 쥘 때 쓰는 에너지양과 같다.(구체적으로 말하면, 대략 2와트 에너지다.)[14]

심장은 태아에게 처음 발달하는 기능성 기관으로, 생명의 첫 징후이다. 의사가 태아를 가리켜 여전히 배아라고 부르는 착상 4~5주가 지나면 자발적으로 뛰기 시작하고, 10주가 되면 완전히 발달해서 수십 년 동안 쉬지 않고 일할 것이다.

심장 박동의 두 단계는 개폐 장치인 판막을 통해 혈액이 심장으로 들어가고 거기에서 나오는 것과 밀접한 관련이 있다. 혈액을 몸으로 내보내기 위해 심장이 수축할 때를 수축기라 부르며, 심장이 박동할 때 동맥 내 혈압이 수축기 혈압이다. 심장이 혈액을 다시 채우기 위해 이완할 때를 이완기라 부르며, 이완기 혈압은 박동과 박동 사이 심장이 쉴 때의 혈압이다. 이 두 단계의 차이는 혈압에 있다. 혈압을 나타내는 수치는 심장 박동이 일어날 때 혈관이 경험하는 최고 혈압과 최저 혈압을 뜻한다. 예를 들어 혈압이 120/80이라고 하면 앞에 나오는 수 120이 수축기 혈압이고, 뒤에 나오는 수 80은 이완기 혈압이다. 엄밀히 말해, 혈압을 나타내는 수치는 수은혈압계를 사용했을 때 수은주가 몇 밀리미터 올라가는지를 측정한 것이다.(그래서 수은의 화학 기호 Hg를 사용해서 혈압을 'mmHg'로 기록한다.)

모든 신체 조직과 기관계에 혈액을 공급하려면 몸 전체로 혈액을 안정되게 보내는 일을 끊임없이 해야 하는데, 이 과정을 제대로 이해하는 사람은 많지 않다. 걷기, 뛰기, 서 있기, 쭈그려 앉기, 춤추기, 옆으로 재주넘기, 물구나무서기 등의 동작을 돕는 힘과 반대로 작용하는 힘을 생각해보자. 모든 동작을 할 때마다 관련된 중력이 우리 몸과 혈액에 작용한다. 중력은 단순히 힘이기만 한 게 아니라 '어떻게 행동해야 하는지 우리 몸에 말해주는 신호'이기도 하다. 종아리 근육과 척추 근육 같은 중력과 싸우는 데 사용되는 근육은 자세를 유지할 때 도움이 된다. 그런 근육들은 사용하지 않으면 근육량이 20퍼센트 정도 줄어들 수 있다. 몸을 자주 움직여야 하는 이유가 여기에 있다.(근육은 사용하지 않으면 일주일에 5퍼센트씩 빨리 줄어들거나 약해진다.)[15]

우리 몸은 중력의 영향으로 혈액이 역류하는 것을 막는 뚜껑처럼 생긴 유연한 정맥 판막을 이용해 혈류 분배를 관리한다. 한 방향으로만 열리는 정맥 판막이 없다면 혈액을 심장으로 올려보내지 못할 것이다. 다리 근육도 수축할 때 펌프 같은 역할을 해서 혈액이 다시 심장으로 쉽게 올라갈 수 있게 돕는다. 다리 근육은 걷고 서고 돌아다닐 때 자연스럽게 움직인다. 그러므로 건강한 혈액 순환을 촉진하기 위해 계속 움직여야 한다. 몸을 움직이지 않으면 순환계가 할 일이 많이 줄어들지만, 장시간 앉아 있으면 혈액 흐름이 좋지 않고 하지에 피가 고

코끼리는 암에 걸리지 않는다

일 위험이 있다. 이것을 '정맥부전'이라 하는데 미국의 정맥부전 환자는 4천만 명이 넘는다.

혈압은 어떤 활동을 하느냐에 따라 종일 달라지고 신체 부위마다 다르게 나타난다. 보통 밤에 잠이 들면 혈압이 안정된다. 이른 아침 시간에 심장 마비가 많이 발생하는 이유는 그 시간에 혈압이 낮아서 혈전이나 플라크가 생길 수 있기 때문이다. 누워 있을 때는 몸 전체 혈압이 대략 90mmHg로 균일하다. 그러나 몸을 세우면 중력의 영향으로 심장 위쪽 혈압은 감소하고 아래쪽은 증가한다. 건강한 사람의 경우, 어깨와 발목의 혈압 차이는 20퍼센트 미만이다.

우리는 20세기 중반에 접어들 때까지 오랫동안 고혈압을 좋은 것으로 생각했다. 고혈압은 혈액 흐름이 강하다는 것을 가리켰고, 강한 혈액 흐름은 강한 심장을 의미하는 것 같았기 때문이다. 그러나 사실은 그 반대다. 지속적인 고혈압은 심장 마비와 뇌졸중을 포함하는 심혈관 질환의 위험을 높인다. 오늘날 정상 혈압은 120/80mmHg 미만이고, 120~129/80mmHg이면 고혈압 전 단계, 130~139/80~89mmHg이면 고혈압 1단계이다. 고혈압 1단계 이상이면 치료가 필요하고, 180/120mmHg를 넘어가면 즉각적인 의료 조치가 필요하다. 고혈압의 주범은 나트륨 함량이 높고 과일과 채소가 충분하지 않은 식단, 과체중, 흡연, 운동 부족, 지나친 음주, 그리고 어떤 경우에는 카페인 과다 섭취, 수면 부족 등이다. 나이도 결정적인 요인으로 작용한다. 65세 이상이면 고혈압 위험이 상당히 커진다. 70세 이상 미국인의 4분의 3 이상이 고혈압이다. 나이가 들면 동맥 내부 조직의 탄력성이 감소하면서 혈관이 뻣뻣해지고 덜 말랑말랑하게 되어 혈압이 상승하게 된다. 대부분 고혈압이 개인의 잘못이 아니지만, 약물치료로 인지 기능 저하를 늦추는 등 장기적으로 상당한 건강 이득을 볼 수 있다.

인간에게 고혈압은 침묵의 살인자며 전 세계적으로 많은 장애를 유발하는 주범이다. 그러나 기린이라면 이야기가 달라진다. 이제 기린의 역설을 만나보자.


## 하늘 높이 치솟은 머리와 혈압

2014년, 우리 가족은 탁 트인 벌판에서 말을 타고 기린과 함께 달리는 매우 인상적인 사파리 여행을 경험했다. 우아한 걸음걸이를 지닌 기린은 졸랑졸랑 우리보다 앞서 달렸다. 1758년, 스웨덴 동물학자 칼 리네스는 모든 기린을 하나의 종으로 보고 종명을 지라파 카멜로파달라이스Giraffa Camelopardalais로 정했다. 지라파는 '빠르게 걷는 자'라는 의미의 아랍어 자라파에서 파생했고, 카멜로파다라이스는 고대 그리스인들이 기린을 표범(그리스어로 파달리스) 같은 반점이 있는 낙타(그리스어로 카멜로스)와 닮았다고 생각했기 때문에 생겨난 말이다. 위풍당당하면서도 약간 웃게 생긴 이 동물은 세상에서 키가 가장 큰 포유류다. 우아한 눈과 온화한 자태를 지닌 기린들은 그들이 씹어 먹는 흔들리는 나뭇잎처럼 부드럽고 조용하다. 기린들은 인간의 가청주파수보다 낮은 초저주파의 웅얼거리는 듯한 소리로 의사소통한다.[16] 이따금 휘파람을 불기도 하는데, 특히 엄마 기린이 새끼 기린을 부를 때 휘파람을 사용한다. 육지 포유류 중에서 꽤 큰 눈을 자랑하는 기린들은 눈을 이용해 의사소통하기도 한다. 기린의 놀라운 시력은 그들이 야생의 평원에서 생존하는 것을 돕는다.* 색깔을 볼 수 있고 1마일 떨어진 곳에서 움직이는 사람을 발견할 수 있을 만큼 원거리 시력이 좋을 뿐만 아니라 주변 시력 범위가 넓어서 뒤에 있는 것도 볼 수 있다.[17] 기린은 촉각도 둔하지 않다. 기린의 혀는 짙은 검푸른 색을 띠는데, 왜 그런 것일까? 그것은 높은 나무의 나뭇가지를 씹어 먹을 때 자외선으로부터 혀를 보호하는 멜라닌 색소 때문이다.

다음에 기린을 가까이에서 볼 기회가 있다면 몸에 짝 달라붙은 가죽에 주목하고 독특하고 아름다운 황토색 얼룩무늬 털을 감상하라. 인간의 지문처럼 기린의 다각형 반점 무늬도 각기 다르다. 얼굴과 다리에 있는 반점보다 몸에 있는 반점이 더 크다. 아랫배에는 대부분 무늬가 아예 없다. 이들은 나무와 숲의 포식자 눈에 띄지 않게 위장하는 데 유익한 고유의 무늬를 가지고 있다.

기린을 가리켜 '잊힌 거대동물'이라고 부르기도 했다. 코끼리, 침팬지, 고릴라 등 더 유명한 몸집 큰 아프리카 동물들과 비교했을 때 제대로 인정받지 못하고 연구도 많이 이뤄지지 않았기 때문이다. 그러나 현장 연구자들이 이 아름다운 동물에게 주목하면서 상황이 변하고 있다. 이제 우리에게 기린의 놀라운 생리학적 기지를 배울 기회가 생

---

* 눈은 시적으로 말해서 영혼을 들여다보는 창이기도 하지만 혈관 건강을 들여다볼 수 있는 창이기도 하다. 안과 의사는 환자 눈에 밝은 빛을 투과시켜 망막의 혈관 상태를 살핀다. 그것에서 당뇨병부터 고혈압까지 혈관 질환과 문제의 징후를 찾을 수 있다. 실제로 안과 의사들은 종종 심장 마비, 뇌졸중, 그 밖의 심각한 건강 이상의 증상이 뚜렷하게 나타나기 한참 전에 초기 징후를 발견할 수 있다.

긴다. 기린은 모든 동물을 통틀어 혈압이 가장 높다. 인간 평균 혈압의 두 배인 280/180mmHg인데도 아무런 위험을 겪지 않는다. 고혈압 환자에게서 종종 보이는 심장병이나 다른 장기 부전도 없고, 가늘고 긴 다리에 체액이 고이는 법도 없다. 큰 눈도 높은 혈압의 영향을 받지 않는다. 혈압이 올라갈 때 시각 장애를 경험하는 우리와 대조적이다. 기린의 비법은 무엇일까?

나는 앨런 하겐스의 사무실을 방문했을 때 그에게 물었다. 하겐스는 중력이 심혈관계와 근골격계에 미치는 영향을 연구하는 분야의 선구자다. 현재 정형외과 임상 생리학 연구소장으로 있는 캘리포니아 대학교 샌디에이고 캠퍼스로 옮기기 전에는 나사NASA 에임스 연구센터에서 우주 생리학 분과 및 우주 정거장 책임자이자 프로젝트 과학자로 일했다. 우주 왕복선 전성시대였던 1980년대와 1990년대에 나사 프로그램이 상승 가도를 달릴 때 우주 의사였다는 말이다. 그는 우주비행사가 우주로 나갔을 때 건강을 유지하기 위한 운동 장치에 초점을 맞춰 연구를 진행했는데, 궁극적으로는 그때 연구를 바탕으로 정형외과 환자의 수술 후 재활이나 운동선수의 경기력 향상을 돕는 방법을 찾았다.

우주는 다른 곳과 비교 불가능한 아주 특별한 환경이다. 무중력 상태일 때 신체는 근육이 필요 없다고 인지하기 때문에 근육량이 빨리 줄어들며 신체 모든 부위의 혈압이 똑같다. 머리부터 발가락까지 변화 없이 약 100mmHg로 균등하다. 우주에서는 신체 부위별 혈압 차이가 없으므로 체액 분포가 변하면서 얼굴이 부풀어 오르고 다리가 가늘어진다.[18] 우주 공간에서는 미각과 후각도 바뀐다. 머리에 정체된 체액이 감기로 코가 막혔을 때와 똑같은 효과를 내기 때문이다.[19] 우주선은 65~75데시벨db 소음을 내는 시끄러운 기구다. 소음 수준이 에어컨과 진공청소기의 중간쯤 된다.[20] 시끄러운 소리가 있으면 음식의 짠맛과 단맛을 느끼는 능력이 억제된다. 비행기에 탔을 때 항공기 엔진 소음이 뇌를 압도해서 음식이 맛없게 느껴지는 경험을 해봤을 것이다. 그것과 비슷하다고 보면 된다. 그때 소음 제거 헤드폰을 쓰면 맛을 더 잘 느낄 수 있고, 짠맛 나는 과자가 당길 것이다. 한번 실험해보라. 효과가 얼마나 바로바로 나타나는지 꽤 재밌다.[21]

무중력 상태일 때는 체액의 이동이 달라지기 때문에 주변 압력의 변화로 눈과 뇌가 변형된다. 아래로 잡아당기는 중력이 없으므로 혈액 흐름도 증가한다. 만약 어린 동물이나 식물을 달에 가져다 놓는다면 지구에서보다 키가 여섯 배 더 클 것이다. 척추의 길이 확장을 제한하는 중력의 힘이 달에서는 6분의 1만 미치기 때문이다. 그러나 몸 전체의 혈압이 균등하게 되었을 때 뇌가 혈액이 너무 많다고 생각하는 문제가 생긴다. 지구에서 뇌의 혈압은 100mmHg가 아니라 60~80mmHg다. 우주에 머무는 동안 우주비행사들은 단 며칠 사이에 혈액량을 20퍼센트 이상 잃을 수 있다. 뇌에서 전달한 잘못된 메시지 때문에 감소하는 것이다. 온몸으로 내보내야 할 혈액량이 적어지면 심장도 쇠약해질 수 있다.[22] 우주에 머물 때만 문제가 되는 게 아니다. 우주비행사들은 지구로 돌아오면 우주 체류 기간에 따라 며칠 또는 몇 주 동안 지구의 중력에 다시 적응해야 한다.

1980년대 중반에 하겐스는 중력에 따른 신체가 혈압 변화에 적응하는 메커니즘을 이해하기 위해 기린에게 시선을 돌렸다. 기린은 우주

의학과 우리 인간과 관련된 모든 의학에 도움을 줄 수 있는 훌륭한 동물 모델이다. 인간의 신장 질환과 신장 부전의 주요 원인은 고혈압이다. 고혈압 때문에 신장 주변 동맥이 좁아지거나 단단해지고, 그렇게 손상된 동맥은 결국 혈액을 제대로 걸러 내지 못하고 신장 조직으로 충분한 혈액을 전달하지 못한다. 그런데 기린은 혈압이 극도로 높은데도 신장에 아무 문제가 없다. 신피막이라 불리는 신장을 감싸고 있는 단단한 섬유 조직층이 있어서 높은 혈압을 견딜 수 있다. 그런데 더 흥미로운 것은 기린이 태어날 때부터 혈압이 높은 것은 아니라는 사실이다. 그들은 자라면서 목이 길어지기 시작할 때 고혈압이 생긴다. 그러니까 애초에 기린이 그렇게 혈압이 높도록 진화한 이유는 긴 목을 타고 머리로 피를 보내기 위해서다.*

기린의 목 길이는 대략 2미터이므로 피를 머리까지 공급하고 높은 혈압을 유지하려면 매우 큰 심장이 필요하리라 추정해왔다. 그러나 기린의 심장은 우리가 생각했던 것만큼 크지 않다. 인간의 심장 박동수에 견주어 기린에게 필요한 심장의 크기를 생각하는 것은 무리가 있다. 그렇게 되면 기린의 흉곽에 들어갈 수 없는 크기이기 때문이다.

---

\* 기린은 어떻게 긴 목을 가지게 되었을까? 아마 나처럼 여러분도 높은 나무에 달린 잎을 먹기 위해 목을 길게 늘이다 보니 영양이 기린으로 진화했고, "목을 가장 길게 뺄 수 있는" 기린이 자손에게 조금 더 긴 목을 물려주었을 것이라고 학교에서 배웠을 것이다. 그러나 다른 가능성 있는 기원들도 여전히 논쟁 주제로 남아있다. 그중 하나는 수컷 기린이 머리로 경쟁자 수컷을 공격할 때 긴 목이 유리하다는 것으로 이는 기린의 긴 목이 성선택의 결과임을 암시한다. 2017년에 많은 호기심을 불러일으킨 체온 조절론도 있다. 열을 발산하기 위해 긴 목이 진화했다는 이론으로, 목이 길기 때문에 기린이 머리와 목을 태양 쪽으로 향하게 해서 몸에 그림자가 지게 하면 햇빛에 덜 노출될 수 있다.

코끼리는 암에 걸리지 않는다

기린의 심장은 길이 50센티미터 넘고, 일반적으로 무게가 10킬로그램 이상이다. 인간의 심장과 직접 비교하면 엄청난 크기이지만, 기린의 몸집을 생각하면 꽤 작은 편이다. 그 크기가 비교적 작더라도 심장에서 주된 펌프 역할을 하는 좌심실 벽이 사람의 좌심실보다 두 배로 두꺼워서 보충된다.[23] 기린의 목 길이와 좌심실 두께 사이에 관계식이 성립하는데, 목이 15센티미터씩 길어질 때 좌심실은 0.5센티미터씩 두꺼워진다.

인간은 심장 근육이 두꺼워지면 심장이 딱딱하게 굳는 섬유증이 생기고 결국에는 심부전으로 이어질 수 있지만, 기린의 심장은 인간에게 없는 유전자 변이 덕분에 두꺼워져도 섬유증이 생기지 않는다.[24] 이것이 핵심이다. 2016년 기린의 유전체를 분석한 연구자들은 심혈관 발달과 혈압 및 혈액 순환 관리에 관여하는 기린 특이적 유전자 변이를 발견했다.[25] 2021년, UCLA의 심장전문의 바바라 내터슨 호로위츠 박사가 이끄는 연구진은 섬유증과 관련된 유전자의 기린 특이적 변이가 발견되었다고 보고했다.[26] 그 변이가 기린의 심혈관 건강에 아무 부담을 주지 않고도 그들이 높은 혈압을 유지할 수 있게 돕는다.

이 같은 사실에서 우리는 얻을 수 있는 것은 무엇일까? 우리 유전자를 바꿔서 기린의 유전자를 모방하는 것은 불가능하다. 그러나 심혈관 건강의 이상적 모델이 되게 하는 기린의 독특한 특성 뒤에 어떤 유전적·분자적 마법이 작용하는지 이해할 수 있다면 생물의학자들은 심장 질환을 치료하기 위한 새로운 접근법을 찾을 수 있을 것이다. 과학자들은 이미 쥐에게 유전자 편집 실험을 시작해서 기린처럼 고혈압에 대한 저항력을 높여주는 유전적 특성을 갖게 했다.(유전자 편집을 통해 쥐들은 골밀도도 높아졌다. 원래 기린의 높은 골밀도는 큰 키를 보조하기 위한 또 다른 유전자 기반 적응이다.) 이제 우리 인간도 고혈압을 견딜 수 있도록 안전하게 유전자를 조작하거나 기린의 유전자를 모방하게 하는 약을 개발할 날이 머지 않아 현실이 될 것이다.

우리는 아직 만성 고혈압 상태로 살아갈 수 있게 진화하지 않았다. 고혈압이 있어도 살 수 있는 날이 올 때까지는 무슨 일이 있어도 고혈압을 피해야 한다. 주기적으로 혈압을 측정하고 그 수치를 기록하라는 말이다. 특히 과거에 비정상적으로 높거나 낮은 적이 있다면 더 조심해야 한다. 인터넷이나 동네 약국에서 키트를 구해 집에서도 손쉽게 혈압을 잴 수 있다. 처음에는 특정 활동 시 혈압이 높을 때와 낮을 때를 확인하기 위해 며칠 연속으로 시간대를 달리하면서 측정하는 게 좋다. 혈압 패턴을 확인한 후에는 한 달에 한 번이나 두 달에 한 번 측정하면 된다. 흡연이나 과도한 체중 증가, 운동 부족, 질 낮은 수면, 지나친 음주, 지나친 나트륨 섭취, 정제 설탕 섭취, 심지어 심한 스트레스 등 고혈압을 유발하는 요인들을 피하려고 해라.

잇몸 건강도 심장병 위험과 관련 있다. 훌륭한 구강 위생을 유지하면 심혈관 위험을 낮출 수 있다. 잇몸 건강이 심장병 위험과 아무 관련이 없을 것 같지만, 과학자들에 따르면 염증에 반응하는 혈중 단백질이 심장에 부정적인 영향을 미칠 수 있는데 만성 잇몸 질환이 지속적인 염증을 일으킨다고 한다. 잇몸 질환이 있다면 더 말할 것도 없거니와 입안에 사는 박테리아가 혈류로 흘러 들어가 심장까지 침투하는 것을 원하는 사람은 없을 것이다. 기린에게는 언제든 준비된 치위생사가 있다. 작은 소등쪼기새는 기린의 이빨 사이에 낀 음식물 조각을 먹

코끼리는 암에 걸리지 않는다

는 것을 좋아한다. 스케일링과 치실질을 한꺼번에 하는 효과를 낸다. 치아 위생에 관해서 우리도 기린처럼 매일 잊지 말고 치실로 치아 사이를 깨끗이 해야 한다.

기린의 독특한 적응 방식 중 우리도 쉽게 모방 가능한 게 있는데, 이는 목마른 기린이 물웅덩이로 머리를 숙일 때 갑작스럽게 생기는 심한 어지럼증을 막는 방법과 관련 있다. 물을 마시기 위해 기린은 물웅덩이 앞에서 앞다리를 벌리고 머리를 낮춘다. 그러나 높은 혈압 때문에 피가 뇌로 갑자기 쏠리게 되고 뇌졸중으로 쓰러질 수도 있다. 반대로 하는 것도 위험할 수 있다. 머리를 들어 올리면 혈압이 급격히 떨어져 기절할 수 있다.(뇌로 혈액 순환이 잘 안 될 때 기절하고 의식을 잃는다.)[27] 2020년, 덴마크 오르후스대학교 심혈관 생리학자 크리스티안 올케르스는 기린이 뇌까지 혈액을 보내는 방식을 연구하고 그 결과를 발표했다. 그는 마취제로 기린을 재우고, 밧줄과 도르래로 잠자는 기린의 머리를 들어 올렸다 내렸다 하는 장치를 만들었다.[28] 그 원리는 다음과 같다. 머리를 내렸을 때 목에 있는 경정맥에 혈액이 고여 심장으로 들어가는 혈액이 감소한다. 혈액량이 감소하므로 심장이 박동할 때 생기는 압력도 감소한다. 고개를 다시 들어 올리면 경정맥에 고여 있던 혈액이 재빨리 심장으로 들어간다. 그러면 심장은 다시 높이 올라간 머리로 혈액을 보내기 위해 강하고 높은 압력의 펌프 운동을 열심히 한다. 이것은 진화 덕분에 아날로그에서 디지털로 완전히 바뀐 배전반처럼 정교하게 짜인 상호작용이다.

이와 같은 혈압 변화에 대한 반사적 완충 작용은 기린이 의식적으로 생각하지 않아도 제어된다. 두꺼운 혈관 벽은 혈액 누출을 막고,

기린이 움직이면서 바뀌는 혈액량에 따라 수축과 이완을 반복한다. 이 시스템이 적절한 혈액 순환과 공급을 조절한다. 혈류가 증가해도 늘어지거나 혈액이 새어나갈 일 없는 질긴 콜라겐 섬유도 적재적소에 혈액을 안정적으로 공급하도록 돕는다. 중력이 바뀔 때 혈액 흐름을 돕기 위해 착용하는 압박 양말과 원리가 비슷하다. 기린의 콜라겐 섬유는 나이가 들고 목이 계속 자라면서 덩달아 두꺼워진다. 이런 적응을 통해 기린들은 인간에게 나타나는 고혈압의 나쁜 영향을 받지 않으면서 계속해서 높은 혈압을 유지한다.[29]

기린의 가늘고 긴 다리는 어떤가? 다리가 어떻게 그리도 날씬할까? 우리는 혈압이 올라가거나 온종일 서있으면 다리로 피가 몰려 발목이 부어오를 수 있다. 기린의 키와 혈압을 고려한다면 당연히 발목이 부어오르리라 예상할 수 있다. 그러나 사실 기린의 다리는 붓지 않는다. 이번에도 기린의 생물학적 해킹은 우주 의학과 유사점이 있다. 말하자면 몸에 딱 달라붙는 항중력복 같은 스키니진을 '착용'하고 있어 이에 도움을 받는다.


## 항중력 스키니진

혈압이 높으면 알맞은 혈액량을 유지하기 위해 혈관 안의 물을 주변 조직으로 밀어내므로 조직에는 체액이 계속 축적된다. 이것이 부종이다. 부종은 대개 하반신에서 먼저 일어난다. 중력이 물을 가장 낮은 지점으로 끌어내리므로 발목 부종이 가장 먼저 일어난다. 사람들은 대부분 발목에 양말 자국이 남는 것을 보고 알아차린다. 기린의 몸은 발목 부종을 해결하는 법을 몇 가지 알고 있다. 그래서 종아리와 구분되지 않을 만큼 두꺼운 발목을 가진 기린이 없다. 기린은 발목에 가까운 동맥의 혈관벽이 매우 두껍고, 발목 피부가 몸에 딱 붙어 있어서 체액이 고일 공간이 없다.[30] 다리를 덮고 있는 피부도 매우 단단하다. 그리고 다리를 만져보면 근막 안쪽이 풀칠해 놓은 것처럼 근육에 달라붙어 있어서 혈액이 모일 공간이 없고, 그래서 다리가 흐물거리지 않고 탄탄하다는 것을 알 수 있다. 하겐스는 "기린은 다리에 천연 항중력복을 착용하고 있다."라고 말한다. 우주비행사가 무중력 상태에 오래 있으면 순환계에 문제가 발생할 수 있다. 지구에서처럼 혈액을 심장으로 돌려보내기 위해 중력과 싸워야 하는 게 아니므로 혈관과 주변 근육 조직들이 매우 약해진다. 그 결과, 우주에 오래 머물렀다가 중력 상태로 돌아갈 때 문제가 생길 수 있다.

대부분의 사람들은 기린 가죽과 같은 우주복을 이용할 수는 없지만 자기 다리 크기에 맞는 혈전색전증 억제 스타킹, 즉 오랜 시간 움직이지 않거나 혈액이 고여 있을 때 다리에 생기는 혈전을 줄여주고 혈류 속도를 높여주는 압박 스타킹을 약국에서 구할 수 있다. 나는 혈전 합병증을 예방하기 위해 장거리 비행을 할 때 꼭 압박 스타킹을 착용한다. 비행 직전에 착용해서 착륙 후에 벗으면 된다.

## 반듯이 누워 자면서 뇌를 청소하라

잠자고 있는 기린을 포획할 일은 없다. 기린은 야생에서 잠을 많이 자지 않는다. 자더라도 대부분 일어선 채로 잔다.[31] 책상에 똑바로 앉아서 잘 수 있다고 주장하는 사람들이 더러 있는데, 그것은 이상적인 수면 자세가 아니다. 우리는 숙면을 위한 최적의 자세로 자도록 진화했다. 깊은 잠을 자려면 심장과 뇌가 거의 같은 높이에서 휴식을 취해야 하므로 반듯이 눕는 것이 좋다.

몸통과 비교해서 머리가 위 또는 아래로 몇 도만 기울어져도 생리 작용에 놀랍도록 큰 영향을 미친다. 무중력 효과를 모방한 두부하위 자세를 예로 들어보자. 머리를 아래로 6도 젖힌 이 자세로 누우면 뇌로 가는 혈류가 감소하고 경정맥 울혈이 생긴다. 그렇게 혈액이 고여 있다는 것은 뇌의 대사 노폐물을 제거하는 글림프 시스템이 작동하지 않는다는 의미다. 우리가 깨어있는 동안 뇌의 정상적 대사활동의 일부로 알츠하이머병과 관련 있는 위험한 베타아밀로이드 단백질 등의 독성 대사 노폐물이 체내에 쌓이는데, 2장에서 봤듯이 그런 대사 노폐물을 처리하는 메커니즘이 글림프 시스템이다. 우주비행사들의 수면 장애를 해결하고자 우주 의사들은 우주 비행을 모방한 실험 환경에서 사람들에게 두부하위 자세로 누워있게 하고 무중력 상태 수면의 문제점을 연구하고 있다.

그런데 머리를 올린 상태로 잠잘 때도 뇌의 글림프 시스템 활동이 상당히 감소하는 것으로 나타났다. 장기적으로 보면 인지 기능 감퇴와 알츠하이머병 발병에 영향을 미칠 수도 있다. 그러나 밤에 머리 아

래 베개를 여러 개 놓고 자는 것을 좋아한다고 해서 겁먹을 필요는 없
다. 머리를 약간 들어 올린 것으로는 뇌의 청소 기능이 손상되지 않는
다. 베개 개수보다는 수면 시간 부족과 질 낮은 수면이 글림프 시스템
을 해치는 주범이다. 이상적인 자세는 반듯이 누워 자는 것이다. 잠은
보약이다. 그리고 무엇보다 자세가 중요하다.


## 내분비기관 심장

현재 고혈압 유병률이 유행병 수준에 도달해 전 세계 10억 명 이상이
고혈압 상태로 걸어 다니고 있다. 상황이 이렇다고 해도 인간이 기린
으로 진화할 필요가 없기를 바랄 뿐이다. 미국 인구의 약 20퍼센트가
언제가 되었든 혈압이 올라갈 것이고, 그중 대다수가 나이 들면서 특
정 단계의 고혈압으로 발전할 것이다. 고혈압이 몸에 일으키는 하류
효과를 고려하면 고혈압은 여전히 전 세계적으로 주요 사망 원인이다.
매년 1,040만 명이 고혈압으로 사망하는데 그중 50만 명이 미국인이
다. 우리는 우아한 기린처럼 영리하게 설계되지 않았다.

　루스벨트가 일찍 죽음을 맞이한 후 20세기 후반에 접어들어 고혈
압에 대한 관심이 대대적으로 높아지면서 호르몬의 중요성을 고려한
약물 치료법에 대한 이해도 증가했다. 호르몬에 의한 고혈압 발병 근
거가 절대 간단하지 않지만 점차 밝혀지고 있다. 최신 연구 결과들은
심장을 내분비기관(즉 호르몬 분비 기관)으로 자리매김하도록 돕고 있
다. 이것은 비단 인간에게만 해당하는 이야기가 아닐 것이다. 기린을

포함한 포유류에게 심장은 건강, 혈압 조절, 심지어 신장 기능에 관여하는 여러 중요한 호르몬과 관련 있다는 연구 결과들이 나오고 있다. 그러나 고혈압이 나쁘다는 법칙에서 기린은 예외다. 기린과 인간의 중요한 생리학적 차이는 기린은 긴 목을 수용하기 위해 혈압이 높도록 진화했지만, 우리는 고혈압에서 얻는 생존 이익이 없다는 것이다. 오히려 정반대로 고혈압은 우리를 위험에 빠트린다. 우리는 기린이 아니므로 되도록 아프지 않게 심장과 순환계를 보호해야 한다.

# 기린의 혈압 유지 비법을 배워라

동맥은 평생 깨끗하게 유지할수록 좋다. 우리에게 이 말을 해줄 기린이나 우주 의사가 필요한 게 아니다. 심지어 「모나리자」의 주인도 필요 없다. 혈압을 정기적으로 측정하고(한 달에 하루 정도 다양한 시간에 측정하는 게 좋다) 120/80mmHg 이하로 유지하는 것을 목표로 삼아라. 하루 동안 혈압 수치를 활동과 스트레스 수준에 연결해서 자세히 살펴보면 혈압의 패턴을 발견할 수 있다. 패턴을 알면 행동과 심리가 어떻게 신체에 영향을 미치는지 좋은 정보를 얻을 수 있다. 건강한 혈압을 유지할 수 없다면 약물의 도움을 받을 수도 있다. 약물치료로 조기 노화와 사망 등 만성 고혈압과 관련된 심각한 질환과 사망 위험을 크게 낮출 수 있다.

고혈압을 방지하는 열쇠는 명확하다. 심혈관 건강과 날씬함을 유지하고, 담배 피우지 말고, 되도록 평평하게 누운 자세로 숙면하고, 치아 위생을 관리하고, 매일 최소 15분 동안 심박수가 휴식 시 기준치보다 50퍼센트 증가할 수 있도록 자주 움직이는 것이다. 비행기를 타고 대양을 건널 때처럼 오랜 시간 일어날 수 없을 때는 기린의 기술을 모방하라. 혈액 순환에 문제가 없다고 생각하더라도 압박 양말을 신어라.(추가로 여행과 식사를 즐기기 위해 소음 제거 헤드폰도 사용하라.) 만성 고혈압이 있는 사람에게는 혈압을 안정시키는 데 혈압약이 대단히 중요하다. 그리고 다음에 시야가 흐려졌을 때, 안과 진료를 받아보라. 안과 의사는 눈 뒤쪽 망막을 검사하자고 할 것이다.

아프리카에서 이리저리 돌아다니고 있는 코끼리 떼

# 5장

## "이봐요, 코끼리 사나이"

**암을 치료하고 DNA를 보호해야 하는 이유**

> 코끼리는 자연이 만든 가장 거대한 작품이자 유일하게 무해한 대형
> 동물이다.
>
> —존 던

2017년 1월 도널드 트럼프 대통령이 취임하기 며칠 전, 나는 스위스 다보스에서 열린 세계경제포럼에 참석했다. 그때 조 바이든 부통령이 사람들이 붐비는 복도로 나를 불러냈다. "이봐요, 코끼리 사나이!" 물론 바이든이 내 이름을 잊어버린 게 분명했지만, 흔히 생각하는 것처럼 나를 모욕해서 그렇게 부른 것은 아니었다. 바이든은 19세기 영국인 조셉 메릭의 불행을 들먹이려던 게 아니었다. 조셉 메릭은 희귀한 유전 질환을 가지고 태어났다. 그것 때문에 다섯 살 때부터 몸이 점점 심하게 기형이 되었고, 그래서 코끼리 사나이라는 별명을 얻었다. 내가 그 전년도 다보스 포럼에서 진짜 코끼리에 대한 이야기를 했기 때문에 "코끼리 사나이"라고 부른 것이었다.

'암과의 전쟁' 회의는 오바마 대통령의 명령으로 급하게 조직되었고, 대통령은 며칠 전에 진행된 국정 연설에서 바이든을 암 정복 계획 총 책임자로 정했다. 코끼리에 관한 이야기에 호기심을 보인 사람은 바이든만이 아니었다. 알다시피 코끼리는 선천적으로 암에 걸리지 않는 유전적 이상을 가지고 있다. 암 이야기를 본격적으로 하기 전에 대략 5,600만 년 전 아프리카에서 돼지만 한 크기의 조상에서 시작되어 줄곧 지구상을 돌아다니고 있는 이 온화한 대형동물에 대해 알아보자.

코끼리는 긴 코가 특징인 장비목(학명은 'Proboscidea'로 '코를 가지고 있다'라는 의미의 그리스어다)에 속한다. 코끼리를 의미하는 영어 elephant는 상아를 가리키는 그리스어 elephas에서 유래했는데 나중에 이 동물 자체를 가리키는 이름이 되었다. 코끼리는 세상에서 가장 큰 포유동물이며 야생에 천적이 없다. 그러나 개미와 벌을 무서워한다. 그도 그럴 것이 코가 매우 예민하고 신경 말단이 발달해 있는데 그 안으로 개미나 벌이 떼 지어 들어온다면 어떨지 상상해보라. 인간처럼 코끼리도 70년, 때로는 80년 넘게 살 수 있다.* 큰 몸을 유지하기 위해 하루에 음식을 최대 136킬로그램까지 먹는다. 어떤 때는 풀, 작은 식물, 과일, 잔가지, 나무껍질, 덤불 등을 씹으며 보내는 시간이 하

---

* 코끼리 같은 후피동물은 암을 피할 수 있을지 모르지만, 치아 건강이 나빠지는 것은 피하지 못한다. 이들의 수명은 치아 건강에 달려있다. 코끼리는 대부분 나이가 들어 치아가 닳고 그래서 음식을 씹지 못하게 되었을 때 죽는다. 야생의 많은 동물도 마찬가지다. 질병통제예방센터에 따르면, 65세 이상의 미국 성인 중 거의 다섯 명 중 한 명은 치아가 하나도 없다. 그것은 영양 상태에도 영향을 미칠 수 있다. 치아가 없거나 틀니를 하는 사람들은 부드럽고 씹기 쉬운 음식을 선호하는 경향이 있는데, 그래서 신선한 과일과 채소 같은 영양분 많은 음식을 놓칠 수 있다.

루에 무려 16시간에서 18시간이나 된다.(편식하지는 않지만, 초식동물이다.)

코끼리는 생태계를 생성하고 유지하는 쐐기돌 종이다. 쐐기돌 종은 전체 생태계를 정의하는 데 도움이 되고, 종종 서식 환경을 공유한 다른 종의 생존을 보장한다. 사실, 많은 식물과 동물이 그들의 서식지에서 코끼리에게 의존해 살아간다. 코끼리가 없다면 그리고 그들의 활동이 없다면 많은 생명체가 지구상에서 사라질 것이다. 코끼리가 생태계에 이바지하는 한 가지 방법은 건기에 작은 동물들이 물을 마실 수 있도록 우물을 파는 것이다. 코끼리는 새로운 식물 성장을 자극하기 위해 배설물로 묘목을 이동시키고, 그들의 먹이가 되는 풀이 잘 자라도록 나무 개체 수를 조절하기도 한다. 육중한 다리로 걸어 다니면서 어린나무를 밟거나 먹어치워서 나무 수를 줄인다.[1] 쐐기돌 종은 바다 깊은 곳부터 매우 높은 산까지, 진화계통수 여기저기에 있고 식물 종과 동물 종뿐만 아니라 곰팡이, 박테리아, 기타 미생물도 포함한다.

가족과 함께 아프리카로 사파리 여행을 갔을 때 우리를 보고 즐거워하는 어린 코끼리를 만났다. 녀석은 자기 무리에서 벗어나 우리 차 쪽으로 몇 걸음 다가와 코를 휘두르며 큰소리를 냈다. 그렇게 우리와 재미있게 교류한 후에 자기 가족이 있는 무리로 돌아갔다. 거대한 코끼리들이 움직이고 먹고 놀고 새끼를 돌보는 모습을 구경하는 것은 경이로운 경험이었다. 코끼리에 관해서 특히 감탄한 것은 물웅덩이에서 다른 동물들을 존중하는 모습을 봤을 때였다. 우리 인간이 마땅히 배워야 하는 태도다. 사려 깊고 지능이 뛰어난 코끼리는 연민, 충성심,

팀워크, 친절, 가족애, 개성을 구현하는 동물이다. 게다가 우리가 인지하는 것보다도 더 우리와 닮았다. 디즈니의 덤보, 닥터 수스의 호튼, 장 드 브루노프의 바바 등 1930년대에 시작된 연재 동화에서 가장 사랑받는 캐릭터에 코끼리가 있는 것은 놀랄 일도 아니다.

## 공감 능력, 기억력, 존경심

샌디에이고 동물원 사파리 공원은 샌디에이고 카운티에서 가장 큰 관광지 중 하나로 코끼리를 구경하기에 더없이 멋진 장소다. 원래는 멸종 위기 야생동물의 번식장으로 1962년에 설립되었지만, 인기가 워낙 좋아서 결국에 샌디에이고 카운티 정부는 일반 대중에게 개방하기로 했다. 오늘날 연간 200만 명 이상이 이곳을 방문하고 3,500종의 식물뿐만 아니라 여섯 대륙에서 온 300여 종의 동물 2,600마리가 살고 있다. 또한 세계 최대의 동물병원과 헌신적인 직원들이 있는 곳이기도 하다. 여기에서 내가 만난 사람 중에는 근무한 지 30년이 넘는 사람도 있었다. 그들에게 동물들은 가족이었다.

코끼리 사육사 민디 올브라이트는 코끼리가 자기를 돌보는 사육사를 알아본다면서 그런 동물과 함께 일하는 것이 얼마나 즐거운지 이야기해줬다. 코끼리가 사육사를 알아본다는 것은 놀라운 기억력을 가졌음을 의미한다. 코끼리는 과거에 봤던 사람과 다른 코끼리 그리고 전에 음식과 물을 얻었던 곳으로 가는 길도 기억할 수 있다.[2]

코끼리는 매우 똑똑하다. 지능 면에서 돌고래와 유인원, 인간과 함께 최상위권에 있다. 대부분 포유동물은 태어날 때 뇌 무게가 성체 뇌 무게의 대략 90퍼센트다. 그러나 코끼리와 인간의 뇌는 태어난 후에 두드러지게 발달하는데 인간의 태어날 때 뇌 무게는 성인 뇌 무게의 약 25퍼센트이고, 코끼리의 태어날 때 뇌 무게는 어른 코끼리 뇌 무게의 약 35퍼센트이다.[3] 자궁 밖에서도 뇌 성장이 계속되므로 인간과 코끼리 성체는 비인간 영장류를 포함한 다른 포유동물 성체보다 몸집 대비 더 큰 뇌를 가지고 있다. 우리의 높은 지능을 충분히 설명해줄 수 있는 사실이다.

2006년, 애틀랜타 에모리대학교 연구진은 코끼리가 거울에 비친 자기 모습을 인식할 수 있는 몇 안 되는 동물이라고 보고했다.[4] 이것은 시사하는 바가 크다. 코끼리가 거울 속 자신을 인지할 수 있다는 것은 무리의 일부로서가 아니라 하나의 개체로서 자기를 인지한다는 것을 의미한다. 이런 '자기 인식' 때문에 코끼리는 서로에게 공감과 지원을 제공하고 동료 코끼리와 협력하고 협동하는 것으로 보인다. 우리는 이미 인간을 대상으로 한 연구를 통해 자기 인식이 클수록 인지적 공감을 더 많이 한다는 것을 알고 있다. 코끼리도 비슷하다는 것을 어렵지 않게 알 수 있다. 물론 코끼리의 공감을 일화적으로 관찰했다고 해서 그것이 실제로 인간의 공감과 같은 공감이라고 증명하기는 어렵지만, 야생에서 코끼리를 관찰하면서 많은 시간을 보내는 연구자들은 코끼리들이 필요할 때 언제든 서로 돕는다는 것을 발견했다. 특히 아기코끼리가 고통스러워할 때 암컷 코끼리들이 공감하는 게 관찰되었다. 만일 아기코끼리가 넘어지면 모든 암컷 코끼리가 아기가 괜찮은지 확인하기 위해 달려갈 것이다. 아기가 도움이 필요할 때 반응하는 것은 포유동물 세계에서는 많은 종에게 공통으로 나타나는 행동이지만, 코끼리는 차원이 다르다.[5] 아이를 하나 키우려면 분명 무리가 필요하다. 『코끼리의 기억Elephant Memories』으로 전미도서상 후보로 오른 코끼리 연구가 신시아 모스는 한 아기코끼리가 물웅덩이에 빠지는 것을 본 적이 있는데, 엄마와 이모만으로 아기를 꺼내지 못하자 무리에 있는 다른 코끼리들이 경사로를 파서 아기를 물웅덩이 밖으로 꺼냈다고 한다.

2014년에 헌터대학교 코끼리 지능 연구가 조슈아 플로트닉은 그가 몸담았던 에모리대학교에서 동물 행동을 연구하는 영장류학자 프란스 드 발과 함께 코끼리들이 코로 소리를 내거나 쓰다듬어주면서 다른 슬퍼하는 코끼리를 위로한다는 경험적 증거를 최초로 발표했다.[6] 그들은 거의 1년 동안 태국 북부 코끼리 보호소의 대략 30에이커(약 36,000평) 대지에서 아시아 코끼리 26마리를 집중적으로 관찰했다. 또 다른 연구에 따르면, 코끼리들은 심지어 죽은 코끼리의 뼈에 대단한 관심을 보이기도 하는데, 그것은 죽음을 슬퍼하는 표시일지도 모른다. 2016년 아프리카에서 코끼리를 연구하던 연구생이 비슷한 행동을 카메라로 포착했다. 가족 코끼리 3마리가 죽은 암컷 가장에게 경의를 표하기 위해 시체 옆으로 계속 왔다 갔다 했다.[7]

코끼리들은 평생 강한 가족 유대감을 유지한다. 모계 가족 단위로 무리 지어 이동하고, 가장 나이 많고 대체로 가장 몸집이 큰 암컷이 무리를 이끄는 가장이다. 암컷 가장이 수년 전부터 배운 것들은 무리의 생존에 유용할 수 있어서 경험이 중요하게 여겨진다. 가뭄이 들면 암컷 가장은 과거 자신이 갔던 물웅덩이로 무리를 안내한다. 또는

코끼리는 암에 걸리지 않는다

쇠퇴 조짐이 보이는 지역에서 가족들을 멀리 다른 곳으로 이끌고 가기도 한다.(노인의 지혜가 무시될 때가 많은 우리 인간 사회와 사뭇 다른 풍경이다.) 1980년대부터 시작된 인간 연구들은 어딘가에 소속되어 있다는 느낌과 자신이 중요하고 가치 있는 존재라고 느끼는 것이 모든 연령대 인간에게 기본적인 욕구이며, 그런 욕구가 우리 사회에서 소외될 가능성이 큰 노인들에게 더욱 중요하다는 것을 계속해서 보여주고 있다.[8] 코끼리는 우리에게 어른을 존중하는 것이 모두를 보호하고 모두에게 생존 이점을 제공하는 데 큰 도움이 된다는 것을 보여주고 있다.

모계 중심 코끼리 무리의 장점은 야생동물보호협회와 런던 동물학회가 2008년에 발표한 연구 보고서에서 예를 찾을 수 있다.[9] 연구진은 탄자니아 타랑기레 국립공원에서 35년 만에 최악의 가뭄이 든 1993년, 세 집단의 코끼리 무리를 조사했다. 9개월 동안 81마리 새끼 코끼리 중 16마리가 죽었다. 건기가 아닐 때 보통 새끼 코끼리 사망률이 2퍼센트인데, 그때 사망률은 20퍼센트였다. 연구진은 죽은 코끼리와 살아남은 코끼리 사이 놀라운 차이를 상세히 보고했다. 그것은 무리를 이끄는 암컷의 나이였다. 세 집단의 무리 중 국립공원을 떠난 두 무리의 가장은 각각 45세와 38세였는데, 이들은 과거 경험으로 가뭄 신호를 기억하고 앞으로 닥칠 위험을 감지했을 것이다. 공원을 떠난 무리는 공원에 남은 무리보다 사망률이 낮았다. 그해 공원에 남은 무리의 사망률은 63퍼센트였다. 연구진은 보고서 결론부에서 공원을 떠난 무리의 우두머리들이 1958년부터 1961년까지 어릴 때 겪었던 가뭄을 기억했을 것이고, 반면에 타랑기레에 남은 무리에는 그 역사적 사건을 기억할 정도로 나이 많은 코끼리가 없었다는 점을 지적했다. 다른 연구에서도 35세 이상의 암컷 코끼리가 이끄는 무리가 생존율이 더 좋은 것으로 나타났다.[10]

　명확한 언어가 없는데도 코끼리들이 그렇게 지혜롭고 공감 능력이 뛰어나다는 것이 놀랍다. 사실 코끼리들에게는 우리 인간이 듣거나 쉽게 감지할 수 없는 그들만의 의사소통 방법이 있다. 코끼리는 신체 접촉을 통한 촉각 신호도 사용하고 고주파수와 저주파수의 독특한 소리도 사용해 의사소통한다. 내가 코끼리 소리를 들을 수 있다면 그들에게 몇 가지 질문을 하고 싶다. 그중 가장 묻고 싶은 질문은 이것이다. 너희들은 어떻게 암을 잘 피할 수 있게 되었니?


## 암에 걸리지 않는 방법

코끼리의 거대한 몸은 우리보다 100배 많은 세포를 가지고 있다. 그래서 암에 걸리기 훨씬 더 쉬우리라 생각할 수도 있을 것이다. 암은 세포 성장에 관여하는 유전자에 변이가 일어난 하나의 세포에서 기원한 통제되지 않는 세포 분열을 말한다. 세포가 많을수록 세포 중 하나가 변형돼 종양이 될 가능성이 크다. 통계적으로 키가 큰 사람이 암에 걸릴 위험이 더 큰데, 연구에 따르면 키가 4인치 증가할 때마다 암 발병 위험이 약 10퍼센트 높아진다.[11]* 그러나 변이와 변수가 매우 많은 데다 췌장암, 식도암, 위암, 구강암과 같은 암의 발병 위험은 키가 크다고 더 커지는 것은 아닌 듯하다. 설령 키가 아주 커서 그 때문에 특정 암에 걸릴 위험이 조금 더 크다고 해도 기본 유전자와 환경 그리고 다른 생활습관 요인이 전체적인 건강 위험에 훨씬 더 큰 영향을 미친다는 사실을 명심할 필요가 있다.

코끼리는 이른바 암에 관한 가장 큰 수수께끼 중 하나인 페토의 역설Peto's paradox에서 통계적 총알을 완전히 피했다. 리처드 페토는 1970년대에 흡연과 암의 연관성을 밝힌 옥스퍼드대학교 의학통계학자이자 전염병학자다. 페토는 오늘날 그의 이름으로 불리는 역설을 1975년에 처음 발표했을 때 세포 수를 기반으로 보면 인간이 쥐보다 암에 걸리기 훨씬 쉽다고 주장했다. "인간의 세포 수는 쥐의 1000배이고, 대부분 쥐보다 최소 30배 오래 산다."[12] 쥐와 인간 사이 단순한 세포 수 차이를 고려한다면 인간이 암에 걸리고 조기 사망할 확률이 더 높으리라 생각할 수 있다. 하지만 실제로는 그렇지 않다. "세포가 많을수록 암도 많이 걸린다."라는 개념이 직관적으로 말이 되지만, 여러 동물 종에서 얻은 데이터는 이를 뒷받침하지 않는다. 인간과 비교해서 쥐의 암 발병률이 높다는 사실은 암에 유기체의 세포 수 이상의 것이 관여하고 있음을 말해준다. 페토는 이어서 세포당 발암률(암 형성률)이 종마다 다른 이유가 진화적 문제에 있을 수 있다고 주장했다. 인간은 코끼리와 비교하면 세포 수가 훨씬 적은데도 암에 걸리기는 더 쉬

---

* 그렇다면 사람도 몸무게가 많이 나갈수록 암에 걸릴 위험이 커진다는 의미일까? 그렇다. 그러나 관련성이 매우 높지는 않다. 비만은 더 많은 세포를 가진 더 큰 장기를 의미하기 때문이다. 비만은 여러 가지 이유로 암을 일으키는 위험 요인이다. 과도하게 쌓인 지방 조직은 신진대사와 호르몬 신호에 영향을 미치며, 그 결과 세포가 언제 어떻게 죽는지 달라진다. 게다가 주요 장기 주변에 쌓인 내장 지방은 염증을 일으킨다.

우므로 오히려 쥐와 더 비슷하다고 할 수 있다.

코끼리는 엄마 자궁에서 나올 때부터 몸무게가 무려 140킬로그

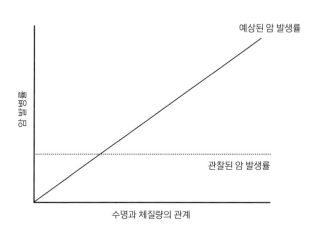

**페토의 역설**

수명과 체질량의 관계

암은 세포 성장과 분열이 조절되지 않는 질병으로 정의된다. 이론적으로 암 발병 위험은 평생에 걸쳐 일어나는 세포 분열 수에 비례해서 높아진다. 따라서 몸집이 크고 오래 사는 동물은 몸집이 작고 단명하는 종보다 암 발병률이 훨씬 높을 것으로 예측할 수 있다. 그림의 실선이 예측되는 암 발병률과 수명×체질량 사이 선형 관계를 나타낸다. 점선은 자연에서 실제 관찰되는 암 발병률을 나타내는데, 암 발병률과 수명×체질량 사이에는 어떤 관계식도 성립하지 않는다. 예를 들어, 암 발병률은 39.5퍼센트이고 암으로 사망할 확률이 19.5퍼센트인 인간과 수명이 고작 2~3년이고 평균 몸무게가 28그램 밖에 되지 않는 쥐의 평생 암 발병률은 실제로 크게 다르지 않다. 이와 대조적으로 수명이 50~70년이고 최대 몸무게가 8톤 가까이 되는 코끼리의 암 발병률은 5퍼센트 미만인 것으로 추정하고 있다. 수명이 80~90년이고 평균 몸무게가 130~150톤인 대왕고래를 포함해 고래의 암 발병률은 알려지지 않았지만, 암 발병률 예측 모형에 의하면 대왕고래가 90세까지 암에 걸릴 확률은 100퍼센트다. 그러나 이것은 실제로 자연에서 관측되지 않았다.

출처: M. Tollis, A. M. Boddy, and C. C. Maley, "Peto's Paradox: How Has Evolution Solved the Problem of Cancer Prevention?," BMC Biology 15, no. 1 (July 2017): 60.

코끼리는 암에 걸리지 않는다

램이나 되고, 10년도 지나지 않아 약 4,500킬로그램 이상으로 성장한다. 그렇게 폭발적인 세포 분열 속도 때문에 코끼리들은 태어날 때부터 병에 매우 취약할 수 있고, 만일 암에 대한 대비가 되어 있지 않았다면 멸종할 것이다. 그러나 자연은 코끼리를 위해 이 잠재적 문제를 해결했다.

인간의 약 25퍼센트가 암으로 사망한다. 평생 암 발병 위험은 33퍼센트에서 50퍼센트 사이고, 대략 남성의 43퍼센트와 여성의 38퍼센트가 암에 걸린다. 그러나 오늘날 암 진단을 받은 사람의 75퍼센트에서 89퍼센트가 생존한다. 인간이 성인기에 도달할 때까지 세포 분열로 DNA 복제가 이뤄지는 횟수는 대략 30조 정도 되며, 매번 암을 유발하는 돌연변이를 일으킬 가능성이 있다. 세포 분열은 수백 개의 유전자가 관여하는 신중하게 통제되는 과정이다.

어떤 유전자는 세포 증식을 촉진하고 어떤 유전자는 그것을 억제한다. 손상된 세포가 세포자멸사, 즉 프로그램된 사멸을 겪어야 할 때를 알리는 유전자도 있다. 세포 성장을 조절하는 유전자에 돌연변이가 축적되어 손상된 세포가 더는 자멸할 수 없게 될 때 정상 세포가 암세포로 변한다. 어떻게 보면 대부분 암세포는 60번 이상의 변이를 겪는다. 종양억제유전자라고도 알려진, 정상적으로 세포자멸사를 담당하는 세포 안에 있는 유전자도 변이된 채 복제될 수 있다. 암세포는 건강한 '부모' 세포보다 더 빨리 분열하고, 성장과 죽음의 조절을 돕는 다른 세포들의 신호에 크게 좌우되지 않는다. 마땅히 세포자멸사 대상이 되어야 하는 비정상적 성질을 많이 가지고 있는데도 암세포들은 아주 영리해서 프로그램된 사멸을 피할 수 있다. 깡패처럼 못된 돌연변이다.

　암을 유발할 수 있는 일부 유전자 돌연변이는 정자나 난자 세포로부터 물려받은 생식세포 돌연변이일 수도 있지만, 대부분의 돌연변이는 생활 속에서 담배나 방사선, 바이러스 노출 또는 단순히 노화 등으로 생긴다. 어떤 사람들은 비타민 보충제나 영양제가 식단의 구멍을 메꿔줘서 나이 들면 생길 수 있는 암을 막아줄 것이라 착각한다. 영양 보충제로 흡수된 영양분은 신체 내부 시스템을 방해하고 암을 포함한 질병 위험을 높이면서 실제로는 불리하게 작용할 수 있다. 무엇이든 지나치면 해롭다. 게다가 비타민과 영양제에 들어있는 유효성분 중 상당수가 몸에 강력한 효과를 내므로 많이 복용했을 때 위험할 수 있고, 도움은커녕 심각한 부작용을 수반할 수 있다. 그래서 어떻게 해야 한다는 말인가? 앞에서 말한 대로 진짜 음식에서 비타민과 미네랄을 얻도록 하자. 절대 약을 과다 복용하지 마라. 야생동물은 영양제를 먹지 않는다. 코끼리도 진짜 음식만으로 그 큰 몸집을 유지하고 있다.

　거대한 코끼리의 세포는 웬만해서는 변이되지 않으므로 암에 걸릴 위험이 인간과 비교하면 매우 낮다. 코끼리가 평생 살면서 암에 걸릴 확률은 5퍼센트도 안 된다. 암으로 죽는 코끼리가 전체 코끼리의 5퍼센트 미만이라는 말이다. 과학자들은 리처드 페토가 1970년대에 연구를 시작한 이래로 이미 수십 년 동안 이 사실을 알고 있었지만, 최근에야 비로소 이른바 코끼리의 항암 프로필을 이해하기 위한 암호를 풀기 시작했다.

　코끼리는 p53이라 불리는 단백질(이 단백질의 분자 무게가 53킬로돌

턴이다)에 기초한 튼튼한 항암 시스템을 가지고 있다. 항암 분자와 이를 암호화하는 유전자인 종양억제유전자 TP53은 지난 30여 년 동안 많은 주목을 받았다. 특히 《사이언스》가 1993년 12월에 p53을 '올해의 분자'로 선언하면서 꾸준한 관심을 받고 있다.[13] 1979년에 처음 발견되었을 때는 암을 일으키는 종양 유전자로 여겨졌다. 그 후 10년이 지나서야 과학자들은 p53의 항암 효과를 이해하기 시작했다. p53 단백질은 마치 마을 보안관처럼 세포핵 안에 문제가 있을 때 즉 DNA가 손상될 때 호출되거나 활성화된다. 활성화된 p53 단백질은 DNA에 직접 붙어 세포를 '체포'하고 DNA를 수리할 것인지 아니면 세포자멸사를 시킬 것인지 결정한다. 만약 DNA가 수리 가능하다면 p53은 문제의 세포가 다시 분열하기 전에 손상 부분을 수리하기 위해 다른 유전자들을 활성화한다. 만약 DNA가 회복 불능 상태라면, 즉 돌연변이가 너무 많이 일어났거나 너무 복잡한 돌연변이라면 세포가 분열하는 것을 차단하고 그 세포에 자멸하라고 명령한다.(즉, 신호를 보낸다.)

최근에는 좀비 유전자라고 불리는 유전자가 항암 메커니즘의 또 다른 주요 요소로 활동한다는 연구 결과가 발표되었다. 좀비 유전자는 일반적으로 포유동물에서는 활동하지 않는데, 코끼리에게 암세포의 전조가 될 수 있는 손상된 세포가 발생했을 때 p53에 의해서 활성화된다. LIF6라고 불리는 이 좀비 유전자가 발현되면 손상된 세포의 미토콘드리아(즉, 에너지 생산 공장) 안에 구멍을 내서 세포를 암살하는 단백질이 만들어진다.

TP53은 오늘날 가장 많이 연구되는 인기 유전자다.[14] 이 유전자의 기본 생물학에 관한 새로운 사실을 기술하는 연구 논문이 평균적으로 매일 두 편 발표되고 있다. TP53은 p53을 암호화한 유전자로(같은 의미에서 p53은 이것에 의해 암호화된 단백질이다) 17번 염색체에 있다. 인간의 모든 암 중 대략 절반에서 TP53의 돌연변이가 발생한다. 내가 담당한 환자들의 병리학 보고서를 보면 열이면 열 모두 TP53가 변이되어 있었다. 결함 있는 유전자가 종양에만 있는 게 아니라 다음 세대로 전달되는 기본 유전자 서열(즉, 생식세포 계열 DNA)에도 있는 증후군이 있다. 이 증후군에 대해서는 곧 설명하겠다. 부모에게서 결함 있는 TP53 유전자를 물려받은 아이들은 암에 걸릴 확률이 높다. 남자아이의 경우 대략 73퍼센트이고, 여자아이는 100퍼센트 가까이 된다.[15] 인간은 2쌍의 TP53 유전자를 지닌다. 부모에게서 각각 하나씩

p53을 '올해의 분자'로 지정한 《사이언스》 1993년 12월호 표지

코끼리는 암에 걸리지 않는다

물려받는다. 암에 걸리지 않는 많은 다른 동물들은 기능적인 TP53 유전자가 더 많다. 이는 달리기 경주를 할 때 완주하기 전에 신발이 다 닳아 못쓰게 되었을 때를 대비해 여분의 운동화가 있는 것과 같다. 코끼리는 TP53 유전자를 최소 20쌍 가지고 있다. 이 같은 생물학적 보너스가 바로 코끼리가 암에 걸리지 않는 비법이다. 코끼리는 인간보다 종양 억제력이 훨씬 강하다. 게다가 코끼리의 p53은 손상된 세포를 죽이기만 하지 그것을 복구하려고 남겨두지 않는 것으로 밝혀졌다.

흥미롭게도 연구에 따르면 코끼리의 TP53 유전자 대부분은 레트로진retrogene이다. 이는 코끼리가 원래 TP53 유전자가 2쌍 밖에 없었는데 오랜 진화 과정을 거치면서 여분의 유전자가 선택되었다는 것을 의미한다. 코끼리는 몸집이 작은 조상에서 진화하면서 우연히 TP53 유전자를 추가적으로 얻은 것으로 추정된다.

이 사실을 아는 것이 우리에게 어떤 도움이 될까? 다음에 동물원에서 코끼리를 보게 된다면 늘어진 귀에 있는 정맥을 살펴보라. 귀를 통과하는 황갈색 피가 언젠가 새로운 항암 치료에 쓰일 원천이 될지도 모른다. 우리는 p53을 더 많이 생산할 수 있는 방법을 생각해볼 수 있는데, 안타깝게도 이 명백해 보이는 해법이 실효를 거두지 못했다. 프린스턴대학교에 있을 때 p53을 발견한 연구자 레빈은 실험실 환경에서 쥐의 유전체에 복제 유전자를 추가로 투입해 유전자 과발현을 시도해서 p53 단백질이 더 많이 형성되도록 유도했는데, 동물들이 태어나기도 전에 죽어버렸다고 한다. 게다가 인간의 TP53 유전자는 퇴행성 신경 질환과도 관련되어 있으므로 이 유전자의 과발현은 다른 문제를 유발할 수도 있다. 유전자 발현을 유도할 때는 생물 종 고유의 생리학에 따라 달라질 수 있는 복잡성을 고려해야 한다. 유전자 스위치를 언제 켜고 끌지 조절할 때 균형을 맞춰야 할 필요가 있다.

그래도 우리에게는 더 탐구해야 하는 실마리가 남아있다. LIF6 유전자의 발견은 암세포에서 비활성 상태인 LIF 좀비 유전자의 스위치를 켜게 만드는 약물 개발에 관심을 불러일으켰다. 어느 열정적인 과학자는 벌써 방법을 찾았을지도 모르겠다.


## 코끼리의 피를 찾아서

조슈아 쉬프먼에게 암은 상당히 개인적인 일이기도 하다. 쉬프먼은 로드 아일랜드 프로비던스에서 성장했는데, 브라운대학교 종양학자였던 아버지가 아들 목에 부풀어 오른 림프절을 만져보고 앞으로 무슨 일이 벌어질지 알았을 때 그는 열다섯 살이었다. 쉬프먼의 병은 혈액암 종류인 호지킨병 2기로 진단되었다. 독일 셰퍼드였던 그들의 반려견 프랭크를 괴롭힌 암과 크게 다르지 않은 병이었다. 1989년 여름은 '휴식과 방사선 치료'를 하며 보냈다. 그의 아버지는 오전 근무가 끝나면 점심시간에 쉬프먼을 데리고, 방사선 치료를 위해 50마일 떨어진 보스턴 어린이병원까지 운전했다. 치료를 마치고 집으로 돌아오면 쉬프먼은 저녁 시간 내내 구토했다. 방사선이 메스꺼움 반응을 유발하는 뇌 영역에 닿았기 때문인데, 다음날도 여지없이 그 일을 처음부터 반복해야 했다.[16] 확실히 아버지와 아들 사이 유대가 끈끈해질 수 있는 시간이었다. 그러나 이제 아버지가 된 쉬프먼은 매번 차 안에서 질

코끼리는 암에 걸리지 않는다

문을 20개씩 하는 아들 말을 듣는 것이 아버지에게는 분명 짜증 나는 일이었으리라고 농담한다.

쉬프먼은 완치했고, 그때 이후로 암은 그의 전문 분야가 되었다. 아주 잠깐 할리우드 영화 시나리오작가가 될까 생각했었지만, 아버지의 설득으로 브라운대학교 학석사 통합과정에 들어갔다. 일반적인 교육과정은 아니었다. 브라운대학교 인문의학교육프로그램은 의학에 인본주의적 접근을 강조하며, 시인과 극작가가 가르치는 강의도 있다. 졸업 후 그는 서부로 향했고, 마침내 스탠퍼드대학에 들어가게 되었다. 그곳에서 어린 환자들을 생의 마지막까지 돌보는 소아청소년 완화의학에 관심이 생겼다. 어느 주말, 그가 당직 근무를 서는 병원에 네 살 난 소녀가 들어왔다. 2년 전 뇌종양 수술을 받은 아이였다. 소녀의 아버지는 악성 뇌종양으로 사망했고, 삼촌도 이미 같은 병으로 사망했다. 이는 내재된 유전적 특징이 작용하고 있음을 보여주는 중요한 단서였고, 쉬프먼의 호기심에 불을 지폈다.[17]

내가 처음 쉬프먼과 이야기 나누게 된 것은 수년 전 그가 코끼리의 타고난 암 저항력을 기반으로 새로운 암 치료법을 설계하기 시작했을 때였다. 그 무렵 그는 솔트레이크시티로 이사했고, 그곳 유타대학교에서 소아 종양학 연구를 계속했다. 어떤 아이들이 마치 불행한 유전자를 물려받은 듯 암에 쉽게 걸리는 체질로 태어나는지 그 이유를 찾고 있었다. 그는 앞에서 잠깐 언급한 희귀 유전 질환인 리-프라우메니 증후군에 관한 지식과 기술을 점점 쌓아나갔다. 리-프라우메니 증후군이 있는 사람들은 정상적인 TP53 유전자가 하나뿐이다. 암의 유전적 소인을 통틀어도 분명 리-프라우메니 증후군만큼 극단적인 것은 없을 것이다. 이 증후군의 사람이 암에 걸릴 확률은 100퍼센트 가까이 된다. 유타는 이것을 연구하기에 이상적인 장소였다. 쉬프먼이 그곳의 큰 공간과 자유롭게 사고하는 방식을 좋아한 것도 있지만, 이 지역의 특징인 모르몬교 공동체의 혈통 중심 문화가 고유한 연구 코호트를 제공한다는 것이 더 주된 이유였다. 특히 그곳 톰슨 가족은 여러 세대에 걸쳐 돌연변이를 대물림했고 치명적인 암 진단을 받았거나 그럴 위협을 겪으며 살고 있었다.[18] 아이를 낳으면 아이도 어떤 암에 걸릴 수 있다는 것을 알면서도 아이 욕심을 버릴 수 없는 것이 얼마나 고통스러운 일인지 우리는 그저 상상만 할 뿐이다.

쉬프먼은 세 아이의 아버지이다. 암이 교활한 만큼 그도 빈틈이 없다. 논문들이 어지럽게 흩어져 있는 소박한 연구실이 그의 열정을 보여주는 증거이다. 그의 등 뒤로 읽어야 할 논문 파일들이 뒤죽박죽 쌓여 있고, 급하게 벽에 붙여 놓은 듯한 아이들의 그림들이 있다. 쉬프먼은 말주변이 좋고 집중력이 뛰어나며 어린아이처럼 열정적이고 매사에 낙관한다. 연구에 몰두하고, 학생을 가르치고, 협동 연구를 진행하고, 어린 환자들을 돌보거나 아니면 코끼리를 보기 위해 자녀들을 데리고 동물원에 가는 게 그의 일과다. 그가 코끼리의 가치를 알게 된 것은 2012년 여름이었다. 그때 진화 의학과 다양한 종의 암을 연구하는 비교 종양학 학술회의에 참석하기 위해 메인주 바하버에 있었다. 쉬프먼은 학회에서 그저 개의 암에 관련된 정보를 인간의 암에 맞게 번역하는 방법을 배울 수 있기를 바랐다. 어떤 사건을 맞이하게 될지는 전혀 몰랐다.

발표자 중에 암과 진화를 연구하는 카를로 말리 애리조나 주립대학교 부교수가 있었다. 현재 그는 애리조나 암 진화 연구센터를 이끌고 있다. 당시에 말리가 자리에서 일어나 코끼리에 관한 강연을 할 것이라고 했을 때 쉬프먼은 문 쪽으로 달려나갈 뻔했다. '도대체 코끼리가 암에 관해서 무엇을 가르쳐줄 수 있겠어?' 그러나 예상과 달리 그는 아주 많은 것을 가르쳐줬다. 쉬프먼이 페토의 역설을 처음 알게 된 것도 그때였다.

코끼리는 약 22개월이라는 긴 시간을 자궁 속에 머무는데, 환경에 대처하며 살아남아야 하기 때문에 태어나자마자 바로 사용할 복잡한 인지능력을 얻기 위해 더 많은 뇌 발달이 필요하다. 그리고 암컷은 늦은 나이인 50세가 넘어서까지 새끼를 낳을 수 있다. 이 사실과 관련해 쉬프먼은 나에게 암을 억제할 수 있는 코끼리는 늦은 나이까지 새끼를 낳을 수 있으며 종양 억제 능력을 자손에게 물려줄 수 있다고 설명해줬다. 인간은 대부분 중년 후반에 암에 걸리는데, 일반적으로 아이를 낳을 수 있는 나이가 지난 데다 암을 유발하는 돌연변이가 오랫동안 축적되고 종양 억제 유전자가 제압될 수 있는 시기다. 쉬프먼의 표현을 빌리면 "암이 노화의 질병"인 이유다.[19]

말리 교수의 강연이 끝난 후 쉬프먼은 연구할 코끼리의 피를 입수할 가능성에 대해 그에게 물었고, 그의 대답은 이랬다. "만일 당신이 코끼리 피를 얻어올 수 있다면, 분명히 말하는데요, 논문에 당신 이름을 올리겠습니다." 그렇게 몇 년 뒤에 나올 쉬프먼의 논문이 시작되었다.

바하버에 다녀온 지 몇 주 지나 쉬프먼은 세 아이를 데리고 솔트레이크시티 외곽지에 있는 호글동물원을 방문했다. 코끼리 사육사들에게 코끼리 피를 구할 수 있는지 물었을 때 그들은 처음에 경비원을 부르겠다고 위협했다. 그러나 마침내 사육사들과 친해졌고 혈액 채취 허락을 받았다. 그들은 코끼리가 암 치료의 열쇠를 가지고 있다는 것을 사람들이 알게 된다면 코끼리 보호에 더 많은 관심을 기울이리라 판단했다.(매년 대략 아프리카코끼리 100마리가 상아와 고기, 신체 부위를 전리품으로 가져가려는 밀렵꾼의 손에 죽고 있다.)[20] 연구는 2012년부터 매번 같은 절차를 반복하며 진행되었다. 호글동물원 사육사들이 코끼리 귀 뒷면의 거대하고 도드라진 정맥에서 피를 뽑아 대형 시험관에 넣으면, 그것을 아이스박스에 보관해 쉬프먼의 연구실로 가져간다. 피를 뽑는 동안 코끼리에게는 많은 칭찬과 간식을 준다. 점차 사육사들도 그 과정에 익숙해졌고 코끼리들도 익숙해졌다. 혈액 표본이 연구실에 도착하면 쉬프먼의 연구원들은 세포를 분리해내기 위해 시약과 원심분리기로 일련의 생화학 반응을 수행하면서 코끼리들이 암에 대한 저항력을 갖게 만드는 p53 유전자 마법의 비밀을 풀려고 노력한다. 쉬프먼은 북미 지역 최대의 아시아 코끼리 무리가 서식하는 플로리다주 포크시티에 있는 링링 브라더스 바넘&베일리 코끼리 보호센터와도 제휴를 맺었고, 앞으로 보물 같은 새로운 유전자 데이터를 얻을 수 있으리라 기대하고 있다.

쉬프먼은 의학을 통해 궁극에는 p53이 풍부한 코끼리의 타고난 성질을 모방한 화합물을 개발하거나 코끼리의 p53을 사람에게 직접 주입하는 방법을 찾을 수 있으리라 생각한다. 그는 실험실에서 얻은 연구 결과를 환자에게 적용하기 위해 이스라엘의 나노 기술팀과 함께 필 테라퓨틱스PEEL Therapeutics라는 기업을 설립했다.('필'은 히브리어로 코끼리를 의미한다.) 목적은 코끼리의 p53에서 만들어진 합성물질 eP53을 전달할 적합한 시스템을 찾는 것이다. 필 테라퓨틱스는 알약이나 주사를 통한 암 억제 단백질 전달 시스템을 만들어낼 수 있을까? 현재까지 인간 머리카락의 1000분의 1 크기의 초미세 나노 입자 캡슐에 eP53을 담는 데 성공했고, 페트리 접시에서 eP53가 24시간 안에 암세포를 죽이는 것이 확인되었다. 이 합성물질이 인간에게도 효과가 있을까? 언젠가 우리는 암 억제를 위해 아침마다 밥 대신 먹는 셰이크에 나노 입자를 타서 먹게 될까? 반려견의 사료에 약간 넣어서 그들에게도 먹이게 될까?

코끼리 유전자 연구에서 강조하는 점은 DNA 변화가 있어야 암이 시작된다는 것이다. 그러므로 신약이 나올 때까지는 문제 될 수 있는 DNA 변화 가능성을 어떻게든 줄이려고 노력해야 한다. 여기에는 암을 유발하는 습관도 포함된다. 예를 들어, 일사량이 많은 시간에는 햇빛을 피하자. 고에너지 자외선은 피부 원자의 전자와 분자를 제거하기에 충분한 에너지를 가지고 있어 DNA 손상과 돌연변이를 유발할 수 있다. 염증을 예방하자. 몸에서 염증이 생기기 시작하면 치료 과정에 박차를 가하도록 손상된 조직에서 사이토카인, 히스타민, 프로스타글란딘 등의 화학물질이 분비된다. 그런데 이것이 너무 오래 계속되면 이 반응성 높은 분자들이 DNA 손상을 일으킬 수 있다. 염증 자체도 세포 분열을 자극한다. 그래서 예를 들면 궤양성 대장염과 크론병과 같은 만성 염증 질환을 앓는 사람들이 대장암에 걸릴 위험이 크다. 과체중인 사람들도 암에 걸릴 확률이 높다. 지방 조직에는 사이토카인의 특별한 종류인 아디포카인이 들어있어 과도한 지방 조직은 염증을 일으킬 수 있기 때문이다. 사실, 체중에 상관없이 고혈압과 콜레스테롤부터 인슐린 저항성과 당뇨에 이르기까지 모든 대사 장애는 몸의 대사 상태가 비정상적일 때 염증을 증가시켜 암에 걸릴 위험을 높인다. 건강하지 못한 환경에서는 세포들이 다르게 행동하기 시작한다. 해로운 수준의 심리적 스트레스도 코르티솔 같은 호르몬의 생산을 높여 세포를 훼손한다. 그러니까 어떤 생각을 가지고 사느냐, 생활 속 스트레스 요인에 어떻게 대응하느냐도 암 위험 인자가 될 수 있다. 비록 무형의 생각이 암으로 구체화한다고 생각하기가 어렵지만, 우리는 보이지 않는 것에서 보이는 것으로 가는 흔적을 마침내 확인하기 시작했다.

코끼리는 TP53 복제로 결함 내성fault tolerance을 가지고 있다. 그래서 TP53 유전자 한두 개가 손상되더라도 그것을 보충할 다른 유전자가 충분히 있다. 결함 내성은 전자기기 분야에서 사용하는 용어로, 시스템에 여분의 요소가 내장되어 있어서 어느 한 부분에 문제가 발생하더라도 시스템이 계속 작동할 수 있는 성질을 가리킨다. 결함 내성이 있으면 하나의 결함이 있다고 해서 전체가 무너지지 않는다. 인간의 면역계는 우리의 생물학적 결함 내성에 막대한 역할을 담당하며, 대략 1경($10^{16}$) 개의 외부 원인에 의한 감염을 예방할 수 있는 능력이 있다. 이는 1조의 1만 배나 되는 잠재적인 위협이 있다는 말이다. 불행히도 암도 결함 내성이 강하다. 전이성 암 환자를 치료할 때 보면, 매번 종양 세포는 내가 표적으로 삼은 경로를 우회하는 법을 알고 있다. 지금까지 개발된 표적 치료법은 모두 전이성 암에 효과가 없었다.(정말 무서운 말이지 않은가.)

조슈아 쉬프먼 같은 연구자들이 인간 스스로 자신을 보호할 수 있는 혁신적인 방법을 찾고 있는 것은 고무적이다. 2021년, 영국 케임브리지의 웰컴생어연구소 연구진은 주목할 만한 유전 연구에 관한 보고서를 발표했다. 그들은 평범하고 건강한 식도 세포가 나이 들면서 어떻게 암으로 발전할 수 있는 돌연변이를 얻는지 연구했다.[21] 중년이 되면 식도 내벽의 세포 절반 이상이 돌연변이를 포함한다. 놀라울 정도로 높은 비율이다. 그러나 식도암은 드물다. 성인에게 발병하는 100여 종의 암 중에서 고작해야 14번째로 흔한 암이다. 돌연변이를 가지고 있는 식도 상피세포는—돌연변이 클론이라고도 불리는데—절대 암세포로 성장하지 못하도록 초기 종양을 경쟁에서 이기는 것으로 밝혀졌다. 식도에는 돌연변이 클론이 매우 밀집해 있어서 경쟁적인 환경이 조성되고, 암세포는 그 환경에서 생존할 공간을 찾지 못한다. 다시 말해서 '유리한' 돌연변이를 가지고 있는 클론 세포가 경찰 역할을 맡아 면역계와는 별개의 환경에서 종양을 억제하는 역할을 한다.

이 연구는 초기 종양의 생존이 오로지 그 종양 안에 있는 돌연변이에 달려있는 게 아니라 이웃하는 정상 조직 안에 있는 돌연변이에도 좌우될 수 있음을 보여준다.[22] 이렇게 되면 악성 암의 발생을 지원하거나 지연시키거나 중단시킬 수 있는 환경의 힘이 강화된다. 다른 돌연변이를 이용해 돌연변이의 질병인 암으로부터 몸을 보호할 수 있다고 생각한 것은 놀라운 일이다. 그런 발견이 언젠가 암과의 전쟁에서 코끼리 피에서 개발한 약물 외에도 돌연변이 클론을 이용할 수 있게 할지도 모른다.

쉬프먼의 코끼리 피는 크게 주목받지 못할 뻔했다. 지금도 가까운 동료로 남아있는 쉬프만과 카를로 말리가 협력 과학자들과 함께 코끼리의 TP53이 어떻게 작용하는지 설명하는 독창적인 논문을 투고했을때 처음에는 몇몇 권위 있는 학술지로부터 게재가 거절되었다. 그러고나서 2015년에 마침내 미국의학협회 저널에 게재 승인을 받고 출판되었다.*[23] 쉬프만은 논문이 거절되어도 매번 자신이 하는 일의 목적을 절대 의심하지 않았다. 그는 《뉴스위크》에 이렇게 말했다. "자연은 방법을 알아냈습니다. 코끼리들도 이미 알고 있고, 고래들도 알고 있습니다."[24] 북극고래도 페토의 역설에 맞게 산다. 때로는 암에 걸리지 않고 북극해에서 200년을 산다. 쉬프만이 말했듯이 "우리라고 왜 안 되겠는가?"[25]

## 공간 지능과 망각

코끼리의 강한 결함 내성과 항암 생물학을 우리가 구할 수 있는 약으로 바꾸는 법을 찾아내려면 수년이 걸릴지 모르지만, 기억과 관련된 코끼리의 기술에서 배우는 것은 몇 년 걸리지 않을 것이다. 노인에게 가장 흔한 치매인 알츠하이머병에 걸려서 정신을 놓게 될까 봐 걱정하

---

* 동료 평가를 받게 되는 학술 논문은 권위 있는 의학 저널에 게재 승인을 받기까지 여러 단계의 편집 피드백과 회의적 반응에 직면하는 게 다반사다. 과학계에서 새로운 아이디어가 많은 연구에 영감을 줄 수 있을 만큼 충분한 설득력과 지지를 얻으려면 시간이 필요하다. 훌륭한 p53 연구자 중 한 명인 모셰 오렌의 말을 빌리자면 "요즘 p53은 자긍심을 가지고 위엄 있게 암 연구의 고공을 달리는 드림라이너 비행기와 같다."

코끼리는 암에 걸리지 않는다

지 않는 사람은 아무도 없다. 알츠하이머병은 암과 쌍벽을 이루는 가장 두려운 질병이다. 이 병은 9장의 바다생물의 시선에서 지능을 다룰 때 다시 살펴볼 것이지만, 일단 여기에서 기억력의 특별한 측면인 공간 인식에 대해 코끼리가 많은 것을 가르쳐 줄 수 있다는 것을 강조하고 싶다.

공간 인식에서 중요한 것은 본질적으로 시각의 예민함이 아니다. 그랬더라면 코끼리는 시력이 그다지 예리하지 않으므로 공간 기억력이 뛰어난 동물의 모델로 적합하지 않았을 것이다. 2015년 과학자들은 코끼리들이 공간 기억력이 뛰어나서 사바나의 넓은 공간을 가로질러 이동해 물웅덩이를 찾아낼 수 있다는 사실을 알아냈다. 코끼리들은 갈증을 해소하기 위해 50킬로미터 가까이 떨어진 곳까지 최단 거리로 선택해 찾아갈 수 있다.[26] 공간 인식은 환경 속 물체와 그 물체와의 관계를 인식하는 것이다. 예를 들어, 미국에서는 고속도로의 오른쪽에서 운전하기 때문에 이와 반대로 하면 어색하게 느껴진다. 우리는 불편하게 다른 사람에게 너무 붙지 않도록 개인적 공간을 인지하고 있을까? 우리의 근육 협응 능력은 물건을 쉽게 잡을 수 있을 만큼 좋을까? 앱의 도움 없이도 길을 걷고 운전할 수 있을까? 읽기, 쓰기, 기초 수학 문제를 붙들고 씨름하고 있나? 실제로 이 세 가지는 문장구조, 문법, 기하학, 숫자 배열을 이해해야 하므로 많은 공간 인식이 요구되는 기술이다.

뇌의 여러 영역이 공간 인식에 관여한다. 특히 예술성과 창의성, 상상력을 제어하는 중심부인 우뇌가 가장 크게 관여한다. 이는 공간지능을 향상하기 좋은 방법들이 우리가 재미있게 할 수 있는 것이라는 말이다. 스케치, 그림 그리기, 사진찍기, 악기 배우기와 같은 새롭고 창의적인 취미를 찾아라. 창의적 사고가 요구되거나 시각 기억 요소 (예를 들어, 퍼즐이나 체스 아니면 물체가 움직이는 비디오 게임 등)가 포함된 게임을 해라. 빈야사 요가부터 조깅, 사이클링에 이르기까지 몸이 공간을 통과해서 움직여야 하는 신체 활동을 해보라.

그리고 잊어라. 잊어버리는 것을 두려워하지 마라. 어쩌면 그렇게 해서 코끼리들이 강한 기억력을 가지고 있는 것인지도 모른다. 코끼리들은 우리처럼 모든 것을 다 기억하려고 하지 않는다. 뇌는 풍부한 데이터를 처리하는 장치가 허술하다. 기억력 대회에서 우승하는 사람들은 중요한 것을 머리에 간직할 수 있도록 불필요한 데이터를 버리는 망각 덕분에 자신의 기억력이 비상한 것이라고 흔히 말한다. 과거에는 망각을 어떤 유용한 목적에도 부합하지 않는 수동적 과정이라고 생각했었다. 하지만 지난 수십 년 동안 이뤄진 연구는 그 반대를 가리키고 있다. 망각은 새로운 것을 배우고 더 많은 기억을 저장할 준비가 되도록 뇌에서 끊임없이 작동하는 능동적 메커니즘이다. 소설가 헨리 밀러가 말한 적 있듯이 "나의 '망각'은 기억만큼이나 내가 성공하는 데 중요했다."

망각 훈련은 나에게 도움이 되지 않거나 내 목표를 방해하는 것에 의도적으로 주의를 기울이지 않음으로써 시작할 수 있다. 지나간 실망스러운 일에 연연하지 말고 의식적으로 그 기억과 관련된 신경 연결을 약하게 만듦으로써 오히려 활력을 가지고 삶에 몰입할 수 있다. 높은 수준의 사회적 상호작용을 유지하게 되면 우리 뇌는 새로운 기억을 만드느라 바빠서 외로움과 우울감을 일으키는 기억에 집중하지 않는다. 이번에도 우리의 코끼리 친구는 그들의 집단성과 무리 내 역동적 상호작용으로 우리에게 길을 보여준다.

정신 건강을 돕고 기억력을 강화하고, 창의적 사고와 상상력에 필요한 정신적 유연성을 높이는 데 망각이 중요하다는 사실을 뒷받침하는 과학적 근거가 많다. 뇌에는 망각을 도와주는 일을 전담하는 신경세포 그룹도 있다. 멜라닌 농축 호르몬 뉴런, 또는 간단히 MCH 뉴런이라고 불리는 이 신경세포들은 밤에 뇌가 기억들을 정리하고 다음 날 들어오는 데이터에 대비하면서 재정비하는 렘수면 단계일 때 가장 활발히 활동한다. 기억을 강화하도록 돕는 다른 신경세포를 방해하기 위해 MCH 뉴런은 뇌의 기억 중추인 해마에서 전기 신호를 발사하기 시작한다. 우리가 대부분 꿈을 기억하지 못하는 이유가 MCH 뉴런의 활동 때문이기도 하다.

기억을 단속하는 이 특이한 신경세포가 어떻게 작동하는지는 2019년에 일본 신경과학자들의 쥐 실험을 통해 밝혀졌다.[27] 연구진은 다양한 동물 종에 대해서도 MCH 뉴런이 비슷한 방식으로 기능할 것으로 추측하고 있다. 분명 다른 신경 반응들도 기억에 영향을 미친다. 한 예로 신경전달물질인 도파민은 기억을 형성하거나 지우는 데 관여한다. 이와 같은 이해를 통해 언젠가 치매와 불안, 심지어 외상성 기억 상실 같은 질환을 치료하는 방법을 알아낼 수 있을 것이다.

제인 구달은 새끼 원숭이의 뇌를 먹는 침팬지를 처음 만난 순간을 기억하고 싶지 않을 것이다. 이제 곧 알게 되겠지만, 제인 구달 같은 채식주의자에게 고기 먹는 침팬지는 그 유명한, 누구나 문제인 것을 알고 있지만 아무도 말하지 않는 '방 안의 코끼리'다. 그러나 우리는 우리의 호미니드 친척인 침팬지로부터 식단에 관한 많은 것을 배울 수 있고, 더 잘 먹는 방법을 이해하게 될 것이다.

# 코끼리의 의사소통 법을 배워라

코끼리는 긍정적 상호작용을 하는 법부터 전체 이익을 위해 협력하고, 어려운 시기에 서로 돕고, 생존에 필요한 통찰력과 지혜를 지닌 연장자를 존경하는 방식에 이르기까지 여러 면에서 우리에게 본보기가 된다. 공간 지능을 활용해 중요한 기억을 암호화할 줄도 안다. 암에 걸리지 않는 코끼리의 피를 활용해 언젠가 우리는 인간의 암을 더 이해하고 정복하는 새로운 방법을 찾을 수 있을 것이다. 그들처럼 내장된 항암 시스템을 갖게 될 때까지 우리는 DNA의 돌연변이를 막기 위해 할 수 있는 것을 다 해야 한다. 가능하다면 햇빛 자외선을 포함한 모든 자외선을 피하고, 비타민제나 다른 영양제의 과도한 섭취를 줄이고, 염증도 통제해야 한다. 특히 염증은 나중에 더 살펴보겠지만 중요한 개념이며 오래 사는 것과 관련해 모든 측면에서 '방 안의 코끼리'다. 기억을 보존하는 문제라면 망각의 힘을 빼놓을 수 없다. 잊는다는 것은 새로운 가능성의 문을 여는 것과 같다.

인간과 유전적으로 가까운 침팬지

# 6장

# 육식하는 수컷 침팬지,
# 허용적인 암컷 침팬지

## 우리의 사촌으로부터 얻은 육식, 나눔, 육아에 관한 힌트

> 내 인생 최고의 날은 회색수염의 침팬지 데이빗에게 손을 뻗어 과일을 건넸을 때였다. 데이빗은 처음에는 고개를 돌려버렸다. 그러나 내가 손을 더 가까이 뻗자 과일을 가져가 내려놓고서는 내 손을 부드럽게 쥐었다. 침팬지 식 사과 표시였다. 우리는 말보다 먼저 생겨난 언어로 완벽하게 의사소통했다.
>
> —제인 구달

매주 나는 새로 나온 책들을 하나 읽고 특정 다이어트법이나 다른 유행하는 식단을 추천해달라는 요청을 받는다. 지난 10년 동안 우리는 더 날씬하고 더 행복하고 더 건강하게 만들어주겠다고 약속하는, 어지러울 정도로 다양한 식단을 만났다. 예를 들면 구석기 식단, 저지방, 저탄수화물, 비건, 저탄고지, 단식, 유연한 채식주의, 육식, 생식, 마크로비오틱, 조상 식단, 양치기 식단 등이 있다. 특정 개인이나 상표에서 나온 다이어트법들도 있다. 예를 들면, WW(웨이트 워처스), 듀브로우 다이어트, 건드리 다이어트, 사우스 비치 다이어트, 앳킨스 다이어트, 놈 다이어트, 뒤캉 다이어트, 30일 건강 다이어트, 대쉬 다이어트(고혈압 예방을 위한 식이요법), 마인드 다이어트(퇴행성 신경 질환 지연을 위한 지중해식 대쉬 다이어트), 옵티비아 다이어트 등등 무수히 많다. 나는 종종 어떤 다이어트법이 가장 좋은지 질문받는다. 내 대답을 들으면 아마 놀랄 것이다. "당신의 몸에 효과가 있고, 당신이 다양하면서도 일관된 영양 가득한 음식을 즐길 수 있게 하는 식단입니다." 설탕은 해로운가? 적당히 섭취하면 해롭지 않다. 저탄고지 다이어트의 효과가 입증되었는가? 모든 사람에게 효과가 있는 것은 아니다. 붉은 고기가 건강에 나쁘므로 암이나 심장병으로 젊은 나이에 죽지 않으려면 우리 모두 채식주의자가 되어야 할까? 이 질문에 나는 육즙이 많은 버거를 좋아하고 일주일에 한 번 스테이크를, 그것도 목초육으로 먹는다는 고백으로 대답하겠다.

다이어트는 강제로 실천하기 어려운 주제라 무작위적이고 장기적인 연구를 진행하는 것은 실제로 불가능하다. 지중해식 식단이 오랫동안 건강식이라고 알려져 왔지만, 그저 대부분 문화의 음식에 맞게 조정될 수 있는 식사법의 기본 틀이다. 대규모 연구들은 대체로 설문조사를 기반으로 하므로 설문 참가자가 정확하게 응답했는지 신뢰성의 문제가 있다. 때에 따라서 강력한 주장을 펼치기 위해 그리고 때로는 터무니없는 주장을 펼치기 위해 입맛에 맞는 데이터만 고르기 쉽다. 완전 채식주의 옹호자들은 식물 중심 식단이 남성의 정력을 향상한다는 연구를 인용하고, 육식주의자들은 육류가 빠진 식단은 신진대사를 저하하고 뼈 골절 위험을 두 배로 높인다는 연구 논문을 들이댄다. 끝이 없는 전쟁이다.

코끼리는 암에 걸리지 않는다

한 가지 명확한 사실은 비인간 영장류들과 달리 우리 인간은 동물 단백질을 대사시킬 수 있도록 진화했다는 것이다. 침팬지 같은 비인간 영장류는 대체로 생과일, 즙이 많은 과채류, 뿌리, 새순, 견과류, 씨앗 따위를 먹는 과식주의 동물(즉, 과일을 주로 먹는 동물)이다. 하지만 수컷 어른 침팬지가 원숭이들이 가득 메운 나무를 발견했을 때 어떤 일이 벌어지는지 이야기를 들으면 깜짝 놀랄 것이다. 비교적 최근에 이뤄진 육식에 대한 인간의 적응은 놀라운 결과를 낳았다. 대뇌를 발달시키고, 지능 면에서 다른 호미니드 친척들을 능가하고, 심지어 인간의 사회적 행동을 형성했다. 고기 한 점이 빵 한 조각보다 인류의 진화와 지능을 발달시키는 데 더 이바지했다는 말은 농담이 아니다.

나는 우리의 식단을 더 잘 이해하기 위해 인류의 가장 가까운 친척 침팬지의 식단과 그들의 낮은 발병률을 조사하기 시작했다. 그러던 중 거의 평생토록 자연 서식지에서 침팬지를 관찰하면서 보낸 영장류학자를 만나게 되었다. 식단과 관련된 이 복잡한 이야기에는 티본 스테이크를 먹을지 두부를 먹을지 선택하는 문제 이상의 많은 것이 있었다.

## 암 전문 의사와 영장류학자가 만나다

내가 몸담았던 서던캘리포니아대학교의 연구소에서 동쪽으로 20분 정도 운전해서 가면 사우스패서디나가 나온다. 한가한 작은 마을 분위기가 나는 이곳은 깔끔한 상업지구의 큰 교차로와 현대식 경전철이

드나드는 노선이 맞닿아있다. 곳곳에 작은 가게와 노천카페가 서있는 거리 양쪽으로 아름다운 캘리포니아 자생나무가 줄지어 있다. 사람들은 그 나무에 자전거를 세워두고서는 친구를 만나 커피를 마시거나 점심을 먹는다. 사우스패서디나는 로스앤젤레스가 점점 팽창하면서 형성된 최초의 교외 지역 중 하나이며 영화에서 중서부나 북동부 지역 마을로 나오는 인기 있는 장소다. 〈아메리칸 파이〉〈할로윈〉〈바람과 함께 사라지다〉 등 다양한 영화가 이곳에서 촬영되었다. 원조 66번 국도의 일부 구간이 이곳을 관통해서 서쪽으로 몇 킬로미터 가면 태평양으로 빠진다. 사우스패서디나는 풍부한 역사를 자랑한다. 원주민들에게 여행과 상업의 관문이었고, 1847년 멕시코의 캘리포니아 지배가 마지막으로 끝난 곳이기도 하다. 캘리포니아 남부의 전형적인 화창하고 눈부신 어느 날, 나는 이곳에서 크레이그 스탠퍼드 박사를 만났다. 그와 점심을 같이 먹으며 그동안 나를 괴롭혀왔던 질문을 하고 싶었다.

1980년대 후반, 스탠퍼드는 방글라데시에서 논밭 가장자리 바닥에 기둥을 꽂아 그 위에 세워진 쓰러질 것만 같은 오두막을 지어 살면서 박사 논문을 쓰기 위해 랑구르 원숭이 무리를 따라다니며 연구하고 있었다. 그는 연구가 거의 끝나가고 있을 때 학위를 받고 나면 박사후 연구 과정을 어떻게 할지 고민하기 시작했다. 그때 한 동료가 저명한 제인 구달에게 편지를 써보라고 강력히 권했다. 구달은 당시 전성기를 누리고 있었고, 그래서 편지를 보내고도 답장을 기대하지 않았는데 놀랍게도 초대장을 보내왔다. 그는 너무 기뻤다. 구달은 곰베국립공원에서 침팬지의 포식자-먹이 역학관계와 침팬지들이 가끔 사냥하는 동물에 관해 함께 연구하자고 제안했다. 스탠퍼드가 구달의 연구에 잘 맞아떨어질 수 있었던 것은 침팬지의 육식성을 대하는 서로 다른 태도 덕분이었다. 야생 침팬지의 전형적인 사냥은 잔인하고 본질적으로 야만적인데, 스탠퍼드는 육식하는 침팬지를 보는 것에 개의치 않았다. 반면에 제인은 열렬한 채식주의자여서 침팬지의 식단을 기록하기 위한 현장연구를 견디지 못했다. 제인 구달이 글에서 썼듯이 "농장 동물들은 우리가 상상했던 것보다 훨씬 더 인지력과 지능이 뛰어나다. 집안 노예로 길러졌는데도 그들은 자기 힘으로 살아가는 독립적 존재다. 그러므로 그들은 우리에게 존중과 도움을 받을 자격이 있다. 우리가 침묵한다면 누가 그들을 변호할 것인가?"[1]

스탠퍼드 박사는 현재 서던캘리포니아대학교 생명인류학과 교수로 있고, LA카운티 자연사박물관 파충류·양서류 분과 연구원이다. 우리는 오랜 친구처럼 마음이 맞았고, 처음 몇 마디 농담을 나눈 후에 나는 하고 싶었던 질문을 했다. "침팬지는 왜 암에 걸리지 않는 겁니까? 우리와 유전적으로 거의 99퍼센트가 같은데 똑같은 고통을 겪지 않잖아요. 게다가 왜 치매 기록도 없습니까?"

두 시간 동안 활발하게 펼쳐진 대화는 매우 의미 있었고 나의 사고방식을 완전히 바꿔놓았다. 나는 사라질 듯 아주 작고 유한한 분자 기반의 관점에서 세포와 주변 조직 환경 속 세포의 역학을 확대해서 관찰하고, 스탠퍼드는 실제로 3차원 공간이 무한히 뻗어있는 열린 공간에서 거리를 두고 동물을 관찰했다. 그는 심지어 야외에서 일하는 사람처럼 보였다. 큰 키에 넓은 어깨, 어둡고 숱 많고 덥수룩한 머리를 하고 인디애나 존스 분위기를 풍기는 그는 암만 봐도 실험실에 갇혀있는 모습이 상상되지 않았다.

놀랍게도 스탠퍼드도 침팬지가 암에 걸리지 않고 치매 기록이 없는 이유에 대해 이렇다 할 대답을 내놓지 못했다. 사실, 이에 관한 연구가 없다. 일반적으로 야생 침팬지 연구가 잘 이뤄지고 있지 않다. 시기에 상관없이 자연 속에서 침팬지를 관찰하고 적극적으로 현장연구에 참여하는 과학자가 100명도 안 된다. 그러나 야생 침팬지를 연구한 새로운 논문이 발표되면 그것이 우리의 인간성에 관한 실마리를 제공하기 때문에 머리기사가 된다. 스탠퍼드와 그의 연구팀은 짝짓기에서 힘 과시와 폭력적인 야심을 포함하는 침팬지의 공격성과 의사소통 방식에 큰 관심을 두고 있었다.

아프리카에서 함께 연구하자는 제인 구달의 초청은 스탠퍼드에게 우연한 행운이었는지도 모른다. 하지만 그녀는 단지 육식성 연구원이 필요해서 그를 초청한 것만은 아니었다. 당시 제인이 현장연구를 나간 탄자니아 곰베국립공원은 10년 넘게 방문객 출입이 금지되던 곳이었다. 그녀는 붉은 콜로부스원숭이를 잡아먹는 침팬지와 그들 사이 포식자-먹이 상호작용을 연구하기 위해 기회가 생기면 그곳에 캠프를 다시 세우고 싶었다. 예전 영국 식민지 사냥터였던 곰베는 숲과 언덕이 있고 길이 16킬로미터에 너비 3킬로미터가 넘는 작은 직사각형 모양의 땅이다. 탕가니카호수 가장자리 위에 자리 잡은 그녀의 캠프는 항구 마을 키고마에서 배로만 갈 수 있었다.[2] 그곳은 제인의 연구팀이 1960년대부터 선구적인 연구를 수행한 곳이었지만, 그들에게는 어두운 역사가 있다.

1975년, 이웃 국가 자이르(지금의 콩고민주공화국)의 중무장한 반란군 40명이 한밤중에 탕가니카호수를 건너와 제인의 캠프를 급습했고 연구원 네 명을 납치했다. 제인은 다행히 납치를 피했지만, 스탠퍼드대학교 학생 세 명과 네덜란드 연구조교에게는 그런 행운이 따라주지 않았다. 반란군은 총으로 위협하며 그들을 끌고 가서 구타하고 손발을 묶었다. 고난이 시작된 지 일주일 만에 인질 한 명이 몸값 요구 편지를 전달하기 위해 풀려났다. 편지에 따르면 반란군들은 거의 50만 달러 되는 현금과 무기 창고, 탄자니아 감옥에 갇힌 동료 반란군의 석방을 요구했다. 탄자니아 정부는 반란군의 요구를 거절했고, 스탠퍼드대학교와 미국 정부도 몸값을 내려고 하지 않았다. 그 악몽 같은 사건을 해결하기 위해 몸값을 모으는 일은 가족들 몫으로 남겨졌다.*

제인 구달에게 답신을 보내고 일 년 후 크레이그 스탠퍼드는 탄자니아 정부로부터 받은 허가서와 약간의 활동비를 가지고 곰베에 도착했다. 1980년대 후반에 그곳에서 연구를 시작했을 당시 그는 같은 모계 가족 구성원에게 같은 알파벳으로 시작하는 이름을 붙인다는 것 외에 침팬지에 대해 아는 게 많지 않았다. 그러나 곧 침팬지들의 일상생활에 몰두하면서 피피, 프로도, 그레믈린, 고블린 등등의 침팬지들에 관해 많은 것을 배웠다. 우리는 공격성이 인간의 본성임을 인정하

---

* 이 이야기는 미국의 어느 신문에서도 1면 기사로 싣지 않았고, 인질로 잡혔던 학생들도 신상이 공개되는 것이 두려워 납치 사건에 대해 아무 말도 하지 않기로 약속했다. 그들이 침묵을 깬 것은 1997년, 납치의 주범이었던 로렌트 카빌라가 자이르를 장악했을 때였다. 학생들은 미국 정부가 그에게 테러행위에 대한 책임을 묻기를 바랐다. 그러나 그들의 바람은 무시되었다. 당시 정치는 대부분 냉전을 둘러싸고 소용돌이치고 있었다. 그때 이야기를 물으면 제인 구달은 자신의 이력에서 가장 어두운 기억 중 하나였다고 회상한다.

려고 하지 않는다. 특히 무장 반란군의 공격성처럼 극단적인 것은 더욱 인정하기 싫어 한다. 그러나 침팬지가 어떻게 행동하는지, 어떻게 먹이를 잡아먹고, 고기를 사회적 화폐로 사용하고, 힘겨루기에 참여하는지를 보면 우리와 그들의 유사성이 저절로 보인다. 먼저 우리와 우리의 사촌 침팬지가 공통으로 가지고 있는 육식 성향부터 다루고, 그다음으로 아이들에게 좋은 롤모델이 되는 법, 즉 남과 나누고 관계를 맺고 감정을 조절하는 법을 어떻게 보여줘야 할지 그 방법을 배워보자.

## 씹기 기술 익히기

다음에 스테이크나 다른 좋아하는 고기 요리를 썰게 되면 조리가 흔하지 않았던 수천 년 전에는 음식을 구하고 준비하고 먹는 행위가 어떤 것이었을지 생각해보라. 오늘날 우리는 포크와 나이프, 그릴을 당연하게 생각하지만, 많은 동물에게 씹는 행위는 삶에서 가장 지루한 일 중 하나일 것이다. 우리의 영장류 사촌 침팬지는 하루에 무려 6시간 동안 과일과 때때로 원숭이 고기를 이빨로 갈아 먹으면서 보낸다. 인류의 초기 조상들처럼 큰 치아와 넓은 턱을 가지고 있어서 가능하다. 그렇다면 인간의 진화에 어떤 일이 일어났을까?

첫째, 인류 역사에 조리 도구가 등장했다. 우리가 소고기 굽는 법을 알기 오래전, 그러니까 250만 년 전으로 거슬러 올라가 초기 조상들 사이에 원시적 조리 도구가 발달했음을 보여주는 새로운 연구 결과가 나왔다.[3] 조리가 일반화되기 대략 200만 년 전의 이야기다. 200만 년 전이라니.* 이 초기 조상들은 호미닌이라 불리는 직립 유인원으로 간단한 석기를 만들어 그것으로 고기를 썰거나 얌이나 비트, 감자 같은 뿌리채소를 으깨서 먹었다. 그렇게 먹으면 생존에 필요한 칼로리를 훨씬 더 쉽게 얻는 효과가 있었다.

잠시 용어를 정리하고 가자. 호미니드는 인간, 침팬지, 보노보, 고릴라, 오랑우탄 등 현존하거나 멸종된 모든 대형 유인원을 가리키고, 호미닌은 침팬지보다 인간과 더 가까운 초기 인류 계통의 모든 종을 가리킨다. 원숭이를 포함하는 다른 영장류와 대형 유인원을 구분하는 특징은 뇌와 몸집이 더 크고 꼬리가 없다는 것이다. 우리가 침팬지에서 진화한 게 아니라는 사실을 기억하라. 하지만 침팬지와 공통 조상에서 갈라져 나왔다. 우리와 침팬지는 DNA의 약 98.6퍼센트를 공유한다. 이제 생고기 자르는 법을 발견한 우리의 초기 조상 이야기로 되돌아가자.

2016년 대니얼 리버먼과 캐서린 징크가 이끄는 하버드대학교 연구진은 처음 들으면 터무니없는 듯한 실험에 착수했다.[4] 수십 명의 지원자에게 생고기를 씹는 대결을 시켜서 실험을 한 것이다.

실험 참가자의 턱 바깥쪽에 전극봉을 붙여서 고기와 채소를 포함해 특정 음식을 씹을 때 필요한 시간과 힘을 측정했다. 사용된 고기는

---

* 고고학적 증거에 따르면 조리가 처음 시작된 것은 100만 년 전이고, 널리 퍼진 것은 대략 50만 년 전이다. 30만 년에서 40만 년 전에 불을 주기적으로 사용했다는 명백한 증거가 이스라엘의 여러 동굴에서 발견되었는데, 그중 커셈 동굴에는 한 개의 화로를 반복적으로 사용하고 고기를 구워 먹었던 흔적이 남아있다.

염소 고기였다. 오늘날 소는 육질이 부드러워지도록 품종 개량한 것이므로 당시 야생동물 고기와 조금이라도 더 유사한 염소 고기를 선택했다. 실험 결과로 발견한 것은 염소 고기가 씹기 몹시 어렵다는 것이었다. 리버먼도 직접 염소 고기를 먹으려고 해봤는데, 《사이언스》에 "염소는 생고기로 즐기기 쉽지 않다. 씹고, 씹고 또 씹고 씹어도 달라지는 게 없다."라고 언급했다.

그 연구는 고기 자르기, 채소 으깨기 같은 조리를 하면 음식 씹기가 더 쉬워져서 씹는 횟수가 17퍼센트 감소할 것이라는 계산도 내놓았다. 큰 차이가 아닌 듯 보일 수 있지만 1년에 씹는 횟수가 250만 번이나 줄어든다! 그 덕분에 호미니드가 다른 얼굴 특징을 갖도록 진화할 수 있었다. 그전에는 얼굴이 씹기에만 최적화되어 있었다. 이제 발화 시 더 잘 움직일 수 있는 입과 입술 그리고 달리기와 사냥 같은 움직임을 도와줄 균형 잡힌 머리가 진화적으로 선호되었다.[5]

《네이처》에 발표된 논문에서 연구자들은 연간 씹는 횟수의 극적인 감소가 호모속에 속하는 초기 인류의 치아와 턱이 발화 및 언어 발달에 더 적합한 작은 형태로 진화하게끔 도왔다고 가정한다. 유연한 입술을 위해 자리를 양보한 작은 주둥이와 섬세한 구강 골격은 인간만 가지고 있는 특징으로, 하루에 약 16,000개의 단어를 쉽게 발음할 수 있게 한다. 발화하는 단어 수와 비교하면 우리가 음식을 먹는 동안 씹는 횟수는 평균 900번밖에 되지 않는다. 덕분에 훨씬 어려운 말하기 기술도 가능해졌다. 윗니와 아랫니를 맞무는 게 아니라 윗니를 아래턱 위로 조금 깊게 물면 'f'와 'v'가 들어간 복잡한 소리도 낼 수 있지 않은가. 게다가 인류는 얼굴이 더 길어지고 밖으로 돌출된 코가 더 작아지면서 달리기와 사냥하기에 좋은 균형 잡힌 두상을 가지게 되었고, 그래서 식탁 위에 고기가 더 많이 올라오기 시작했다.[6]

고기 섭취는 인류 진화에서 놀라운 발전을 촉진했으므로 고기를 먹었을 때 일어나는 물질대사를 이해할 필요가 있다. 이를 위해 더 과거로 거슬러 올라가야 한다.

## 원숭이 뇌 요리

침팬지 무리의 고기 사냥을 보게 된다면 정말이지 잊을 수 없는 장면일 것이고, 순수한 원초적 행동에 대해 배우는 경험이 될 것이다. 그들의 사냥은 마치 군사 전문가가 표적을 제압하듯 정확하게 계산되어 일어난다. 기회주의적 사냥꾼인 수컷 침팬지들은 과일과 채소를 찾아다닐 때는 매우 순진하게 있다가 원숭이들로 가득한 나무를 만나게 되면 포악한 사냥꾼이 된다. 아프리카 멧돼지나 개코원숭이 같은 다른 고기들도 먹지만 그들에게는 원숭이 고기가 매우 부드러운 안심 스테이크나 다름없다. 특히 어린 붉은 콜로부스원숭이를 좋아한다. 콜로부스원숭이도 침팬지와 인간과 마찬가지로 영장류이지만, 먼 친척이다. 그래서 침팬지가 원숭이를 먹더라도 동족포식이라고 말할 수 없지만, 끔찍한 건 사실이다.

"침팬지들은 원숭이와 육탄전을 벌입니다." 스탠퍼드 박사가 내게 말했다. 그들의 사냥 성공률은 50퍼센트에 가깝다. 다른 동물들에 비하면 높은 성공률이고, 이는 침팬지가 똑똑해서 그럴 것이다. 사냥은

한 시간까지도 걸린다. 먼저 먹잇감을 살피고 나서 공격을 개시하면 혼돈이 뒤따른다. 원숭이를 붙잡으면 나무 밖으로 꺼낸다. 고기는 우두머리 수컷이 먼저 장악한다. 우두머리 수컷은 대체로 뇌와 골수부터 먹기 시작한다. 원숭이 뇌를 먼저 먹는 것은 지방과 장쇄지방산 같은 영양분이 풍부하기 때문이라고 생각된다. 뇌를 먹고 나면 비계를 씹어 먹는다.

육식 습성은 주로 우기에 나타난다. 우기에는 먹이가 풍부하므로 위험을 무릅쓰고 사냥에 나섰다가 실패하더라도 다른 열량 공급원을 쉽게 구할 수 있기 때문이다. 먹이가 풍부하지 않은 건기에는 불필요한 에너지 소비를 피한다. 스탠퍼드에 따르면, 육식 모드일 때 침팬지의 인지능력이 상당히 높아진다. 게다가 암컷의 발정이 이른바 고기 파티 시스템을 조종한다고 한다. 특별한 음식으로 암컷을 유혹하는 것은 인간에게만 한정된 행동이 아닌 듯하다. 내셔널지오그래픽에 따르면, 사냥한 원숭이 고기를 암컷과 나눠 먹은 수컷 침팬지는 그 암컷과 짝짓기할 가능성이 두 배로 커진다고 한다.[7] 그렇게 고기는 침팬지들 사이에서 통제와 조종을 위한 사회적 통화로 쓰인다. 침팬지는 먹이를 나누는 행위에 있어서 거의 마키아벨리식 지략에 능하다. 싸우고, 훔치고, 심지어 스테이크 크기의 고기 한 점을 얻기 위해 짝짓기를 한다. 때로는 10주 가까이 한바탕 사냥이 벌어지고 나면 원숭이의 10퍼센트가 숲에서 사라질 수 있다.

고기는 영양밀도가 높은 음식이다. 과일과 채소보다도 훨씬 높다. 게다가 고기는 손에 넣기도 더 어렵다. 반면에 과일이나 채소는 어디 도망가질 않는다. 영장류 중에서도 인간의 고기 섭취량은 단연 눈에

띈다. 평균적으로 야생 유인원 중에서 고기를 가장 많이 먹는 침팬지보다 10배나 많이 먹는다. 다른 영장류와 달리 인간은 진화를 통해 순록이나 매머드처럼 자기보다 큰 대형 동물을 먹을 수 있게 특화되었다. 스탠퍼드는 인간의 육식 적응 유전자를 연구하고 있고, 다른 호미니드에 비해서 인간의 노화 속도가 어떻게 느려졌는지에 관한 연구도 하고 있다.

　침팬지는 인간보다 수명이 짧다. 노화가 더 빨리 진행되고 혈관 내 콜레스테롤 축적과 혈관 질환 위험도 더 크다. 특히 우리에 갇혀 있으면 야생 침팬지보다 많이 움직이지 않으므로 더 심각하다. 우리에 갇혀 생활하는 유인원의 주요 사망 원인은 심부전이다. 그런 심장 문제가 인간과 침팬지에게 공통으로 일어나지만, 주된 발병 원인은 다르다. 우리는 좁은 동맥에 지방 플라크가 쌓이는 죽상동맥경화증으로 심장 마비가 일어나기 쉽지만, 우리와 유전적으로 가장 가까운 침팬지는 심장에 흉터 조직이 생겨 심장 박동이 불규칙해지고 결국에는 갑작스러운 심정지가 일어나 죽게 된다. 과학자들은 심근섬유증*이라는 질환에서 흉터 조직의 원인이 되는 위험한 콜라젠이 왜 침팬지 심장에 축적되는지 알아내기 위해 노력하고 있다. 침팬지가 우리와 다른 심장병을 겪는다고 해도 인간의 수명과 관련된 진화를 이해하는 중요한 모델임은 틀림없다.

---

* 　운동 중에 어린 선수들의 목숨을 갑자기 앗아가는 질환이다. 건강했던 10대 축구선수나 육상선수가 격렬한 운동을 하던 중 쓰러져서 몇 분 안에 사망했다는 비극적인 뉴스를 들을 때 그 원인이 부정맥 유발성 우심실심근병증일 때가 많은데, 이 병은 지방 조직이나 섬유 조직이 심장에 침착되는 특징이 있다.

인간이 진화하는 동안 식단의 변화도 두드러지게 나타났다. 인류의 직계 조상들은 모두 초식 위주의 식사를 했으리라 여겨진다. 그러나 지방이 있는 동물 고기를 먹도록 진화하기 시작하면서부터 유전자도 바뀌었고, 결과적으로 육식과 관련 있는 질병에 대한 저항력도 더 좋아졌다. 고기는 지방과 콜레스테롤 함량이 높을 뿐만 아니라 광우병을 일으킬 수 있는 기생충도 포함하고 있을 수 있는데, 뇌와 신경 조직을 파괴하는 감염성 이상 단백질 프라이온prion이 광우병을 일으킨다. 광우병은 수백만 년 전부터 존재했다. 우리가 광우병 내성 유전자를 선택하거나 만들어내지 않았더라면 지구상에서 인간종은 완전히 사라졌을 것이다.[8] 광우병 저항력은 수명 연장을 촉진했고, 커지는 뇌의 힘을 이용하는 많은 행동을 지원했고, 복잡한 사회에서 더 오래 살 수 있는 발판을 마련해줬다.

우리의 식단이 육식 쪽으로 기우는 동안 등장한 특별한 유전자가 아포지단백 E다. 아포지단백 E 중에서도 구체적으로 말하면 알츠하이머병뿐만 아니라 혈관 질환 위험을 줄여줄 수 있는 E2 대립 유전자다. 간략히 설명하자면, 어떤 유전자는 염색체의 같은 위치에 다양한 형태를 가지고 있다. 아포지단백 E는 E2, E3, E4 세 형태가 있다. 우리는 아버지와 어머니로부터 각각 한 가지 형태를 물려받는데, 그 조합이 아포지단백 유전자형을 결정한다. 아포지단백 유전자가 만들어낸 단백질인 아포지단백 E가 분자 운반을 돕기 때문에 아포지단백 유전자는 콜레스테롤을 관리하는 데 중요하다.* 콜레스테롤은 종종 부당하게도 부정적 평가를 받지만, 세포막 구성부터 호르몬과 지용성 비타민, 담즙산 같은 분자 형성까지 우리 몸에서 여러 역할을 담당하므

코끼리는 암에 걸리지 않는다

로 생존을 위해 어느 정도 필요하다. 아포지단백 E는 혈액 속에서 콜레스테롤을 포함한 다양한 단백질을 간으로 안내하고, 뇌에서는 신경세포 사이로 콜레스테롤을 이동시킨다. 그 외 다른 유전자들은 지방에 대한 물질대사가 일어날 수 있도록 우리를 진화시켰다.

인간이 심혈관 질환을 피하도록 진화했을 것으로 추정한다면 그것이 여전히 주요 사망 원인으로 남아있는 오늘날의 현실은 어떻게 설명할 수 있을까? 서던캘리포니아대학교 ARCO-윌리엄 키슈니크 노화 신경생물학 교수 캐일럽 핀치 박사는 이렇게 말했다. "고기와 지방이 풍부한 식단으로 전환되는 사건은 인간사회가 수렵채집인 사회로 바뀌면서 일어났다. 조상들의 신체 활동 수준은 우리 대부분이 알고 있는 것보다 훨씬 더 높았다. 그들은 새알을 구할 수 있는 봄에만 새알을 먹었다. 물론 이제는 일 년 내내 먹을 수 있다. 그들은 한 계절에 사슴 1마리를 사냥해서 여러 달에 걸쳐 먹었을 것이다."[9]

육류 중심 식단을 반대하는 근거는 2019년 미국 국립과학원 학술지에 실린 한 연구로 강화되었다. 대략 200만~300만 년 전 우리가 진화하는 과정에서 단일 유전자 하나가 기능을 상실했는데, 그로 인해 육류를 너무 많이 먹으면 죽상동맥경화증과 심혈관 질환이 생길 수 있음을 밝힌 논문이었다.[10] 캘리포니아대학교 샌디에이고 의과대학 연구진은 죽상동맥경화증으로 발생하는 관상동맥 심장 마비가 실제로 다른 포유동물에게는 일어나지 않는 이유와 흡연, 고혈압, 신체 활

---

\* 아포지단백 유전자는 알츠하이머병이 발병할 위험을 계산하는 데도 관여하는데, 부모로부터 물려받은 아포지단백 유전자 조합에 따라 달라진다.

동 부족 등의 다른 뚜렷한 심혈관 위험 요인이 없는 채식주의자에게도 심장 마비와 뇌졸중이 일어나는 이유를 조사하기 위해 나섰다. 문제의 단일 유전자는 CMAH 유전자이다. 더 정확하게 설명하자면 시티딘 일인산-N-아세틸뉴라민산 수산화효소를 암호화하는 유전자이다. 이 유전자의 주요 기능은 신체의 당 분자 Neu5Gc(N-글리코릴뉴라민산) 생산을 돕는 것이다. 인간은 Neu5Gc를 암호화하는 유전자에 돌연변이가 생겨서 이 당 분자를 만들 수 없지만, 대부분의 다른 포유동물들은 만들 수 있다. Neu5Gc는 동맥에 쌓이는 지방질 퇴적물인 죽상동맥경화증 유발 플라크의 축적을 크게 줄이는 기능이 있는 것으로 보인다. 진화학자들의 가설에 따르면, 수백만 년 전 말라리아 기생충이 Neu5Gc를 인지했지만, 우리는 이 당 분자를 없애버렸기 때문에 즉, 말라리아 기생충이 들어오지 못하게 출입구를 봉쇄해 버렸기 때문에 이 기생충으로부터 살아남았다. 하지만 다른 한편으로 심장 마비를 일으키는 죽상동맥경화증 유발 플라크에 더 취약해지는 단점이 생겼다.[11]

CMAH 유전자 스위치가 꺼지도록 유전자 조작된 쥐를 이용한 실험에서 연구진은 놀라운 결과를 얻었다. 인간처럼 CMAH가 없도록 유전자가 조작된 쥐들은 CMAH가 있는 쥐들보다 죽상동맥경화증이 거의 두 배 증가했고, 이 돌연변이 쥐들에게 Neu5Gc를 포함하고 있는 붉은 고기를 먹였을 때 죽상동맥경화증이 크게 증가했다. 연구진은 우리가 먹는 식단에 붉은 고기 같은 음식이 포함되면 음식에 들어있는 Neu5Gc와 우리 몸이 접촉하면서 혈관에 지속적인 염증을 일으키는 면역반응이 촉발되고, Neu5Gc 함량이 높은 식사를 하는 사람

에게는 시간이 지나면서 그것이 죽상동맥경화증으로 진행될 수 있다는 가설을 세웠다.[12]

여기에 우리가 배워야 할 교훈이 있다. 고기를 먹는 것은 괜찮지만 충분한 운동을 병행하면서 적당히 먹어야 한다는 것이다. 심장 질환 가족력이 있다면 콜레스테롤과 다른 혈중 지방 수치, 혈압, C 반응성 단백질 수치 같은 염증 지표를 특별히 더 신경 써야 하고, 중년이 넘은 사람들은 염증 조절에 도움이 되는 스타틴과 저용량 아스피린 복용도 고려해봄 직하다. 누구나 이런 약을 먹어야 하는 것은 아니지만, 검진을 통해 염증의 위험이 증가했는지 확인할 필요가 있다.

침팬지의 식단에 고기가 차지하는 비율은 고작해야 대략 1퍼센트에서 3퍼센트다. 매일 고기를 먹는 팔레오 다이어트를 하는 사람들에게 이 사실을 말해주자. 당신이 완전한 채식주의를 선호하는 사람이라면 우리 조상들이 먹었던 과일은 오늘날 식료품 가게에서 찾을 수 있는 과일과 완전 다르다는 점을 명심하라. 그때의 과일은 놀라리만치 쓰고 섬유질이 풍부했을 것이다. 그것이 야생 침팬지들이 먹는 것이다. 스탠퍼드는 침팬지들이 즐기는 '야생에서 나온' 전형적인 과일을 한번 먹어보려고 했다가 토할 뻔했다.

오늘날 완전 채식주의자와 채식주의자들은 대부분 자신이 건강한 식단을 유지하고 있다고 생각한다. 안타깝게도 그들은 영양분과 비타민 B12, 칼슘과 철분 같은 미네랄을 놓치고 있고 게다가 설탕과 질 낮은 지방이 많이 들어간 가공 음식을 섭취하고 있음을 깨닫지 못하는 것 같다. 손실된 영양분을 보충하기 위해 영양제에 기대는 것도 좋은 해결책이 아니다. 음식에 들어있는 영양분은 어떤 제조 영양제보다 훨씬 훌륭하다. 브로콜리를 알약에 넣거나 병에 채울 수 없듯이 영양제를 먹어서 나쁜 식단을 보충할 수 없다. 앞에서도 언급했듯이, 오늘날 영양제를 과다 복용하는 사례가 계속 늘어나고 있다. 어떤 식단을 따르든 간에 진짜 음식에서 영양분을 얻는 것이 최고다. 1장에서 한 말을 기억하라. 우리는 되도록 자연 상태의 음식을 먹어야 한다. 자연은 우리에게 다양한 식단의 의미를 알려줄 수 있다.

## 뷔페는 아니더라도 다양하게

쉽게 상상할 수 있듯이 숲은 포장 식품과 냉동식품 코너가 없는 대형 슈퍼마켓이다. 침팬지는 매우 다양한 식단을 먹는다. 수백 종의 식물, 곤충, 견과류를 먹고 가끔 고기도 먹는다. 식물을 바꿔 먹음으로써 특정 독소를 너무 많이 섭취할 위험을 낮춘다. 하루의 많은 시간을 먹이를 찾으며 먼 거리를 이동하는 데 쓰고, 때때로 하프 마라톤에 맞먹는 거리를 이동한다. 정확히 어떤 음식이 메뉴에 추가되는지는 연중 시기가 건기냐 우기냐에 달려있다. 어쨌든 스탠퍼드에 따르면 침팬지들은 우리 인간처럼 자기 자신을 위해서 다양한 음식을 추구하는 것처럼 보인다. 그런데 사촌들과는 달리 우리는 한 번 먹을 음식을 얻기 위해 먼 거리까지 이동할 필요가 없다. 그 결과 때로는 운동 부족으로 허릿살이 불어난다. 식습관은 우리의 일부이며, 우리와 긴밀히 연결되어 있다. 우리의 욕구와 충동을 이해한다면 더 좋은 결정을 내릴 수 있게 도와주는 것들을 우리 사촌들에게서 배울 수 있다. 인지적 측면에서

코끼리는 암에 걸리지 않는다

우리에 갇힌 침팬지들은 다양한 음식을 마주했을 때 인간처럼 충동을 억제하지 못한다. 이 현상을 설명할 수 있는 정교한 과학적 증거가 있다.

예를 들어, 눈앞에 선택할 수 있는 음식이 다양할수록 포만감을 느끼는 시간이 더 오래 걸린다는 연구 결과가 있다. 이것을 감각 특정적 포만감이라 한다.[13] 듀크대학교의 진화인류학자 허먼 폰처는《뉴욕 타임스》에 이렇게 썼다. "감각 특정적 포만감이 식당에서 배가 불렀는데도 항상 디저트 먹을 배가 남아있는 이유입니다. 심지어 맛있는 식사를 했고 스테이크를 한 입도 더 먹을 수 없더라도 치즈케이크가 나오면 여전히 손이 가지요. 왜냐하면, 케이크는 달고, 머릿속 버튼은 여전히 작동하고 있으니까요."[14]

인간을 포함하는 영장류의 뇌에서 안와전두엽 피질이라고 불리는 영역의 신경세포들은 감각 특정적 포만감에 관여한다. 이 신경세포들은 이미 물리도록 먹은 음식에 대한 반응을 감소시키지만, 다른 음식에 대한 반응은 별로 감소시키지 않는다. 이와 같은 현상이 다양한 음식을 먹게 하고, 다양한 음식은 최적의 활동에 필요한 영양소를 일부라도 섭취할 수 있게 도와주므로 진화 과정에서 인간에게 유리하게 작용했을 것이다.[15] 그러므로 다양한 종류의 맛있는 음식이 차려진 식탁을 보고도 우리가 얼마나 불만스러워할 수 있는지 연구 결과가 보여준다. 단일 감각을 제공하는 요리보다 다양한 감각 특성을 포함하는 여러 요리가 제공되었을 때 최대 60퍼센트 더 많이 섭취할 수 있다. 마른 사람이든 과체중인 사람이든 상관없이 모두에게 해당하는 사실이다. 체질량지수가 감각 특정적 포만감에 아무 영향을 미치지 않는다는 연구 결과가 이를 뒷받침한다.

야생 침팬지들은 다양한 종류의 음식을 먹는다. 하지만 우리처럼 비만이 되지는 않는다. 이유가 무엇일까? 요리 또는 가공에 이유가 있다. 우리는 더 먹을 필요가 없다고 말해주는 뇌의 감각 회로를 교묘히 피할 수 있을 정도로 음식을 가공하고 있다. 몇 년 전 나는 마크 샤츠커의 책『도리토 효과: 음식과 맛에 관한 놀랍고도 새로운 사실Dorito Effect: The Surprising New Truth about Food and Flavor』을 읽었다. 책에서 저자는 쾌락 중추와 무딘 포만감 중추를 자극하는 특정한 조합의 맛을 갈망하도록 뇌를 어떻게 속이게 되었는지 설명한다. 이처럼 지나치게 맛좋은 음식을 가리켜 초기호성hyperpalatable 음식이라 부른다. 2019년, 미국인 식단을 구성하는 음식 절반 이상이 이 거부할 수 없는 초기호성 기준을 충족한다는 연구 결과가 나왔다.[16] 초기호성 음식은 입에 침이 고이는 단맛과 짠맛, 기름짐이 마법처럼 완벽하게 조화를 이뤄 우리의 타고난 식욕 조절 시스템을 무너뜨린다. 게다가 인슐린, 코르티솔, 도파민, 렙틴, 그렐린 등 식욕에 중요한 역할을 하는 대사 호르몬, 스트레스 호르몬, 식욕 호르몬 분비를 자극할 수 있다.

화학 실험실을 닮은 식품 연구실에서 탄생한 도리토스와 강력하고 부자연스러운 맛의 시대에 자연식품과 최소한의 향미료가 첨가된 음식은 전체적으로 기호 평가 곡선에서 하락했다. 건강한 식단의 진짜 비법은 비교적 간단하기에 이 같은 현실이 애석하다. 그 비법은 우리가 먹을 수 있게 진화한 대로 먹는 것이다. 적당한 양의 동물 단백질은 물론이고 지난 수백 년 동안 사람의 손에서 극적인 변화를 거친 과일과 채소도 예외가 아니다. 음식은 우리가 그것을 먹도록 진화한 대로 먹어야 한다. 예를 들어, 우리는 사과를 씹어서 과육과 섬유질 껍질에서 영양소를 흡수하도록 진화했다. 사과를 삼켜서 그것이 위장에서부터 장을 통과해 내려가는 동안 천천히 흡수하도록 진화했지 믹서기로 갈아 먹었을 때처럼 위장에서 한 번에 흡수하도록 진화하지 않았다. 살라미, 베이컨, 소시지 또는 파는 버거 고기를 당연하게 생각할지 모르겠지만, 이왕이면 소금이나 다른 첨가제가 많이 들어가지 않은 가공이 덜 된 고기를 먹으려고 하자. 그리고 가능하면 목초육을 먹어라.

## 에너자이저 토끼

인간은 영장류 친척들과는 또 다른 이점을 가지고 있다. 예를 들면 우리의 뇌는 침팬지 뇌의 3배 크기다. 2016년, 과학자들은 인간의 대사율이 더 높다는 것도 알아냈다. 우리는 활성화된 뇌를 유지하기 위해 열량을 훨씬 더 빠른 속도로, 정확하게는 27퍼센트 더 빠른 속도로 태운다.[17] 연구진은 또한 인간이 다른 영장류보다 뚱뚱하다는 것을 확인했다. 그 이유는 연료를 빨리 태우려고 하면 더 많은 예비 연료가 있어야 하고, 그래서 열량이 부족할 때를 대비해 여분의 에너지를 비축해두기 때문이다. 이는 인간이 큰 뇌를 유지하고 다른 유인원 친척들보다 짧은 간격으로 아기를 많이 낳는, 에너지가 많이 드는 일을 하는 이유와 진화에 관한 단서를 찾고 싶어 하는 사람들에게는 놀랄 만한 연구였다.

오랫동안 우리는 종마다 열량을 태우는 속도가 다르리라고 생각하지 못했다. 그러나 이제는 서로 다른 신체의 여러 부위 사이 에너지 수요 균형에 대해 많은 것을 알고 있다. 진화인류학자이자 유니버시티 칼리지 런던 명예교수 레슬리 아이엘로의 연구팀은 "약 160만 년 전 인류의 뇌가 매우 커지기 시작하면서 우리의 직계 조상 호모 에렉투스는 에너지를 적게 흡수하는 더 작은 장을 갖게끔 진화했다."라는 의견을 내놓았다.[18] 큰 장을 지원하는 데 쓰여야 했을 에너지가 뇌 크기가 커진 조상들의 진화에 박차를 가했다. 다른 연구자들은 "인간이 에너지를 절약하기 위해 근육량을 줄였거나, 더 효율적으로 걷고 달렸거나, 양질의 식사를 하고 소화에 소비되는 에너지를 줄이기 위해 음식을 조리하고 나눠 먹음으로써 여분의 열량을 더 빨리 얻었다."라고 주장했다.[19] 에너지 문제를 어떻게 처리했든 간에 뇌가 커진 덕에 우리가 즐기게 된 삶의 소소한 것 중에서 으뜸은 단연 맛있는 식사의 즐거움이라는 말이 맞는 듯하다. 식탁에 친구 몇 명을 초대해라. 그러면 더 오래 살기 위한 좋은 약의 완벽한 조합을 얻을 수 있다.

## 폐경을 치료할 수 있다고?

침팬지는 노년에도 여전히 생식능력이 있고, 노년의 인간에게 나타나는 신경 퇴행성 변화를 거의 겪지 않는다. 하지만 이런 이점의 대가로 우리보다 수명이 짧다. 일종의 거래다. 암컷 침팬지는 폐경을 겪지도 않는다. 이런 침팬지를 보면 인간 여성은 왜 사망하기 수십 년 전에 생식능력을 상실하도록 진화했는지 의문이 생긴다. 인간 여성의 생식계

코끼리는 암에 걸리지 않는다

는 신체의 나머지 부분과 같은 속도로 노화가 일어나지 않는다. 여성들은 살아갈 날이 30년 넘게 남아있을 때 월경이 멈춘다. 우리가 알기에 번식을 할 수 있는 나이가 지나서 수십 년을 살 수 있는 동물들은 흰돌고래, 들쇠고래, 외뿔고래, 범고래 등 일부 고래 종뿐이다.

침팬지의 생식능력이 45세와 50세 사이에 쇠퇴하지만 60세나 되는 암컷 침팬지도 출산하는 것으로 알려졌다. 게다가 수컷 침팬지들은 심지어 대머리가 된 나이 많은 암컷을 선호한다. 수컷들이 일관되게 더 성숙한 암컷에게 성적 관심을 많이 두는 이유는 나이가 많다는 것이 자손의 생존을 보장하는 유전적 적합성이나 더 많은 삶의 경험과 지혜가 있다는 신호이기 때문일 수 있다. 하지만 무리를 벗어나서 짝짓기하지 않고, 자녀가 부모를 떠나지 않는 사회적 단위를 이루는 동물들의 경우, 어미가 죽을 때까지 번식할 수 있다는 것은 시간이 지날수록 같은 어미에게서 태어난 자손들로 무리가 점점 채워진다는 의미이므로 위험할 수 있다. 이 이론은 암컷 범고래가 폐경을 겪는 이유를 뒷받침하지만, 인간에게 폐경이 나타나는 이유는 설명하지 못한다. 어떤 사람들은 폐경이 여성에게 손자를 돌볼 수 있게 한다는 가설을 내놓았다. 이것이 '할머니 가설'이다. 그러나 이 가설을 연구하고 확인할 명확한 방법이 없어 여전히 뜨거운 논쟁거리로 남아있다.

폐경은 그저 자연의 요행일까? 다시 말해서 아무런 적응적 이점을 제공하지 않으면서 재미 삼아 생긴 진화적 특성일까? 아마 우리는 수천 년 전과 비교해서 지금 얼마나 더 오래 사는지를 고려해서 진화하지는 않았을 것이다. 어쨌든 여성들은 100년 전과 비교해서 평균적으로 30년 더 오래 산다. 우리가 명심해야 할 또 다른 점은 인간을 키우는 데 시간이 오래 걸린다는 것이다. 우리를 다른 종과 확실히 구분 지어주는 특징이다. 폐경 이후 삶만 긴 게 아니라 유년기와 청소년기도 길다. 우리가 신체적, 정신적으로 성숙해서 독립할 수 있을 때까지 시간이 오래 걸리기 때문이다. 우리는 생후 1년이 될 때까지 또는 1년이 넘어도 걷지 못하고, 우리의 뇌는 매우 빠른 속도로 성장하지만 20대 중반에 이르러서야 완전히 발달한다. 3밀리미터(1인치의 10분의 1)였던 태아의 신경관은 태어날 때 1,000억 개 이상의 신경세포를 지닌 뇌로 바뀌어 있을 것이다. 임신 기간 평균적으로 신경세포가 1분에 25만 개씩 자라야 한다는 말이다. 이것은 시작에 불과하다. 새로운 연구에 따르면, 대부분 고등 인지와 관련 있는 뇌 영역인 대뇌피질에 들어있는 신경세포 수는 25세에 이르러서야 최대에 달한다고 한다.[20] 그러므로 어머니들은 자녀가 직장이나 대학에 들어가고, 투표하고, 어쩌면 결혼해서 자기 아이를 낳을 때도 옆에 있어야 한다. 아이를 더 낳는 데 신경 쓸 여력이 없다.

이런 이유만으로 자연은 여성이 80대에 자연적으로 출산을 할 수 없도록 폐경을 만들었을 것이다. 그러나 폐경 후에 여러 가지 새로운 건강 위험이 생기므로 이에 관해 연구할 필요가 있다. 에스트로젠 호르몬의 극적인 감소는 수십 년 동안 지속적으로 건강에 영향을 미친다. 암 위험이 커지고 알츠하이머병, 심장 질환, 골다공증, 뇌졸중 발병의 소지가 커진다. 이는 폐경과 폐경 이후의 삶에 각별한 주의를 기울일 필요가 있음을 의미한다.

나는 위에서 진화론적으로 엄마들이 그들의 20대 자녀들을 계속 돌봐야 한다고 농담했지만, 자녀가 잘 적응하도록 양육하는 책임을 전적으로 여성에게 떠맡겨서는 안 된다. "아이 한 명을 키우려면 마을이 필요하다."라는 말을 들어봤을 것이다. 이제 곧 알게 되겠지만, 우리는 아이 양육에 관해서도 침팬지에게서 힌트를 얻을 수 있다.

## 아이는 허용적으로 대하고 노인은 공경하라

1990년대 초, 갑자기 뇌막염이 돌았을 때 크레이크 스탠퍼드는 곰베 숲에서 혼자 침팬지들과 시간을 보낼 기회가 있었다. 그는 연구 현장에서 유일하게 백신 접종을 마친 사람이었다. 그때를 회상하면서 침팬지의 눈을 들여다보다가 외계생명체 같은 아주 지적인 존재의 마음을 들여다보고 있다는 생각이 들었었다고 한다. 그때 '이 녀석들은 대체 무슨 생각을 하고 있을까?' 하는 궁금증이 생겼단다. 스탠퍼드는 자신이 침팬지의 마음을 읽을 수 있다고 믿고 싶어 한다. 침팬지들은 그에게 배고픔과 두려움, 죄책감, 당혹감, 심지어 수치심도 드러낸다. 침팬지는 웃기는 하지만, 울지는 않는다.* 스탠퍼드는 특히 짝짓기할 짝을 쫓는 암컷들의 원동력과 자기 새끼들과의 관계에 주목했다. 사람들의 생각과는 반대로 침팬지 사회에서 짝을 고르는 쪽은 암컷이다. 암컷

---

* 동물의 감정은 오랫동안 논쟁의 대상이었고 실제로 연구하기가 어려웠다. 하지만 침팬지들은 고통, 두려움, 괴로움, 즐거움, 공감, 심지어 혐오감까지 표정이나 행동 또는 으르렁거림이나 다른 소리로 표현할 수 있다는 증거가 있다. 그런데 침팬지들은 우리 인간처럼 울거나 얼굴을 붉히지는 않는다. 다른 동물들은 인간처럼 감정을 나타내는 눈물을 흘리지 않는데, 우리는 어째서 고통이나 상처의 표시로 다른 반응이 아닌 눈물을 흘리도록, 말 그대로 눈에서 액체를 뿜어내도록 진화했는지 아직 밝혀지지 않았다.

침팬지는 매우 문란하다. 짧은 시간에 16명의 수컷과 짝짓기를 하는데, 다른 암컷이 알아서 불필요한 경쟁이 생기는 것을 막기 위해 짝짓기하는 동안 조용히 있는다. 여기에서 '짧은 시간'은 암컷 침팬지들의 성기가 부어오르는 기간을 말하는데, 보통 6일에서 18일 동안 지속된다. 인간과 마찬가지로 침팬지도 일 년 내내 짝짓기하고, 암컷은 대략 5년에 한 번씩 임신한다.(침팬지는 생리 주기도 인간과 비슷한데, 전체 주기가 대략 36일이다.)

이것은 언뜻 보면 암컷은 가장 매력적이고 인상적인 수컷 한 명을 짝짓기 짝으로 선택할 것이라는 다윈의 진화론 모델에 어긋나는 것처럼 보인다. 하지만 여러 수컷을 짝으로 두는 것은 사실 전략적 보호 행동으로 여겨진다. 수컷들은 암컷의 새끼가 자신의 자손일 수 있다고 생각해서 새끼를 공격하지 않고 육아를 도울 것이다. 처음에는 충격적으로 들린다. 그러나 어쩌면 침팬지들은 우리에게 혼혈 가족과 동등한 부부 관계라는 현대적 추세에 더 적합하고 혈육에 덜 의존하는 새로운 가족관을 받아들이도록 영감을 줄 수 있다. 전체 무리 내에서 확대된 친족 관계와 공동육아를 크게 활용하는 침팬지는 우리에게 좋은 본보기가 된다. 우리는 침팬지들에게 교훈을 얻어 자신의 자녀에게만 모든 관심을 쏟을 게 아니라 지역사회의 모든 아이에게 관심을 나눠줄 수 있어야 한다. 그게 적절하고 도움이 된다면 다른 사람을 위해 대리 부모가 되어주자. 그러려면 정말로 마을이 필요하다.

우리는 침팬지들의 모성으로부터도 배울 수 있다. 오늘날 자녀를 과잉보호하는 헬리콥터 인간 부모들과는 달리 침팬지 엄마들은 허용적이다. 자녀가 놀다가 넘어지도록 그냥 둔다는 말이다. 연구자들은 나중에 지도자가 될 새끼 침팬지를 골라낼 수 있다. 새끼가 알아서 놀게 그냥 두면서도 시선을 떼지 않고 필요할 때 안내를 해주는 어머니를 둔 새끼들이 지도자가 된다. 엄마 침팬지는 교훈을 가르치거나 심한 부상을 예방하기 위해서 꼭 필요할 때만 개입한다. 양육과 독립심 사이 경계선이 침팬지가 나중에 지도자가 될지 부하가 될지를 결정한다. 인간의 다양한 양육법이 자녀에게 미치는 장기적 영향을 연구한 논문에서도 비슷한 결과가 나왔다. 과보호 부모 밑에서 자란 아이들은 자주성을 허용하는 양육에서 얻을 수 있는 자존감이 낮은 상태로 성장해 자신감이 부족하다. 이는 좋은 지도자가 되는 데 필요한 문제 해결 능력과 적절한 심리·사회적 발달이 결핍되어 있다는 말로 해석된다. 10대 청소년을 대상으로 한 연구를 보면 부모가 과잉보호를 많이 할수록 자녀는 지도자가 될 잠재력이 있다고 인식되지 못하고 실제로 지도자 역할을 맡을 가능성이 작다.[21]

침팬지는 어미와 자식 사이 특히 엄마와 아들 사이 유대가 매우 강하다. 수컷 침팬지는 어른이 되어서도 엄마와 강한 관계를 유지한다. 최근 몇 년 동안 어미 침팬지가 어린 침팬지에게 흰개미를 잡을 때 쓰는 원시적인 도구를 만드는 법을 가르쳐주는 모습이 카메라에 포착되었다. 새끼 침팬지가 그 도구를 사용하는 데는 대략 2년이 걸린다. 어린 침팬지들은 서로 매우 잘 모방하고 학습도 서로 따라 한다. 그리고 새끼가 죽으면 어미는 죽은 새끼를 오랫동안 안고 다닌다. 코끼리들처럼 그것이 슬픔을 표현하는 신호인지 아니면 단지 새끼의 죽음을 인지하지 못해서 그러는 것인지는 아직 확실히 밝혀지지 않았다.

침팬지는 코끼리처럼 연장자를 존중한다. 원숭이도 일반적으로 자신보다 나이 많은 원숭이의 목소리에 주의를 더 많이 기울이는 것으로 보인다. 이것은 영장류의 유산 중 하나로 연장자의 지혜를 얻기 위한 시도로 해석된다. 《뉴 사이언티스트》에 보고되었듯이 "나이 많은 원숭이들은 사회 네트워크를 조절하는 중요한 역할을 담당한다. 그들은 숲을 더 잘 알고, 포식자를 감지하는 데 더 뛰어나고, 새로운 먹이도 더 잘 찾아낸다."[22] 그뿐 아니라 연장자 원숭이들은 사회적 상황에서 어린 원숭이들을 보살피면서 그들이 우정을 쌓고 사회 사다리를 올라가는 것을 돕는다. 전통적으로 또래들로 구성된 우리 인간의 사회 네트워크에서 이것도 생각해볼 필요가 있다. 우리는 상당히 다른 삶을 사는 사람들을 포함하는 확장된 네트워크를 만들어야 한다. 당신과 교류하는 사람 중에 다른 습관과 전문지식, 직업과 관습 또는 상황을 가진 사람이 몇이나 될까? 그중에 누가 당신보다 나이가 어리고, 아니면 반대로 나이가 많은가? 자녀가 있다면 아이들이 할머니 할아버지 또는 동네 어르신과 함께 시간을 보내게 해라.

나이 든 지도자의 역할, 이것이 크레이그 스탠퍼드가 나에게 전하는 위대한 교훈 중 하나였다. 우리 인간 어르신들은 점점 고립되고 외로워지고 있다. 어떤 조사에 따르면 45세 이상 중년의 3분의 1 이상이 외로움을 느끼고, 65세 이상 노년층의 대략 4분이 1이 주기적으로 교류할 사람이 거의 없는 사회적 고립 상태인 것으로 나타났다. 문제의 주범으로는 혼자 살고 사랑하는 사람을 잃은 것 외에 만성질환과 청력 손실도 꼽을 수 있다.

마지막에 언급된 요인으로 청력 손실이 놀랍게 느껴질 수도 있지만, 암스테르담자유대학교 의료센터의 연구는 들을 수 있는 소리 크기가 1데시벨 감소하면 심각한 외로움을 느낄 확률이 7퍼센트 증가한다는 것을 보였다.[23] 큰 차이가 아닌 것처럼 느껴질 수도 있지만, 청각 손실의 문제점은 시간이 지나면서 점진적으로 일어나고 매우 미묘해서 난청에 시달리는 대다수가 자신에게 문제가 있음을 인지하지 못하거나 알려고 하지 않는다는 것이다. 사실, 청력 손실의 결과는 엄청나다. 청력 손실이 심해지면 사람과 관계를 끊고 고립되기 쉽다. 연구에 따르면 외로움은 고혈압, 스트레스 호르몬 상승, 면역계 약화 등과도 관련 있다.[24]

미국의학협회 내과 학회지에 발표된 한 연구는 피험자들의 건강·노화·신체조성 데이터를 분석해 고립감 단독으로 치매 위험을 40퍼센트 높이고 조기 사망할 확률을 26퍼센트 높인다는 것을 보였다. 이 연구에서는 청력 손실을 다루지 않았지만, 청력 손실을 치료하지 않고 내버려 두면 10년 사이에 치매 위험이 무려 50퍼센트 상승하고, 우울증 위험이 40퍼센트 상승한다는 것이 이미 입증되었다.[25] 게다가 방치된 청력 손실은 낙상 위험을 30퍼센트나 높인다.[26] 이런 수치들을 바탕으로 과학자들은 외로움은 하루에 담배 15개비 피우는 것만큼이나 위험하다고 선언했다. 주변 어르신들이 계속 사람과 관계를 맺고 청력 검사를 받을 수 있게 도와라. 그것이 성공적인 결과를 얻을 수 있는 쉬운 해결 방안이다. 우리는 어르신들에게서 무엇인가를 배울 수도 있을 것이다. 요즘은 처방전 없이도 보청기를 구할 수 있다. 그러니 변명하지 말고 그냥 해라.

앞 장에서 현대 사회에서 노인의 지혜가 종종 소중하게 다뤄지지 않는다고 언급했다. 예외인 대표적인 나라가 일본이다. 전체 인구에서

4명 중 1명이 65세 이상인 일본에서는 노인들이 존경받는다. 노인들을 기리는 국경일도 있다. 매년 9월 셋째주 월요일이 '노인 공경의 날'이다. 이것이 일본에 100세 이상 노인이 놀라울 정도로 많은 요인이 될 수 있다. 더 많은 국가가 일본의 본보기를 따른다면 얼마나 좋을까. 세계가 전체적으로 고령화되어 있으니까 말이다. 2050년 무렵이면 미국의 65세 이상 노인 인구는 오늘날 노인 인구의 거의 두 배인 약 9,000만 명에 이를 것이고, 미국 전체 인구의 약 20퍼센트를 차지할 것이다. 그러므로 노인 건강을 지키고 향상하는 최상의 방법을 고민하는 것뿐만 아니라 젊은 세대에게 이 상황을 잘 대처하도록 동기를 부여하는 것도 필요하다. 나이에 상관없이 모든 사람의 건강과 행복의 열쇠가 되는, 노인들의 오래 축적되어온 지혜와 리더십에 더 큰 감사와 존경을 보이는 것에서 시작할 수 있을 것이다.

# 침팬지처럼 먹고 생활하라

침팬지들로부터 얻을 수 있는 '지혜'를 나열하기 전에 여기에서 얻은 교훈을 기억하도록 도와줄 내 오랜 친구 이야기를 먼저 간단히 하겠다. 인생에서 나의 사고방식과 존재에 큰 영향을 미친 연장자가 있다면 그 사람은 친애하는 머레이 겔만이다.

지금은 고인이 된 겔만을 2009년 7월 아스펜 아이디어 축제 만찬 자리에서 만났다. 겔만은 쿼크quark라고 불리는 소립자 모형을 포함해 기본입자 이론에 관한 연구로 1969년 노벨상을 받은 유명 물리학자다. 게다가 완벽한 멘토이기도 했다. 그가 한번은 내게 이렇게 말했다. "자네는 항상 데이터의 중간값을 보는군. 이상치(중간값에서 많이 벗어난 아주 작은 값이나 큰 값)를 보게나." 그는 어느 도넛 가게 벽에서 본 시를 강연 중에 암송하곤 했다. 이 시는 「낙천주의자의 신념」으로 알려져 있다.

> 형제여, 인생의 길을 끝없이 거닐 때
> 그대의 목표가 무엇이든
> 도넛을 잘 보세요
> 구멍을 보지 말고요

겔만은 도넛의 구멍을 보라고 말할 것이다. 구멍은 우리가 간과하고 있을지 모르는 이상치다. 그가 조언한 방식대로 생각하다 보니 새롭고도 중요한 질문이 떠올랐다. 왜 의학 분야에서는 겔만 같은 물리학자들이 복잡한 시스템을 이해하기 위해 했던 것처럼 모형을 만들지 않았을까? 도대체 왜 우리는 암을 이해하려고 할까? 그냥 통제하려고 노력하면 어떨까?*

침팬지가 다른 대형 유인원들 사이에서 이상치이듯 우리 인간도 동물계에서는 이상치다. 그리고 우리는 지구상의 어떤 생물보다 침팬지와 유전적 유사점을 더 많이 공유하고 있다. 이 동료 이상치에게 시선을 돌린다면 더 나은 삶을 사는 비법을 찾을 수 있다. 그 비법은 절제의 힘과 많은 관련이 있다.

침팬지처럼 우리도 공격적이고 포악할 수 있지만, 우리는 행동을 조절할 수 있다. 동물 단백질을 포함한 다양한 식단을 먹을 수 있지만, 충동을 조절할 수 있게 신경 써야 한다. 관계를 맺기 위한 매개로써 다른 사람과의 식사를 즐길 수 있다. 우리는 젊은이들에게 위험을 감수하라고 가르치고 여전히 그들에게 관심을 두고 지켜볼 수 있다. 어르신들이 사회에 참여할 수 있도록 하면서 그들을 존경하고 그들로부터 배울 수 있다. 출산 가능한 시기가 끝난 후 남은 긴 인생을 자기 자손뿐만 아니라 지역사회의 젊은 세대들을 도우면서 즐겁게 살아갈 수

---

* 겔만과 관련해서 나를 늘 미소 짓게 만드는 일화가 하나 있다. 아스펜 아이디어 축제에서 좌담하기 위해 그와 함께 무대에 올라갔을 때 보게 되었는데, 명실상부 지구상에서 가장 똑똑한 사람으로 손꼽히는 그인데도 질문에 대한 답을 메모한 글 아래에 큰 글씨로 "웃는 거 잊지 말기"라고 적혀 있었다.

코끼리는 암에 걸리지 않는다

있다.

이제 곧 알게 되겠지만, 우리를 구하러 와줄 좋은 친구가 있는 것도 즐거운 인생을 사는 데 도움이 된다.

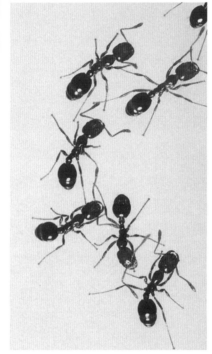

박쥐(위)와 불개미(아래)

# 7장

# 팀의 노력과 집단 면역

## 협력, 응급의료, 병가의 필요성

> 개미는 당혹스러울 만큼 우리 인간과 닮아있다. 곰팡이 농사를 짓고,
> 진딧물을 가축으로 기르고, 전쟁에 군대를 내보내고, 적에게 경고하
> 거나 혼란을 일으키기 위해 화학 스프레이를 살포하고, 노예를 포획
> 한다. 텔레비전 시청을 제외하고 모든 것을 한다.
>
> — 루이스 토머스

알맞은 시간에 알맞은 장소에서 나비 1마리가 날개를 펄럭
이면 수천 마일 떨어진 곳에 집중 호우를 쏟아내는 폭풍우를 일으킬
수 있다고 한다. '나비 효과' 개념은 고인이 된 에드워드 노튼 로렌츠가
1969년에 처음 제안했다.[1] 로렌츠는 MIT에서 평생 연구에 매진하며
날씨와 기후의 예측 가능성에 관한 이론적 토대를 확립했다. 작은 사
건이 큰 영향을 미칠 수 있다는 사실을 묘사하기 위해 원래 갈매기 이
미지를 사용하려다가 나비에 비유하기로 했다. 코로나19 범유행을 일
으킨 신종 바이러스가 나비 효과를 보여주는 완벽한 예다.

나는 바이러스가 구성과 책략이 매우 교활해서, 즉 아주 단순하

고 원시적이면서도 영향력은 매우 강력해서 아무 노력을 들이지 않고도 인간에게 깊은 두려움을 일으키고 나라들을 마비시킬 수 있다는 것이 놀랍기만 하다. 바이러스는 뇌도 없고, 눈, 입, 사지, 폐, 심장도 없고 감정도 없다. 진짜 생물이라고 할 만한 어떤 조건도 없다. 그래서 어떤 사람들은 바이러스를 미생물이라고 부르는 게 타당하지 않다고 말한다. 바이러스는 맥박이나 다른 전형적인 활력 징후가 없다. 결정을 내리지도 않는다. 체액이나 세포 에너지 화폐의 교환 없이 우리의 세포와 짝짓기한다. 특별한 단백질을 이용해서 세포에 달라붙어 데이터를 전달하고 자신을 복제한다. 감염시키는 대상을 선택하지도 않는다. 조잡한 미세복사기다. 일종의 로봇일 수도 있다.

우리는 종종 바이러스를 극악무도하다고 생각한다. 이 말에는 질병과 사망, 파괴와 죽음이라는 의미가 내포되어 있다. 그러나 많은 박테리아와 마찬가지로 바이러스도 인간의 건강과 농업에 이로울 수 있다. 세상에 존재하는 바이러스의 종류가 몇 개인지 알려지지 않았지만, 수조에 이를 것으로 추정된다.[2] 우리는 수십만 종류의 바이러스를 알고 있지만, 이름이 있는 바이러스는 7,000개 미만이고, 대략 250개만 인간의 세포를 감염시킬 수 있다.[3] 당연히 인간만 표적이 되는 게 아니다. 바이러스는 콩과 블랙베리부터 진드기와 개에 이르기까지 다른 동물과 식물도 감염시킨다. 그들은 표적 세포의 기관을 사용해서 자신을 복제할 수 있다. 그러나 일부 바이러스는, 특히 레트로바이러스는 자신의 유전체를 숙주 유전체에 통합시킬 수 있다. 에이즈를 일으키는 레트로바이러스가 그런 예다. 오늘날 우리 DNA는 수백만 년에 걸쳐 인간 유전체 속으로 서서히 침투한 고대 바이러스의 유물을 포함하고 있다. 우리가 읽고, 쓰고, 추상적이고 창의적으로 사고하고, 심지어 기억을 형성할 수 있는 것은 여러 고대 바이러스 덕분이다. 예를 들어, 포유동물의 태반 형성에 필수적인 단백질인 신시틴을 만드는 유전자는 우리가 진화하는 과정에서 여러 다양한 기회에 우리 DNA에 통합되었다. 그렇다. 우리가 아이를 낳을 수 있는 능력은 부분적으로 고대 바이러스 덕분이다.

바이러스는 수천 년 동안 우리 DNA를 형성해왔고, 그런 점에서 결국 우리 존재 전체를 형성해왔다. 나는 물론이고 사람들에게 말해 줄 때면 죄다 깜짝 놀라게 되는 사실이 하나 있다. 그것은 우리 유전체 안에 원래 우리 자신의 유전자보다 바이러스 유전 물질이 4배 더 많이 들어있다는 것이다. 이 유전적 기생충 중 우수한 몇 개가 우리의 면역력 형성을 도왔다. 포유류를 감염시키는 바이러스는 나쁜 세균에 대한 면역력을 제공하고, 항암제 역할도 할 수 있다. 예를 들어, 무증상(잠복성) 헤르페스바이러스는 종양 세포와 병원성 바이러스에 감염된 세포를 모두 죽이는 특수한 종류의 백혈구 세포인 자연살해세포를 무장시킨다. 잠복성 헤르페스바이러스는 자연살해세포에게 문제 세포를 식별할 수 있게 하는 항원을 갖춰 준다. 식물계에서 특정 바이러스는 식물에 가뭄에 대한 저항력을 갖추게 하고 토양으로부터 질소 섭취를 관리하도록 돕는다. 그러므로 많은 바이러스가 농업에 중요하다.

많은 사람이 생각하는 것과는 달리 바이러스는 어디에나 있다. 바다에서도 번성해서 가장 마지막에 조사한 결과, 해수면부터 깊이 약 4,000미터까지 바다에서 거의 20만 개의 다양한 바이러스 종이 발견되었다.[4] 바이러스는 우리 몸 안에서도 번성한다. 특히 소화기관을 뒤덮고 있는데, 그곳에서 아직 과학적으로 설명되지 않는 것까지 포함해 여러 중요한 역할을 담당한다. 심지어 우리 피부에도 바이러스체가 있다.

지금은 우리가 뼈저리게 알고 있지만, 어떤 바이러스는 교활하게 어느 곳에서나 번식할 수 있다. 그들은 자연계 버전의 007시리즈 악당이다. 교활한 납치범이며 기회주의자며 살인자다. 인간종 유전체가 1퍼센트 진화하는 데 대략 800만 년이 걸렸다.[5] 반면에 이제 더는 새로운 바이러스가 아닌 코로나바이러스 같은 많은 동물 바이러스는 날씨가 변하는 동안에 1퍼센트 넘게 진화할 수 있다. 빨리 진화하는 것은 바이러스의 성질이다. 우리는 복잡한 생물이지만, 바이러스는 단순하다. 순전히 그 단순함 덕분에 바이러스는 빠르게 진화할 수 있다.

단일 가닥 RNA 분자로 된 코로나바이러스는 인간 DNA보다 100만 배 빠른 속도로 돌연변이를 축적한다. 그렇게 놀라운 돌연변이 속도 덕에 바이러스가 면역반응을 이겨내고 생존할 수 있다. 이를테면 면역 체계를 속이고 인간의 세포 안으로 들어갈 수 있게 옷을 재빨리 갈아입을 수 있다. 우리에게 가장 악명 높은 감염원은 RNA 바이러스다.* 우리에게 감기와 코로나바이러스 감염증을 일으키는 코로나바이러스 외에 C형 간염, 에볼라, 인플루엔자, 소아마비, 홍역, HIV를 옮기는 RNA 바이러스도 있다. 2022년, 바이러스 학자들은 바다에 5,000개가 넘는 새로운 RNA 바이러스 종이 떠다니고 있음을 발견했다.[6] 모두가 동물에게 감염되는 바이러스는 아니다. 사실 생명체에 침투할 수 있는 것은 아주 일부에 지나지 않는다. 하지만 연구진의 발견은 이 미세한 감염원이 바다의 생태학적 과정을 어떻게 이끄는지에 대해 새롭게 이해할 수 있게 해준다.

감염병으로 매년 1,700만 명 이상이 이른 죽음을 맞이한다.[7] 더 놀라운 사실은 유엔 보고서에 따르면 인간에게 새로운 감염병이 평균적으로 4개월마다 나타난다는 것이다.[8] 최근까지 계속되고 있는 범세계적 감염증은 병원체 바이러스가 야생에서 기원했다는 점에서 이전 세기의 전염병과 구별된다. 수천 년 동안 우리에게 발생한 전염병은 대부분 가축으로부터 감염된 것이었다. 일반 감기를 일으키는 라이노바이러스는 낙타에게서 유래한 것으로 보이고, 많은 종류의 인플루엔자 바이러스는 가금류와 돼지에서 기원했다.[9] 그러나 이제 우리에게 발생하는 전염병들은 야생동물과 거리가 좁아지면서 생겨난다. 신종 코로나바이러스의 우성 단백질은 박쥐에서 분리한 바이러스에서 추출한 단백질과 대략 96퍼센트 유사했다. 박쥐에서 인간에게로 옮겨지는 과정이 정확히 언제, 어떻게, 일어났는지 그리고 중간 매개 동물이 있었는지는 여전히 수수께끼로 남아있다.[10] 하지만 우리는 박쥐 친구들로부터 바이러스와 함께 사는 법을 배울 수 있다.

---

* 모든 생명체의 동력 쌍인 DNA와 RNA는 생명을 유지하고 유전 정보를 담고 있는데, 이 둘의 차이를 이해하고 싶다면 다음의 간단한 설명을 보자. RNA는 단일 가닥이지만, DNA는 이중 가닥이어서 더 안정적이다. 화학적 구성 즉 '성분'도 다르다. RNA 뉴클레오타이드를 구성하는 당은 리보스이고, DNA를 구성하는 당은 디옥시리보스다. RNA는 DNA를 구성하는 염기인 티민 대신 우라실이라는 염기를 주로 사용한다. 그러나 DNA와 RNA는 다양한 방식으로 협력한다. 대부분의 유기체에서 DNA는 각 세포에 유전 정보를 저장하고 그것을 자손에게 전달한다. 반면에 RNA는 주로 DNA로 단백질을 만들기 위한 암호를 세포 기관으로 전달하는 일에 관여한다. DNA는 세포핵에 들어있고, RNA는 주로 주변 세포질에서 발견된다.

1904년 출판된 에르스트 헤겔의 『자연의 예술적 형상』 중 전설적인 흡혈박쥐 삽화

## 이런 박쥐 같으니라고!

박쥐는 박쥐목(키롭테라 목이라고도 불리는데, 말 그대로 손날개를 의미하는 그리스어에서 나온 말이다)에 속하는 동물로 우리보다 훨씬 더 오래전부터 존재해왔다. 원시 인류는 대략 600만 전에, 박쥐는 최소 6,500만 년 전에 지구에 출현했다. 6,500만 년 동안 박쥐는 번성했고, 이제 지구 전역에서 발견된다.[11] 때로 '날아다니는 여우'로도 불리는 박쥐 종까지 포함하면 지구상 포유류 4마리 중 하나가 박쥐다.(포유류의 50퍼센트가 설치류인데, 엄밀히 말해 박쥐는 설치류가 아니다.) 중국에서는 박쥐가 전통적으로 행운과 행복을 상징한다. 전설에 따르면 박쥐가 극장에 서식하면서 예행연습 중에 나타나면 연극이 성공한다고 한다. 서양인들은 박쥐를 나쁘게 생각하는 경향이 있다. 박쥐를 병균투

코끼리는 암에 걸리지 않는다

성이고 피를 빨아먹는 골칫거리 짐승이라고 여기고, 공포 이야기나 죽음, 유령의 집 등과 연관 짓는다. 심지어 부정적인 속성을 표현할 때도 박쥐라는 말을 쓴다. 어떤 사람을 보고 '박쥐 같다' 또는 '박쥐 똥 같다'라고 말한다면 그 사람이 미치거나 제정신이 아니라는 말이다. 역사적으로 박쥐에 관한 연구가 많이 이뤄지지 않은 이유에는 아마 그런 악명의 영향도 있었을 것이다. 그러나 어쩌면 박쥐는 장수와 질병 저항성에 관한 단서를 쥐고 있을지 모른다.

박쥐는 수천 종의 바이러스를 몸에 지니고 있지만, 대부분 병에 걸리지 않고 살아간다. 몸에 지닌 바이러스에도 끄떡없는 것으로 보인다. 박쥐는 바이러스 저장고다. 지금까지 인간을 감염시킬 수 있다고 알려진 것만 해도 에볼라 바이러스와 광견병 바이러스를 포함해 60가지가 넘는다. 박쥐는 동물에서 사람에게 감염되는 인수공통 감염 바이러스를 전파하는 데 주된 역할을 한다. 엄청난 양의 바이러스를 지니고 있어서 그만큼 감염 물질도 많이 품고 있다. 박쥐는 남극을 제외한 세계 어디에서나 인간과 가축에 가까이 살고 있을 뿐만 아니라 날 수 있는 능력도 있어서 감염의 대규모 확산을 일으킨다. 박쥐가 품고 있는 바이러스는 배설물을 통해 외부로 옮겨져서 퍼져나간다.[12] 그런데 박쥐들은 '실수'로부터 배우는 듯하다. 미국 북동 지역에서 가장 많이 발견되는 작은 갈색 박쥐는 빽빽이 군집을 이뤄 동면하곤 했다. 그러나 2006년 박쥐에게 특히 해로운 곰팡이균 감염이 퍼지기 시작했을 때, 살아남은 박쥐들은 동면 습관을 바꿨다. 그 특정 곰팡이는 박쥐들이 잠잘 때 공격했기 때문에 온기를 위해 모여서 자는 습관이 문제가 되었던 것이었다. 놀랍게도 이제 작은 갈색 박쥐의 75퍼센트가 혼자 동면한다. 과학자들은 동면과 관련해서 유전학적 차원의 적응적 변화도 일어났음을 확인했다. 이는 진화가 일어나고 있다는 명백한 증거다.[13] 텍사스 남부부터 뉴펀들랜드 서부 가장자리까지 북미 전역에서 많은 작은 갈색 박쥐가 곰팡이균 감염으로 사라졌지만, 일부 박쥐는 그 곰팡이에 대한 유전적 저항력을 얻었다.

박쥐를 세상에서 없애는 것이 더 많은 인수공통 감염을 예방하는 데 도움이 되리라고 생각하는 사람이 얼마나 많을지 짐작이 간다. 그러나 박쥐는 생태계에서 여러 중요한 역할을 하고 있다는 것이 밝혀졌다. 박쥐는 곤충 개체 수 증가를 억제하는 생물학적 살충제라 할 수 있다. 그것도 아주 경제적인 살충제. 게다가 여러 과실수를 수분시킴으로써 지구의 먹이 사슬에도 관여한다. 암에 걸리지 않는다고 알려진 박쥐가 암 예방에 도움이 되는 잉여 DNA 복구 유전자를 많이 가지고 있다는 것을 알았을 때[14] 나는 추가 연구가 필요한 중요한 사실이라고 생각했다. 이 유전자가 박쥐를 보호하는데, 활성산소(DNA를 손상할 수 있어 관리가 필요한 불안정하고 치명적인 분자)를 많이 생산하는 에너지 소모적인 비행 능력이 진화하는 과정에서 생겼을 가능성이 있다. 새로운 연구 결과는, 박쥐가 많은 바이러스를 품고 있으면서도 어떻게 끄떡없을 수 있는지에 대한 답이 비행에 적합한 진화적 적응이 면역 체계를 어떻게 변화시켰는지 이해하는 데 있다고 말한다.[15] 동력 비행을 할 수 있도록 적응한 포유류는 박쥐가 유일하다.[16] 간단히 말해서 박쥐의 날개는 기본적으로 얇은 막을 지탱하고 있는 팔이다.[17] 진화를 통해 팔에 이런저런 조정이 일어나면서 아주 인상적인 비행이 가능해졌다.

코끼리는 암에 걸리지 않는다

박쥐는 휴식하는 동안 주변 온도와 비슷하게 체온을 유지한다. 비행할 때는 체온이 화씨 99도(섭씨 37.2도)에서 106도(섭씨 41도)까지 올라갈 수 있다. 다른 포유동물에게 그 정도 체온이면 일반적으로 감염의 증상이지만, 박쥐는 열에 의해서 특정 면역 체계 유전자의 스위치가 켜지므로 비행 중 높은 체온은 면역 체계 조절과 감염 예방을 돕는 중요한 요인일 수 있다는 연구 결과가 있다. 그렇게 해서 다른 생물에게 바이러스를 전파하고 감염시키면서도 본인은 병에 걸리지 않는 것일 수 있다. 박쥐 바이러스는 숙주의 열 반응에 더 잘 견디도록 적응했지만, 그런 적응 때문에 숙주에 대한 치명성은 떨어지게 되었다.[18]

박쥐가 비행하려면 엄청난 양의 에너지가 필요하고, 그 결과 일부 세포가 죽고 DNA 조각이 혈류로 새어 들어갈 수 있다.[19] 그런 일이 벌어지면 DNA가 원래 있어야 할 세포핵 자리에서 벗어나 있으므로 면역반응을 초래할 수 있다. 박쥐와 일부 다른 포유동물들은 혈류에 떠다니는 DNA 조각을 식별하는 동시에 바이러스나 박테리아 같은 외부에서 들어온 이물질로 간주하지 않는 시스템이 발달해 있다.[20] 이를 DNA 감지 시스템이라고 부른다. 이처럼 약화된 면역반응 덕분에 박쥐는 수많은 바이러스를 몸속에 지니고도 살 수 있는 것이다.

인간의 건강을 연구하는 우리 같은 사람들에게 이것은 엄청난 단서다. 암, 퇴행성 질환, 노화 전반, 심지어 감염에 대한 면역 체계의 반응까지 많은 문제의 핵심에 염증이 있다. 감염에 의한 사망은 종종 신체 자체의 염증 반응에 의한 결과이다. 즉, 아군의 포격이 걷잡을 수 없게 된 결과다. 코로나19에 굴복한 많은 사람이 이를 경험했다. 코로나19의 주범 바이러스는 사이토카인 폭풍이라고 불리는 면역 체계의 치명적 과잉 반응을 촉진한다. 5장에서 암 위험과 관련해서 사이토카인을 간략히 언급했다. 사이토카인은 체내 세포에서 분비되는 단백질(메신저 분자)인데, 주요 기능 중 하나가 염증 반응을 제어하는 것이다. 그러나 지나치게 많은 사이토카인이 너무 빨리 분비되면 그 결과, 면역 체계에 몸을 압도하는 폭풍이 일어나 생명을 위협하는 치명적인 손상이 발생할 수 있다. 호주 질병예방센터와 BIG 그룹의 연구원들로 구성된 '박쥐 부대'는 큰 과일박쥐(검은날여우 박쥐)와 곤충을 먹는 아주 작은 박쥐인 다비드윗수염박쥐의 유전자를 조사했다. 2012년 발표한 연구 결과를 보면 두 종 모두 감염에 대한 사이토카인 반응을 유발하는 유전자 구간이 실제로 빠져 있었다.[21]

그렇다면 우리는 염증을 최소화하는 신약으로 체내 시스템을 조작해서 사이토카인 반응을 억제할 수 있을까? 그 약은 전염증성 물질(즉 염증 촉발 물질)의 효과를 차단해서 염증 과정을 진정시키는 항염증제일 수도 있고, 특정 유전자를 표적으로 하는 유전자 치료 형태일 수도 있다. 현재 코로나19를 포함해 치명적인 감염증을 치료하는 방법 하나는 전통적으로 류머티즘 관절염 같은 자가면역질환에 사용되는 약이나 덱사메타손 같은 면역 억제 스테로이드를 사용해 사이토카인 폭풍을 줄이는 것이다. 이것은 코로나19 범유행으로 배운 극적인 교훈 중 하나이지만, 박쥐가 코로나바이러스를 다루는 방식으로부터 이 방법을 진즉에 이해했어야 했다. 항염증제와 면역억제제의 결합은 감염과 싸울 때 날릴 수 있는 원투 펀치다.

박쥐의 약해진 면역반응을 모방한 치료 방법은 암, 퇴행성 질환, 노화 등 염증에 뿌리를 둔 다른 질환을 치료하는 데도 결정적이라는

코끼리는 암에 걸리지 않는다

것이 입증되었다. 당뇨와 비만부터 혈관 질환, 자가면역질환, 치매, 심지어 우울증에 이르기까지 실제로 모든 치명적인 질병의 중심에 염증이 있으므로 앞에서 나는 만성 염증을 '방 안의 코끼리'라고 불렀다. 암이나 우울증이 만성 염증과 어떤 연관성이 있는지 파악하기 어려울 수도 있지만, 공통분모는 염증 작용이 이런 발병을 촉발하는 적대적 환경을 만든다는 것이다. 다시 말하지만, 만성 염증은 DNA를 훼손할 수 있고 그래서 암 발병 위험이 커진다. 게다가 제니퍼 펠거 박사의 2019년 리뷰 논문에 따르면 뇌 화학에도 대대적인 손상을 입혀서 "신경전달물질과 신경회로를 변화시켜 우울증 증상을 일으킬 수 있다."[22] 심장에서는 만성 염증이 위험한 플라크의 성장을 촉진한다. 사이토카인 폭풍이 호르몬 신호에 타격을 줄 때 만성 염증은 상상할 수 있는 모든 대사 문제에 영향을 미친다.

2020년에 코로나19 범유행이 시작되었을 때 우리는 실수를 했다. 상황을 예측하고 방침을 정하기 위해 과학적 모델에 기대를 걸었지만, 곧 대부분 모델이 정확하지 않음을 깨달았다. 우리는 바이러스가 찾는 인간 세포 공급을 억제하기 위해 마스크를 쓰고 사람들과 최소 2미터 거리를 유지하는 전통적 전술에 기대어 버티면서 계속 배워야 했다. 세균의 확산을 더 잘 관리하고 추가적인 범유행 병을 방지하는 법을 배우기 위해 과거에 발생했던 전염병과 컴퓨터 생성 모델, 역사가 알려주는 교훈에만 기댈 필요는 없다. 우리 발 주변을 돌아다니는 6족 곤충에게서 발병 관리의 기본과 우리 종의 미래에 대해 배울 수 있다. 아래를 보아라. 자세히 보아라. 정말 자세히 보아라.

## 개미와 인간

우리는 지구상의 다른 생명체에 비하면 젊은 종이라는 사실을 종종 잊는다. 많은 동물과 식물은 우리가 진화하기 이전부터 지구상에서 생존하려고 애쓰면서 우리보다 더 오래 감염병을 처리해왔다. 박테리아는 지구의 원생액에서 나온 최초의 지구 거구자 중 하나다. 그들은 자신을 지키기 위한 영리한 방법들을 개발했고, 그중에 우리가 배워서 이득을 보고 있는 것도 있다. 예를 들면, 박테리아는 같은 영양분을 두고 경쟁하는 다른 박테리아를 물리치기 위해 항생제를 만들어낸다. 아마 수십억 년 전부터 항생제를 만들어 사용했을 것이다. 하지만 인간이 항생제를 발견하고 그것이 세균 감염증에 마법처럼 통한다는 사실을 알기까지 오랜 시간이 걸렸다. 1950년대 항생제 발견의 황금기에 발견된 항생제 중 70~80퍼센트가 스트렙토미세스streptomyces 속 박테리아에서 파생되었다. 우리 주변의 모든 동물은 감염을 예방하고 치료하는 방법을 가지고 있다. 그중 우리에게 최고의 멘토가 될 수 있는 동물이 아주 가까운 곳에 있다. 그들은 위에서 빵 부스러기가 떨어지기를 바라며 우리 주변을 기어 다니고 있다.

에릭 프랭크는 개미연구가다. 그는 개미를 죽이지 못한다. 어쨌든 "개미들은 당신이 남긴 것을 대부분 청소합니다."라고 농담한다. 순전히 숫자만 놓고 봤을 때 박쥐가 포유류 왕국을 지배한다면 곤충의 세계는 개미가 지배한다고 할 수 있다. 개미는 전체 곤충 생물량의 3분의 2를 차지한다.[23] 말이 나온 김에 데이비드 애튼버러가 그의 대표 저서 『생명의 위대한 역사Life on Earth』에서 강조한 말을 생각해 보자. "지

코끼리는 암에 걸리지 않는다

구에는 사람 한 명 당 대략 10억 마리꼴로 곤충이 있다. 개미들을 모두 합치면 평균 사람 몸무게의 70배나 될 것이다. 남미 지역의 군대개미는 먹이를 찾기 위해 열을 지어 시골을 가로지르며 행진한다. 때때로 한 열을 구성하는 개미가 15만 마리나 된다."[24] 2022년 기준으로 지구상의 개미 개체 수는 2경(2조의 1만 배)으로 인구수의 250만 배다. 달리 말하자면, 지구에 사는 개미의 총 질량은 모든 포유류의 질량을 합친 것보다 크다.

프랭크는 원래 영국 잉글랜드 서남부 엑서터대학교에서 국제관계를 공부했지만 열대 동물 종에 매료된 후에 생물학으로 전공을 바꿨다. 현재 독일 뷔르츠부르크대학교 동물생태열대생물학과 교수로 있으면서 개미들의 독특한 구조 행동을 연구하고 있다. 개미의 사냥 행동에 관한 연구는 이미 많이 이뤄졌지만, 그들의 의료 행동에 관한 연구는 거의 없어서 완전히 새로운 연구 분야였다. 프랭크는 현장 생물학자들이 이용하는 가장 기본적인 작전을 써서 개미를 연구했다. 인내심을 가지고 개미구멍 앞에 앉아서 사냥이 시작되기를 기다리는 것이다. 소년 특유의 생기를 풍기는 프랭크를 보면서 나는 자신의 연구 대상인 작은 개미들 사이에 있는 그의 모습을 상상할 수 있었다. 만 6천 종의 개미 중에서 프랭크가 특히 주목하는 것은 사하라 사막 이남 아프리카에 서식하는 마타벨레 개미다. 이 개미 군단은 전쟁터에서 부상자를 치료할 때 우선순위를 선별하는 데 전문가다. 이들은 먹이를 얻기 위해 흰개미 굴을 기습 공격한 후 구조 모드로 들어가 부상자들을 집으로 옮겨와서 교대로 다친 동료들을 돌본다. 심하게 다친 개미들은 전쟁터에 그냥 죽게 남겨진다. 심한 상처를 입은 개미들은 가만히 죽은 체한다. 그것이 다른 개미들에게 보내는 "계속 가. 난 그냥 죽게 내버려 둬도 돼."라는 신호다. 프랭크는 이 행동을 용병을 다루는 관점으로 설명한다. "심하게 다친 개미들, 즉 다리를 많이 잃어 스스로 일어설 수 없는 개미들은 회생 가능성이 없고 군집에 이롭지 않다." 그는 이 현상을 쓸모없어지거나 비정상적으로 활동하게 되면 세포자멸사 과정을 통해 스스로 자기를 파괴하는 인간의 신체 세포에 비유했다.

프랭크는 2017년에 마타벨레 개미의 구조 행동을 현장에서 관찰한 최초의 과학자다. 2018년, 공식적인 학술 논문을 발표했을 때 그의 논문은 인터넷에서 잠깐 선풍적인 인기를 끌었다.[25] 동물들이 쓰러진 동료를 체계적으로 간호하고 다시 건강해지도록 돌보는 것을 관찰한 과학자는 프랭크가 처음이었다. 처음부터 개미의 의료 행동을 연구하려고 했던 것은 아니었다. 당시 박사 과정 학생이었던 프랭크는 하루에 네 차례나 흰개미 굴을 공격하는 야생 마타벨레 개미를 관찰하기 위해 동료 학생들과 함께 아이보리코스트로 여행을 갔다. 마타벨레 개미들은 열을 지어 행진하는데, 그 길이가 둥지에서부터 최대 50미터나 된다. 자유의 여신상 높이의 거의 절반에 이른다. 흰개미를 공격하는 과정은 일단 병정개미들을 무력화시키는 것부터 시작한다. 그러고 나서 일개미를 공격하고, 굴 내부에서 알 더미를 훔쳐서 식량으로 쓰기 위해 자신의 집으로 옮긴다. 마타벨레 개미와 흰개미는 몸집이 비슷하지만, 마타벨레 개미가 더 빠르고 더 잔인하다. 마타벨레 개미에게 열 번 물리면 사람 팔도 마비될 수 있다. 하지만 그들도 공격할 때 희생을 치른다.

코끼리는 암에 걸리지 않는다

프랭크는 기습 공격 같은 먹이 사냥을 시작한 후에 부상자를 분류해서 치료하는 마타벨레 개미를 우연히 보게 되었다. 랜드크루저를 몰고 가다가 행군하는 개미들을 치게 되었고, 차에서 내려 자책하면서 대량학살 현장을 확인하러 걸어갔다. 그때 아주 놀라운 장면을 목격했다. 건강한 개미들이 다리 여섯 개 중에서 하나나 두 개를 잃은 개미들만 도와주고, 그보다 상태가 안 좋은 개미들은 내버려 두는 것이었다. 프랭크는 그때 개미들의 우선 치료 환자 분류가 의료진이 아니라 환자에 의해 조절된다는 것을 알았다.

마타벨레 개미들은 건강한 동료에게 구조가 필요하다는 것을 알리기 위해 페로몬이라는 화학물질을 분비한다. 하지만 심하게 상처 입은 개미들은 그런 구조요청 신호를 보내지 않는다. 치명상을 입은 개미들은 심지어 동료에게 구조될 기회를 일부러 차단했다. 한 실험에서 프랭크는 개미들에게 페로몬을 발라서 강제로 SOS 신호를 보내게 했다. 그러나 개미 부대가 돕기 위해 도착했을 때 페로몬을 바른 개미들은 도움을 거부했다. 몸을 격렬하게 움직여서 구조대원들이 가까이 접근하지 못하게 했다. 결국, 구조대원들은 엇갈린 신호에 혼란스러워했고 페로몬을 칠한 개미들을 그냥 내버려 두고 떠났다.[26]

구조되어 개미굴로 옮겨진 개미들은 응급실 수준의 놀라운 치료를 받는다. 프랭크는 개미굴 안에 설치된 적외선 카메라로 한 무리의 개미들이 상처 입은 전우를 둘러싸는 것을 봤다. 이 '간호사'들은 번갈아 가면서 환자의 상처 부위를 몇 분씩 핥았다.[27] 그들의 핥기 치료는 효과가 있는 듯했다. 핥기 치료를 받지 않은 개미의 80퍼센트가 죽은 데 반해, 치료를 받은 개미의 사망률은 10퍼센트였다. 많은 개미의 침

다친 동료를 돕기 위해 위생병 역할을 하는 마타벨레 개미

에는 보호 메커니즘으로 항균 및 항진균성 화합물이 들어있다. 그러므로 어쩌면 다음에 나올 인간 항생제 및 항진균제는 그런 개미들을 연구해서 얻은 물질일 것이다.[28]

프랭크는 마타벨레 개미의 의료 체계에 관해 이야기하면서 흥분을 감추지 못했다. 내가 놀라워한다는 것을 알아차렸는지 그는 재빨리 설명을 덧붙였다. 그렇다고 그 개미들이 반드시 똑똑하다는 의미는 아니고, 그저 최상의 기능을 유지하기 위해 군집의 규모를 최적화하는 데 필요한 본능적 행동일 수도 있다고 했다.* 다리를 한두 개 잃은 개미들은 평생 불구로 살아가겠지만, 하루만 지나면 적응해서 남은 다리로 잘 돌아다닌다. 마타벨레 개미들은 한번 사냥에 나설 때마다 대략 3분의 1이 다리를 잃는 것으로 추정되고 있다.

마타벨레 개미들은 다치거나 아픈 동료에게 의료 지원을 제공

코끼리는 암에 걸리지 않는다

할 때 이득을 가장 크게 볼 수 있는 환자를 우선 치료하는 독특한 환자 분류 프로토콜을 사용한다. 우리는 마타벨레 개미의 체계적인 의료 시스템뿐만 아니라 사회적인 교훈도 배울 수 있다. 그들이 동료 개미를 살리기 위한 노력을 전체 공동체를 위한 투쟁이라고 생각한다는 것이다. 이 점을 기억해두자. 11장에 가면 마타벨레 개미의 행동과 비슷하면서도 더 이타적인 행동이 어떻게 고통을 극복하고 관리하게 하는 열쇠가 되는지 다룰 것이다. 우리는 자립할 수 없는 타인을 도왔을 때 어떤 이득이 생기는지 이해할 필요가 있다. 그들은 도와달라고 요청하지 않을 수도 있고, 도움이 필요하다고 생각하지 않을 수도 있으므로 건강한 사람이 먼저 손을 내밀고 도와줄 수 있어야 한다. 심폐소생술과 기본 응급처치를 배우고 응급상황에 대비해 이동식 구급상자를 마련해 두는 것도 필요하다.(인간의 경우 상처를 핥는 것은 효과가 없으므로 국소 항생제와 붕대를 항시 준비해 둬야 한다.) 그러면 누군가 나에게 부목을 대주고 '상처 부위를 핥아주고' 다시 건강할 수 있게 간호하는 날이 올 것이다. *

---

\* 개미는 우리와 똑같은 지능을 가지고 있지 않지만, 그들의 총명함을 과소평가하면 안된다. 다윈도 개미의 총명함을 언급했다. 『종의 기원』에 그는 개미에 대해 이렇게 적고 있다. "확실한 것은 엄청나게 작은 양의 신경 물질로 비범한 정신 활동을 하고 있을지도 모른다는 것이다. 개미의 놀랄 만큼 다각적인 직감력, 정신력, 애정이 유명하지만, 개미의 뇌신경절은 고작해야 작은 옷핀 머리 부분의 4분의 1 크기다. 이런 관점에서 개미의 뇌는 세상에서 가장 경이로운 물질 원자 중 하나이다. 아마 인간의 뇌보다 더 경이로울 것이다."

## 여왕 폐하, 만수무강하소서!

개미들은 인류의 어떤 선진 문명에도 견줄 만한 분업과 용인된 위계질서 시스템을 갖추고 있다. 프랭크는 개미들 사이의 변이에 대해 "개미들은 개성이 있다."라고 표현한다. 어린 개미는 집 청소나 아기 돌보기 같은 힘든 일을 맡아 한다. 나이가 들면 더 위험한 일을 맡고 밖으로 나가 먹이를 구해온다. 정찰병 개미는 정찰팀에서 일하는 불이익을 당한다. 흰개미를 찾아내는 막중한 임무를 맡고 있는데도 고작해야 일주일 정도 산다. 물론 종과 환경에 따라 조금 더 오래 살 수도 있다. 일개미는 모두 암컷인데 생식능력이 없다. 그래서 아이러니하게도 '생산하지 못하는 암컷'이라고 불리고, 3개월에서 6개월 산다. 반면에 일개미와 기본 유전체가 같은데도 여왕개미는* 30년에서 40년까지 80배나 오래 살 수 있다. 어떤 종에서는 여왕개미가 수컷보다 500배 이상 오래 살고, 일개미보다 50배 오래 산다. 그래서 개미가, 사실은 여왕개미가, 세상에서 가장 장수하는 곤충으로 손꼽힌다.(프랭크는 여왕개미가 잘못된 용어라고 말한다. 여왕개미가 다른 개미들을 지배하는 것은 아니기 때문이다. 여왕개미는 단 며칠 사이에 수십만 개의 수정란을 쏟아내는 "알을 낳는 기계에 불과하다.") 여왕개미의 수명은 수십 년 동안 과학자들의 호기심을 자극했다. 같은 유전적 뿌리에서 나온 동료들보다

---

* 연구자들은 개미 군집을 여러 해 동안 연구할 수 있는데, 연구 기간에 개체를 식별할 수 있도록 개미들에게 각기 다른 색을 칠한다. 이런 색깔 시스템을 이용해 개미 개체를 추적할 수 있었기에 이제 다양한 개미들의 수명을 알고 있다.

훨씬 오래 산다는 것에는 무엇인가 특별한 비밀이 있다. 개미들의 극단적인 수명 차이는 노화 과정을 이해하기 위한 많은 연구에 박차를 가했다. 노화 과정에 관해 여왕개미보다 더 많이 배울 수 있는 데가 어디 있겠는가?

개미는 부화한 지 며칠 사이에 내부 프로그램이 바뀔 수 있고, 그것이 사회적 역할과 수행할 다양한 일을 학습하는 능력 그리고 수명에도 영향을 미친다. 내부 프로그램의 변화는 군집의 필요로 일어난다. 성장하는 동안 환경과 공동체의 필요에 맞춰 신체 프로그램이 물리적으로 바뀌고 결국 DNA까지 바뀔 수 있다고 상상해보라. 공상과학이 아니다. 2장에서 나는 MS 워드의 '찾아 바꾸기' 기능처럼 생물 유전자를 찾아 편집하는 크리스퍼CRISPR를 간단히 언급했었다. 잠시 이 유전자 편집 도구를 더 살펴보자.

2015년 12월, 《사이언스》는 CRISPR-Cas9으로도 알려진 CRISPR 기술을 '올해의 혁신'으로 발표했다. CRISPR는 Clustered Regularly Interspaced Short Palindromic Repeats(일정한 간격으로 삽입된 앞뒤 동일한 짧은 반복 서열 군집)을 줄인 두문자어로 일반적으로 원하는 유전체 일부를 정확하게 찾아낼 수 있는 가이드 분자를 말한다. Cas9은 분자 가위처럼 어떤 지점에서든 이중 가닥의 DNA를 자르고 붙여서 매우 정교한 유전자 변형을 만드는 효소이다. 앞에서 설명한 DNA 문자 30억 개 중 하나를 변형하는 것이다. 이 놀라운 효소는 유전자 스위치를 끄는 데 사용될 수도 있고, 기능을 개선하거나 새로운 기능을 얻기 위해 유전자를 추가하거나 변형시키는 데도 사용될 수 있다.

CRISPR를 '올해의 혁신'으로 발표한 《사이언스》 2015년 12월호 표지

우리처럼 의학에 종사하는 사람들은 이 놀라운 신기술을 이미 접해봐서 익숙하다. 1980년대에 시작된 기술이지만 정확히 어떻게 작용하는지 알기까지 수십 년에 걸친 많은 연구 성과가 필요했다. CRISPR는 원래 자연에서 확인되었다. 박테리아 같은 단세포 유기체는 바이러스와 다른 침입 DNA의 해를 막기 위해 해당 DNA를 잘라내버린다. CRISPR로 파생된 RNA와 Cas9 및 다양한 Cas 단백질 같은 이 과정에 들어가는 요소들이 더 복잡한 유기체로 옮겨지면 유전자를 조작하기 위한 편집이 가능해진다. 이 항균 박테리아(구체적으로 말하면, 유산균 제품에서 흔히 발견되는 스트렙토코커스 써모필러스 박테리아)를 처음 발견한 것은 요구르트 회사 다니스코였다. 하지만 실제로 어떤 편

코끼리는 암에 걸리지 않는다

집 과정을 거치는지는 2017년에야 밝혀졌다.

그해, 일본 가나자와대학교의 시바타 미키히로와 도쿄대학교의 니시마스 히로시가 이끄는 연구팀은 《네이처 커뮤니케이션스》에 CRISPR-Cas9 복합체의 역학을 시각화한 논문을 발표했다.[29] 이 논문은 앞서 2012년 박테리아의 CRISPR-Cas9을 간단하고 프로그래밍 가능한 유전체 편집 도구로 변형하는 데 기여한 두 편의 중요한 논문에 이어 나왔다.[30] 이후 제니퍼 다우드나, 에마뉘엘 샤르팡티에, 마틴 지넥은 그들에게 노벨상을 안겨준 논문에서 원하는 아무 유전자 조각을 표적으로 CRISPR와 Cas9 시스템을 사용할 수 있음을 보였다. 과학자들이 꿈꿔왔던 도구를 발견한 것이었다.[31] 얼마 지나지 않아 관련 연구가 그야말로 폭발적으로 증가했고, 제빵효모부터 열대어, 초파리, 선충류, 쥐, 원숭이, 인간 세포에 이르는 다양한 유기체에 사용할 수 있음을 보이는 논문이 수백 편 쏟아졌다.

CRISPR 기술은 놀라운 혁신이다. 다용도로 사용할 수 있는 과학 도구인 데다 비용도 비교적 많이 들지 않는다. CRISPR 기술이 등장하기 이전 유전자 편집은 수년이 걸릴 정도로 진행 속도가 느린 것은 말할 것도 없고 엄두도 못 낼 만큼 엄청난 비용이 들었다. 온라인 매체 복스Vox는 최근 CRISPR 기술로 유전자 하나를 편집하는 데 75달러가 들었고 몇 시간밖에 걸리지 않는다고 보도했다.[32] 이 신기술은 의료 분야뿐만 아니라 다른 여러 산업에 대대적으로 변화의 바람을 일으킬 것이다. 낭포성 섬유증부터 제1형 당뇨병, 겸상 적혈구 빈혈, HIV, 심장병, 청력 손실까지 인간의 질병이나 유전적 결함의 진행을 바꿀 수 있고, 농업과 의약품 개발에도 혁명을 일으킬 게 분명하다. 아주 가까운 미래에 CRISPR 기술을 사용해 박테리아나 바이러스 감염 질병을 치료하는 새로운 방법도 개발되고, 가뭄에 잘 견디는 농작물과 영양분이 풍부한 식물도 생산하게 될 것이다. 이 식품들은 새로운 유전자가 도입되는 게 아니므로 유전자 변형 식품으로 분류되지 않을 것이다. 그뿐 아니라 DNA 오류를 수정해서 유전병을 없애는 데도 도움이 될 것이다. 현재 질병을 일으키는 모기 퇴치법을 개발하고 있다. 하지만 이러한 기술은 아직 발달 단계에 있다. 정확하기는 하지만 완벽하지는 않고, 표적을 벗어날 수도 있다.[33]

모든 것은 연결되어 있으므로 하나의 유전자 암호를 바꿀 때 예상치 않게 다른 것도 바꿔버릴 가능성이 있다. 그래서 끔찍하고 치명적인 일이 벌어질 수도 있다. 이는 아직 배아에 이 기술을 사용해서는 안 되는 이유다. 잘못했다가는 아이가 태어났을 때 평생 부작용에 시달리고 고통을 후세대에 대물림할 수도 있기 때문이다. CRISPR 기술은 DNA 문자 하나를 바꿀 수 있고, 윤리적으로 환자가 지금 혜택을 볼 수 있는 병에 대한 시도로 시작되어야 한다. 이해를 돕기 위해 말하자면, 어린이든 어른이든 사람들에게 CRISPR 기술을 사용할 때 그들의 DNA와 DNA 행동을 바꿀 수 있지만, 그들 자손의 DNA는 바꾸지 못한다. 신생아와 그 후손에게 큰 영향을 미칠 수 있기 때문이다. 논란이 되는 것은 배아일 때 이뤄지는 유전자 편집임을 기억하자.

나는 이 놀라운 기술적 진보와 혼란과 더불어 일종의 견제와 균형을 맡아줄 새로운 규칙이 생겼으면 좋겠다. 과학 기술과 문화는 함께 발전해야 한다. 이제 잠재적으로 진화를 조절할 힘을 가지게 된 만큼 우리가 감당해야 할 책임도 막대하다. CRISPR 시스템을 활용해 단

코끼리는 암에 걸리지 않는다

지 유기체를 바꾸기만 하는 게 아니다. 지금까지 진화를 통해 새로운 종이 탄생했다면 앞으로는 인공적으로 새로운 종을 만들어낼 수도 있다. 그러기를 원하는가? 8장에서 우리는 유전자의 행동을 마음대로 조종하는 또 다른 방법인 후성유전학에 대해 다룰 것이다. 일단 지금은 여왕개미에 관한 이야기로 되돌아가자. 그들에게 배울 게 아직 더 남아있다.

2019년 독일 과학자들이 발표한 연구 논문은 여왕개미가 매우 오래 살고 나이 들어서도 생식능력이 뛰어나다는 역설을 지적했다.[34] 유기체들은 대부분 장수 여부와 생식능력이 반비례한다. 오래 살고 몸에 손상된 분자가 많아질수록 번식에 성공할 가능성은 작다. 그러나 여왕개미는 자기가 돌볼 자손이 아니라 자기를 돌봐줄 자손을 수십만 마리를 낳을 만큼 오래 산다. 바로 거기에 실마리가 있다.

여왕개미는 자녀들로부터 보살핌을 매우 잘 받기 때문에 나이 들면서 생기는 환경적·생리적 스트레스를 이겨내거나 면역력을 유지하는 데 많은 에너지를 투자할 필요가 없다. 그들은 먹이를 찾으러 가거나 전쟁에 나갈 필요가 없고, 심지어 생명의 위협을 느끼는 일개미처럼 집에서 멀리 떨어진 곳에 가서 감염병에 접촉할 일도 없다. 여왕개미는 오직 오래 살고 알을 낳는 일에만 집중할 수 있도록 필요한 모든 것을 지원받는다. 오래 사는 여왕개미들은 DNA를 보존하기 위해 노화를 막는 항산화제를 많이 생산하는 것으로 유명하다. 이는 우리가 주목해야 할 점이다. 우리는 출산 가능한 나이가 지난 후에도 환경적·생리적 스트레스에 대한 저항력과 면역 기능 그리고 DNA도 보호해야 하지 않는가. 앞에서도 언급했듯이 DNA 보존은 장수에 꼭 필요한 요소이다. 돌연변이 오류는 암과 자가면역질환부터 퇴행성 질환까지 많은 병의 문을 열 수 있다. 그렇다고 풍부한 항산화제를 얻기 위해 비타민과 보충제를 이용하는 인공적 지름길을 허용한다는 말이 아니다. 지금까지 진행된 거의 모든 연구가 인공 알약을 복용했을 때 오히려 신체의 항산화제 자가 생산을 방해할 수 있고 암 발병 위험이 커진다는 것을 입증했다. 충분한 양의 항산화제를 확보하는 이상적인 방법은 건강에 좋은 과일과 채소를 먹고 염증을 예방하는 것이다. 실효성이 증명된 이 방법은 DNA 변화에 앞장설 수 있다.

개미는 약리학에서 우리보다 앞서 있다. 그들은 항균제를 자체적으로 생산할 수 있고, 염증을 다스리는 법을 알고 있다. 반면에 우리는 외부에서 항균제를 개발해야 했다. 날씬한 몸을 유지하고 스타틴(콜레스테롤 생산에 핵심적인 간 효소를 억제하는 화합물이다)과 아스피린을 복용하면 확실히 항염증 효과가 나타나며, 이를 뒷받침하는 증거도 많다.*

하지만 여왕개미와 관련해서 정말로 믿을 수 없는 점은 왕관을 물려주지 않는다는 것이다. 실제로 어떤 암컷 개미 애벌레라도 여왕이 될 수 있다. 이것은 DNA가 항상 결과를 주도하는 게 아니라는 말이다. 바꿔 말하면, DNA의 행동을 어느 정도 제어할 수 있다는 의미이므로 우리에게는 좋은 소식이다. 여왕이 된 개미들은 DNA 행동을 제

---

* 스타틴은 식단만으로 최적의 콜레스테롤 수치를 유지하지 못하는 사람들에게 가장 일반적으로 처방되는 약이며 혈중 콜레스테롤을 개선시킨다. 게다가 강력한 소염제이기도 하다. 그래서 심혈관 질환 위험을 낮추는 데 긍정적으로 작용하는 것일 수 있다.

어한다. 어린 암컷이 왕관을 받고 더 많은 알을 낳도록 준비시켜주는 단백질이 풍부한 식단 덕분이다. 그런데 여왕개미의 DNA에는 여왕 역할을 이행하는 데 필요한 식단 종류를 알려주는 스위치가 있을 수 있다. 유전자의 힘이 여전히 작용한다는 말이다. 개미들은 서로 누가 누구인지 알고, 그에 따라 각자 자기 역할을 다하는 것으로 보인다. 이 상한 여왕개미 탄생 과정에 작용하는 환경적 힘과 분자 메커니즘 그리고 개미 종 사이 차이점을 모두 이해하기 위해서는 더 많은 연구가 필요하다. 한 가지 확실한 점은 개미들이 맡은 역할에 따라 노화가 어떻게 일어나는지 알아낼 수 있다면 인간을 포함한 전체 생명체의 노화를 더 잘 이해할 수 있다는 것이다. 여왕개미는 긴 삶을 살면서도 젊음을 유지하지만, 그녀의 자손인 일개미들은 빠른 속도로 늙고 죽는다. 과학자들은 연구를 통해 개미들의 과업을 바꾸거나 짝짓기하게 만들었을 때 노화 속도를 크게 바꿀 수 있었다.[35]

여왕개미가 자신을 대신할 새로운 여왕을 준비해놓지 않고 죽으면 어떻게 될까? 과학자들은 개미를 짝짓기시키거나 그들의 과업을 바꿈으로써 노화를 가속하거나 지연시키거나 심지어 젊어지게도 하는 것 외에 분자 압력을 사용해 다른 결과를 탐색할 수 있다. 2021년, 펜실베이니아대학교 연구진은 특정 단백질을 활성화하는 유전자 발현을 한 번 가볍게 수정하면 일개미가 여왕개미로 바뀔 수 있음을 알아냈다.[36] 결과는 개미 유전체에 여러 가능한 행동이 입력되어 있고, 유전자 조절을 통해 궁극적으로 어떻게 행동할지를 결정할 수 있다는 증거다. 개미의 행동은 고정된 게 아니다. 개미가 운명적인 계급 제도 아래 태어나더라도 그들의 특정한 미래가 영구적인 것은 아니다. 인간도 마찬가지다. 우리는 우리 자신의 행동을 바꿀 힘뿐만 아니라 유전 암호의 활동을 바꿀 힘도 가지고 있다.

여왕개미는 DNA의 특정 구역에서 건강한 노화에 중요한 유전자를 비활성화시키는 '점핑 유전자jumping gene'로부터 DNA를 보호할 수도 있다. 즉, 이 점핑 유전자를 잠재울 수 있다. 과학계에 새롭게 등장한 점핑 유전자에 관한 연구가 더 이루어진다면 인간 유전체 비밀을 파악하고 유전체를 조절해서 수명을 늘리는 법을 알아낼 수 있을 것이다.


## 의사소통이 열쇠다

개미의 페로몬은 전쟁터의 모스 부호 그 이상으로 중요하다. 개미 왕국에서 페로몬을 이용한 화학적 의사소통은 특히 성적 매력을 발산해야 하는 상황에서 광범위하게 일어난다. 인간을 포함해 동물들은 각기 특유의 냄새를 특징처럼 가지고 있다. 인간은 반대 냄새에 매력을 느낀다는 것이 밝혀졌다. 즉, 자신과 다른 유전적 특성을 가진 사람의 체취를 좋아하는 경향이 있다. 진화론적 관점에서 보면 그게 이치에 맞다. 다양한 유전자를 가진 아이가 병에 대한 방어력이 더 크기 때문이다. 지문처럼 우리는 각자 독특한 냄새를 가지고 있는데, 냄새는 조직 적합성 복합체라고 불리는 유전자(면역계 지휘를 돕는 유전자와 동일한 유전자들)에 의해 유전적으로 프로그램되어 있다.

개미가 의사소통에 사용하는 페로몬은 독특한 언어를 만든다. 각각의 페로몬이 '알파벳' 하나가 되고 함께 결합해서 단어나 무언의 문장을 만든다. 개미가 어떻게 줄지어 걷는지 본 적 있다면 다음에는 두 목적지 사이 최단 거리를 찾는 개미들의 독창적인 방식에 주목해보라. 개미들은 길을 안내하는 페로몬 냄새 자국을 남긴다. 시간이 흐르면서 거리가 짧은 길일수록 냄새 자국이 더 강렬하고 강해질 것이다. 기본 연산을 가능하게 하거나 자기가 무엇을 하는지 알게 하는 뇌가 개미에게 없을 수도 있지만, 그들은 페로몬으로 기억한다.

　　개미 군집의 생존을 위협하는 것은 적군의 공격만이 아니다. 개미들은 유해균에 감염될 수 있다. 특히 기생충성 진균에 의한 감염은 빠르게 퍼져 군집 전체를 파괴할 수 있다. 개미는 병에 걸렸을 때 자가격리하는 법을 안다. 감염된 개미는 개미굴을 떠나 혼자 죽으려고 한다. 고치도 감염되면 페로몬을 이용해 신호를 보낸다. 그러면 다른 개미가 나타나 그 고치를 죽인다. 개미들은 개체의 행동이 어떻게 공동체 전체의 감염을 줄일 수 있는지 보여주는 집단 면역의 본보기이자 순교자다. 그들의 행동은 동료 개미를 돌보고 굴의 중심지역 노폐물을 청소하는 일반적인 행동부터 감염된 개미나 죽은 개미를 감지하고 격리하는 조치까지 다양하다.[37] 일개미들은 병가도 받는다. 에릭 프랭크가 스위스 로잔느대학교에 있을 때 같이 연구했던 나탈리 스트로이메이트는 외부 병원체의 위협을 받은 후 개미들의 사회적 상호작용 패턴이 크게 바뀐다고 보고했다.[38] 그녀의 관찰에 따르면 "병균에 노출된 후 감염된 일개미들의 행동만 달라지는 게 아니라 감염된 동료를 대하는 건강한 일개미들의 행동도 바뀌었다. 감염에 노출된 일개미와 노출되지 않은 일개미 모두 개미굴에서 떨어져서 실외에서 시간을 보내는 적극적 격리를 통해 둥지 내부 일개미들과 거리를 유지했다."[39] 코로나19와 격리 조처를 직접 경험했었기에 우리에게는 익숙하게 들릴 것이다.

군집을 이뤄 생활하는 사회적 곤충들은 특정 규칙이 있어야 번성할 수 있다. 개미의 경우, 그런 규칙이 유전체 속에 수백만 년 동안 암호화되어 있는 것이다. 관계와 교류 그리고 개인의 자율성을 갈망하게 만드는 우리의 고차원적 사고와 감성 지능이 내린 저주를 어떻게 극복해야 하는지 우리는 아직도 배우고 있다. 우리는 미래를 예측하는 데 서투르다는 사실도 받아들이려고 애쓰고 있다. 바로 앞에 무엇이 있는지 알아내기 위해 확실성과 예측 가능성을 좋아한다. 하지만 내가 세계경제포럼에서 내로라하는 명석한 사람들에게서 들은 예측은 거의 다 빗나갔다. 터무니없이 빗나간 적도 여러 번이었다. 이것은 시사하는 바가 크다. 하나의 사회로서 우리는 모형과 허구적 예측에 집중하기보다 현실적이고 소박한 준비성에 더 집중해야 한다. 바로 앞에 놓인 문제를 해결하자. 뒤돌아보지 말고 앞으로 한 걸음 한 걸음 나아가자. 개미들이 멋진 디지털 모델을 가지고 있을까? 아니다. 그런데도 개미들은 위기가 닥쳤을 때 우리보다 잘 대응하지 않는가.

코끼리는 암에 걸리지 않는다

## 흰개미에 관한 간단 소개

나무를 무척 좋아하는 흰개미는 집주인들에게는 적이고 개미들에게
는 표적이다. 그러나 그들도 우리에게 도움이 될 노화 방지에 관한 지
혜를 가지고 있다.* 독일 프라이부르크대학교의 진화생물학자이자 생
태학자인 유디트 코프에게 그것이 무엇인지 물어보자. 코프 교수는
사회적 요인과 분자 과정이 노화에 어떤 영향을 미치는지 알아내기
위해 연구 대상으로 개미나 벌보다 흰개미를 더 선호한다. 섬세한 이
목구비와 헝클어진 적갈색 곱슬머리에 안경을 쓴 코프는 흰개미의 지
혜를 알아내기 위해 참호 속에서 힘든 현장 조사를 하며 20년을 보냈
다. 몇 밀리미터 크기의 이 곤충은 일 년 내내 온도가 완벽하게 조절되
는 몇 미터 높이의 복잡한 흙 구조물을 지어 그 속에 산다. 정교한 계
급제를 유지하는 다른 사회적 동물들처럼 '사회적 바퀴벌레'인**40 흰
개미들도 여러 면에서 인간의 논리에 어긋나는 능력을 지니고 있다.
특히 여왕개미와 그녀의 남편 왕개미를 주목할 만하다. 흰개미 군집의
왕족 한 쌍은 이른바 '생식 계급'이다.

　흰개미 군집에서 왕과 여왕은 항상 그들 방에 함께 머무른다. 흥
미로운 사실은 그들은 눈을 가지고 있는데 일꾼 흰개미들은 눈이 없
다는 것이다. 흰개미 왕비와 왕은 '혼인 비행'에서 서로를 보고 '병렬
주행' 즉 짝짓기 비행을 시도한다. 모든 과정은 여왕이 통제한다. 여왕

---

*　세상에 알려진 흰개미 종은 2,600종이 넘는다. 그중 아프리카는 660여 종의 흰개미
들이 서식하고 있어 흰개미 다양성에 관한 한 단연 가장 풍부한 대륙이다.

은 날개 달린 처녀 상태로 군집에서 나와서 페로몬을 방출해 미래의 남편을 유혹하고 짝짓기를 한다. 그러나 처음에는 열심히 회피의 춤을 추면서 몸을 사린다. 반드시 가장 빠르고 가장 적합한 수컷 흰개미를 평생의 동반자로 선택하기 위한 전략이다. 어린 여왕과 미래의 왕이 만나면 곧바로 날개가 부러지고, 새로운 보금자리를 찾아 함께 사라진다. 그리고 새로운 군집을 건설하고 가정을 꾸리게 된다.

마크로테르메스 벨리코수스 같은 일부 흰개미 종의 여왕은 죽는 날까지 건강하고 생식능력이 있다. 여왕은 매일 약 2만 개의 알을 낳으며 수명이 20년에 달한다. 반면에 여왕과 같은 유전체를 가지고 있는데도 일개미들은 생식능력이 없고 고작해야 몇 달을 산다. 우리 인간처럼 점차 노화가 일어나고 노쇠해진다. 반면에 여왕은 죽는 날까지 힘껏 많은 알과 단백질을 생산할 수 있다. 여왕 흰개미의 비결은 무엇일까? 여왕개미처럼 외부의 위협으로부터 잘 보호되고 잘 먹는 등의 기본적인 요구가 충족되는 것 외에 여왕 흰개미는 일꾼 흰개미와 다른 유전적 신호를 보인다. 일꾼 흰개미들은 나이 들면서 점핑 유전자

---

** 흰개미는 최근에 분류학상 바퀴벌레와 같은 과로 묶였다. 《스미스소니언》 기사에 따르면 "1934년으로 거슬러 올라가서 당시 연구자들은 흰개미의 내장에 있는 특별한 미생물이 일부 바퀴벌레의 내장에도 존재한다는 것을 알아냈다." 수십 년이 지나 실시한 DNA 분석 결과는 흰개미가 바퀴벌레과의 한 지류에 속함을 암시한다. 흰개미가 나무에 터널을 뚫는 갑옷바퀴속Cryptocercus에 가까운 바퀴벌레와 함께 묶여야 한다고 주장하는 2007년 논문에서 그것이 사실임이 확인되었다. 2018년에는 흰개미를 '진사회성 바퀴벌레'라고 규정한 다른 논문이 발표되면서 바퀴벌레과임이 공식적으로 인정되었다. 그 논문에서 연구자들은 "대략 1억 5,000만 년 전에 바퀴벌레 종에서 진사회성 흰개미가 진화했으며, 이는 꿀벌과 개미와 같은 진사회성 벌목 곤충이 등장하기 5,000만 년 전이다."라고 말한다. 그런데 흰개미와 달리 바퀴벌레는 군집 생활을 하지 않는다.

가 활성화되기 시작해 결국에는 죽음과 종말을 맞이한다.[41] 하지만 여왕 흰개미는 여왕개미와 마찬가지로 점핑 유전자를 억제할 수 있고, 이 점핑 유전자들이 이동하기 전에 미리 없애는 경로를 활성화할 수 있다. 그래서 젊음을 지키고 장수를 누릴 수 있다. 이것이 전통적인 노화에 대처하는 여왕 흰개미들의 비밀 무기다.

인간도 점핑 유전자를 품고 있다. 트랜스포존transposon이라고도 불리는 이 유전자 대부분은 건강과 장수와 많은 관련이 있다. 인류는 진화가 시작된 이래로 점핑 유전자를 계속 가지고 있었다. 일부는 우리 DNA 속에 삽입된 고대 바이러스와 박테리아에서 유래했다. 점핑 유전자는 대부분 기능 암호 유전자가 아니다. 그래서 수년 동안 '쓰레기 DNA'라고 불리었다. 그러나 이제 새로운 연구를 통해 다른 기능 유전자의 제어를 돕는다는 게 밝혀졌다. 그래서 분명 쓰레기는 아니지만, 건강과 노화 속도, 질병 위험에 영향을 미친다.[42] 점핑 유전자를 더 많이 연구할수록 노화와 조기 쇠퇴를 막을 수 있는 유전자를 더 능숙하게 제어할 수 있을 것이다. 게다가 CRISPR 기술과도 관련 있을 수 있다. 오래 살면서도 고통받지 않고 빨리 죽기를 원한다면 어쩌면 여왕 흰개미가 좋은 모델이 될 수 있을 것이다.

나는 아프리카에서 장수하는 흰개미를 연구하는 코프의 모습을 그려보면 즐겁다. 그녀는 구하기 힘든 여왕 흰개미 커플을 찾아 흰개미의 흙 둔덕을 파낼 때 소름이 돋는다고 말한다. 또한 현장연구를 수행하면서 코끼리나 뱀을 만나는 것은 얼굴을 뒤덮는 꿀벌을 만나는 것에 비하면 아무것도 아니라고 한다. "벌이 옷과 신발 속으로 기어들어 오고, 온몸이 벌에 쏘이게 되지요. 다섯 방 정도 쏘이고 나서 보면

벌들이 정말 공격적으로 변합니다. 짜증 나는 일이지만, 그래도 나는
이 일을 사랑합니다."

# 개미처럼 협력하고 희생하라

코로나바이러스가 우리에게 가르쳐준 게 있다면 그것은 우리 중 어떤 사람들은 병가를 더 많이 받고 행동을 더 조심해야 한다는 사실이다. 분명히 박쥐와 개미, 인간에 이르기까지 사회적 동물들은 공동체에서 엄청난 이득을 얻는다. 모두 팀워크, 노동 분담, 어려운 시기에 도와주기의 가치를 알고 있다. 이들은 개인과 전체의 건강을 지키고, 말 한마디 없이도 효과적으로 소통하는 습관을 만들었다. 그리고 각자 필요할 때면 '팀을 위해 희생하는 법'을 알고 있다.

이 장에서는 앞으로 곧 의학에 혁신을 가져올 유전자 편집 기술을 광범위하게 다뤘다. 하지만 우리는 대부분 지금 당장 유전자를 편집 할 수 있는 것도 아니고, 여왕개미처럼 늙고 싶다고 해서 그들 나름의 복합적인 환경에서 장수할 수 있는 것도 아니다. 이러한 환경은 과학자들이 여전히 밝혀내려 노력 중인 여러 요소들로 이루어져 있기 때문이다. 노력하는 것까지 포함해 이 장에서 배운 가장 큰 교훈은 개미의 예언 능력(즉, 맡은 일)과 관련 있다. 이제 우리는 개미의 임무가 그들의 수명을 결정한다는 것을 알고 있다.

그래서 나는 이렇게 묻고 싶다. 당신은 어디에서 일하고 있는가? 생계를 위해 무슨 일을 하는가? 주변에 무엇이 있고, 어떤 사람이 있는가? 당신의 일이 건강과 건강 수명(즉, 건강하게 사는 기간)에 어떤 영향을 미치고 있는가? 사람들은 대개 우리가 근로자, 부모, 친구로서 하는 일상적인 일이 건강과 수명에 어떤 영향을 미치는지, 근무 환경과 주변 환경이 건강의 범칙에 어떤 식으로 관여하는지에 대해 생각하지 않는다. 그러나 이러한 일은 우리가 잠재적 위험에 직면하고, 자원을 이용하고, 새롭고 이로운 관계를 추구하거나 맺고, 노화 전반에 관여하는 위험 요소가 발생하는 것과 직간접적으로 관련 있다. 간단히 말해서 생계를 위해서 하는 일이 무엇이고, 그 일로 만나는 사람이 누구이고, 어떤 장소에서 일하고, 무엇에 노출되어 있는지의 문제들까지 일과 관련된 모든 것이 중요하다. 예를 들어, 코로나19 대유행 기간에 바이러스와의 전쟁 최전선에서 일하는 정말 중요한 사람들이 많은 위험을 감수했다. 이들과 대조적으로 위험으로부터 그들을 지켜주는 직업을 가진 사람들도 있었다. 수명 불평등의 뿌리에는 틀림없이 건강과 사망률의 사회경제적 격차가 있다. 그러나 그 불평등은 우리가 추구하는 직업과 그 직업에 수반되는 근무지 특성에 따라 정해지기도 한다.

몇 년 전 이 현상을 수치화했을 때 의료 분석학 학자들은 인구 집단 사이 기대 수명의 차이 중 10퍼센트에서 38퍼센트는 다양한 근무 조건과 경험으로 설명될 수 있음을 알아냈다.[43] 직업이 실제로 장수에 영향을 미친다는 의미다. 우리가 이해하거나 상상하는 것 이상으로 직업의 영향력이 크다. 모든 사람이 갑자기 직업을 바꾸거나 학위를 따기 위해 다시 공부를 시작하거나 본질적으로 더 건강하고 나은 삶을 보장하는 직업을 찾을 수 있는 것은 아니다. 그러나 우리가 선택한 직업 안에도 통제할 수 없는 위험을 방지하는 데 도움이 되는 습관을 유지하고, 건강 위험을 줄이기 위해 작은 일들을 할 수 있다.

코끼리는 암에 걸리지 않는다

개미의 운명은 각자 지닌 역할에서 결정된다. 만약 우리의 운명도 그렇다면 우리가 맡은 역할은 우리의 행동과 위험에 어떤 영향을 미치고 있을까? 개선의 여지가 있을까? 위험을 제한하거나 줄이는 습관을 만들 수 있을까? 일상적인 업무 속에서 꾸준히 유지할 수 있는 좋은 습관을 최소 세 가지 생각해보자. 수명의 저울을 유리한 쪽으로 기울어지게 하는 최선의 방법이 될 것이다.

남아프리카공화국 초원의 북흰코뿔소

# 8장

# 코뿔소, 번식, 달리기

### 운명에 큰 변화를 일으킬 수 있는 환경의 작은 힘

> 신은 진정한 예술가다. 그는 기린을 만들었고 코끼리를 만들었고 고양이를 만들었다. 정해진 자기 스타일이 없고, 그냥 계속해서 다른 것을 시도한다.
>
> —파블로 피카소

깜짝 퀴즈, 코뿔소와 말의 공통점은? 정답은 지구 위를 쿵쿵거리며 걸어 다니다가 오래전에 사라진, 우리가 생각하는 가장 큰 육지 동물에서 진화한 종이라는 것이다. 몸길이가 세미트레일러만 한 12미터이고 키가 5미터에 몸무게가 대략 20톤으로 코끼리나 티라노사우루스의 2.5배나 되는 뿔 없는 코뿔소 같은 동물을 상상해보라. 어떤 사람은 이 동물이 털 없는 거대한 낙타를 닮았다고 묘사한다. 모습을 어떻게 상상하든 이 동물이 육지 포유류에서 헤비급 챔피언이라는 데는 모두가 동의할 것이다.

인드리코테리움(각종 문헌에서 인드릭 야수 또는 일각수와 같은 신화적 존재로 표현된다)은 3,400만 년 전에서 2,300만 년 전까지 올리고세

한 미술가가 그린 인드리코테리움 상상도.
크기 비교를 위해 왼편 그림에 인간을 같이 그려놓았다.

후기에 지구에 생존했던 포유류다. 이해를 돕기 위해 덧붙이면 그 시기는 마지막 공룡이 지구상에서 사라지고 수천만 년이 지났을 때다. 올리고세는 공룡과 고대 포유류가 살았던 에오세와 포유류 개체 수가 증가하고 오늘날과 비슷한 생태계를 볼 수 있는 현대까지 이어지는 마이오세의 중간 시기다. 이 시대에 바다에서는 수염고래와 이빨고래의 조상이 등장했다. 수염과 이빨을 모두 갖춘 이 조상 고래는 해수 온도가 떨어지면서 개체 수가 감소했다. 반향정위 기술이 없는 것이 한몫했다. 바닷물이 차가워지고 탁해지면 고래들은 생존 본능에 따라 소리의 반향으로 물체 위치를 파악하는 반향정위 기술에 점점 더 의

코끼리는 암에 걸리지 않는다

존하게 된다. 그런데 조상 고래들은 반향정위가 없어서 먹이를 잘 찾지 못했고 치명적인 충돌을 피하기 힘들었다. 반향정위는 고래들이 음향적으로 '보는' 것을 도와주기 위해 진화한 중요한 생존 도구다.

인드릭 야수는 참 적절한 호칭이다. 인드릭Indric은 외뿔을 의미하는 러시아어 이디나로크edinorog에서 파생된 말이다. 러시아 신화에서 인드릭 야수는 모든 동물의 왕으로서 세상을 지배하고 아무도 침입할 수 없는 신성한 산에 은둔한다. 민담에서는 이 동물이 움직이면 땅이 흔들리는 것으로 묘사된다. 놀랍고도 어마어마한 이 동물은 다리는 사슴과 비슷하고 머리는 말과 비슷하며, 얼굴 앞에 뿔 하나가 있다. 인드리코테리움은 뿔이 없었지만, 이 신화 속 동물은 뿔이 있어서 얼핏 코뿔소와 비슷하다.[1]

우리의 관심을 독차지하는 공룡도 왜소해 보이게 하는 포유동물이 한때 존재했다니 놀랍지 않은가. 이제 과학책에서나 볼 수 있는 이 동물은 어디에서 성장했을까? 우리가 숭배하는 선사시대 동물이 어째서 대부분 화석화된 포유류가 아니라 멸종된 파충류인지에 대해서는 설명이 없다. 아마 이전에 알려지지 않은 새로운 공룡 종이 발견되면 늘 영화나 다큐멘터리, 아동 도서, 박물관 전시회, 헤드라인 뉴스에서 훌륭한 마케팅을 제공한 덕분에 공룡이 인기를 누리는 것일지도 모른다. 게다가 많은 공룡과 다르게 인드리코테리움은 완벽한 형체의 뼈 화석으로 발견된 적이 없다.

인류의 발달사와 생물학은 쥐라기 공룡들보다는 인드리코테리움에게 빚진 게 더 많다. 최대 수명이 80년이고 단독 생활을 하는 이들은 임신 기간이 길고 출산 후 애착 육아를 하면서 우리 인간들처럼 자식에게 투자했다. 확실히 알 수는 없지만, 대형 동물의 임신 기간은 일반적으로 몸집에 비례하므로 인드리코테리움 암컷은 뱃속에 태어나지 않은 새끼를 2년 동안 품고 다녔으리라 추정하고 있다. 출산 후 어미는 갓 태어난 새끼를 데리고 외부 세계와 차단된 생활을 꾀했다. 지금은 멸종된 히에노돈 같은 사나운 포식자로부터 연약한 새끼를 지키기 위해 새끼가 충분히 성장해 안전해질 때까지 3년 더 돌봐야 했을 것이다.

이 코뿔소 조상이 지구를 돌아다니던 시대에 육지는 오늘날과 같은 모습이 아니었다. 건조한 땅에 개활지 곳곳에 관목이 있었다.* 인드리코테리움은 그런 생태계에서 생활하기에 좋은 장점이 있었다. 대부분의 다른 동물들과 달리 키가 컸기 때문에 나무 꼭대기까지 닿을 수 있어서 먹이를 많이 얻었다. 오늘날 코뿔소처럼 물체를 잡을 수 있는 '잡는' 윗입술이 발달해서 높은 나무에서 나뭇잎을 뜯어 먹기가 쉬웠을 것이다.(잡는prehensile이라는 용어는 일반적으로 동물계에서 물체를 잡을 수 있는 손발이나 꼬리를 묘사할 때 사용된다.) 이 동물의 꼬리에 대해서 알려진 게 전혀 없고, 가죽의 질감과 색깔에 대해서도 알려진 게 거의 없다. 고생물학자들이 내놓은 가장 그럴듯한 추측은 오늘날의 코뿔소처럼 가죽이 두껍고 주름지고 회색이고 털이 없다는 것이다.

---

* 인드리코테리움은 발견된 이후로 이름이 파라케라테리움, 인드리코테리움, 발루키테리움 이렇게 세 개 있었다.(지금 사용되는 학명은 파라케라테리움이다.—옮긴이) 에디 반 헤일런은 〈기타 월드〉와의 인터뷰에서 그의 1995년 음반 『Balance』의 10번 트랙 연주곡 「발루키테리움」의 곡명에 관한 이야기를 했다. 당시 그의 아내 밸러리 버티넬리가 그 곡을 처음 들었을 때 "공룡의 노랫소리처럼 들린다."라고 했고, 에디는 선사시대에 살았던 가장 큰 포유동물 이름을 찾기 위해 책을 들여다봤다. 그래서 나온 게 발루키테리움이다.

　　　　　　　　　　　　　　코끼리는 암에 걸리지 않는다

털이 있으면 몸의 열이 발산되지 않으므로 코끼리와 코뿔소를 포함하는 많은 동물은 털이 거의 없거나 아예 없도록 진화했다. 인드리코테리움에게는 현대 코끼리처럼 체온 조절을 도울 수 있는 큰 귀도 있었을 것이다.

인드리코테리움의 큰 몸집을 보면 분명 그들을 위협하는 포식자가 거의 없었을 것이다. 그렇다면 무엇이 이들의 멸종을 초래했을까? 이 거대 포유류는 자신의 아킬레스건 때문에 지구상에 출현한 지 100만 년 만에 사라졌다. 일 년 내내 전적으로 낙엽수에 의존하는 초식동물이기 때문에 올리고세 말기로 접어들며 기후가 냉각되자 맛있는 먹이를 먹지 못한 것이다. 기후 변화의 원인에 대해서는 아직 연구 중이지만, 어쨌든 기후가 변했고 그에 따라서 자연이 변하고 식물상과 동물상도 변했다.

여러 종의 인드리코테리움 화석이 몽골과 카자흐스탄, 파키스탄, 중국에서 발견되었다. 인드리코테리움이 서유럽까지 퍼져나갔으리라 생각하지 않지만, 언젠가 그 반대의 증거가 발견될 여지는 있다. 우리는 전 세계를 누비는 모험가이자 최초로 인드리코테리움 화석을 발견한 로이 챔프먼 앤드류스에게 감사해야 한다. 미국자연사박물관에서 가장 유명한 학예사인 앤드류스는 처음에 박제과에서 잡다한 일을 하는 조교로 근무하기 시작해 열심히 일한 결과 관장이 되었다. 1923년에 세계 최초의 공룡 알 화석을 미국자연사박물관으로 가져왔을 뿐만 아니라 그 전년도에는 북경에서 닷지 자동차 부대를 이끌고 몽골로 가서 인드리코테리움의 두개골과 신체 부위 화석을 발견하기도 했다. 앤드류스를 보고 인디아나 존스를 떠올리는 사람이 한둘이

아닐 것이다. 앤드류스를 모델로 인디아나 존스가 만들어졌다는 소문이 오래전부터 있었다.[2]

앤드류스가 지금까지 살아있다면 나는 그를 또 다른 전설적인 박물학자 바바라 듀란트에게 소개하고 싶다. 샌디에이고 동물원에서 야생동물 연합 생식생리학 책임연구원으로 있는 듀란트의 주된 임무는 흰코뿔소를 멸종에서 구하는 것이다. 세상에서 가장 큰 코뿔소인 현대 흰코뿔소는 앤드류스가 그렇게도 밝히고 싶은 과거도 엿볼 수 있게 할 뿐만 아니라 인간의 불임 문제에 관한 해결책도 알려줄지도 모른다. 코뿔소가 우리에게 출산에 관한 것을 가르쳐줄 수 있다고 말하면 믿기 어려울 수도 있겠지만 듀란트가 뜻밖에 불임의 근원을 발견한 것일 수도 있다.

로이 챔프먼 앤드류스를 모델로 한 《타임》 1923년 10월 표지

코끼리는 암에 걸리지 않는다

## 불임 문제

미국에서 가임기 여성의 약 11퍼센트가 불임 문제를 겪고 있고, 미국과 유럽 남성의 정자 수가 지난 50년 사이에 대략 절반으로 감소한 것으로 보인다.[3] 발기부전이 증가하고 있고(이 문제를 받아들여야 하는 남성의 26퍼센트가 40세 미만이다) 테스토스테론 수치가 매년 1퍼센트씩 감소하고 있다.[4] 건강한 배란과 정자의 질을 방해하는 물리적 환경부터 늦어지는 출산 나이까지 이유는 다양하다. 하지만 불임의 대가는 상상을 초월하고 금전적, 정서적 희생을 포함한다. 코뿔소가 이 복잡한 이야기의 일부라도 우리에게 알려줄 수 있을까?

바바라 듀란트는 1979년에 박사학위를 받은 후로 샌디에이고 동물원에서 일하고 있다. 요즘 그녀는 멸종 위기에 직면한 동물 종의 임신을 촉진하기 위해 인간 생식능력 연구에 사용되는 생식과학과 시험관 수정, 배아 이식을 이용하고 있다. 그녀가 가장 좋아하는 실험동물에 남부 흰코뿔소도 있다. 2019년 7월 28일에 듀란트는 북미지역 최초로 인공 수정으로 태어난 흰코뿔소 에드워드의 자랑스러운 대모가 되었다. 남부 흰코뿔소의 인공 수정은 과정이 굉장히 복잡해서 흔하지 않다. 그런데도 어린 에드워드에 이어 퓨처라는 이름의 암컷 새끼 흰코뿔소도 인공 수정으로 태어났다.

어느 따뜻한 10월 아침, 나는 듀란트의 안내로 니키타칸 코뿔소 구조연구센터를 둘러보는 동안 많은 것을 배울 수 있었다. 그녀의 따뜻한 태도에는 코뿔소에 대한 책임감이 묻어나왔다. 누가 봐도 헌신적이었다. 그때 에드워드의 엄마 빅토리아는 에드워드를 뱃속에 임신한 상태였고 세심한 보살핌을 받고 있었다. 빅토리아는 호르몬 유도 배란과 냉동된 남부 흰코뿔소 정액을 이용한 인공 수정으로 임신했다.[5] 남부 흰코뿔소와 북부 흰코뿔소의 DNA는 '냉동 동물원'이라 불리는 연구소 내부 시설에 보관되어 있다. 그곳은 대략 1만 마리 동물에서 채취한 DNA 샘플을 보관하고 있는 이른바 얼음 위 노아의 방주다. 에드워드가 잉태된 달에 마지막 수컷 북부 흰코뿔소가 죽으면서 지구상에 남은 북부 흰코뿔소는 이제 암컷 2마리뿐이다. 두 암컷을 밀렵꾼으로부터 지키기 위해 케냐 올페제타 보호구역에서 보호하고 있다. 그들은 안타깝게도 이미 생식 가능 연령기가 지났다.

코뿔소의 임신 기간은 16개월에서 18개월이다. 빅토리아는 30분 진통한 후에 67킬로그램 나가는 새끼를 낳았다. 새끼 코뿔소는 태어

퓨처(왼쪽)가 에드워드(오른쪽)를 샌디에이고 동물원 사파리 공원에 있는
그들 집에서 만났을 때, 두 새끼 코뿔소는 곧바로 친구가 되었다.

　　　　　　　　　　　　　　　코끼리는 암에 걸리지 않는다

난 지 25분 만에 혼자 일어섰고 몸무게는 생후 6개월 만에 386킬로그램이 넘었다. 에드워드의 탄생은 샌디에이고 동물원의 경사였고, 동물원의 장기 목표 중 하나인 북부 흰코뿔소 복원의 가능성을 열었다. 북부 흰코뿔소와 남부 흰코뿔소는 크기, 얼굴 특징, 식습관이 다르다. 북부 흰코뿔소가 더 작고, 납작한 두개골과 더 짧은 뿔을 가지고 있다. 남부 흰코뿔소는 몸집이 더 크고 오목한 등과 어깨에 돌출된 혹을 뽐낸다. 듀란트의 계획은 보존된 북부 흰코뿔소 피부 세포를 이용해, 난자와 정자 세포로 발달하도록 프로그래밍할 수 있는 줄기세포를 만드는 것이다. 그야말로 손에 땀을 쥐게 하는 매력적인 기술이다. 피부 세포를 줄기세포로 바꾸는 것은 결코 쉬운 일이 아니다. 마치 세포의 노화를 거꾸로 돌려서 어린 아기 같은 상태로 만드는 것과 비슷한 혁명이다. 게다가 줄기세포는 무엇이 될지 알 수 없다. 피부 세포, 신경세포, 근육 세포, 생식세포 등 어떤 세포라도 될 수 있다. 줄기세포를 난자나 정자 세포가 되도록 재프로그래밍하는 것도 결코 쉬운 일이 아니다.

그러나 노벨상을 받은 일본의 줄기세포 연구자 야마나카 신야 교수 덕분에 이 기적 같은 위업을 달성할 수 있는 유전자에 접근하는 방법이 밝혀졌다. 이제는 '야마나카 인자'라고 불리는 4개의 조절 분자가 세포 복원 과정에 관여한다. 퓨처 같은 남부 흰코뿔소가 대리모 역할을 해서 정자를 자궁에 직접 삽입하는 인공 수정이나 실험실에서 난자와 정자를 결합해 자궁에 삽입하는 체외 수정 또는 수정란을 자궁에 이식하는 배아 이식을 통해 북부 흰코뿔소 배아를 잉태할 것이다. 이런 방법으로 10년이나 20년 이내에 북부 흰코뿔소가 태어날 수 있으리라고 듀란트는 기대하고 있다.

우리가 생각하는 것과 달리 코뿔소는 덩치 큰 애견과 같다. 자기 이름을 알고, 이름을 부르면 다가온다. 동물원 우리 안에서 낮에는 잠을 많이 자지만 늦은 오후가 되면 기운이 넘친다. 육중한 몸집에도 관절에 문제가 없다니 놀라웠다. 코뿔소는 피부가 따뜻하고 질기면서도 동시에 유연한데 만져주면 좋아한다. 야생에서 밀렵꾼에게 희생되고, 코끼리처럼 나이 들어 치아가 나빠지면 잘 먹지 못한다.

야생 코뿔소는 불임 문제가 없는 것으로 알려져 있다. 불임을 겪는 것은 포획 상태 어미에서 태어난 코뿔소들이다. 이는 동물원에 사는 데 따른 문제를 잘 보여준다. 자연에서 멀리 떨어져 '동물원'에서 생활하는 우리 인간이 직면한 문제이기도 하다. 듀란트의 연구를 통해 밝혀진 암컷 코뿔소 불임의 원인이 여러 콩과 식물에 함유된 '피토에스트로젠'이라 불리는 식물성 에스트로젠이라고 해서 나는 깜짝 놀랐다. 코뿔소들은 먹이를 먹으면서 피토에스트로젠을 섭취했던 것이었다. 듀란트의 연구팀이 코뿔소 불임 문제의 원인을 규명하는 데는 8년이 걸렸다. 그러나 이 어려운 딜레마에 쉬운 해결책이 있었다.


## 호르몬의 영향

호르몬은 뇌 기저의 뇌하수체와 시상하부, 신장 위 부신, 여성의 난소와 남성의 고환 등의 분비샘에서 생성되는 신체의 생물학적 전달자다. 분비샘에서 나온 호르몬은 혈액을 통해 신체 다른 부위로 이동해 그곳에서 효과를 발휘한다. 일반적으로 호르몬은 감지하기 어려운 낮은 농도로도 작용하며, 표적 세포나 조직에 메시지를 전달하기 위해 특정 수용체와 결합한다. 수용체의 유무가 세포가 호르몬 신호에 반응하는지 이를 무시하는지를 결정한다. 우리 몸에는 50여 가지의 호르몬이 있고, 이 호르몬들은 관련 분자와 함께 뇌의 사고부터 머리카락 성장까지 신체에서 일어나는 거의 모든 과정을 제어하고 조정한다.

가장 잘 알려진 호르몬으로 우리가 일상적으로 다루는 식욕과 소화를 조절하는 호르몬, 에스트로겐과 프로게스테론, 테스토스테론 같은 성호르몬, 스트레스 반응을 조절하는 코르티솔 같은 당질 코르티코이드, 휴식 중 칼로리 소모를 제어하는 갑상선 호르몬 등이 있다. 인슐린은 혈중 포도당 농도에 대한 정보를 전송하는 호르몬으로, 불충분한 인슐린 분비나 인슐린 저항성은 당뇨와 다른 여러 합병증을 일으킬 수 있다. 멜라토닌은 수면-각성 주기에 필요하며, 뇌에서 분비되는 도파민, 세로토닌, 에피네프린 같은 신경전달물질은 기분과 의사결정에 영향을 미친다. 성장 호르몬은 신체 조직이 손상되지 않도록 보호하고, 필요할 때는 근육량과 골밀도를 높인다.

삶의 활력은 호르몬에 의해 결정된다. 상당수 호르몬이 언제 어떻게 생산될지 결정하는 것은 주로 나이다. 특히 번식에 영향을 미치는 호르몬은 나이에 크게 좌우된다. 여성의 난소는 가임기에 가장 많은 양의 에스트로겐을 생산한다. 대체로 에스트라디올 형태로 분비되는 에스트로겐은 매달 배란기에 배란을 유도한다. 정상적인 28일 생리 주기에서 11일이나 12일에 난자 세포를 감싸고 있는 난포의 에스트라디올 수치가 최고에 달한다. 에스트라디올 수치 변화를 확인한 시상하부가 뇌하수체에 황체형성호르몬과 난포자극호르몬을 방출하라고 신호를 보낸다. 그러면 이 호르몬들이 난자가 배출되도록 촉발해서 배란이 일어나는데 에스트라디올 수치 변화로 자궁 내막층도 두꺼워진다. 임신이 되지 않으면 에스트로겐 수치가 감소하고, 두꺼워진 자궁 내막이 벗겨지면서 월경이 시작된다. 젊은 여성은 난소에서 많은 양의 에스트라디올을 생산하고 젊은 남성은 고환에서 테스토스테론 같은 안드로겐을 많이 생산하는데, 나이가 들수록 두 호르몬 모두 감소한다. 남성과 폐경 후 여성에게서 생산되는 에스트로겐은 대부분 성호르몬 분비샘에서 나오는 게 아니라 지방 세포나 다른 다양한 세포에서 생산되며, 많은 양이 혈액 속으로 분비되지 않고 주로 그 호르몬을 만드는 세포에 영향을 미친다.

노화 과정에 일어나는 자연스러운 성호르몬 변화는 다른 신체 변화와 관련이 있다. 그중 하나가 우리 모두에게 명백히 나타나는 지방 분포 변화이다. 나이가 들면 신진대사율 감소(60세 이후 신진대사율이 매년 약 0.7퍼센트씩 떨어진다), 점차적인 근육 조직 손실, 운동 의욕 상실로 꾸준한 신체 활동 감소 등의 요인에 의해 전반적인 체지방 수치가 높아지는 경향이 있다.[6] 여분의 지방은 아기들처럼 피부 바로 아래 쌓이는 게 아니라 내장 주변에 쌓여 내장 지방이 될 가능성이 더 크다.

호르몬과 그 영향은 맥락과 관련 있다. 즉, 호르몬이 어떤 맥락에서 혈류로 들어왔는지에 따라 개체에 어떤 영향을 미치는지가 결정된다. 맥락은 식이 요인과 화학물질 노출이 죽을 때까지 다양한 영향을 미치는 방식과 직접적 관련이 있으므로 이를 이해하는 게 중요하다.

에스트라디올 구조(천연 에스트로겐)와 에쿠올 구조(이소플라본 대사 산물) 비교.
두 분자의 공간 배열이 비슷하다는 게 뚜렷하다.

어떤 호르몬들도 평생 미묘하게 영향을 미칠 수 있다. 예를 들어, 에스트로겐과 같은 강력한 호르몬은 사춘기 이전 소녀에게 성인 여성과 다른 영향을 미칠 것이다. 남자아이 태아를 비정상적으로 높은 수치의 에스트로겐에 노출시키는 것은 성인이 되었을 때 생식능력에 장기적 영향을 미칠 수 있다.

요즘 과학계에서 내분비 교란 물질이 신체의 자연적 호르몬 신호 패턴을 어떻게 변화시키는지를 두고 많은 논의가 이뤄지고 있다. 가장 광범위하게 연구되는 내분비 교란 물질은 야생동물의 성호르몬 균형을 바꾸고 수생 동물의 성전환이나 불임 같은 부정적 생식 결과를 일으키는 화학물질이다. 내분비 교란 물질은 주로 체내에서 자연적으로 생성되는 호르몬을 모방해 교란을 일으킨다.

천연 에스트로겐(에스트라디올)과 대두 이소플라본에서 생성된 에스트로젠 유사 화합물(에쿠올)은 구조적으로 거의 비슷해 보인다. 그래서 호르몬 수용체를 혼동시키거나 방해해서 천연 호르몬이 작용하지 않도록 만들 수 있다. 심지어 호르몬을 생성하는 조직을 혼란스럽게 해서 특정 호르몬을 더 많이 생산하거나 더 적게 생산하게 할 수도 있다. 20세기 중반에 악명을 떨쳤던 가장 잘 알려진 내분비 교란 물질은 DDT로, 이 살충제는 말라리아와 티푸스 같은 병을 옮기는 모기를 퇴치하기 위해 널리 사용되었다. 레이철 카슨의 『침묵의 봄』이 만연한 살충제 사용의 위험을 세상에 경고한 지 10년이 지난 1972년 무렵 강력한 합성 화학물질인 DDT는 미국 내에서 사용이 금지되었다. 야생 조류에게 영향을 미친다는 것이 밝혀졌고 인간에게도 해를 끼칠 가능성이 있었기 때문이었다. DDT는 1950년대와 1960년대에 미국의 마스코트 대머리독수리 개체 수가 감소한 이유 중 하나이다. 이 웅장한 새는 DDT에 노출된 후로 껍데기가 쉽게 깨지는 알을 낳게 되었다.

산업용 윤활제와 가소제는 인간의 생식 건강 저하와 체질량지수 증가를 초래한 화학물질이다. 어떤 물질은 인슐린 저항성을 일으키는 원인이 될 수도 있다.[7] 내분비 교란 물질들이 작용하는 생물학적 메커니즘은 복잡하지만, 정상적인 신진대사와 호르몬계를 방해하는 힘을 가지고 있음은 분명하다. 내분비 교란 물질은 대부분이 제조된 합성물질로 유연성과 투명성, 내구성, 수명을 늘리기 위해 다양한 플라스틱 제품에 첨가된다. 젖병과 식품 저장 용기 같은 폴리염화비닐(PVC) 제품, 페인트, 장난감, 방향제, 미용 제품 등등 다양한 제품에서 발견할 수 있다. 한때 전기 절연체와 난연제로 사용되었던 합성물질의 한 범주인 폴리염화바이페닐(PCB)은 수십 년 전부터 사용이 금지되었지만, 환경 속에서 쉽게 분해되지 않아 공기와 물, 토양에서 순환되고 있고, 주로 오염된 생선과 고기와 유제품을 통해 우리에게 도달하고 있다.

최근에는 불소계면활성제(PFAS, '피패스'로 발음한다)에 장기간 노출되는 것도 잠재적으로 문제가 될 수 있음이 밝혀졌다. 피패스는 1940년대부터 대체로 다양한 물질의 표면을 보호하기 위해 표면 도포에 사용되었고 PCB처럼 영구적인 화학물질에 속한다. 일부 암의 발병 위험 증가, 백신 반응성 감소를 수반하는 면역계 억제, 갑상선 기능 장애, 간 손상, 태아 발달 장애, 출생 시 저체중 등과 관련 있다. 사실상 분해되지 않는 이 화합물은 오염된 식수부터 전자제품, 가구, 눌어붙지 않는 프라이팬, 방수복, 피자 박스, 패스트푸드 포장 용기, 전자레인지 팝콘 봉지 따위의 식품 포장재, 카펫, 직물, 심지어 화장품과 치실, 요가 바지 같은 운동복에 이르기까지 어디에서나 발견된다.

2022년 미국 환경보호청은 영구 분해되지 않는 화학물질이 이전에 생각했던 것보다 더 심각하게 인류의 건강을 위협하고 있다고 경고했고, 오염 위기를 원활히 통제하기 위해 공격적인 조치를 시행하기 시작했다.[8] 2022년 6월 환경보호청은 안전한 피패스 기준치를 이전보다 대폭 낮췄다. 그러면서도 상수도에 관한 한 안전한 수준이라는 것은 없으며, 상수도를 통해 대다수 사람이 자신도 모르게 이미 피패스에 노출되어 있다는 사실을 인정했다. 환경보호청의 목표는 무관용 정책을 펼치는 것이다.

일상 속에 계속 남아있는 이 화학물질에 전혀 노출되지 않는 것은 불가능하다. 그러므로 우리는 이런 화학물질이 인생에서 특별한 시기에, 예를 들어 샌디에이고 동물원의 코뿔소처럼 잉태하고, 건강하게 임신을 유지하고, 아이들을 돌보고 양육하는 데 노력을 쏟는 시기에 건강 문제, 그것도 예방할 수도 있는 문제를 어떻게 일으킬 수 있는지 고찰할 필요가 있다.

## 병의 발생 기원

출생과 사망 기록을 깊이 들여다보고 비판적으로 접근하면 그 안에서 많은 정보를 얻을 수 있다. 사우샘프턴대학교 의과대학 임상역학과 데이비드 바커 교수는 영국인의 출생 및 사망 기록을 조사한 결과, 출생 시 저체중과 어른이 되었을 때 관상동맥 심장병으로 사망할 위험 사이 뚜렷한 관계가 있음을 알아차렸다. 그 관계가 궁금하던 바커는 가설을 세웠다. 임신한 기간에 산모의 영양이 부족하면 태아는 영양학적으로 열악한 환경에 적응해야 하므로 나중에 태어나서 어른이 되면 당뇨, 고혈압, 심장병, 비만 같은 만성질환에 취약해진다는 것이다. 그의 통찰은 1989년 《란셋》에 발표한 논문에서 절정에 이르렀다. 논문에서 그의 연구진은 잉글랜드 남부 하트퍼트셔 출신 남성 5,654명 중에서 출생 시 체중과 생후 12개월 시 체중이 가장 낮은 사람들이 심혈관 질환에 의한 사망률이 가장 높았다고 보고했다.[9]

생애 초기의 환경과 생애 후기 질병 사이 관계를 처음 기록한 학자는 바커 교수가 아니다. 노르웨이 가정의학과 의사이자 연구자인 안데르스 포스달이 1977년에 이 가설을 처음 제기했다. 당시 그는 태아기부터 청소년기까지 생활 환경이 나중에 성인이 되었을 때 특히 40세 이후 심혈관계 질환을 포함하는 만성질환 위험에 중대한 영향을 미친다고 주장했다.[10] 관찰에 기반한 포스달의 의견은 취약한 발달 시기의 신체 프로그래밍이 궁극적으로 건강에 어떤 영향을 미칠 수 있는지 암시했다.

여기에서 우리는 생애 초기 환경과 생애 후기 질병 사이 관계가 단지 연관 관계라는 점에 주목해야 한다. 반드시 직접적인 인과관계를 나타내는 게 아니라는 말이다. 생애 초기의 노출이 나중에 특정 질환에 걸릴 위험을 높일 수 있지만, 반드시 그런 것은 아니다. 그러나 그런 연관 관계가 생애 초기에 노출을 줄이면 나중에 병에 걸릴 위험을 줄일 수 있다는 희망으로 이어진다. 어느 지난 강연에서 바커 교수는 이렇게 말했다. "다음 세대는 심장병이나 골다공증을 겪지 않아도 될 겁니다. 이 병들은 인간 유전체의 지시를 받지 않습니다. 100년 전에는 존재하지도 않았던 불필요한 병이지요. 우리에게 의지만 있다면 충분히 예방할 수 있습니다."[11]

발달이 이뤄지는 태아기와 아동 청소년기의 영향으로 발병할 수 있는 질병은 무엇일까? 우리가 겪는 만성질환은 대부분 심혈관 및 폐 질환, 신경 질환, 면역 관련 질환, 난임 및 불임, 비만과 당뇨를 포함하는 대사 이상 등이다. 이 분야를 연구하는 과학자들은 하나같이 다음과 비슷한 말을 한다. "55세 남성이 파킨슨병 진단을 받고, 35세 여성이 유방암에 걸렸고, 25세 남성이 불임이고, 10대 청소년이 비만에다 대사증후군과 제1형 당뇨가 있고, 9세 소녀가 천식과 음식 알레르기가 있고, 6세 소년이 학습 장애가 있을 때 순전히 유전자에서만 그 원인을 찾지 못할 것이다."[12]

이 질환들에 유전적 요인이 있기는 하지만, 유전자 염기 서열의 차이는 일부 질환의 위험만 설명할 수 있고, 그마저도 일정하지 않다. 오히려 여기 언급된 비전염성 질환들의 공통점은 영양 변화, 스트레스, 약물, 감염 또는 위험한 화학물질에 노출 같은 성장기 초기 환경이 영향을 미쳤고, 그것이 평생 가는 후성유전적 변화를 일으켰다는 것이다. 가공되거나 정제된 밀가루와 설탕, 나쁜 지방이 많이 들어간 전형적인 서양 식단이 건강 상태에 영향을 미치고 심지어 여드름의 원인이 되는데, 그 메커니즘 하나가 후성유전적 신호를 통하는 것이다.[13]

후성유전은 말 그대로 '유전 외'라는 의미이고, 행동과 환경이 DNA의 분자를 변형시켜 유전자 발현에 영향을 미치는 과정을 가리킨다. 분명히 DNA 서열이 바뀌는 것은 아니지만, 후성유전적 변화는 몸이 DNA 서열을 읽는 방식에 영향을 미쳐서 생산되는 단백질을 바꿔놓는다. 방식은 다양하다.* 기억해야 할 중요한 점은 이러한 변화가 어느 유전자의 스위치가 켜지고 꺼지는지에 영향을 미쳐 결과적으로 신체 기능에 영향을 미친다는 것이다. 후성유전적 변화는 생활습관과 유전자를 연결하는 고리다.

살아있는 유기체는 일이 잘못되는 경우가 많은 복잡한 존재인데

---

* 후성유전적 변화로 유전자 발현을 조절하는 방식으로 DNA 메틸화, 히스톤 변형, 또는 비암호화 RNA를 이용하는 것이 있다. DNA 메틸화는 체내 단백질이 DNA를 '읽는 것'을 못하게 막을 수 있는 화학물질을 DNA에 추가하는 방법이다. 히스톤 변형은 히스톤 단백질을 DNA에 단단히 결합해 그 부분에 의해 암호화되는 유전자가 발현되지 않게 하는 것이다. 비암호화 RNA에 의한 조절은 RNA를 조절하고 단백질 생성을 거부하는 것이다.

　코끼리는 암에 걸리지 않는다

도 잠재적 오류에 대비한 여분의 요소와 백업 계획이 내장되어 있어서 발달이 대체로 잘 진행된다. 그런 대비가 없다면 심각한 기형이나 결함 또는 문제로 이어질 수 있다. 세포는 너무 많은 돌연변이가 감지되면 일정한 규칙에 따라 자멸하는 메커니즘만 있는 게 아니라 DNA를 수리하는 정교한 메커니즘도 가지고 있다. 작은 변화가 중대한 결과를 가져올 수 있는 특정 발달 단계 동안에는 발달도 최고의 민감성을 보인다. 그때를 민감성의 '결정적 시기'라고 한다.

달걀 실험보다 후성유전의 개념을 더 잘 설명하는 방법은 없을 것이다.(내가 존스홉킨스 대학병원에서 일할 때 처음 내 멘토였고 역사상 가장 훌륭한 암 연구자인 단 코페이 교수가 이 실험을 설명해줬다.) 유정란을 꺼내 몇 주 동안 실온에 그냥 두면 달걀은 썩고 만다. 그러나 같은 달걀을 3주 동안 싱크대 위에 그냥 상하게 두는 게 아니라 섭씨 37.5도의 아늑한 온도에 맞춰놓고 하루에 세 번 회전시킨다면(달걀이 연속 이틀 동안 같은 위치에 있지 않도록 하려면 회전 횟수가 홀수여야 한다) 결과는 완전히 달라질 것이다. 다름 아닌 삐악거리는 병아리가 껍데기를 깨고 나올 것이다. 또 다른 재미있는 실험은 개구리 발생학 실험이다. 개구리 수정란이 두 개 세포로 나뉘기 바로 전 결정적 순간에 배아 세포를 한쪽으로 기울어지게 하면 완벽하게 머리 두 개의 배아가 된다. 하지만 똑같은 일을 30분 후에 하면 배아는 완전한 정상이 된다. 이 간단한 실험은 중력이나 온도가 혼돈을 질서로 바꿀 때, 미세한 환경 차이가 미치는 심오한 영향을 보여주고 있다.

임신 중 결정적 시기에 일어나는 섭동은 심각한 선천적 기형이나 유산을 일으킬 수 있다.[14] 태아 상태일 때 호르몬 변화가 미치는 영향은 정량화하기 어렵고, 태어날 때 분명히 나타나지 않을 수도 있지만, 수년 후에는 그 영향이 임상적으로 나타날 수 있다. 이 같은 사실은 1938년부터 1971년까지 천만 명 이상의 여성에게 합성 에스트로젠인 디에틸스틸베스트롤(DES)를 투여하는 실험을 통해 어렵게 밝혀졌다. DES가 임신 초기에 유산 위험을 줄인다고 여겨져서(그런 효과는 없는 것으로 판명 났다) 임신한 많은 여성에게 매일 먹는 예방약으로 권장되기도 했다.[15] 그래서 유산한 적 없는 임신한 여성에게도 DES가 처방되었다. 이 화학물질은 로션과 샴푸부터 닭과 소의 성장 촉진제까지 많은 제품에 들어갔다. 그로부터 수년 후 DES를 복용한 어머니에게 태어난 아이들에게 나중에 생식 문제나 어떤 특정 암이 생길 수 있음이 밝혀졌다. DES 사용이 일반화되고 나서 수십 년 후인 1971년에 이 합성 에스트로젠의 부작용이 처음 발견되었다. 자궁경부 및 질에 발생하는 투명세포암이라 불리기도 하는 이 암은 DES를 처방받은 어머니에게는 발병하지 않고 그 어머니에게 태어난 딸에게서 발견되었다.[16]

민감성의 결정적 시기를 보여주는 마지막 예는, 아마 많은 여성이 기억하고 있을 텐데, 입덧으로 생기는 메스꺼움을 억제하기 위해 수십 년 전에 임산부에게 처방되던 탈리도마이드이다. 수정이 일어나고 20일에서 36일 후, 즉 임신 첫 달이 지난 후 이 약을 먹은 산모에서 태어난 아기 중 80퍼센트가 심한 사지 기형이었다. 하지만 이 결정적 시기를 벗어나서 탈리도마이드를 복용한 산모의 아기에게는 그런 결함이 없었다. 오늘날 탈리도마이드는 희귀 혈액암인 다발성 골수종과 피부 질환을 치료하는 데 사용되며, 다양한 질환의 잠재적 치료법으로도 연구되고 있다. 약이 어떻게 사용되는지, 즉 어떤 상황에서 언제 얼

코끼리는 암에 걸리지 않는다

마만큼 사용되는지가 매우 중요하다는 사실을 다시 한번 보여주고 있다. 탈리도마이드가 어린아이에게 기형을 유발하는 정확한 메커니즘은 아직 밝혀지지 않았다.

발달 장애는 건강에 부정적인 결과를 가져오는 것은 물론 여러 해가 지나서야 발병 위험을 증가시키는 더 많은 미묘한 변화로 이어질 수도 있다. 자궁 내 니코틴 노출의 결과로 종종 발생하는 태아의 성장 지연은 나이 들어 발병하는 심장병, 당뇨, 비만 같은 만성질환 위험과 밀접한 관련이 있다. 의사들은 여러 가지 합당한 이유에서 임산부에게 X등급 약물 금지*, 아기 뇌와 척추의 선천적 기형 예방에 좋은 엽산 영양제 복용, 금연 및 금주, 유해 화학물질 및 감염원 노출 피하기 등의 행동 지침을 권하고 있다. 태아에게 가해진 손상은 끔찍하고 영구적인 결과로 이어질 수 있다.

태아기 경험이 성인이 되었을 때 나타나는 결과와 어떤 인과관계가 있는지 확실한 단서를 제공한 최초의 연구 중 하나가 네덜란드 대기근 출생 코호트 연구다.[17] 네덜란드의 '굶주린 겨울'이라고 알려진 네덜란드 대기근은 1944년 겨울부터 1945년 봄까지 제2차 세계대전이 거의 끝나갈 무렵 나치 점령 지역에서 일어났는데, 암스테르담과 인구 밀도가 높은 서부 지방에서 특히 심했다. 나치의 봉쇄로 농촌 지역에서 올라오는 식량과 연료 수송이 차단되어 수백만 명이 굶주리는 사태가 벌어졌다. 식량 배급량은 성인이 하루에 섭취해야 하는 열

---

* 미국 FDA는 임신 중 약물 사용과 관련해 약물을 가장 안전한 A등급부터 기형 발생 가능성 있는 X등급까지 구분해놓았다.

량의 4분의 1에도 못 미치는 400칼로리에서 800칼로리 밖에 되지 않았다. 2만 명 이상이 기아로 사망했다. 대략 450만 명의 생존자들은 1945년 5월에 연합군이 도착할 때까지 무료급식소에 의존해야 했다. 해방으로 기근은 비로소 완화되었다. 《뉴욕타임스》의 칼럼니스트 칼 지머가 설명한 바에 따르면 "굶주린 겨울은 너무 갑작스럽게 시작되었다가 또 갑자기 끝났기 때문에 예기치 않게 인간 건강에 관한 실험이 되었다."

임신한 여성들은 유례없이 취약했고, 그들이 낳은 아이들은 평생토록 대기근의 영향을 받은 것으로 드러났다. 그 아이들은 성인이 되었을 때 몸무게가 평균보다 많이 나갔고, 중년에 들어서서는 중성지방과 LDL 콜레스테롤 수치가 높았다. 게다가 비만, 당뇨, 조현병 같은 병에 걸리는 비율이 더 높았다."[18] 데이비드 바커가 참여한 네덜란드 대기근 출생 코호트 연구는 어머니가 경험한 기근이 자녀에게 나중에 질병 소인으로 나타나는 후성유전적 변화를 일으키고, 일부 효과는 다음 세대까지 전해진다는 것을 보여줬다.[19] 다음 세대가 낳은 자녀들도 나중에 어른이 되었을 때 평균보다 키가 작고 뚱뚱하고 건강 상태가 좋지 않았다. 바커의 연구는 여러 세대에 걸쳐 전해질 수 있는 후성유전학적 변화의 힘을 처음으로 보여준 예였다.

과학자들은 이것이 어떻게 분자 차원에서 일어나는지 알아내기 위해 아직도 연구하고 있다. "우리 몸은 도대체 어떻게 자궁에 있을 때 노출되었던 환경을 수십 년 후에도 기억할 수 있을까요?"[20] 네덜란드 라이덴대학교 의료센터의 유전학자 바스 헤이만스가 《뉴욕타임스》 기사에서 묻는다. 헤이만스와 그의 콜럼비아대학교 동료 연구자들은 이에 대한 잠재적 답을 발표했다. 칼로리 부족으로, 즉 DNA 서열 변화가 아닌 후성유전자의 변화로 인해서 특정 유전자의 스위치가 꺼졌고, 아이가 자라면서 유전자 발현이 계속 영향을 받았다는 것이다.[21] 후성유전적 변화가 정확히 어떻게 뿌리내렸는지에 관한 여러 이론이 제기되었지만, 많은 수수께끼가 여전히 풀리지 않아서 이론에 대한 검토가 계속되고 있다. 그러나 종합적으로 임신 기간 영양분의 종류와 섭취 가능성이 개인의 삶에 깊은 영향을 미칠 수도 있다는 주장이 지배적이다. 게다가 아기가 태어나면 발달 프로그래밍이 멈추는 게 아니라 최소한 청소년기까지 지속한다는 것도 밝혀졌다.

## 번식력을 회복한 코뿔소

샌디에이고 동물원의 코뿔소들은 기아를 겪은 게 아니었다. 오히려 최적화된 환경에서 생활하고 있는 것처럼 보이므로 매우 당혹스러웠다. 그렇다면 무엇이 문제였을까? 파악하는 데 8년이나 걸린 그 문제는 무엇일까?(답에 대한 힌트를 이미 줬다.)

　야생동물과 동물원에 갇혀 사는 동물들의 생활에서 가장 두드러진 차이점은 주로 식단이다. 포획 상태의 동물들을 돌보는 과학자와 사육사들은 동물의 자연 식단을 대표하는 영양가 있는 음식을 제공하기 위해 최선을 다하지만 의도치 않게 실수할 수 있다. 바바라 듀란트와 그녀의 연구팀은 남부 흰코뿔소의 불임 문제를 마주하게 되었을 때, 피토에스트로젠이 어떤 역할을 하는지 조사해야 한다는 것을 깨달았다.

야생에서 돌아다니는 동안 흰코뿔소들은 풀이나 땅 위의 먹을 것들을 뜯어 먹는다.[22] 그들은 우리가 잔디를 깎는 속도보다 더 빠르게 짧은 풀을 먹어치울 수 있다. 코뿔소의 신진대사 요구를 채우려면 하루에 대략 55킬로그램의 풀이 필요하다. 한편 갇혀 사는 코뿔소들은 종일 풀을 뜯는 게 아니라 주로 말린 콩과 알팔파(콩과 목초)로 만든 가게에서 파는 사료를 먹는다. 사료는 값싸고 쉽게 구할 수 있는 천연 단백질 공급원이지만, 다른 종의 불임 문제와 관련 있는 식물성 에스트로젠도 자연히 많이 함유하고 있다.

피토에스트로젠은 식물에서 발견되는 유사 에스트로젠 화합물로, 동물과 인간의 식단에서 아주 흔히 볼 수 있다. 이 식물성 에스트로젠은 성호르몬의 일종인 에스트라디올만큼 많은 에스트로젠 활성을 갖지 않지만, 여전히 에스트로젠 수용체에 결합하여 에스트로젠처럼 세포에 신호를 보낸다. 샌디에이고 동물원의 크리스토퍼 터브스 박사가 진행한 연구에서 "식단으로 섭취되어 혈액 속으로 흡수된 피토에스트로젠이 에스트로젠 수용체와 상호작용할 수 있고, 그로 말미암아 에스트로젠이 조절하는 발달 및 생식 과정을 방해할 가능성이 있다"는 것이 밝혀졌다.[23]

인간에게 가장 흔한 피토에스트로젠 공급원은 콩 식품이다. 하지만 풋콩이나 된장, 두부, 템페(인도네시아 전통 콩 발효 식품) 같은 누가 봐도 명백한 콩 식품을 말하는 게 아니다. 콩을 원료로 만든 식품은 의도적이든 아니든 간에 서서히 우리 식단에 포함되고 있다. 그 방식도 콩 치즈와 두유, 콩고기 버거, 두유 아이스크림, 콩 베이컨, 심지어

코끼리는 암에 걸리지 않는다

이유식 같은 콩 기반 식품부터 콩가루와 분리대두단백질이 사용된 어지러울 정도로 많은 가공식품과 포장 식품까지 다양하다. 심지어 스포츠음료부터 그래놀라 바와 도넛까지 모든 가공식품의 60퍼센트 이상에서 콩이 발견된다.[24] 직접 확인하고 싶다면 식품 성분 표시 라벨에서 '콩고기 또는 콩단백질' 변형 성분을 찾아보라. 콩은 값이 저렴하고 콜레스테롤과 유당이 없어서 인기 있는 식품이자 첨가물이다. 게다가 다른 재료들을 엉기게 하고 음식의 물기를 알맞게 유지하는 데도 유용하다.

우리는 종종 콩에 함유된 피토에스트로젠이 건강에 미치는 좋은 효과에 관해 듣는다. 폐경기 여성들은 콩의 피토에스트로젠이 진짜 에스트로젠처럼 작용하기 때문에 갑작스러운 열감과 야간 발한과 같은 폐경기 증상을 견디는 데 도움이 된다고 말한다. 또 콩이 폐경기 이후 여성들의 골 손실과 골다공증을 예방할 수 있다는 이야기도 있다. 콩은 아시아 전통 음식의 주요 재료인 데다가 아시아인들은 역사적으로 서양인들보다 심혈관 질환, 폐경기 증상, 유방암과 전립선암, 당뇨, 비만 발병률이 낮았다. 따라서 콩 제품을 많이 먹으면 이런 질병의 발병 위험이 감소할지도 모른다는 믿음이 생겼다.[25]

식품의 건강 효능을 주장하려면 미국 식품의약품청 FDA의 승인을 받아야 하는데, 1999년 FDA는 콩을 매일 섭취하는 것이 심장질환 위험을 줄인다는 주장을 인정했다. 그 후로 콩이 재료로 들어간 식품 수가 눈에 띄게 증가했다.[26] 그러나 어떤 주장도 체계적인 연구를 통해 확실하게 입증되지 않았다. 피토에스트로젠이 유방암 발병 위험을 높이는지 낮추는지 알아내는 일은 인간 건강에 미치는 영향과 관련된 가장 다루기 어려운 과제 중 하나다. 에스트로겐이 유방 종양 발생을 촉진한다는 것과 빠른 초경과 단기간 모유 수유, 낮은 출산 횟수 등 에스트로겐 노출을 높이는 매개변수들이 높은 유방암 발병 위험과 관련 있다는 것은 확립된 사실이지만, 피토에스트로겐이 유방암 위험에 미치는 효과에 대해서는 아직 확실하게 밝혀진 게 없다. 환자의 나이와 인종, 피토에스트로겐 섭취량과 섭취 환경(무엇과 함께 섭취하는가), 노출 기간뿐만 아니라 다른 호르몬 등 고려해야 할 변수가 많으므로 전망이 밝은 연구를 수행하는 게 상당히 어려울 것이다.[27]

식이성 피토에스트로겐이 우리의 체내 시스템과 생식계에 해로울까? 좋은 것은 많이 섭취할수록 좋은 게 아닌가? 지난 수십 년 동안 관찰 기반 연구들이 피토에스트로겐에 관한 우려를 제기해왔다. 1946년에 발표된 한 관찰 연구가 그 시작이었다. 당시 피토에스트로겐 함량이 높은 붉은 클로버를 뜯어 먹는 양들의 불임이 보고되었다. 그로부터 20년 후 붉은 클로버가 생식능력에 미치는 영향이 소에서도 관찰되었다. 1980년대에는 콩을 먹은 동물원 치타의 생식 문제가 나타났다. 이 동물들 모두 식단에서 피토에스트로겐을 줄이거나 없앴더니 생식능력이 돌아왔다. 여성을 대상으로 한 몇몇 연구에서도 피토에스트로겐 섭취량이 많을 때 생식계 건강에 이상이 생기는 것으로 나타났다.[28]

2014년, 듀란트의 연구진이 흰코뿔소 먹이에 들어가는 피토에스트로겐을 크게 줄였을 때, 얼마 지나지 않아 한 번도 출산한 적 없는 14세 암컷이 높은 프로게스테론 수치를 보였다. 임신을 가리키는 것이었다. 이 암컷은 2007년부터 씨를 받았지만, 식단을 바꾸기 전까지는 임신한 적이 없었다. 대단한 진전이었다. 그러나 출산 예정일을 두 달 앞두고 프로게스테론 수치가 떨어졌고, 사산아를 출산했다. 듀란트는 희망을 잃지 않았다. 그 뒤로도 새끼를 낳은 적 없는 다른 흰코뿔소들이 임신에 성공하는 쾌거를 거두었다. 듀란트의 발견은 마침내 2019년 미국 미생물학회에 논문으로 발표되었다.[29] 미생물은 생식능력과 어떤 관련이 있을까? 여기서부터 이야기가 한층 더 흥미로워진다.

우리 몸에는 미생물 군집이 살고 있다. 주로 장에 서식하면서 생명작용에 영향을 끼치고 신진대사와 신경화학, 면역 그리고 어쩌면 생식능력까지 많은 부분을 지휘한다. 이 미생물 군집은 마이크로바이옴microbiome이라 불리며, 최근 몇 년 동안 의학계에서 가장 많이 연구되는 주제 중 하나다. 동물의 건강은 마이크로바이옴을 구성하는 미생물에 달려있다. 인간이나 코뿔소나 모두 같다. 듀란트는 관련 논문에서 남부 흰코뿔소가 물질대사를 통해 흡수한 콩 피토에스트로젠 때문에 임신 능력이 떨어졌다고 주장했다. 듀란트와 동료 연구자들이 콩을 먹고도 여전히 새끼를 낳을 수 있는 다른 코뿔소 종인 큰 외뿔 코뿔소를 조사했더니 장내 박테리아, 즉 마이크로바이옴이 달랐다. 듀란트는 마이크로바이옴의 차이가 임신 능력의 차이를 가져왔을 수 있음을 보였다. 남부 흰코뿔소의 위장관에 들어있는 박테리아는 큰 외뿔 코뿔소의 박테리아와 다르다. 토양이 다르면 자라는 풀도 다르다는 점을 생각하라. 코뿔소들은 위장관에 종마다 각기 다른, 박테리아가 서식할 수 있는 토양을 가지고 있다. 외뿔 코뿔소는 피토에스트로젠을 먹어도 임신에 아무 문제가 없지만, 남부 흰코뿔소는 분명 다르다. 이러한 차이를 밝히기 위한 듀란트의 연구는 위장관의 역할과 마

이크로바이옴, 호르몬 대사와 흡수를 이해하는 데 중요했다.[30]

　　장내 미생물은 우리가 섭취한 음식에 대한 물질대사를 돕는다. 음식을 식이 화합물로 분해하는 과정에서 활성 대사물질을 생산하는데, 이 물질대사의 산물은 호르몬과 관련된 시스템까지 포함해 사실상 모든 체내 시스템에 영향을 미친다. 위장관에 존재하는 수많은 미생물 동료가 우리의 생리 작용을 얼마나 많이 조절하는지 보면서 과학자들은 점점 더 놀라고 있다. 이 현상은 9장에 가서 더 깊이 다루기로 하고, 일단 지금은 다른 흥미로운 질문에 대해 생각해보자. 마이크로바이옴은 우리의 생식능력에 얼마나 많이 관여할까? 마이크로바이옴의 변화가 생식능력을 더 좋게 또는 더 나쁘게 바꿀 수 있을까?

　　이 물음에 답하기 전에 나는 논쟁 일부를 잠재우기 위해 콩 피토에스트로젠을 적당량 먹으면, 그것도 되도록 풋콩을 많이 먹고 분리대두단백질은 적게 먹고 영양제는 피하면서 가공하지 않은 자연 그대로의 콩을 먹으면 인간에게 완벽하게 안전하다는 사실을 알리고 싶다. 콩은 건강에 좋다고도 위험하다고도 단정하지 못한다. 게다가 물을 포함해 어떤 성분이라도 극단적으로 많이 먹으면 문제가 될 수 있지 않은가. 하루에 콩 이소플라본을 100밀리그램(템페 170그램 또는 두유 16컵) 넘게 섭취하면 난소 기능에 변화가 일어날 수 있지만, 적당량의 콩 섭취는 성인에게 문제가 된다고 입증된 게 없다.[31] 실제로 적당량의 콩 섭취는 붉은 고기에서 얻을 수 있는 포화지방 대신 섬유질 섭취를 늘리게 해 간접 이익을 제공할 수도 있다. 보너스를 두 배로 받는 것과 비슷하다.

　　그러나 아기에게 먹이는 콩으로 만든 조제분유의 경우에는 그 판단이 쉽지 않다. 발달의 결정적 시기에 콩이 어떤 영향을 미치는지 답하기 위해서는 더 많은 데이터가 필요하다. 2018년 필라델피아 어린이 병원은 "신생아일 때 두유 분유를 먹은 유아들은 우유 분유나 모유를 먹은 아이들과 비교해서 생식계 세포와 조직에서 차이가 있었다"라고 연구 결과를 발표했다.[32] 특히 두유 분유를 먹은 여자아이들 사이에서 차이가 두드러지게 나타났는데, 이 아이들은 질 세포와 자궁 세포에서 에스트로젠 노출에 대한 반응 징후를 보였다. 하지만 미국 국립 보건원 기금 지원을 받아 진행된 그 연구 논문의 저자들은 모유를 먹은 아기들과 두유를 먹은 아기들의 차이가 크지 않고, 생식적 발달에 문제가 되는 것 같지 않다고 덧붙였다.[33] 어떤 이유에서 모유를 먹지 못하거나 우유를 잘 소화하지 못하는 아기들에게는 두유 분유가 적당할 것이다. 그런데 두유 분유가 미국 조제분유 판매의 최대 25퍼센트를 차지한다니 놀랍기 그지없다.[34] 이런 현실을 고려했을 때, 마땅히 두유 분유에 대한 더 많은 고민과 연구가 필요하다.

앞으로 머지않아 우리는 이상적인 건강을 위해 콩 섭취를 관리하고, 잠재적으로 마이크로바이옴을 조작해서 단점 없이 콩에서 이득을 거두는 법을 배울 것이다. 이제 마이크로바이옴이 생식능력에 미치는 영향에 관한 질문에 답해보자. 그렇다. 마이크로바이옴의 힘과 기능은 임신부터 심장, 뇌, 신경계, 면역 그리고 전반적인 대사 문제까지 우리 건강에 중요한 역할을 한다.

남부 흰코뿔소는 우리에게 식단이 생명작용에 큰 영향을 미칠 수 있을뿐더러 그 영향이 미묘한 표면적인 변화에서 촉발될 수 있음을 알려준다. 작은 변화가 큰 결과를 가져올 수 있다는 생각은 앞에서 언급한 나비 효과와 일맥상통한다. 하루에 30분씩 걷기로 일 년 동안 10킬로그램 감량하는 사람이 있지 않은가. 아니면 반대로 아스파탐이나 수크랄로스, 사카린과 같은 설탕 대용품으로 바꿔서 설탕 섭취를 줄이기로 마음먹은 사람을 생각해보라. 이것이 칼로리를 줄이면서 지나친 설탕 섭취의 하류 효과를 피할 수 있는 건강한 변화라고 생각할지도 모르겠다. 그러나 인공 감미료에 함유된 물질은 마이크로바이옴 구성을 변화시켜 결국에는 인슐린 저항성을 높이거나 당뇨와 비만을 초래할 수도 있다. 이 역시 작은 변화가 엄청난 결과를 초래할 수 있다는 말이다. 복잡계는 회복탄력성과 취약성을 동시에 가지고 있다는 역설을 묘사할 때 사용하는 말처럼 우리는 실제로 "강인하지만 연약하다."

불임을 겪는 사람들의 문제는 식단에 몸을 상하게 하는 성분이 들어있어서가 아니라 다른 작고 단순한 문제들이 서서히 쌓여서 생긴 것일지 모른다. 만성적인 수면 장애와 신체 활동 부족, 너무 많은 심리적 스트레스와 같은 것들이 위험해 보이지 않을 수도 있지만, 사실은 건강에 엄청난 영향을 미친다. 건강하게 오래 살기를 바라는 많은 사람이라면 더 좋은 영양과 더 많은 운동이라는 기본부터 시작하는 것이 좋다. 실행하기 가장 쉽고, 행동과 습관도 개선할 수 있게 동기를 부여하는 방법이다.

건강한 식단의 원칙 중 하나가 되도록 자연에 가까운 상태로 먹고, 되도록 우리 조상들처럼 먹으려고 노력하는 것임을 기억하라. 인간의 몸은 수 세기 동안 수백 세대를 거치면서 세계 어느 지역에서 나고 자랐는지에 따라 특정 음식을 섭취하게끔 진화했다. 우리는 이 점을 존중할 필요가 있다. 앞에서 우리 인류가 침팬지 조상과 함께 고기를 먹고 소화하도록 진화한 과정을 이야기했지만, 어떤 사람들에게는 고기 중심 식단이 건강에 좋지 않다. 실제로 채식 유전자라 불리는 유전자가 최근에 발견되었다. 예를 들면 인도와 아프리카, 동아시아 지역 사람들과 같이 역사적으로 식물 기반 식단을 선호해온 사람들에게는 오메가3와 오메가6 지방산을 보다 효율적으로 처리해서 성장 초기 뇌 발달과 염증 제어에 필요한 화합물로 전환할 수 있는 유전적 변이가 생겼다.[35](육류와 생선을 먹는 사람들은 음식에서 많은 양의 오메가를 직접 얻을 수 있다.)

이와 비슷하게 주로 해산물을 먹고 해산물 기반 식단에 독특하게 적응한 그린란드 이누이트 사이에서도 유전적 변이가 발견되었다. 진화 과정에서 이런 적응이 언제 일어났는지 모르지만, 한 가지 결론 내릴 수 있는 것은 우리가 유전체에 맞춰 식단을 조정할 수 있도록 유전 정보를 활용할 수 있다는 것이다. 이런 유전자 맞춤식 영양이 연구 주제로 부상하고 있다. 이제 곧 간단한 유전자 분석을 통해 누가 완전한 식물 기반 식단을 고수해야 하는지 식별할 수 있을 것이다.

우리는 복잡계다. 그러나 복잡함 안에 단순함도 있다. 특정 수준의 적응력뿐만 아니라 리듬과 이성도 있다. 우리의 내부 프로그래밍은 생애 초기 경험에서 어느 정도 고정될 수도 있지만, 완전히 고정되어 변경 불가능한 게 아니다. 샌디에이고 동물원의 에드워드와 퓨처는 지구의 일각수들이 생존하고 번성할 수 있는 열쇠를 쥐고 있다. 우리는 우리를 노리며 숨어서 기다리고 있는 것을 막을 수 있다. 과거의 환경을 바꿀 수는 없을지 모르지만, 앞으로 우리가 들어갈 환경은 만들

수 있다. 그러기 위해 코뿔소가 알려주는, 잘 알려지지 않은 운동 비법 하나를 공유하려고 한다.


## 달리고 멈추고 달리기 신공

앞에서 코뿔소는 육중한 몸집과 느긋하게 서있는 습관에도 불구하고 놀랍게도 관절 통증이 없다고 말했다. 더 놀라운 사실은 몸무게가 900킬로그램 이상 나가는 육지 포유동물 중에서 코뿔소가 가장 빠르다는 것이다.(흰코뿔소는 대략 2,200킬로그램 넘게 나가며 코끼리에 이어 세상에서 두 번째로 몸집이 큰 육지 포유동물이다) 필요할 때는 총알처럼 돌진할 수 있고, 시속 48킬로미터 이상으로 1.5킬로미터가량 달릴 수 있다. 이에 비해 가장 빠른 인간의 속도는 고작해야 100미터 단거리 경주에서 시속 45킬로미터이다.*

　야생동물은 한 시간 꼬박 러닝머신에서 뛰지도 않지만, 하루 대부분을 앉아서 생활하지도 않는다. 그들은 일상적으로 여기저기 돌아다니다가 필요할 때 또는 놀 때 짧은 시간 동안 고강도로 몸을 움직인

---

\* 현재 가장 빠른 달리기 선수로 기록된 선수는 은퇴한 자메이카 단거리 선수 우사인 볼트다. 그의 100미터 달리기 기록은 9.58초로, 경주의 본궤도에 올랐을 때 속도가 대략 시속 44.26킬로미터였다는 말이다. 연구에 따르면 육지에서 인간의 속도는 뼈와 힘줄의 힘으로 제한되는 게 아니라 몸이 공중에 뜨게 하는 이족보행에 의해 제한된다. 발이 땅에 부딪히는 그 짧은 순간 동안 우리는 많은 힘을 발휘해야 한다. 간단히 말해서, 얼마나 빨리 다리의 위치를 바꾸고 몸을 앞으로 밀어내며 땅에서 뗄 시간을 가질 수 있는지에 제한받는다. 이 점에 관해서는 다리 네 개 달린 생명체가 앞서 있다.

다. 우리는 대부분 한 시간씩 집중적으로 운동하거나 아니면 아예 아무 운동도 하지 않을 가능성이 크다. 게다가 한 시간을 운동하더라도 컴퓨터 앞에서 몇 시간을 앉아서 보내다가 할 때가 많지 않은가. 그러므로 건강을 유지하기 위해 우리는 야생동물의 운동 전략을 배울 필요가 있다.

과학은 계속해서 규칙적인 운동이 건강에 매우 중요하다고 말한다. 실제로 우리는 아주 많은 시간을 들이지 않고도 운동할 수 있다. 한 시간에 단 2분 활동으로도 생명을 꽤 연장할 수 있고, 심지어 팔 근육을 최대한 강하게 수축하는 근력 운동을 하루 3초만 해도 한 달 후에 이두박근의 힘을 12퍼센트나 높일 수 있다![36] 운동 효과를 거두려면 오랜 시간 강도 높은 운동을 해야 한다는 생각이 우리 머릿속에 박혀있는데, 사실은 그렇지 않다. 사무실 책상에 앉아서 또는 집이나 동네 공원에서 아무 장비 없이도 할 수 있는 운동이 많다. 한 시간에 최소 두 번 2분간 자리에서 일어나 점프 뛰기를 한다거나 잠깐 산책한다면 효과를 기대할 수 있다. 특히 짧은 시간 강도 높게 몸을 움직였다가 회복을 위해 느슨하게 하고 그러고 나서 다시 강도를 높이는 운동에는 특별한 게 있다. 그것이 자연에서 가장 좋은 운동이고, 대부분 동물이 사냥하고 놀이하고 포식동물로부터 달아나고 생존하며 살아가는 환경 속에서 자연스럽게 건강을 유지하는 방법이다.

우리 모두가 지구력을 갖춘 운동선수가 될 필요는 없다. 다만 그게 구간 훈련이든 어쩌다 보니 오래 사는 것과 가장 관련성 높은 운동이 된 테니스든 육체적으로 힘들고 많이 움직여야 하는 운동을 찾아서 할 수 있다. 사실 지금까지 나온 모든 과학적 증거는 강도가 너무 높거나 너무 낮은 운동보다 적절하게 힘든 운동을 적당량 하는 게 더 효과가 좋다고 말한다. 자연이 정한 적절한 중용의 방식이다. 헬스장 기계 위에서 몇 분 달렸는지 재는 것은 자연의 운동 방식이 아니다.

그렇다면 왜 테니스 같은 스포츠가 사이클링이나 수영, 달리기 같은 개인 운동보다 더 좋을까? 파트너 스포츠나 팀 스포츠는 대부분 달리고 멈추고 달리기 전략이 들어갈 뿐만 아니라 다른 사람과 함께 운동하면서 사회적으로 연결되기 때문이다. 그냥 심박수를 높이는 것과 누군가와 경험을 공유하면서 심박수를 높이는 것은 차원이 다른 이야기다. 누군가와 함께하는 것은 스트레스를 줄여주고 유대감을 느끼게 해 건강에 직접적인 영향을 미친다. 증거가 필요하다면 다양한 스포츠와 신체 활동이 수명에 미치는 영향을 조사하기 위해 25년에 걸쳐 진행된 연구 결과를 보라. 소파에서 떠나지 않는 사람들과 비교했을 때 테니스를 치는 사람들은 수명이 거의 10년 더 길고, 반면에 헬스장에 자주 가서 '헬스 운동'을 하는 사람들은 고작 1.5년 더 오래 사는 것으로 나타났다.[37] 나는 10년을 더 오래 살 것이다. 게다가 테니스가 정말 좋다.


## 장수에 장수를 더하다


화학물질에 대한 노출, 영양, 운동을 포함해 우리가 앞에서 이야기한 외적 환경의 영향은 수명이 대체로 우리에게 달려있음을 의미한다. 수명에 관해서라면 유전자는 우리가 생각하는 만큼 큰 비중을 차지하

코끼리는 암에 걸리지 않는다

지 않는다. 대규모 혈통 데이터베이스 분석을 기반으로 새로 계산한 바에 따르면 유전자가 수명에 관여하는 비중은 이전 추정치 20~30퍼센트보다 훨씬 낮은 7퍼센트 미만으로 나타났다.[38] 간단히 말해 수명은 주로 생활습관에 기반을 두고 있다. 무엇을 먹고 마시는지, 얼마나 움직이는지, 어떤 스트레스를 받는지 뿐만 아니라 대인관계의 질, 배우자, 사회적 연결의 강도, 의료 및 교육 접근성 등의 다른 요인들도 수명에 영향을 미친다. 성실함, 다정함, 긍정적 태도 같은 성격 특징도 장수의 요인이 될 수 있다. 이것은 우리에게 매우 고무적이고 낙관적인 사실이다. 유전자가 곧 운명을 결정하는 게 아니라는 말이지 않은가. 인간인 우리는 지능과 고차원적 작용을 이용해 질병을 피할 수 있는 결정을 내릴 수 있다.

구글의 생명연장기술 스핀오프 기업 칼리코Calico와 유전자 분석 회사 앤세스트리Ancestry가 19세기부터 20세기 중반까지 태어난 대략 4억 명이 포함된 5,400만 개 이상의 가계도를 조사하는 공동 연구를 진행했다.[39] 연구진은 결혼한 사람들의 수명을 살펴본 결과, 형제자매 사이보다 부부 사이 수명이 더 비슷한 것으로 알아냈다. 그뿐 아니라 유전적으로 아무 관련 없는 인척의 수명과도 놀라운 상관관계가 있음을 발견했다. 내 유전자 염기 서열을 분석하는 것보다 시어머니나 장모님이 얼마나 오래 살았는지를 따지는 것이 내 수명을 더 정확하게 예측할 수 있다니 상상이 되는가?!

배우자나 인척은 일반적으로 공통된 유전적 변이를 갖지 않으므로 이 연구 결과는 분명 비유전적 힘의 강한 영향력을 시사한다. 하지만 식습관이나 운동 습관, 깨끗한 물 사용, 문해력, 질병 발생과 거리가 먼 생활환경, 의사의 권고를 존중하고 준수하는 태도, 금연 등 다른 공통된 요인들이 있을 것이다. 사람들은 자신과 생활습관이 같은 사람과 결혼하는 경향이 있으므로 충분히 말이 된다. 일반적으로 누워있길 좋아하는 사람이 마라톤 선수와 커플이 되거나, 술을 입에도 대지 않는 사람이 놀기 좋아하는 사람과 결혼하는 일은 드물다. 이 연구 결과는 굉장히 강렬하고 흥미롭게 들린다. 장수의 90퍼센트 이상이 자기 손에 달려있다는 의미가 아닌가. 우리 각자 자신의 미래를 책임지고 있다.

코끼리는 암에 걸리지 않는다

# 코뿔소처럼 움직이고 운동하라

우리가 엄마 자궁에 공 모양 세포 덩어리로 안착한 순간부터 빽빽 우는 아기와 호르몬이 넘치는 청소년을 거쳐, 좋은 인간을 길러내는 것과 더불어 그 과정에서 자신도 성장하기를 바라는 사려 깊은 어른이 될 때까지 환경은 늘 중요하다. 우리는 건강과 수명에 중대한 결과를 가져올 수 있는 일상 속 작고 미묘한 변화에 대해 별로 생각하지 않는다. 그러나 코뿔소 예에서 봤듯이, 미세하고 작은 변화도 유전자의 행동에 영향을 미칠 뿐만 아니라 우리의 장내 미생물 파트너가 우리를 돕거나 방해하는 행동들에도 영향을 미친다. DNA는 고정된 것일지도 모르나 후생유전적 힘으로 인해서 유전자가 어떻게 행동하느냐에 따라 모든 것이 달라질 수 있다. 그래서 물려받은 DNA뿐만 아니라 DNA가 환경 속에서 행동하는 방식도 보호해야 한다. 우리가 선택한 운동 방식도 수명에 관여할 수 있다. 우리는 생각하는 것 이상으로 운명을 제어할 수 있다.

후성유전학적으로 지금의 우리를 만든 화학물질의 노출 환경과 사건이 바뀌지는 않겠지만, 앞으로 일상적인 습관을 통해 우리의 생명 활동과 DNA 행동을 재형성할 수 있을 것이다. 또한 아직 자신에게 맞는 방식으로 살아가지 못하는 미성숙한 아이들을 포함해 도움이 필요한 주변 사람들에게 이상적인 환경을 지원하는 것을 도울 수 있다.

그러기 위해 기억해야 할 몇 가지 주요한 사항이 있다. 화학물질에 노출되는 것을 조심하라. 임신이나 아이 양육 등과 같이 인생에서 특히 중요한 시기에는 특히 더 조심하라. 공기와 물, 소비재, 가정용품 등에 존재하는 합성 화학물질은 물론 음식과 조제분유에 들어있는 콩처럼 미묘한 영향을 미칠 수 있는 천연 물질까지, 현대 사회에서 화학물질에 쉽게 노출될 수 있다. 앞으로 10여 년 안에 우리는 장내 미생물과 인간 세포 사이 불멸의 관계와 독자적인 생명 활동에 맞춰 섭취해야 하는 음식을 알려주는 맞춤식 영양학의 혜택을 받을 수 있을 것이다.

한 시간에 최소 2분간의 신체 활동은 신체의 운동 요구를 충족하기 위해 꼭 필요하다. 하루에 수시로 짧은 고강도 운동을 하는 것이 이상적이며, 더 길게 운동할 수 있는 시간이 생길 때는 구간 훈련을 해보거나 단체 운동에 참여하라. 단체 운동은 짧은 고강도 운동과 사교 활동이라는 2마리 토끼를 잡기에 최적이다. 테니스부터 피클볼까지 라켓 스포츠라면 무엇이든 최적의 운동이 될 것이다. 무엇보다 적당히 격렬한 운동을 적당량 하는 것이 자연에서 추구하는 중용임을 기억하라.

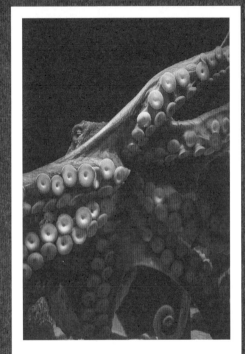

뇌가 아홉 개인 문어

# 9장

# 똑똑한 문어와 치매 걸린 돌고래

## 지능 그리고 영원히 맑은 정신으로 사는 것에 관하여

> 변화할 수 있는 능력이 곧 지능의 척도다.
>
> 모든 것을 더는 단순화할 수 없을 만큼 최대한 단순화해야 한다.
>
> —알베르트 아인슈타인

지능이 있다는 것은 무엇을 의미할까? 고급수학 문제를 풀 수 있다는 것일까? 산업에 혁명을 일으킬 무엇인가를 발명할 수 있다는 것일까? 빨리 배우고 신속하게 적응하고 순간적으로 어려운 결정을 내릴 수 있는 능력이 있다는 것일까? 아니면 반대로 전에 믿었던 것이 틀렸음을 입증하는 새로운 데이터가 나오면 기존 지식을 잊고 새로 배우는 것은 어떤가? 식물이 햇빛을 향해 자라는 것도 지능일까? 암이나 저혈당을 냄새로 단번에 알아차릴 수 있는 개는 100년 된 샤토 라투르 생산연도를 알 수 있는 소믈리에 명장과 같을까? 너구리는 자물쇠를 따는 기술로 유명하고, 다람쥐는 맛있는 간식을 얻기 위해 교묘한 장치를 피해서 새 모이통에 들어갈 수 있다. 심지어 돼지는 감정을 이해할 수 있고, 상대적으로 인간보다 어린 나이에 거울 속 자신을 알아볼 수 있다. 그렇다면 지능을 정의하는 것은 무엇일까?

과학자들은 대부분 의식이나 마음, 지각력, 지능 같은 애매한 용어를 정의하기 꺼린다. 지능의 영어 단어 intelligence는 어원이 흥미롭다. 마치 사물들 사이에서 현명하게 선택할 수 있으면 그것으로 충분하다는 듯이 '사이'를 의미하는 라틴어 inter와 '선택'을 의미하는 legere에서 유래했다. 지능을 측정하는 것은 어렵기로 소문이 났다. 지능은 IQ 검사나 수능점수로 결정될지도 모르겠지만 이는 대단히 편협한 측정 기준이어서 끊임없이 맹비난을 받고 있다. 과학자들이 지능을 분석하기 위해 주로 연구하는 세 가지 능력은 자기통제와 자기 인식, 기억력이다. 그러나 이 초점들도 창의적이지 못하고 제한적이다. 내가 좋아하는 책 중에 『세포의 삶The Lives of a Cell』이라는 책이 있는데, 저자 루이스 토머스는 인간이 좀처럼 인지하지 못하는 지능의 또 다른 측면인, 사고와 아이디어 실행의 집단 노력을 이야기한다. 그는 이렇게 말한다.

혼자서 개미굴에서 멀리 떨어져 나온 1마리 개미의 머릿속에 많은 것이 들어있다고 여겨지지 않는다. 실제로 몇몇 신경세포가 섬유로 연결되어 있을 뿐 우리는 개미가 생각은 고사하고 마음도 가지고 있으리라 생각할 수 없다. 개미는 그저 다리가 달린 신경세포 덩어리에 가깝다. 그러나 4마리 혹은 10마리의 개미들이 함께 길 위에 죽어있는 나방을 에워싸고 있으면 생각이 있는 듯 보이기 시작한다. 그들은 우연인 것처럼 먹이를 더듬고 밀치면서 그 나방을 개미 언덕 쪽으로 서서히 옮긴다. 개미 언덕 주위로 빽빽하게 모여들어 땅을 새까맣게 메우는 수천 마리의 개미 군집을 보게 되면 온전히 개미라는 동물이 보이기 시작한다. 이제 그 동물이 사고하고 계획하고 계산해서 행동하는 모습이 보인다. 기어 다니는 비트로 운영되는, 일종의 살아 움직이는 컴퓨터이자 지적 존재로서 말이다.[1]

《뉴욕타임스》에서 칼 짐머가 지적했듯이 "지적인 동물들은 생존하기 위해 고정된 반응에 의존하지 않는다." 본능과 반사 반응은 그것 자체로 현명한 적응일 수도 있지만, 진정한 지능은 새로운 행동을 만들어내고 그때그때 수시로 적응하고 상황에 맞는 결정을 내리는 능력을 필요로 한다.[2] 동물 지능 및 인지는 신생 연구 분야로, 우리에게 '똑똑함'의 의미에 관한 단서를 제공한다. 인간이 동물계의 꼭대기에 앉아 있다고 생각할지 모르겠지만, 지능에 관해서라면 그것은 너무 단순한 생각이다.

다른 질문들도 깊이 생각해보자. 똑똑하려면 무엇이 필요할까? 교육? 좋은 유전자? 육감? 위험을 감수하는 능력? 민첩한 뇌를 구성하는 신경세포 다발? 아니면 여덟 개의 길고 구불구불한 팔 여기저기에 분포된 빨판은 어떤가? 문어는 뇌가 아홉 개나 되는 상당히 지능적인 동물이다.* 하지만 오래 살지 못하고, 서로 어울려 생활하는 것을 좋아하지 않는다. 그렇다면 이 다리가 긴 동물은 어떻게 그렇게 영리해

---

* 문어를 의미하는 영어 단어 octopus의 복수형은 octopi가 아니라 octopuses임에 주목하자. 이 단어는 라틴어가 아니라 그리스어에서 나왔다.

졌을까? 어째서 똑똑한데도 일찍 죽는 것일까?

## 똑똑한 게 아까운 문어

테드 치앙의 1998년 중편소설 『당신의 인생 이야기Story of Your Life』에 기반한 2016년 아카데미상 수상 공상과학 스릴러 영화 〈컨택트〉에서 외계 우주선이 지구에 상륙하자 언어학 교수 루이스 뱅크스는 외계 생명체와 통신을 시도하기 위해 외계 비행 물체에 파견된다. 외계인이 적대적인지 우호적인지 모른다. 공포에 떠는 국가들이 혼돈 속에 전쟁 발발 직전까지 가자 뱅크스 교수는 시간과 사투를 벌이며 외계인과 대화할 방법을 찾아야 했다. 외계인은 원형 기호를 사용해 앞뒤가 동일한 수수께끼 같은 어구로 말한다.

영화 내용에 관한 자세한 이야기는 일단 접고 테드 치앙의 묘사에 영감을 얻은 누군가가 외계 지능체를 스크린에 표현할 방법을 생각해냈다는 사실에 주목해보자. 그들은 팔다리가 일곱 개 달린 '7족류'로 인간에 비하면 야수 같은 몸집을 지녔지만, 지구상의 두족류와 크게 다르지 않은 모습이다. 이것은 우연의 일치가 아닐 것이다. 오징어, 문어, 갑오징어, 앵무조개를 포함하는 두족류는 연체동물 중에서 가장 똑똑하고 기동성이 뛰어나고 몸집도 가장 크다.(연체동물은 지구상에서 가장 다양하고 광범위한 동물 분류군으로 달팽이, 조개, 가리비, 굴 등 5만 종 이상을 포함한다.) 두족류는 지능의 의미에 관해 많은 것을 말해줄 수 있다. 특히 문어는 진화생물학자들이 여전히 설명하려고 애쓰고 있는 역설을 가지고 있다. 문어의 역설은 '오래 살지도 못하는데 왜 그렇게 큰 뇌를 가지고 있는가?' 하는 것이다.

문어의 뇌는 물리적 형태로 머릿속에 있는 도넛 모양의 기관만을 말하는 게 아니다. 흔히 문어는 아홉 개의 뇌를 가지고 있다. 그중 여덟 개는 여덟 개의 팔에 존재한다. 문어의 신경세포 5억 개 중 3분의 2가 팔에 있는데, 그것들이 메시지를 보내 이 얼룩얼룩한 바다생물이 만지고, 냄새 맡고, 맛볼 수 있게 한다. 각각의 팔은 미니 뇌처럼 기능하고, 독립적으로 활동할 수 있다. 문어의 중심 뇌가 시력을 처리하고 팔 움직임도 제어한다는 것이 2011년에 드디어 입증되었다.[3]

뇌가 기능하려면 많은 에너지가 필요하므로 과학자들은 뇌가 클수록 지능이 뛰어나다고 주장한다. 그렇지 않다면 진화는 뇌가 그렇게 많은 에너지를 쓰도록 그냥 두지 않을 것이다.[4] 다른 영장류와 포유동물 전체와 비교했을 때 인간의 뇌 크기는 몸집 대비 기대치보다 큰 편이고, 전체 체질량의 2퍼센트 밖에 되지 않으면서도 전체 에너지의 20퍼센트나 소모하므로 인간은 뇌에 투자를 많이 한다고 할 수 있다.[5] 대뇌화 지수(EQ)는 한 동물의 뇌를 같은 몸 크기의 대표 동물 뇌와 비교해서 지능을 추정하는 비교적 정밀한 지능 측정 척도이다. 완벽한 척도는 아니지만 꽤 훌륭하다. 결론적으로 말해서, 몸집 대비 뇌 크기 비율로 따지자면 문어가 무척추동물 중에서 가장 크다. 심지어 포유동물보다 큰 것은 아니더라도 많은 척추동물보다도 크다.

그런데 어처구니없게도 문어의 좋은 두뇌력이 그들의 장수를 도와주지는 않는다. 거대한 태평양 문어가 인간 유치원생 나이인 5세까지 살 수 있다고는 하지만 고작해야 6개월 밖에 못 사는 문어 종도 있다. 투자 대비 수익이 형편없다. 동물 생태와 정신의 탄생을 연구하는 시드니대학교의 피터 고프리스미스는 이를 막대한 돈을 써서 대학원에서 학위를 받았는데 그것을 고작 2년밖에 사용하지 못하는 것에 비유한다.[6] 이런 모순은 과학자들의 지적 호기심을 자극한다. 고프리스미스와 그 밖의 연구자들은 문어를 관찰하는 일이 외계 지적 생명체를 만나는 것과 유사하다고 생각한다. 문어와 관련해서 내가 가장 좋아하는 부분은 문어가 이 행성에서 우리 인간과 역사를 공유하고 있을 뿐만 아니라 인지적 차원의 진화가 두 차례 일어났음을 우리에게 보여준다는 것이다. 두 차례의 변화는 각기 다른 청사진과 기본 성분, 심지어 다른 우편번호*를 사용했다.

철학자들은 육체와 정신의 문제 그리고 의식이 어떻게 생겨났는지 추론하는 것을 즐길 것이다. 그러나 여러 뇌를 가진 이 연체동물만큼 어려운 문제를 제기하거나 흥미로운 단서를 제공하는 존재는 없다. 문어와 인간의 마지막 공통 조상은 6억 년 전에 존재했던 몇 밀리미터 길이의 납작한 벌레를 닮은 동물이었을 것이다. 그러다가 진화의 과정 어느 시기에 문어를 포함한 두족류에 변화가 생겼다. 망막에 이미지를 집중시키는 고해상도 카메라 같은 눈이 발달한 것이다. 두족류와 완전히 독립적으로 우리 인간도 그런 눈이 발달했다. 수렴진화의 한 예다. 완전히 다른 두 종이 같은 시력 기술에 도달했다는 것인데, 이는 진화 과정에 대해 잠시 생각해보게 한다. 뇌도 수렴진화에 해당한다.

뇌는 수렴진화를 보여주는 최고의 사례다. 수렴진화는 유연관계

---

* 세포에서 만들어진 단백질이 이동할 위치를 알려주는 신호 펩타이드를 말한다.

가 없거나 멀리 떨어진 종이 비슷한 신체적 필요에 적응하거나 같은 종류의 세계에서 살아가기 위해 독립적으로 비슷한 특성이 발달하는 과정이다. 복잡한 신경계가 특정 방식으로 진화하는 경향은 육지만이 아닌 다른 세계에서도 볼 수 있는 보편적 현상일 것이다. 진화는 계속해서 같은 해법에 도달하는 경향이 있다. 그 해법이 효과가 있기 때문이다. 인간과 문어의 뇌는 해부학적으로 확연히 다르지만, 둘 다 장기 기억과 단기 기억, 수면, 이미지 인식, 놀이 등 여러 가지 비슷한 기능을 수행한다.[7] 심지어 문어는 같은 옷을 입은 두 사람을 구별할 수 있는 것으로 나타났다.[8]

　화제가 되는 문어의 비상한 재능에 관한 이야기를 알지 못하는 사람도 있으리라. 문어의 유명세는 수십 년 전으로 거슬러 올라가 시작되었다.(유쾌하고 재미있는 문어의 위업을 보고 싶다면 내셔널지오그래픽 와일드의 온라인 비디오 라이브러리에서 〈문어 101〉을 찾아보라.) 문어에게 과제 수행을 가르치려는 시도를 처음으로 상세히 기술한 논문 중에 1959년에 발표된 논문이 있다.[9] 그 연구는 하버드대 의과대학에서 의학자로서 생애 대부분을 보낸 피터 듀스 박사의 지도로 이탈리아 나폴리 동물원에서 진행되었다. 듀스는 이탈리아 문어 3마리에게 먹이를 주는 대가로 지렛대를 당기고 놓는 훈련을 시켰다. 그중 앨버트와 버트럼이라는 이름의 두 문어는 '꽤 일관되게' 과제를 수행했지만, 찰스라는 문어는 고분고분한 학생이 아니었다. 찰스는 실험을 거부했다. 연구원들이 물탱크로 접근하면 물을 뿜어내며 가까이 오지 못하게 했고, 탱크 위에 매달아 놓은 전등을 잡아서 끌어내리고 힘을 세게 줘서 망가뜨리기도 했다. 듀스의 표현에 따르면 "실험을 강제로 조기 종료시켰다." 실망한 듀스는 실패한 실험에 가깝다고 생각했지만, 문어의 영리함을 보여주는 그때의 실험은 그 후로 전설이 되었다.

문어들이 수족관에서 대탈출을 꾀하고, 미로에서 길을 찾고, 퍼즐을 풀고, 포식자를 막기 위해 물을 내뿜고, 변장의 대가처럼 위장해서 모습을 숨기고, 뚜껑을 돌려야 열리는 항아리를 열어서 안에 숨겨진 먹이를 손에 넣기 위해 몸 전체가 들어갔다가 빠져나오고, 굴의 입구를 보호하기 위해 돌을 쌓는 모습에서처럼 도구를 사용하고, 코코넛 껍질을 방호구로 사용하는 모습이 목격되었다. 이런 문어의 행동은 믿기 어려울 정도인데, 문어의 생물 활동 또한 마찬가지다. 문어의 팔은 절단돼도 다시 자라고, 복잡한 유전체를 가지고 있고(인간의 유전체 문자 30억 개와 비교해서 문어는 27억 개 가지고 있다), 혈액에는 인간과 비슷한 복잡성을 지닌 단백질이 들어있다. 2007년에 온라인상에 올라온 내셔널지오그래픽 동영상 클립을 보면 대략 272킬로그램 나가는 문어가 25센트 동전 크기만 한 구멍을 통과하는데, 이는 뼈가 없어서 가능한 이야기다.[10] 듀스 박사도 경험했듯이, 문어들은 그들을 연구하려는 과학자들을 기만하는 아주 비협조적이고 다루기 힘든 동물이다.

모건의 공준Morgan's canon이라 불리는 동물심리학의 기본 법칙에 따르면 동물의 행동을 단순한 과정을 거치는 지적 능력으로 설명할 수 없을 때에만 고차원적 지적 능력으로 간주해야 하듯이, 우리는 동물을 인격화하는 데 신중할 필요가 있다. 하지만 문어는 우리가 정한 지능의 정의에 관해 많은 생각을 하게 한다. 모건의 공준은 '정신의 진화'에 특별한 관심을 두었던 19세기 영국의 동물학자이자 심리

코끼리는 암에 걸리지 않는다

학자 C. 로이드 모건의 이름을 따서 지어졌다.

정신의 진화는 지성과 본능 사이 경계를 기술하기 위해 모건이 만든 용어다.[11] 예를 들면, 모건이 기르는 테리어 종 반려견 토니는 뒤뜰 문을 열 수 있었는데, 만약 당신이 뒤뜰에 있다가 문이 열려 있는 것을 본다면 이 '최종 행동'을 근거로 토니가 똑똑하다고 결론 내릴 것이다. 그러나 모건은 토니가 여러 번의 시행착오를 거쳐 점차 문 여는 법을 배운다는 사실을 발견했다. 그래서 토니에게 문을 여는 최종 사건에 이르게 한 '통찰력'이 있는 게 아니라는 결론을 내렸다. 그 개는 문을 열도록 훈련된 것이었지 기발한 해결책을 사용한 게 아니었다. 이 구별은 인간과 동물의 많은 행동이 생각이나 느낌 없는 조건화로 설명되는 행동주의의 발전에 결정적인 역할을 했다. 실제로 행동주의는 우리 자신을 포함해 사람들이 왜 그렇게 행동하는지 이해하는 데 도움이 된다. 종종 그 순간의 사려 깊은 논리보다 사전에 형성된 조건화로 특정 행동이 일어날 수 있다. 우리 모두 어느 정도는 그 자리에서 발생하는 지적인 정보에 이전 경험에서 나온 반사적 반응을 결합해 결정 내린다. 이 사실을 인정한다면 건강한 행동 변화를 일으키는 보다 사려 깊고 좋은 결정을 내려서 똑똑한 문어보다 더 오래 살 수 있다.

## "똑똑해지고 일찍 죽는다"

피에로 아모디오는 케임브리지대학교에서 교육받은 생물학자이자 심리학자로, 동물의 행동과 인지 능력을 연구한다. 젊고 패기 넘치는 아모디오는 초현실적인 바다 생명체의 매우 기기한 생김새에 관해서 지칠 줄 모르고 설명하는 멋진 중학교 과학 선생님처럼 보인다. 듀스가 실험을 수행한 동물원에서 그리 멀지 않은 나폴리에서 자란 그는 어릴 때부터 두족류를 좋아했고, 지금은 동물학 연구소인 스타지오네 주올로지카 안톤 도른에서 연구원으로 일하고 있다. 지중해는 그에게 평생 놀이터였다.

"내가 기억하는 한 나는 늘 바다로 갔습니다." 아모디오가 내게 말한다. "문어를 찾아 잡기 위해 스노클링으로 바다를 살피고 2, 3미터 아래로 잠수하면서 몇 시간이고 보냈어요." 그것은 뛰어난 숨기 기술을 지닌 영리한 상대와 겨루는 아모디오 방식의 비디오 게임이었다. 마침내 순간적으로 문어를 잡았을 때, 그 두족류는 마치 "나중에 봐!"라고 말하는 듯이 먹물을 뿜고 사라지고 그는 자욱한 먹물 속에서 빈 봉투만 들고 있곤 했다.

그는 어쩌다가 문어를 잡더라도 절대 집으로 가져가지 않았다. 그저 문어와 교류하고 싶었다. "문어가 숨기의 달인이므로 내가 문어를 잘 찾아낼 수 있는지 보는 게 흥미로웠습니다. 문어는 배경 속으로 몸을 숨겨 안 보이게 하거나 특정한 모습으로 위장해 그곳에 없는 척해서 사람을 떼어낼 수 있습니다. 1, 2분 정도 숨을 참고 문어 앞에서 손가락을 움직여보세요. 아니면 문어가 주변에 쌓아놓은 돌을 옮겨보세요."

아모디오는 지능을 문제해결, 물리적 인지(물리적 세계에서 정보를 습득하고 사용하는 것), 사회적 인지(다른 생명체를 이해하는 것) 등과 같은 복합적 능력의 집합으로 정의한다. 사회적 인지는 '마음이론'이라고도 불리는데, 다른 사람의 생각을 추론하고 그것에 맞춰 자신의 행동을 조정할 수 있는 능력을 말한다. 아모디오는 설명을 돕기 위해 조류 세계에서 볼 수 있는 현상을 예로 들었다. 새들은 자기가 먹이를 어디에 숨기는지 볼 수 있는 다른 새가 주변에 있다는 것을 알아차리면, 그 새가 자리를 떴을 때 먹이를 다른 곳으로 옮긴다.

아모디오가 지능에 관해 인간의 직계 혈통이 아닌 동물들을 연구하는 이유 중 하나가 지능 연구 모델로 유인원을 가장 많이 연구하고 있기 때문이다. 그러나 유인원이 지능을 가진 유일한 동물은 아니다. 그는 "지능에 이르는 다양한 진화론적 경로가 있다."라고 말한다. 다양한 진화 경로가 동물들의 다양한 인지 경험을 초래한다. 문어가 감정을 인지하는 방식은 인간의 방식과 다를 것이다. 물론 아모디오는 문어에게서 감정 같은 것을 측정할 방법은 없다고 덧붙인다. 그래서 예를 들어 두려움을 느끼는 게 진화적 이점이 있다고 해도 문어가 '겁을 먹었다'는 것을 입증할 수가 없다. 매우 복잡한 감정을 포함해 다양한 감정을 느낄 줄 아는 것은 우리를 다른 동물과 구별해주는 지능의 한 면일 것이다. 사고에 감정을 투입하는 능력을 제대로 이해한다면 우리는 문제해결력과 의사결정 능력을 향상할 수 있다. 감정이 결정에 좋게 또는 나쁘게 영향을 미칠 때를 깨닫는 게 매우 중요하다.

2018년 아모디오가 다른 과학자 5명과 발표한 논문은 국제적으로 언론에 보도되었다.[12] 「똑똑해지고 일찍 죽는다」라는 제목의 그 논문은 지능 발달에 관한 두 가지 일반적 이론을 재검토한다. 첫째, 생태 지능 가설은 지능이 먹이를 찾기 위한 적응으로 진화한 것이라고 본다. 똑똑한 동물일수록 먹이를 더 확실하게 더 빨리 찾을 수 있다. 예를 들면, 똑똑한 동물은 과일이 열리는 나무를 기억할 줄 알고, 도구를 사용해 먹이를 얻고 저장할 수 있고, 더 많은 먹이를 얻으려면 어느 계절에 이동해야 하는지를 안다. 둘째, 사회적 지능 가설은 현명한 동물일수록 같은 종의 다른 개체들과 협력하고 그들로부터 배운다고 말한다. 대인관계를 유지하는 것은 개인들에게도 유용하고 사회에도 유용하지만 쉬운 일은 아니다. 여기에는 추론의 힘을 사용하거나 우정을 쌓고 유지할 때 감성을 동원하는 등 일정 수준의 정신적 능력과 협력이 요구된다. 이 두 가지 힘이 다양한 형태의 지능을 탄생시켰을 것이다. 문어는 지적 생명체에게 보기 드문 외톨이 성향이 있어서 놀랍다. 문어는 자기 지능을 사용해 정성 들여 사회적 관계를 맺거나 물속에서 다른 문어와 어울리거나 하지 않는다. 문어에게는 '문화'라는 게 없다. 이것도 인간과 구별되는 특징이다. 여기에서 우리가 기억해야할 핵심은 때때로 다른 사람이나 지배 문화의 영향에서 벗어나 사고하고, 독자적인 존재가 되고, 근본적으로 자기 사고의 틀을 깨는 것이 중요하다는 것이다.*

인간의 뇌는 머리에만 있어서 한계점을 가지고 있다. 문어처럼 우리에게도 따로 또 같이 작용하고 지시를 수행할 수 있는 팔다리 뇌가 있으면 어떨까?[13] 당연히 그런 일이 진짜로 일어나지는 않겠지만, 로봇 공학은 문어의 멀티 뇌를 연구해 로봇에 신기술을 적용할 방법을 찾

---

* 아모디오는 조국 이탈리아에서 수행한 연구 외에 내셔널지오그래픽 탐험가로 최초의 과학 탐사대를 이끌고 포착하기 어려운 야생 태평양 큰줄무늬 문어를 연구하고 있다. 이 문어는 다른 문어 종과 달리 상당히 사교적이다. 아모디오는 문어의 지능에 관한 미스터리를 이해하는 데 도움이 될 새로운 사실을 발견할 수 있을 것이다.

기 시작했다. 이런 방식의 사고는 군사적 상황에서도 영향력을 발휘하고 있는데, 군대 및 지휘 구조에 이 방식을 모방하고 있다.

아모디오의 연구팀은 문어가 매우 영리해질 수 있었던 또 다른 이유가 있다고 생각한다. 그 이유를 칼 지머는 《뉴욕타임스》에 다음과 같이 설명했다. 5억 년 전 달팽이 비슷하게 생긴 문어 조상에게 부유 장치로 사용할 수 있는 껍데기가 생겨났다. 껍데기에 기체가 채워져 있어서 바닷속에 깊이 들어가거나 해수면으로 나오기 위해서는 기체의 양이 조절되었을 것이다. 대략 2억 7,500만 년 전, 두족류의 조상은 진화하면서 껍데기를 상실했다. 왜 그렇게 되었는지는 명확하지 않지만, 그 덕에 해저를 더 쉽게 돌아다닐 수 있었고 껍데기가 있었으면 들어가기 어려운 공간에도 들어갈 수 있게 되었다. 그러나 껍데기가 없어졌기 때문에 특정 포식자의 공격에 더 쉽게 노출되었다. 문어들은 잡아먹힐 위협으로부터 몸을 숨기고 탈출하고 생존하기 위해 더 크고 더 뛰어난 뇌가 진화했을 수도 있다. 진화를 통해 이동과 위장에 최적화된 것이다. 그러므로 문어는 새로운 큰 뇌가 진화하는 대가로 수명이 짧아지게 된 것이다.[14] 그러나 결과적으로 달라진 특성이 문어를 완벽히 보호해주지는 못한다. 야생에서는 몸이 부드러운 문어가 껍데기가 있는 문어만큼 오래 생존할 수 없을 것이다.

생태 지능ecological intelligence과 사회 지능을 둘 다 가지고 있는 인간에게, 문어는 다른 형태의 지능도 수용하라고 가르친다. 모든 사람이 수학에 뛰어나거나, 걸작을 그리거나, 뇌 수술을 하거나, 우주선을 띄울 수 있는 게 아니다. 우리는 각자 고유한 사고·추론·문제해결 방식을 가지고 세상을 살아간다. 그런 차이의 가치를 인정할 필요가 있다. 인간이든 문어든 한 가지 변함없는 진실은 좋은 삶이란 환경에 적응하고, 경험에서 배우고, 장애를 극복하는 것과 관련 있다는 것이다. 이 목표들을 성취하기 위해 발휘할 수 있는 지혜가 바로 지능을 구성한다. 어쩌면 언젠가 우리는 머리에 집중된 뇌를 손가락과 발가락으로 분산시키지 않고도, 여러 뇌를 지닌 문어의 멀티태스킹 기술을 생명공학에 접목해 이용할 수 있을 것이다. 우리는 문어에게서 단기 이익과 장기 이익의 가치도 배울 수 있다. 의료 혹은 다른 분야의 개입으로 정신과 신체가 건강해질 수 있지만, 그것이 미래에 미치는 영향이 상당할 수 있다. 예를 들어, 성장 호르몬을 복용하면 당장 오늘은 더 좋아 보일지 모르겠지만, 수명이 크게 단축될 수 있다.

문어가 어떻게 죽는지 궁금해지면 문어 이야기가 훨씬 더 흥미로워진다. 사실 문어의 죽음은 소름 끼치는 비극이다. 문어는 짝짓기를 마치면 때맞춰 미치기라도 한 듯이 스스로 팔을 절단하는 죽음의 소용돌이 속으로 들어가 자멸한다. 섬뜩함에 관해서는 암컷 문어의 죽음을 따라올 게 없다. 암컷은 알을 낳고 나면 아무것도 먹지 않고 서서히 죽어간다. 알이 부화할 때면 어미는 이미 죽었을 가능성이 크다. 갇힌 상태에서 암컷은 한술 더 떠서 자해하려고 할 것이다.[15] 수컷도 짝짓기 의무를 수행한 직후에 쇠약해져서 갑자기 죽는다. 그러나 기괴한 방식으로는 암컷을 따라올 수는 없다. 순식간에 죽음으로 끝나는 이 야생의 방식은 오랫동안 과학자들을 난처하게 만들었다. 하지만 이러한 현상은 결국 문어 시신경선의 미묘한 조작 때문일 것으로 여겨지고 있다. 시신경선은 여러 필수 호르몬을 분비하는 인간의 뇌하수체와 기능적으로 유사한 기관이다. 문어 눈 사이에 있는 시신경선을 제

코끼리는 암에 걸리지 않는다

거하면 죽음의 행진이 멈추고, 문어의 운명이 완전히 바뀐다. 문어는 다시 먹이를 먹고 성장할 것이고, 더 오래 살 수 있다. 우리는 이 믿기 어렵고 독특한 죽음의 과정에 일어나는 모든 신호를 완전히 이해하지 못하지만, 이를 설명해주는 단서가 있다. 놀랍게도 콜레스테롤이다.

비록 콜레스테롤이 부정적인 말로 표현되기는 하지만, 조직과 세포막, 호르몬과 같은 중요한 물질을 구성하는 중요한 역할을 하므로 건강한 수준의 콜레스테롤이 우리 몸에 필요하다. 예를 들면, 비타민 D는 자외선에 노출된 피부 세포에서 콜레스테롤을 전구체 분자로 사용해서 만들어진다. 그러나 생명 유지를 돕는 이 콜레스테롤이 자기 파괴 호르몬으로 기능할 수 있다는 것을 누구도 몰랐다. 물론 콜레스테롤 그 자체가 스테로이드 호르몬인 것은 분명하다. 과학자들은 암컷 문어가 알을 낳은 후 그들의 시신경선에서 분비된 물질의 화학 성분을 자세히 분석했고, 거기에서 문어의 호르몬 작용과 불가피한 죽음 사이 깜짝 놀랄 연관성을 발견했다.

산란이 일어나면 암컷 문어의 시신경선은 극적인 변화를 겪으면서 많은 양의 스테로이드 호르몬을 생산하기 시작한다. 그 호르몬 중 하나가 콜레스테롤 분자의 전구체인 7-디하이드로콜레스테롤(7-DHC)이다. 인간의 경우, 7-DHC를 콜레스테롤로 전환하는 효소가 제 기능을 하지 못해서 스미스-렘리-오피츠 증후군이라는 유전 질환이 생기면 7-DHC가 혈액 속에 쌓이게 된다.[16] 어린이에게 발병했을 때 이 증후군은 심각한 발달 장애와 행동 장애 그리고 문어의 죽음에서 관찰되는 것처럼 반복적 자해를 유발한다. 2022년 이 연구 결과를 발표한 연구자들은 문어의 경우, 콜레스테롤 신호가 동물의 운명을 결정지였다면서 호르몬 장애의 힘이 얼마나 무서운지 알 수 있다고 언급했다.[17] 문어의 죽음은 단지 하나의 호르몬이 관여하는 과정이 아니라 그 이상으로 복잡하다. 그래도 시신경선이 번식 이외의 기능에 관여하고, 인간의 질병인 스미스-렘리-오피츠 증후군과 관련 있다는 것은 흥미롭다.[18]

과학자들은 문어가 그렇게 똑똑한데도 왜 장수를 누리지 못하는지를 두고 계속 논쟁하고 있다. 지금까지는 개체 조절이 이유라는 이론이 지배적이다. 그렇다면 문어와 정반대로 뇌가 없는데도 영생을 누릴 수 있는, 말도 안 되는 수중 생물의 마법은 어떻게 설명할까? 불멸의 해파리를 반갑게 만나러 가자.


## 영생하는 해파리?

문어와 해파리에 대해 헷갈리는 부분을 짚고 넘어가자. 두 종 모두 촉수가 달린 무척추동물이지만 밀접한 관련이 없다. 해파리는 영어로 젤리피시jellyfish지만 등뼈가 없으므로 물고기가 아니다. 똑똑하지도 않다. 정보를 처리하는 뇌가 없고 아주 단순한 감각기관을 가지고 있을 뿐이다. 그러나 우리가 주목해야 할 특별한 해파리가 있다. '불사 해파리'라고도 불리는 홍해파리는 성적으로 성숙해진 후에 어린 시절로 다시 회귀할 수 있다. 신체 손상이나 노화 또는 굶주림으로 심각한 위협이나 상해가 발생했을 때 바로 사용할 수 있는 특별한 생존 기술이다. 갑자기 생존이 위태로워 보인다면 때로는 시간을 처음으로 돌려 모든 것을 새로 시작하는 게 도움이 될 수 있다. 제2의 삶을 살 기회를 얻는 것이다. 인간의 새끼손톱보다도 작은 이 해파리는 스스로 재부팅하고 다시 태어나기 위해 발달 과정을 역전할 수 있다고 알려진 유일한 동물이다.[19]

세포 교차분화라 불리는 재생 과정은 2008년 개봉한 영화 〈벤자민 버튼의 시간은 거꾸로 간다〉의 주인공 벤자민 버튼과 같이 마법처럼 노화가 역행하는 것보다 훨씬 더 복잡하다. 죽어가는 성체 세포가 출아법을 통해 새로운 건강한 세포로 변형되어 삶의 초기 단계를 건너뛴 완전히 새로우면서도 유전적으로 동일한 해파리를 다시 만든다. 독특한 자기 복제 형태다. 이 불멸의 생명체는 반복적으로 죽음을 속이고, 유성생식 후에 생체 시계를 거꾸로 돌린다.

이 과정을 이해하기 위해 둥근 낙하산처럼 생긴 머리 아래로 촉수가 길게 늘어진 해파리를 머릿속에 그려보라. 이것이 해파리 성체의 모습이며 '메두사'라 부른다. 그러나 해파리가 처음부터 메두사의 모습으로 시작하는 것은 아니다. 해파리는 알이 수정된 후 유생 상태로 생을 시작한다. 유생 단계의 해파리는 작은 여송연 모양을 하고 달라붙을 바위나 다른 단단한 표면을 찾아 물속에서 나선형을 그리며 떠돌아다닌다. 유생은 변신을 거듭해서 마침내 작은 말미잘 같은 형태가 되는데, 이것을 폴립이라 한다.[20] 조건이 맞으면 폴립에서 출아를 통해 많은 메두사가 나온다. 메두사는 헤엄쳐 다니며 알을 낳고 죽는다.(해파리 생활사를 기술하는 과학자들은 해파리를 나비에 비유한다. 나비에게 폴립에 해당하는 애벌레 단계가 있기 때문이다.) 그런데 이 단계에서 홍해파리는 불멸의 삶을 나타낸다. 메두사가 죽으면 바다 바닥으로 떨어지는데, 세포의 순서와 구성이 바뀌어 폴립으로 변하기 시작하고, 그 폴립에서 새로운 해파리가 나온다. 그렇게 재생된 메두사는 유생 단계를 완전히 건너뛰고 새롭게 시작된 것이다.[21] 결국, 해파리는 자기가 죽어서 남긴 재에서 다시 탄생하며, 마법이나 진화적 속임수처럼 이 과정을 계속 반복할 수 있다.

인간은 절대 이런 위업을 이룰 수 없을 것이다. 그러나 2022년 스페인의 한 연구진은 인간 노화와 관련된 단서를 찾고 건강 수명을 높이기 위한 노력으로 불사 해파리의 유전자 지도를 발표했다.[22] 연구진은 홍해파리와 유전적으로 매우 가깝지만 번식 후 재탄생 능력은 없는 해파리의 유전체를 분석한 후 홍해파리 유전체와 비교했다. 그들이 논문에 밝힌 중요한 발견은 홍해파리에게 불멸성을 부여하는 게 하나의 분자 경로가 아니라 서로 활동을 돕는 여러 경로의 조합이라는 것이다.[23] 이것은 우리와도 관련 있다. 앞으로는 인간의 건강 수명을 연장하는 방법을 찾기 위해 단일 경로나 단순한 약물 하나에 초점을 두지는 않을 것이다. 여러 경로의 조합과 그 경로들을 이용하는 연금술 같은 방법이 있을 때 더 건강한 삶과 장수가 가능해지기 때문이다. 이 새로운 연구는 홍해파리가 DNA 수선과 복제 그리고 줄기세포 유지에도 뛰어나리라는 것을 암시한다. 줄기세포를 조명해보면 중요한 단서를 얻을 수 있을 것이다.

홍해파리의 불사 능력은 줄기세포를 이용한 치료법과 유사점이 있고, 더 나아가 의학에 적용할 수도 있을 것이다. 줄기세포 치료법도 한 종류의 세포가 다른 세포로 전환되는 과정이 수반된다. 우리는 해파리의 불멸 현상에서 새로운 지식을 얻어 파킨슨병과 같은 질환을 치료할 매우 전문화된 신경세포를 만드는 법을 찾을지도 모른다. 그렇게 되면 신경세포가 기능을 멈춘 환자의 뇌에 시험관에서 만들어진 새로운 신경세포를 주입해서 치료할 수 있을 것이다. 불사 해파리는 연구하기 어렵지만, 연구에 매진하는 전 세계의 많지 않은 과학자들은 이 해파리가 계통수의 뿌리에 속한다고 말하고 싶어 한다. 하지만 홍해파리가 생명의 비밀을 간직하고 있다고 해도 그것은 우리가 생각하는 지능에서 나온 게 아니다. 다음 장에서 우리는 줄기세포의 중요성을 고찰할 것이다. 인간에게 줄기세포는 불사에 최대한 가까이 갈 수 있는 특별한 세포 집합이다. 조기 사망을 피하는 법을 찾아 유아기로 회귀하고 아동기와 청소년기를 다시 보내지 않고도 세포를 재생할 수 있는 열쇠가 줄기세포에 있을지도 모른다.

## 정신 이상 돌고래

우리가 불사를 갈망하지 않는다면 어떨까? 그저 가능한 만큼만 온전한 정신으로 이 세상을 살다 가고 싶은 거라면? 돌고래는 신경퇴화를 이해하고 그것을 막을 수 있는 열쇠를 쥐고 있을까?

　　과학자들은 인간이 생식능력을 잃고 난 후에도 수십 년을 더 살았을 때 생기는 결과에 대해 오랫동안 의문을 가졌다. 대부분의 동물들은 가임기가 완전히 끝나면 거의 바로 죽는다. 하지만 돌고래는 인간처럼 자식을 낳을 수 있는 시기가 지난 후에도 한참 오래 산다. 유럽 과학자들은 2003년부터 2006년까지 스페인 해안에 떠밀려온 죽은 돌고래 떼를 연구하면서 인간과 동물 모두 가임기가 끝난 후에도 오래 사는 것이 알츠하이머병과 유전적 연관성이 있을 수 있다는 이론을 내놓았다.[24] 돌고래들이 좌초된 이유에 대해서는 수질 악화부터 지구 자기장 변화에 의한 혼동까지 여러 이론이 있지만, 확실히 밝혀진 것은 없다. 어떤 이유로 좌초되었든 그것은 연구자들에게 돌고래 뇌를 연구할 기회가 되었다. 연구 결과, 돌고래 뇌는 치매에 특징적으로 나타나는 악명 높은 베타 아밀로이드 플라크와 타우 단백질 엉킴을 보였다. 신경 연결을 방해하고 뇌에 염증을 일으켜 뇌 기능이 작동하지 못하게 하는 요인들이다.

2017년 옥스퍼드대학교 연구팀은 이 발견을 기반으로 한 추가 연구를 통해 알츠하이머병이 노화의 결과가 아니라 생식 가능 시기 이후에도 생을 유지하는 장수의 결과로, 번식 능력이 멈춘 후 신체 생리가 변하면서 생긴 질병이라고 결론 내렸다.[25] 오래 살아서 자손이 성장하는 것을 지켜볼 수 있게 된 데 따른 결과는 무엇일까? 바로 치매와 당뇨 위험이 커졌다는 것이다. 두 질환 사이의 연결고리는? 인슐린 신호의 변화이다. 인슐린 신호와 뇌 건강 사이 연관성이 뚜렷해 보이지 않을 수도 있다. 어쨌든 인슐린 하면 머릿속에 떠오르는 게 당뇨병이지 않은가. 하지만 인슐린은 혈중 포도당 수치를 조절하는 호르몬인데, 그러면서 뇌까지 영향을 미치는 많은 하류 효과를 낸다. 사실, 오늘날 알츠하이머병에 관한 논의에서 종종 당뇨가 언급되고 있다. 거의 모든 만성질환과 퇴행성 질환이 만성 염증과 연관 있다는 것이 《타임》에 실린 이듬해인 2005년, 알츠하이머병을 제3형 당뇨로 설명하는 연구들이 학술지에 서서히 등장하기 시작했다.[26] 이해를 돕기 위해 포

코끼리는 암에 걸리지 않는다

만성 염증의 위험성을 주제로 한 《타임》 2005년 표지

도당 대사에 관해 간략히 소개하겠다.

　포도당은 신체의 주요 에너지 공급원이다. 혈액에서 발견되는 주요 당으로 대체로 우리가 섭취하는 탄수화물에서 나온다. 포도당이 생명에 매우 중요한 만큼 우리 몸은 지방과 단백질 등의 다른 분자로부터 포도당을 만들 수 있다. 포도당은 이를 필요로 하는 신체 세포에 정확히 도달해야 하는데, 인슐린이 그 일을 한다. 음식을 먹어서 혈당 수치가 올라가면 췌장의 센서가 알아차리고 그에 대한 반응으로 인슐린이 분비된다. 인슐린은 포도당이 세포로 들어가서 세포 안에서 사용되거나 나중에 사용되기 위해 그 안에 저장되는 과정을 촉진한다.

피드백 루프가 존재하므로 인슐린 수치가 오랫동안 올라가면 세포의 수용체(센서)가 하향 조절되고, 세포는 인슐린에 대한 반응성이 낮아진다. 이것이 인슐린 저항성이다. 사람이 음식을 섭취하면 혈당 수치가 올라가는데, 인슐린 저항성이 있으면 세포가 인슐린에 효율적으로 반응하지 않으므로 혈당이 계속 높은 상태로 있게 된다. 그러면 같은 효과를 내더라도 더 많은 인슐린이 필요하게 되어 결국 제2형 당뇨로 이어진다. 참고로 말하자면, 낮에 먹는 간식은 인슐린 수치 상승을 유도하고, 시간이 지나면 인슐린 저항성을 유발한다.(인슐린 저항성이 있으면 90일간 평균 혈당치를 나타내는 당화혈색소(HbgA1C)의 수치가 상승한다.) 인슐린에 대한 반응성이 낮은 사람의 경우, 혈당 수치가 올라가면 시간이 갈수록 심장병, 신경 기능 문제, 면역계 이상, 심지어 알츠하이머병 위험 등 심각한 문제가 생길 수 있다.

우리 몸은 포도당이 세포로 전달되어 에너지로 쓰일 수 있도록 그곳에 안전하게 저장할 수 있어야 하는데, 혈당이 잘 조절되지 않는 당뇨가 있는 사람은 포도당을 세포로 효율적으로 전달하지 못하므로 당연히 혈당이 높다. 높은 혈당은 몸에 많은 손상을 가해 실명과 신경 손상, 감염 취약성, 심장병, 알츠하이머병으로 이어질 수 있다. 이런 연쇄적 사건들이 몸에 일어나는 동안 염증이 몸 전체로 마구 퍼진다. 제2형 당뇨가 전 세계적으로 급증하고 있는데, 특히 비만과 좌식 생활이 점점 일반화되고 있는 지역이 심하다.[27](제1형 당뇨는 병인이 다른 자가 면역 질환이며, 훨씬 오래전부터 있었다는 연구 문헌이 있다.)

위에서 방금 설명한 생물학적 작용은 뇌에서도 일어난다. 즉, 신경세포들이 기억과 학습을 포함해 필수적인 과제를 수행할 때 필요한 인슐린에 반응할 수 없게 된다. 인슐린 저항성은 알츠하이머병 환자 뇌에 존재하는 악명 높은 플라크의 형성을 촉발할지도 모른다. 일부 과학자들은 인슐린 저항성이 알츠하이머병 환자의 인지력 쇠퇴에 중심적 역할을 한다고 본다. 인슐린 저항성이 있으면 알츠하이머병의 발병 가능성이 있고, 당뇨이거나 당뇨 전 단계의 사람들이 치매 전 단계나 가벼운 인지 장애가 생길 위험이 크고, 이런 위험이 종종 알츠하이머병으로 진행된다는 것이 연구를 통해 입증되었다. 어떻게 보면 당뇨가 있으면 알츠하이머병 위험이 두 배 이상 커질 수 있다는 말이다. 일단 병의 징후가 나타나면, 일반적으로 상황을 역전시키는 것은 불가능하다고 볼 수 있다.

인슐린 신호 시스템과 그것의 피드백 루프는 인간과 돌고래의 진화에서 매우 중요한 자리를 차지한다. 인슐린 신호 체계가 있으므로 우리는 세포에서 사용할 에너지를 음식에서 얻을 수 있고, 나중에 사용할 목적으로 에너지를 세포에 저장할 수도 있다. 게다가 수명을 생식 가능기 이후로 연장하는 긍정적 효과도 있다. 그러나 인슐린 신호 시스템에는 잠재적 결점이 있다. 그중 중요한 것은 당뇨병과 알츠하이머병의 장기적 발병 위험이다. 인슐린 신호 시스템은 항상 관리하고 최적화할 필요가 있다. 만약 관리를 소홀히 하면 당뇨와 알츠하이머병이 나타날 수 있다. 아직도 인슐린과 장수의 연관성을 이해하는 게 어렵다면 인슐린이 일상적인 생물학적 기능과 작용의 많은 부분을 직간접적으로 조정하는, 신체에서 가장 중요한 호르몬 중 하나라는 사실을 생각해보라. 인슐린 경로는 우리의 성장과 발달 그리고 생식능력에 직접 관련되어 있을 뿐만 아니라 평생에 걸쳐 신진대사, 스트레스와 스트레스 저항성, 뇌세포 생존, 기억 보존에도 크게 관여한다. 이 모두가 궁극적으로 건강과 더 나아가 수명에도 영향을 미친다.

알츠하이머병을 호전시키기 위한 약물 연구의 역사는 실패로 점철되어 있다. 인체에 임상 시험을 시작하기 전에 연구할 수 있는 좋은 모델 시스템이 없는 것도 하나의 이유다. 연구를 통해 쥐의 유전자를 조작해 알츠하이머병과 관련된 플라크가 생기게 할 수 있지만, 증상이 있는 병으로 나타나지 않았다. 우리는 돌고래를 통해 알츠하이머병 치료 약을 개발하지는 않을 것이다. 하지만 분명 돌고래의 행동에서 이 끔찍한 질병에 관한 많은 것을 배울 수 있다.

인슐린 저항성을 켜고 끌 수 있는 특별한 인슐린 시스템이 있는 병코돌고래에게서도 배울 수 있다.[28] 병코돌고래는 낮 동안에는 배고픈 뇌에 공급할 혈당이 충분하도록 계속해서 먹으면서 인슐린 저항성 모드를 유지할 수 있다. 병코돌고래의 식단은 고단백 저탄수화물이므로 인슐린 저항성이 있는 게 유리하다. 따라서 인슐린 저항성 모드는 뇌의 요구를 유지하기에 충분한 혈당이 있게 한다. 그러나 밤에는 금식 상태이므로 인슐린 저항성 스위치가 꺼진다. 이미 연구를 통해 당뇨가 있는 사람들에게서 비정상적으로 활성화되는 '금식 유전자'가 발견되었으므로 병코돌고래 인슐린 시스템에 관한 발견은 인간의 당뇨를 제어할 방법이 있다는 증거가 될 수 있다. 병코돌고래가 인슐린 저항성을 바꿀 수 있다는 것은 금식 유전자가 비활성화되도록 명령하는 무엇인가가 있다는 말이므로 우리에게 돌파구가 열릴 수 있다. 그것이 무엇인지 알아낼 수 있다면 제2형 당뇨병의 새로운 치료법을 기대할 수 있을 것이다.[29]

코끼리는 암에 걸리지 않는다

알츠하이머병은 하나로 설명될 수 없는 복잡한 병이다. 이 병이 있는 모든 사람이 인슐린 조절에 문제가 있는 게 아니며, 다른 호르몬도 관여하고 있을 가능성이 있다. 알츠하이머병이 압도적 비율로 여성에게 많이 발병하므로, 최근 연구들은 에스트로겐 신호가 알츠하이머병 발병 위험에 어떤 영향을 미칠 수 있는지 조사하고 있다.* 그러나 남녀 통틀어 전체 알츠하이머병 환자의 80퍼센트 이상이 인슐린 신호 시스템이 정상적으로 작동하지 않으므로 인슐린 제어가 무엇보다 중요하다. 게다가 인슐린 신호는 알츠하이머병 같은 인지 저하를 예방하는 것뿐만 아니라 허리선부터 뇌까지 우리 몸의 많은 생명작용을 담당하는 신진대사에도 중요하다.

흥미롭게도 우리의 반려견도 알츠하이머병의 모델이 될 수 있다. 노령견의 14~35퍼센트에게 개 인지기능장애라 불리는 질환이 발병한다는 연구 결과가 있다. 워싱턴대학교에서 진행 중인 '반려견 노령화 연구 프로젝트'는 주인이 등록한 15,000여 마리 개의 질병을 연구하고 있다. 이 연구는 세계 각국 연구기관의 과학자들이 컨소시엄을 이뤄 진행하고 있다.(엘리노 칼슨도 그중 한 명이다.) 2022년, 연구진은 수집한 자료에서 인간 치매의 위험 요인을 그대로 보여주는 반려견 치매의 주요 위험 요인을 규명했는데, 바로 운동 부족이었다.[30] 주로 앉아서 생

---

* 폐경 후 여성의 에스트로겐 손실이 알츠하이머병 위험을 높인다면, 폐경 여성에게 에스트로겐을 제공하는 것은 유방암처럼 호르몬에 민감한 특정 암 발병 위험을 높일 수 있다. 뇌의 에스트로겐 수용체를 자극하면서 유방과 같은 신체 내 다른 부위에서 에스트로겐 활동을 차단하는 재치 있는 기법을 통해 미래에는 당뇨병과 알츠하이머병을 모두 예방할 수 있을지도 모른다. 그런 혁신적인 표적 치료법은 그리 멀지 않았다.

활하는 개일수록 인지기능장애가 심해지는 것으로 나타났다. 운동이 인슐린 경로의 주요 조절인자 중 하나이므로 인슐린 경로가 관련 있을 수 있다. 이 발견은 관찰에 기반한 것이지만 진지하게 받아들일 만하다. 덧붙이자면, 운동이 인슐린 신호 경로를 지원하고 혈당량 조절을 도울 수 있다. 최근에 시행된 반려견 노령화 연구 프로젝트에서는 개의 인슐린 신호 시스템을 연구하지 않았지만, 앞으로 진행될 연구들은 우리가 배울 수 있고 반려견의 건강과 수명을 높이는 데도 도움이 되는 인슐린 신호 시스템과의 많은 상관관계를 찾아낼 것이다.

많은 사람의 치매에 대한 두려움은 암이나 심지어 죽음 자체에 대한 두려움을 압도한다. 3초마다 이 세상의 누군가는 치매에 걸리고 있고, 노화를 경험하면서 치매 환자 숫자는 전염병 수준에 도달할 것이다. 그러나 우리는 지금 할 수 있는 것을 함으로써 이 통계치를 바꿀 수 있다. 치매는 일반적으로 증상이 나타나기 수십 년 전에 조용히 발병한다. 나중에 나이 들었을 때 병증으로 나타나는 뇌의 오작동은 하룻밤 사이에 일어나지 않는다는 말이다. 수년 또는 수십 년에 걸쳐 축적되어 나타난다. 그러니 지금 당신의 나이가 적든 많든 오늘부터 치매 예방을 위한 건강관리를 시작하자.

코끼리는 암에 걸리지 않는다

# 문어처럼 과감하게 행동하라

지능은 여러 가지 형태로 나타나고, 다양한 방식으로 정의될 수 있다. 문어와 같은 지구상에서 가장 똑똑한 동물 종들은 인간보다 훨씬 먼저 지구상에 등장했고, 완전히 별개의 계통수 가지에서 '지능'을 진화시켰다. 그들은 우리에게 시험 점수나 군집성 외에 지능의 다양한 면과 특성이 있음을 이해하라고 가르친다. 지적 능력이 있다고 해서 장수할 수 있는 것은 아니다. 그러나 정신적 능력을 보존한다면 인지 능력의 저하 없이 온전한 정신을 유지하는 데 도움이 될 것이다. 이를 위한 한 가지 방법은 몸과 뇌에 건강한 혈당 균형을 맞추는 것이다. 인슐린 신호 시스템을 정상적이고 건강하게 유지하자. 흔히들 당뇨병을 대사와 체중에 영향을 미치는 병이라 생각하지만, 우리가 살아있는 한 혈당 불균형은 뇌 기능과 염증 수치, 논리적 사고 능력에도 지대한 영향을 미칠 것이다.

인슐린 수치는 다른 무엇보다 식습관에 주의를 기울인다면 충분히 조절할 수 있다. 이전 장에서 다뤘던 내용을 기반으로 몇 가지 살펴보면 다음과 같은 방법이 있다.

• 과잉 당 섭취를 최소화하고(지중해식 식단에 한 표) 사과와 양파, 아스파라거스, 바나나 같은 음식에서 발견되는 천연 프리바이오틱스

(다음 장 참조)를 포함하는 저혈당 지수 식단을 따르라.

- 규칙적인 식사 시간을 지켜라. 신체의 선천적 항상성, 즉 신체가 선호하는 평형 상태를 뒷받침하기 위해 매일 일정한 시간에 식사하라. 불규칙적이고 일정하지 않은 식사 시간은 몸에 부담을 주고, 스트레스 호르몬 급증과 같은 부정적인 생물학적 반응을 촉진한다.
- 간식을 먹지 마라. 간식은 자연스러운 신체 리듬과 호르몬 신호를 방해할 수 있다.

정상 체중과 과체중 사이 경계선을 나타내는 핵심 지표이자 질병 위험의 일반적 척도인 체질량지수를 주시하라.

체질량지수가 높아지는 것은 신체가 균형 상태에서 벗어나고 있음을 의미할 수 있다. 나이가 들면서, 특히 40세가 넘으면 혈당 균형을 맞추는 것은 다양한 이유로 제어하기 더 어려울 수 있다. 혈당 불균형은 체질량지수로 감지되는 체중 증가로 이어지고, 특히 허리선에 지방(복부지방)이 붙는다. 복부지방은 대체로 건강에 좋지 않은 일종의 내장지방으로, 주요 장기 주변을 감싸고 있으면서 불균형을 가중하는 호르몬들을 분비한다. 다행히 조심하기만 한다면 다시 건강한 균형 상태로 되돌릴 수 있다.

마지막으로 최적의 뇌 기능을 제대로 지원할 수 있도록, 감성 지능과 사회적 지능의 개선을 위해 노력하길 바란다. 문어처럼 가끔 외톨이가 되어도 좋지만, 우리는 사회적 동물이다. 다양한 방식으로 서로가 필요할뿐더러 우리의 사회성은 인지 능력에도 강력한 영향을 미친다. 유대감은 인지능력의 쇠퇴를 막는다. 여러 차례 입증된 사실이지만 마지막 장에 가서 조금 더 자세히 다루기로 하겠다. 우선 지금은 일상

속 대인관계에서 유대감을 향상할 방법을 생각해보자. 문어가 대담하게 수족관에서 탈출하듯 우리도 자신의 한계에서 벗어날 방법을 찾아보자. 그리고 다른 사람에게 관심을 보이는 것도 잊지 마라. 먼저 그들의 친구가 되어보자.

2015년 1월 31일에 찍힌 67P/추류모프-게라시멘코 혜성의 놀라운 사진. 이 혜성은 1969년 10월 22일 러시아 알마아타 천문대 과학자들이 발견했다. 지구에서 발사된 탐사 로봇이 궤도를 그리며 돌다 착륙한 혜성은 이 혜성이 최초다. 추류모프-게라시멘코 혜성은 목성과 화성의 궤도를 가로지르는 궤도에서 태양 주위를 돌며, 지구 궤도에 가까이 접근하지만 닿지는 않는다. 사진에 보이는 것은 혜성에서 나오는 유기분자와 산소 분자 분출물이다. 67P은 67번째로 발견된 주기 혜성임을 뜻하고, 추류모프와 게라시멘코는 이 혜성을 발견한 사람들 이름이다.

# 10장

# 보이지 않는 편승자

## 미생물, 마이크로바이옴, 불멸의 줄기세포

> 우리 DNA에 들어있는 질소, 치아 속 칼슘, 혈액 속 철분, 사과 파이 속 탄소는 붕괴하는 별의 내부에서 만들어졌다. 우리는 모두 별을 구성하는 물질로 만들어졌다.
>
> —칼 세이건

서로 다른 종들에서 지능이 한 번 이상, 다른 경로를 통해 진화했다는 의견은 많은 종류의 흥미로운 질문을 던지게 한다. 가장 근본적인 질문은 이 모든 생명체가 어디에서 나왔는가 하는 것이다. 만일 인간과 문어의 마지막 공통 조상이 6억 년 전의 벌레같이 생긴 생명체라면 그 후로 어떤 일이 벌어진 것일까?

5억여 년 전, 그야말로 엄청난 일이 벌어졌다. 오늘날 우리가 자연계에서 보는 껑충 뛰고, 기어 다니고, 꿈틀거리고, 날고, 미끄러지듯 기어가고, 걷고, 몸을 흔들고, 입김을 내뿜고, 춤추고, 달리는 거의 모든 동물이 캄브리아기 대폭발로 출현했다. 대략 5,300만 년 동안 이어진 캄브리아기에는 지구상에 거주하는 유기체에 엄청나게 많은 진화와 변화가 일어났다.('캄브리아'는 영국 웨일스의 로마식 이름이다. 저명한 영국 지질학자이자 성공회 신부인 애덤 세지윅이 웨일스에서 고대 암석층을 연구했는데, 그 지질시대를 캄브리아기라고 명명했다. 찰스 다윈도 그의 강의를 들었다고 알려져 있다.) 대부분 유기성 퇴적물과 단세포 원핵생물들이 바다를 채우고 있던 지구는 나중에 육지로 올라갈 다세포 진핵생물들을 맞이하게 되었다.

말 그대로 '고대 생명체의 시대'인 고생대의 첫 번째 지질시대인 캄브리아기에 지구의 모습은 지금과 매우 다르다. 과학 뉴스 웹사매체 라이브사이언스는 이렇게 묘사하고 있다.

"캄브리아기 초기에 지구는 전반적으로 추웠지만, 원생누대의 빙하가 서서히 줄어들면서 점차 따뜻해졌다. 구조적 증거를 보면 단일 초대륙 로디니아가 분리되었고, 캄브리아기 초기에서 중기 무렵에는 대륙이 두 개 있었음을 알 수 있다. 남극 근처의 곤드와나는 나중에 지금의 아프리카, 호주, 남아메리카, 남극대륙, 아시아 일부 지역이 되는 초대륙이었다. 적도 근처의 라우렌시아는 현재 북아메리카의 많은 지역과 유럽 일부 지역을 이루는 땅덩어리였다. 빙하가 녹으면서 육지가 물에 잠기게 되어 해안 지역이 증가하고 수심이 얕은 바다 환경이 형성되었다."[1]

캄브리아기 초기에 해저는 미생물로 덮인 두터운 진흙층이었다. 캄브리아기 대폭발 동안 동물의 다양성이 증가하고 진화가 폭발적으로 일어난 것은 바다에 산소가 증가했기 때문일 수 있다. 유명한 생명의 나무(즉 계통수)가 이때 뿌리를 내렸지만, 그로 인한 새로운 생명

코끼리는 암에 걸리지 않는다

폭발이 점진적인 산소 증가와 비례해서 일어나지는 않았다. 새로운 연구에 따르면, 수천만 년에 걸쳐 바다의 화학적 성질이 바뀌고 그 결과 생물의 서식지가 바뀌면서 산소의 증가와 감소, 즉 '펄스pulse'가 반복되었다. 새로운 생명체가 출현하고 포식자와 먹잇감의 관계가 성립되면서 일종의 군비 경쟁 같은 공진화가 시작되었고, 이는 생명의 다각화를 더욱 가속했다.

지금은 멸종된 해양 무척추동물 삼엽충(바퀴벌레와 조금 비슷하게 생겼다)이 캄브리아기에 가장 흔한 동물 중 하나였는데, 3억 년 동안 살아남아 진화의 가장 큰 성공 사례로 손꼽힌다.[2]

과학자들은 캄브리아기 대폭발을 촉발한 것이 무엇인지를 두고 지겹도록 논쟁을 벌인다. 지각판 변동의 지질학적 힘이 물리적, 화학적, 생물학적 영향을 미쳤다는 주장부터 궁극적으로 새로운 생명을 지원하는 산소 수치가 시계추처럼 변동했기 때문이라는 것까지 많은 가설이 제기되었다. 생명 대폭발을 촉발한 것이 무엇이든 이 사건을 기점으로 46억 년 지구 역사가 불균등한 두 부분으로 뚜렷이 나뉘었다. 즉, 복잡한 생명체 출현 전과 그들의 진화 후로 나뉘었다. 회귀선 북쪽으로는 대부분이 끝없이 펼쳐지는 바다였고, 남쪽으로 곤드와나라고 불리는 초대륙이 있었다. 캄브리아기 내내 지구의 모습은 지금과 매우 달랐다.

캄브리아기 이후 지질학 역사에는 티라노사우루스와 다른 공룡들을 멸종시킨 사건까지* 모두 다섯 차례의 대멸종이 있었다. 그러나 캄브리아기에 일어난 멸종은 우리가 알고 있는 일종의 생명의 폭심지 같은 중대한 분기점을 나타낸다. 우리는 화석을 통해 과거에 어떤 동물이 지구 위를 걸어 다녔는지 간단한 기록을 살필 수 있다. 전 세계적으로 캄브리아기 이전 화석은 얼마 되지 않지만, 캄브리아기를 전환점으로 많은 화석이 발견되었다. 이때의 동물들은 멸종되기 고작 수천만 년 전[3] 출현했는데, 이는 지질학 세계에서 비교적 짧은 시간이다.**

우리 인간이 지구에 출현한 것은 훨씬 더 최근이다. 지구 연대표를 하루 24시간으로 표현한다면, 우리는 자정이 되기 바로 직전에 문을 두드린 것이다.

인류가 지구에 존재한 시간은 지구 역사의 1퍼센트도 안 된다. 이를 개념화할 수 있는 또 다른 방법이 있다. 비유하자면 손톱을 깎았을 때, 우리가 지구상에 존재했던 기간은 그 손톱 조각보다 짧다. 어쩌다 보니 '살아있는 화석'의 좋은 예가 된 투구게와 비교해보자. 투구게는 지난 4억 4,500만 년 동안 실제로 변화한 것 없이 줄곧 지구상에 살고 있다. 투구 모양의 튼튼한 이 녀석들의 등장은 공룡이 출현하기 전인 캄브리아기로 거슬러 올라간다. 녀석들은 여섯 번의 대멸종을 견뎌냈고, 오늘날에는 우리에게 생명선을 제공하고 있다. 투구게의 혈액은 문어 혈액처럼 구리가 포함되어 있어서 희뿌연 파란색을 띠는데, 박테

---

* 6,600만 년 전 폭이 대략 10km인 소행성 칙술루브가 오늘날의 멕시코 유카탄반도에 떨어지면서 공룡을 포함해 모든 종의 대략 75퍼센트가 멸종했다. 소행성 충돌이 지구 전체로 전달되면서 거의 모든 생명체가 사라진 것이다. 대기 중에 그을음이 쌓여 햇빛 대부분이 지구에 도달하지 못하게 막았고, 그 결과 광합성이 일어나지 못해 대규모의 급격한 멸종을 초래했다. 몇 년 안에 박테리아를 시작으로 생명체는 다시 살아났다.

** 캄브리아기 이전 시대와 캄브리아기를 구분하는 물리적 증거를 보고 싶다면, 아시아(시베리아)와 북아메리카(캐나다 동부의 남쪽 해안)에 가면 화석들로 채워진 지층을 발견할 수 있다.

코끼리는 암에 걸리지 않는다

### 지구의 46억 년 연대표

|  | 나이 | 지구 나이 대비 비율 |
|---|---|---|
| 원핵생물(단순세포) | 35억~38억 년 | 76~82% |
| 진핵생물(복합세포) | 20억 년 | 57% |
| 다세포 생물 | 10억 년 | 22% |
| 단순한 동물 | 6억 년 | 13% |
| 어류 및 캄브리아기 대폭발 | 5억 년 | 11% |
| 포유류 | 2억 년 | 4% |
| 조류 | 1억 5,000만 년 | 3% |
| 호모 출현 | 2,500만 년 | 0.05% |
| 현생 인류 | 20만 년 | 0.004% |

리아에 의해 생긴 독소를 감지할 수 있는 물질 리물루스 아메보사이트 라이세이트Limulus Amebocyte Lysate의 유일한 천연 공급원이다. 전 세계 제약회사들이 백신을 포함하는 안전하고 독소 없는 주사약을 개발하거나 인공 무릎 관절과 인공 고관절 같은 혈액과 접촉할 수 있는 무균 의료용품을 생산하기 위해 투구게에 의존하고 있다.*

---

\* 투구게 혈액은 세균이 있으면 바로 응고하므로 독소 검출 성분으로 사용될 수 있는데, 미국 FDA는 1977년에 약품과 백신을 시험할 때 투구게 사용을 승인했다. 그런 혈액 반응 덕에 제약회사들은 제품이 오염되지 않도록 할 수 있다. 투구게 혈액은 일종의 리트머스 시약이라고 할 수 있다. 혈액을 뽑아낸 후 투구게를 바다로 돌려보내고 있지만, 환경 운동가들은 결국에는 많은 투구게가 죽게 되면서 멸종 위기에 처할 수 있다고 우려한다. 2016년, 투구게 라이세이트의 대안으로 만든 '재조합 C인자(rFC)' 사용이 유럽에서 승인되었고, 미국 FDA에서도 2020년에 공식적으로 승인됐다.

캄브리아기 대폭발이 어떻게, 왜 일어났는지에 대한 이론은 매우 많다. 다윈도 복잡한 구조를 지닌 동물들이 갑자기 출현한 이유를 설명하기 위한 게임에 참여했다.[4] 산소 이론도 여러 가설 중 하나이다. 그런데 정말로 이 모든 것이 산소에 초점 맞춰 설명된다면 왜 특정 유기체들은 캄브리아기 이전에 산소가 있었는데도 아무런 변화 없이 10억 년 이상을 살았을까? 그 생명체에게도 분명 산소가 필요했다. 하지만 산소가 더 많아졌다고 항상 좋을 수는 없었을 것이다. 모든 이론 중에서 암 이론은 정말 새로운 지평을 여는 주목할 만한 것이다. 복잡한 생명체들이 생겨난 게 암의 똑똑한 시스템 덕분일 수도 있지 않을까?[5]

대서양 투구게. 미국 투구게라고도 불리며 북미에서 발견되는 유일한 투구게 종이다.

코끼리는 암에 걸리지 않는다

# 암 이론

우리가 살아가기 위해 산소가 필요하다는 것은 누구나 안다. 그러나 항상 그랬던 것은 아니다. 서던덴마크대학교 지질학자 엠마 하말룬드에 따르면, 물질대사를 통한 연소로 "산소는 동물들에게 에너지를 생산할 수 있는 독특한 방법을 제공하는지도 모른다."[6] (물질대사가 일련의 작용을 거쳐 산소를 이용해 음식을 에너지로 바꾸는 느린 형태의 연소라고 생각하니 재미있지 않은가?) 그러나 연료 형태로의 전환은 간단하지 않았다. 약 24억 년 전, 식물계에 광합성이 등장하면서 많은 미생물에게 치명적일 수 있는 수준까지 산소가 축적되었다. 미생물에게는 주요 화합물의 구조를 파괴해 손상을 일으킬 수 있는 불안정한 분자인 활성산소로부터 자신을 보호해주는 효소가 없었다. 시간이 흐르면서 선택압에 따라 산소를 이용해 에너지를 얻을 수 있고 산화 스트레스에 의한 손상을 막을 수 있는 유기체들이 살아남았다.[7]

그러나 산소가 캄브리아기 대폭발의 주된 원인이 아니라면 어떨까? 2018년, 하말룬드는 캄브리아기 대폭발 동안 지구의 변화가 동물들의 생명작용 안에서 시작되었을지도 모른다는 혁신적인 새로운 이론을 내놓았다.[8] 하말룬드의 흥미로운 이론은 종양에서 발견되는 단백질을 근거로 한다. 환경 변화가 대규모 진화를 촉발했다고 보는 산소 이론과 다르게 암 이론은 생명 대폭발이 내부에서 기원했다고 본다. 어떻게 가능한지 보자.

우선 우리가 명심해야 하는 두 가지 중요한 사실을 생각해보자. 첫째, 줄기세포는 다세포 생물의 생존을 위한 핵심요소이며, 조직 안에서 세포 증식을 끊임없이 해야 한다. 줄기세포는 조직을 구성하는 어떤 형태의 세포로도 분화하고 새로운 세포를 만들 수 있는 만능 세포이다. 우리 몸은 수조 개의 세포로 이루어져 있다. 몸이 유지되기 위해서는 끊임없이 세포를 보충해야 하고, 어떤 세포들은 더 자주 보충되어야 한다. 조직 속에 조용히 존재하는 줄기세포가 이것을 가능하게 한다. 둘째, 줄기세포는 산소가 많은 것을 좋아하지 않는다. 산소가 있으면 줄기세포가 성숙한 세포로 분화하므로 원하는 새로운 세포를 만드는 능력이 사라지기 때문이다. 그러나 줄기세포가 암에도 있고 피부나 망막처럼 산소가 많은 환경에도 존재하므로 여전히 명확히 밝혀지지 않은 점들이 있다. 우리는 실험실에서 암세포를 연구함으로써 어떻게 산소에 흠뻑 젖은 조직에서도 줄기세포가 보존되는지 엿볼 수 있을 것이다.[9]

암세포는 진화의 경이로운 결과이다. 즉 자연이 지닌 특별한 재능의 나쁜 결과이다. 하나의 불량 세포로 시작한 것이 반복적인 자기 복제를 통해 다세포 실체로 비약적 발전을 이룬다. (익숙한 이야기처럼 들리는가? 우리 조상인 동물들이 그렇게 했다.) 모든 암에는 줄기세포가 있고, 그것들은 산소가 많이 있든 없든 종양이 계속 번성하도록 돕는다. 건강한 조직에 있는 줄기세포와 마찬가지로 암 줄기세포도 불멸이다. 암 줄기세포는 종양 세포의 아집단으로, 분열을 통해 자가복제하고 종양을 구성하는 여러 세포 유형을 생성할 수 있다.[10] 하지만 이들은 산소를 다룰 때 특정한 생물학 기전인 HIF-2$\alpha$라는 단백질을 사용한다(HIF는 저산소 상태 유발 인자를 말한다.)

HIF-2$\alpha$ 단백질은 신체 기능에 필수적인 HIF 복합체의 한 부분이다. 특정 영역에 산소나 영양분이 더 필요하다는 것을 알아차리고 그것을 신체에 알리는 센서이자 신호 전달 분자라고 생각하면 된다. 예를 들어, HIF-2$\alpha$ 단백질은 조직으로 산소가 더 많이 전달될 수 있도록 새로운 혈관 형성을 자극하고, 신장에 에리스로포이에틴 호르몬을 더 많이 생산하라고 지시할 수 있다. 그러면 이 호르몬은 골수에 신호를 보내 산소를 운반하는 적혈구를 더 많이 만들게 한다. 우리가 높은 산을 오를 때 높은 지점에 도달하면 기압이 낮아져 산소가 폐로 잘 전달되지 않는데, 그때 이 단백질이 열심히 일하게 된다.

HIF-2$\alpha$ 단백질은 척추동물에게만 있다. 여기에서 중요한 점은 동물에게 적혈구가 생기기 전부터 이 단백질이 존재했다는 것이다. 하말룬드가 논문에서 언급했듯이, 이는 동물들이 혈액으로 조직에 산소를 공급할 수 있기 전에 줄기세포의 성질을 제어하고 유지하는 방법을 찾아야 했다는 이론을 뒷받침한다.[11] 생명의 진화를 촉진하는 외부 환경에서 산소의 역할이 더욱더 중요하지 않다는 말이다. 하말룬드의 연구는 저산소 상태의 잠재적 이점에 관한 가벼운 질문을 던지게 한다. 저산소 상태가 때로는 우리 몸에 좋을 수도 있을까? 하말룬드는 출산 과정을 예로 든다. 배아가 빠르게 분열하는 임신 초기의 저산소 상태는 태아가 탯줄로 모체의 혈액 공급과 완전히 연결되기 전에 태반의 정상적 발달을 주도하는 신호로 작용한다.[12]

산소의 힘을 활용할 수 있게 적응했더라도 단점이 생기기 마련이다. 마침내 우리는 복잡한 신체 기관과 큰 뇌로 진화할 수 있었지만, 생존하기 위해서 산소에 의존하고 있고, 게다가 큰 뇌는 그만큼 많은 에너지가 필요하다. 산소 공급이 차단되고 4분 후면 뇌는 영구적 손상이 일어나 곧 죽음으로 이어진다. 또 다른 단점은 HIF 단백질이 통제 불능 상태가 되면 생체 조직의 구조와 기능을 변경해서 암의 성장과 진행을 촉진한다는 것이다. 다시 말해, 산소의 에너지 방출 능력을 이용하는 데 따른 불가피한 부작용으로 암이 생길 수 있음을 시사한다.[13]

노화 방지 연구의 일환으로 줄기세포 기술 연구가 활발히 일어나고 있지만, 여전히 알아야 할 게 많이 남아있다. 대중 과학에서는 줄기세포가 많은 질병의 치료제가 될 수 있고 손상된 조직을 재생시킬 수 있으며 심지어 불사의 비법이 될 수 있다고 광고한다. 그러나 인간의 줄기세포는 일반적으로 배양 단계와 배아 단계에서만 불멸한다. 다시 말해, 배아 줄기세포와 성체 줄기세포(자궁에서 배아 단계가 지난 후의 줄기세포) 사이 차이점이 있다. 배아 줄기세포와 확연히 다른 성체 줄기세포는 매우 중요하다. 보통 특정 기관이나 위치에 존재하는 특이적 세포로, 분화될 수 있는 세포가 제한되어 있다. 예를 들어, 골수 줄기세포는 다른 혈액 세포로 분화될 수 있지만, 갑자기 뇌세포나 췌장 세포를 대체할 수는 없다. 앞서 8장에서 언급했던 야마나카 신야 박사는 성체 줄기세포에 네 가지 핵심 성장 조절 단백질('야마나카 인자')을 추가하면 만능 줄기세포로 전환될 수 있음을 발견했고, 그 공로로 존 거든과 함께 2012년 노벨 생리의학상을 받았다. 그 발견으로 개인 맞춤식 치료용 줄기세포를 만들 수 있는 길이 열렸다. 한 단계 더 나아가 2022년 초에 야마나카와 교토대학교 동료 연구자들은 유도된 만능 줄기세포를 이용해 만든 각막 조직을 이식한 결과, 거의 실명한 피험자 4명 중 3명이 부작용 없이 시력이 향상되었다고 발표했다.[14]

줄기세포로 병을 치료하는 미래가 기대되는 것은 분명하지만, 병

코끼리는 암에 걸리지 않는다

을 더 잘 알고 치료하기 위해 줄기세포의 작동 원리를 이해하는 것도 흥미진진한 일이다. 나는 교토에서 야마나카 교수와 함께 긴 저녁 식사 자리를 가지면서 상처 치료에서 줄기세포의 역할에 대해 논의했다. 넘어져서 팔꿈치 피부가 벗겨지면 줄기세포가 활성화되고 상처 치유가 시작된다. 상처 치유 부위(딱지)는 원래 상처 부위보다 더 커지다가 성장을 멈추고 벗겨진 피부에 맞춰 본래 크기로 돌아간다. 상처 치유 과정은 마치 암처럼 미친 성장을 보이지만, 곧 성장을 멈추고 원래 크기로 돌아가는 성질이 있다. 이것이 줄기세포와 암의 차이를 명쾌하게 알려준다. 이 차이를 잘 이해한다면 암을 치료하기 위한 아이디어가 여기에 숨어 있을 수도 있다.

요약하자면 줄기세포는 우리가 진화해온 과거의 알려지지 않은 영웅이며, 우리를 장수하게 하는 미래의 탁월한 영웅이 될 수도 있다.


## 우주 이론

생명의 기원에 관한 가장 흥미롭고 조금 억지스럽기도 한 이론은 2018년 세계 유수의 연구기관 소속 인상적인 33명의 연구자가 제기한 것으로, 그들은 우주 공간에서 지구로 생명의 씨앗이 날아왔다고 주장하는 논문을 발표했다. 그들이 세운 가설은 이렇다.

대략 41억 년 전 지구 환경이 씨앗이 번성할 수 있는 상태가 되자마자 생명을 품은 혜성에 의해 이곳 지구에 생명의 씨앗이 뿌려졌을 것이다.

척박한 우주 환경에도 강하고 잘 견딜 수 있는 박테리아와 바이러스, 그보다 더 복잡한 진핵세포, 수정란, 씨앗 같은 것이 계속해서 지구로 유입되어 지구의 진화를 촉진하는 중요한 원동력이 되었다. 그 결과 상당한 유전적 다양성을 초래했고 이는 인류의 출현으로 이어졌다.[15]

캄브리아기 대폭발 동안 갑작스러운 동물들의 대량 출현을 설명하기 위해 연구자들은 "수억 년 전 얼음덩어리에 냉동 보존된 오징어 알 또는 문어 알이 지구에 도달했고" 그것이 "약 2억 7천만 년 전 문어가 지구에 갑작스럽게 출현한 것"을 설명해준다고 말한다.[16] 이 말은 연구자들이 다른 별에서 외계 문어와 오징어가 들어왔을 가능성을 고려한다는 뜻이다. 그들은 주장을 뒷받침하기 위해 지구 혼자 힘으로 생명의 기원이 발생하려면 "기적"이 필요했을 것이라 말한다. 그렇다면 새로운 유전 정보의 기원은 무엇일까? 이 우주 이론에 따르면, 유전 물질은 우주에서 태어난 바이러스 형태로 지구에 도착했다. 연구자들은 그 우주 바이러스를 "알려진 우주에서 가장 풍부한 정보를 가진 자연계 중 하나"라고 부른다. 그들은 "인류의 진화와 관련된, 실제로는 모든 동식물의 진화와 관련된 가장 중요한 유전자는 대부분 외계에서 기원해 주로 유전 정보가 풍부한 바이러스 입자로 은하계를 건너왔을 가능성이 있다."라고 덧붙였다.[17]

생명의 외계 기원설은 새로운 개념이 아니다. 생명의 기원이 과학계에서 풀리지 않은 큰 수수께끼로 남아있는 동안 내내, 그러니까 아주 오랜 시간 동안 과학자들은 이 가능성에 대한 의견을 교환해왔다. 그들 대화에 신의 개입 이야기는 포함되지 않는다. 그것은 끝나지 않는 이 이야기의 또 하나의 장을 구성한다. 물의 기원도 여전히 밝혀지지 않았고 의견이 분분한데, 물이 우주 공간에서 왔을 수 있음을 나타내는 새로운 증거가 나왔다. 2020년 미국 워싱턴대학교와 프랑스 로렌대학교 공동 연구진은 지구의 물 대부분이 어떤 운석에 의해 지구로 전달된 수소에서 만들어졌을 수 있다는 것을 증명했다.[18] 이는 많은 공상과학 이야기의 좋은 소재로 쓰이지만, 우주 공간을 건너와 이뤄진 타화 수분이 완전한 허구는 아니다. 더 놀라운 것은 타화 수분이 한 방향으로만 이뤄지는 게 아니라는 것이다. 지구에 사는 우리도 이미 외계로 생명의 씨앗을 뿌렸을 가능성이 있다. 6,600만 년 전 거대한 소행성이 지구와 충돌하면서 공룡을 포함해 지구 생명체 대부분을 멸종시켰다. 그때 발생한 엄청난 충격으로 지구의 파편들이 중력을 뚫고 수십억 킬로미터 떨어진 우주 공간으로 분출되었다. 뉴멕시코 로스앨러모스 국립연구소에서 시행한 컴퓨터 시뮬레이션 결과, 칙술루브 소행성 충돌로 분출된 지구 토사물이 태양 주위 궤도로 발사되었을 수 있고, 시간이 흐르면서 그 지구 파편들이 결국 태양계의 다른 행성과 위성 표면에 도달하게 된다는 것이 확인되었다.[19]

증거가 더 필요하다면 지구에서 발견되는 화성의 암석 조각도 같은 사건을 겪고 지구에 도달한다는 것을 생각해보라. 즉, 소행성이 화성과 충돌하고, 그 여파로 파편이 은하계로 분출되고, 그 분출물이 결국에는 다른 행성과 위성에 착륙하게 되는 것이다. 2013년 학술지《에스트로바이올로지》에 실린 한 논문은 10억에서 20억 년 전 칙술루브 소행성에서 떨어져 나온 수만 파운드에 달하는—생명의 씨앗을 품었을 가능성이 있는—파편들이 멀리 떨어진 행성과 위성 표면에 착륙했을 수 있다고 추정했다.[20] 과학자들은 지구와 화성의 위성이 모두 생명이 살 수 있는 환경을 가지고 있다고 믿는다. 게다가 컴퓨터 시뮬레이션에 따르면, 지구에서 분출되어 우주를 떠도는 잔해 중 일부는 여전히 살아있는 미생물을 포함하고 있을 가능성이 있다. 스릴러 작가 더글러스 프레스턴이 《뉴요커》에 썼듯이 "칙술루브 소행성은 지구의 생명체를 파괴하는 그 순간 태양계 전체에 생명의 씨앗을 뿌렸을 수 있다."[21]

## 편승자와 우리

칼 세이건은 선견지명이 있는 과학자였다. 우주에 관한 그의 지식은 비범하고 호기심을 자극하며, '창백한 푸른 점'이라고 부르는 지구의 보통사람들에게 복잡한 천체물리학을 설명하는 방식은 놀라울 뿐이다. 그는 역사상 가장 위대한 과학 지식 전달자 중 한 명이다. 칼 세이건이 우리는 모두 별로 만들어졌다고 말했을 때, 얼마나 많은 사람이 머리를 긁적이며 그에게 어디 증명해 보라고 말하고 싶었을지 나는 그저 상상만 할 뿐이다. 그러나 그의 말이 옳았다. 미생물과 바이러스가 다른 은하계에서 왔는지 어떤지 절대 알 수 없을지도 모르지만 사실, 우리 모두 궁극적으로는 별의 구성 물질로 이루어져 있다. 이것이 어떤 사람들에게 충격적으로 들릴 수도 있겠지만, 우리는 이 사실을 제대로 이해해야 한다. 결국, 우리가 누구냐 하는 문제이기 때문이다.

앞에서 언급했듯이 유전체 안에는 우리 자신의 유전자보다 바이

코끼리는 암에 걸리지 않는다

러스의 유전 물질이 더 많이 들어있으므로 우리는 인간이라기보다 바이러스에 더 가깝다. 아주 오래된 바이러스 입자들은 생존에서부터 지금의 우리가 되는 것을 도왔고, 우리가 기능하는 방식에 영향을 미쳤다. 이미 앞에서 인간이 수조 개의 미생물(특히 박테리아)과 어떻게 공생하는지 설명했다. 물론 아직 '마이크로바이옴'을 구성하는 미생물 세포와 우리 자신의 세포 수 사이 정확한 비율을 알아내지 못했다. 10:1이라는 말도 있는데 정확한 비율은 아닐 것이다. 하지만 '순수한' 세포 수와 미생물 편승자 비율이 3:1이나 1:1이라 할지라도 우리가 미생물에 의존하고 있다는 것은 사실이다.[22] 인간의 위장관에는 500종에서 1,000종의 박테리아가 있고, 아직 그 수가 정해지지 않았지만 많은 바이러스와 균류 및 다른 미생물도 공존한다.

마이크로바이옴은 지능과 인지 저하 위험만큼이나 신진대사와 소화에 관련되어 있을 것이다.(코뿔소의 생식 문제가 장 건강의 변화에 뿌리를 두고 있음을 기억하라.) 이제 과학자들은 우리 뇌에 어떤 종류의 박테리아가 거주하고, 우울증부터 치매까지 뇌 기능 저하 및 장애를 유발하는 박테리아와 우호적인 박테리아를 어떻게 판별하는지 알아내기 위해 뇌 마이크로바이옴 지도를 만들고 있다. 뇌는 장의 마이크로바이옴과 소통하면서 영향을 받기도 하지만, 그 안에도 뇌 기능과 뇌 질환 위험에 영향을 미치는 미생물들이 살고 있을 것이다. 살아있는 사람의 뇌 조직을 더 쉽게 연구할 수 있는 신기술의 등장으로 마침내 뇌 마이크로바이옴 연구가 활성화되기 시작했다. 연구 결과는 뇌가 무균 환경이라는 한때 정설처럼 여겨졌던 주장을 산산이 부서뜨릴 것이다. 우리와 대체로 공생관계를 유지하는 미생물의 총합 마이크로바이옴은 면역력과 일반 염증 수치뿐만 아니라 뇌 건강과 기능에도 깊이 관여한다. 종합적으로 봤을 때 마이크로바이옴은 우리가 아직 이해하지 못한 여러 기능을 수행하고 있다.

장내 미생물은 장-뇌축gut-brain axis이라 불리는 독특하고 복잡한 양방향 통로를 통해 중추신경계와 소통할 때 그 중심을 이룬다. 팔다리가 뇌에 연결되어 있듯이 장과 뇌도 연결되어 있다는 생각을 못 할 수도 있다. 하지만 신경이 곤두서서 속이 안 좋아지는 경험을 통해 이 숨겨진 연결고리를 직접 느껴본 적이 분명 있을 것이다. 장과 뇌를 연결하는 '간선도로'가 미주 신경vagus nerve이다(미주 신경의 영어 철자는 두개골 신경 중 가장 길어서 '헤맨다'라는 의미의 라틴어 vagus에서 붙여졌다.) 미주 신경은 중추신경계에 있는 수억 개의 신경세포와 장 신경계 사이 정보를 전달하는 주요 통로 역할을 한다. 장 신경계는 뇌와 척수에서 발견되는 것과 비슷한 신경세포와 신경전달물질에 의존하므로 우리는 이를 '제2의 뇌'라고 부른다.[23] 놀랍게도 중추신경계와 장 신경계 모두 태아 발달 초기 단계에 동일한 배아 조직에서 만들어지고, 미주 신경을 통해 평생 연결된다. 피부로도 연결되는 장-뇌-피부 축이 있어서 순환고리가 완성된다. 따라서 두려움이나 당혹감과 같은 강한 동요를 경험할 때 위장이 아프거나 얼굴색이 귀신처럼 하얗게 변하거나 홍조를 띨 수도 있다. 장내 박테리아도 온몸에 분포하는 미주 신경을 이용해서 뇌와 소통하는 화학물질을 내보낸다.

간단히 말해서 인체는 하나의 복잡한 생태계다. 많은 상호작용이 일어나는 데도 필요한 도구와 언어가 아직 없어서 과학자들은 그것이 어떤 것인지 서술조차 시작 못 하고 있다. 장내 미생물의 99퍼센트 이상이 과학적으로 전혀 알려지지 않았음을 보여주는 새로운 연구 결과가 있다.[24] 아직 논쟁의 여지는 있지만, 지구에 있는 미생물 종은 거의 1조 개로 추산되고 있고, 그중 고작해야 1000분의 1퍼센트만 밝혀졌다. 다시 말해서 전체의 99.999퍼센트가 발견되지 않은 상태다. 아마도 이 존재들은 우리가 발견할 수 있는 기술을 개발할 때까지 그냥 뻔히 잘 보이는 곳에 숨어있을 것이다.[25] 우리의 생명이 시작된 깊은 바다에 사는 생명체 중에서 그들이 뇌가 있든 없든 확인된 종은 5분의 1 미만이다.[26]

체내 세포가 에너지를 생산하는 과정도 박테리아에 의존한다. 세포에 필요한 화학에너지를 아데노신삼인산(즉 ATP) 형태로 생산하는 세포 내 소기관인 미토콘드리아도 아주 오래된 편승자다. DNA에 37개의 유전자를 포함하고 있는 미토콘드리아는 10억여 년 전 박테리아에서 기원한 것으로 보인다. 한 진화생물학자는 "미토콘드리아는 자색 비황 세균의 영구적 노예화로 생겨난 것"이라고 정의한다.[27] 다시 말해, 고대 원시 박테리아가 원시 진핵세포 숙주 안으로 함입되어 미토콘드리아로 진화했고, 미토콘드리아와 숙주 세포는 서로 분리될 수 없게 공생하기 시작했다. 약 20만 년 전 아프리카 대륙을 떠난 인류의 조상은 '미토콘드리아 이브'라는 애칭으로 불리는 공통 조상의 후손이었다.(개인의 미토콘드리아 유전체는 생물학적 어머니로부터 물려받으므로 미토콘드리아 이브는 모든 인류의 모계 조상이다.[28])

미토콘드리아는 파괴해야 하는 세포를 결정하는 일부터 칼슘을 저장하고 열을 생성하는 것까지 여러 가지 신체 작용에 관여한다. 미토콘드리아가 잘못되거나 그 DNA가 손상되면 문제가 나타난다. 기관

기능 장애부터 퇴행성 질병 및 노화 가속까지 여러 건강 상태가 미토콘드리아 문제와 관련 있다. 덧붙이자면 대부분의 미토콘드리아 질환은 미토콘드리아의 DNA보다 핵 DNA의 돌연변이 때문에 발생한다.[29] DNA 돌연변이는 미토콘드리아에 도달하는 물질에 영향을 미친다. 미토콘드리아가 제대로 기능할 수 없다면 신체 어느 부위의 어떤 세포가 영향을 받느냐에 따라서 다양한 건강 문제가 생길 수 있다. 관련된 연구도 최근 여러 의학 분야의 경계를 넘는 융합 연구로 급증하고 있다. 미토콘드리아 질환의 복잡한 특성을 이해하고 이것이 유전 질환인지 진행성 질환인지 밝히려면 중개 의학적 접근이 필요하다.

미토콘드리아는 생물체의 아주 오래된 파트너와 같다. 그러나 우리와 파트너를 맺으려고 하는 미생물 중에 피하는 게 상책인 것도 있다. 이를 위해 인류가 진화하는 동안 우리의 오랜 동반자였던 쉼표 모양 박테리아 연구로 자연선택의 성질, 즉 현재진행형인 진화의 성질을 밝힌 유명 과학자를 잠시 다시 만나볼 것이다.


## 유전체에 작용하는 진화압

모든 미생물이 우호적인 것은 아니다. 2장에서 엘리노 칼슨의 개에 관한 연구를 언급하면서 나는 칼슨의 연구가 다른 분야까지 확장됐다고 말했다. 그가 연구하는 미생물 이야기에서 한 가지 흥미로운 부분은 인간 역사상 가장 두려운 질병으로 손꼽히는 콜레라 감염성과 관련 있다. 어떤 유전자가 인간을 콜레라로부터 보호할 수 있을까? 이에 관한 칼슨의 연구는 개와 관련 없지만, 그녀의 연구는 유전체학 맥락 안에서 언급할 가치가 있다. 콜레라는 서양에서는 크게 걱정하는 질병이 아니다. 잘 통제되고 있고 거의 발병하지 않는 데다가 발병하더라도 효과적인 치료법이 있기 때문이다.

콜레라는 비브리오 콜레라균에 의해 생기는 전염병으로 소장을 크게 파괴해 때로는 집중 설사와 구토로 수 시간 안에 목숨을 잃게 할 수 있는 치명적인 병이다. 흔히 오염된 음식이나 식수를 통해 감염되며, 전 세계적으로 여러 지역에서 매년 수만 명의 목숨을 앗아간다. 그런데 어떤 사람들은 이 병에 대해서 최근 비교적 단기간에 진화한 유전적 이점을 가지고 있다. 콜레라가 풍토병으로 여전히 매년 10만 명이상을 괴롭히는 방글라데시에 사는 사람들의 유전체는 이 병에 대항하는 방법을 진화했다.

우리는 바로 눈앞에서 펼쳐지는 인간의 진화를 목격하고 있다. 1817년에 시작된 최초의 콜레라 대유행은 인도를 휩쓸었다. 콜레라는 아주 많은 아이의 목숨을 앗아갈 수 있어서 전체 유전자 풀을 바꾸는 힘을 가지고 있다. 그래서 칼슨과 동료 연구자들은 "아프리카에서 말라리아가 그랬듯이 콜레라가 이 지역 사람들에게 진화압으로 작용했을 것"이라고 생각하기에 이르렀다.[30] (겸상적혈구 빈혈에 대한 유전자 돌연변이가 있는 사람들은 기생충 감염으로 발병하는 말라리아에 걸렸을 때 유리하다. 이 유전적 이점은 말라리아가 풍토병으로 주요 사망 원인 중 하나인 사하라 사막 이남 지역에서 선택 형질이 되었다. 이는 심각한 생존 위협에 대응해 빠르게 진행되는 인간의 진화이다. 겸상적혈구 돌연변이는 말라리아가 매우 빈번히 발병하는 지역 사람들에게 매우 흔하며, 한때 인구의 10~40퍼센트가 이 돌연변이를 가지고 있다는 것은 이미 오래전부터 알려진 사실이었다. 이제 우리는 그 이유가 무엇인지도 안다. 이유는 돌연변이가 사람들이 자기 환경에서 생존하도록 돕는다는 것이다.[31] 미생물과 이들이 일으키는 전염병은 농업의 등장과 공동체 형성으로 사람들이 더 가까이 붙어살게 된 이래로 수천 년 동안 인간의 진화를 이끌었다.

방글라데시 어린이들의 절반이 15세가 될 때까지 콜레라균에 감염된다. 그런데 많은 아이가 가벼운 증상으로 끝나거나 아예 증상이 없다. 이는 감염에 대항하는 데 유리한 적응 형질을 가지고 있다는 의미일 수 있다.[32] 칼슨은 그 이유를 알아내기 위해 노력했다. 그녀는 방글라데시 국제 설사병 연구센터의 동료 연구자들과 함께 새로운 통계 방법을 이용해 자연선택의 영향을 받는 유전체 구간을 정확히 찾아냈다.[33] 연구진이 찾아낸 구간은 독특한 환경에서 진화압으로 발생한 비교적 새로운 진화적 변화를 반영하는 영역일 것이다.

연구팀은 조사 대상 가족들의 DNA 영역 중 300개 이상 영역에 여러 세대에 걸쳐 콜레라의 진화압이 작용했다는 것을 입증했다. 우리는 앞으로 누가 특정 병원체에 취약하고 누가 병원체 노출을 견딜 수 있는지 정하는 개별 유전자나 유전자 집합을 점점 더 많이 보게 될 것이다. 그래서 시간이 지나면 지금처럼 모든 사람에게 동일한 패러다임을 적용하는 게 아니라 개인 맞춤식 질병 예방 및 치료 전략이 가능해질 것이다.[34]

현재진행형인 진화의 이면에는 무슨 일이 일어나고 있을까? 칼슨의 연구진은 그 메커니즘을 더 깊이 파고들어 콜레라에 대응해서 변화된 한 유전자가 장으로 염화물 유입을 일으키는 칼륨 이온 통로를

코끼리는 암에 걸리지 않는다

암호화한다는 사실을 발견했다. 콜레라균에 의해 생성된 독소가 이온 통로를 활성화해 많은 양의 염화물을 장으로 방출하고, 그것이 이 병의 전형적인 증상인 심한 설사(신체의 면역반응을 방해하는 염증 반응으로 이것도 유전자에 의해 조절된다)를 일으키므로 놀라운 일은 아니다. 병원체를 감지하고 병원체에 대항해 염증 작용을 촉진하는 데 관여하는 유전자도 발견되었다. 치명적인 세균과 같은 강력한 힘의 영향 아래 변화하는 질병 과정을 규명하는 것은 정말 대단한 일이다. 칼슨의 최근 연구 결과가 당장 새로운 콜레라 치료법으로 이어지지는 않겠지만, 새로운 연구 분야의 기반을 마련한 것은 분명하다. 치명적일 수도 있는 세균의 압박을 받으면서 우리가 어떻게 진화했는지 이해할 수 있다면 콜레라뿐만 아니라 다른 전염성 질병도 막는 더 강력한 백신을 만들 수 있을 것이다. 그 모든 과정이 우리 신체 내부의 미생물이 우리를 돕거나 아니면 다치게 하는 힘을 보여주고 있다.

# 마이크로바이옴의 힘을 이해하라

우리는 미생물의 생태계 그 이상이다. 인간으로 진화하기 오래전부터 우리 내부와 주변에서 함께해온 살아있는 미생물들의 집합체인 메타 유기체다. 이 미생물들은 우리의 영장류 조상에게 편승해서 그들의 번성을 돕고 우리에게도 많은 영향을 미쳤다. 이 사실에서 내가 깨달은 것이 있다. 생명은 복잡하고, 진화는 느리게 진행되어 왔으므로 치료 목적이 아닌 이상 억지로 인간의 생명작용을 크게 바꾸려고 해서는 안 된다는 사실이다. 극단적인 식이요법이나 영양제 복용 등을 통한 불필요한 개입은 생명이라는 복잡한 시스템을 예측할 수 없는 방향으로 무너뜨릴 것이다. 그런 개입이 유익할 가능성은 극도로 낮다. 그러나 우리는 진화를 새로운 관점으로 볼 수도 있다. 즉, 극단적인 방법을 쓰지 않고도 우리의 생명 시스템을 수정하기 위한 실마리를 얻는 방법으로 말이다.

이제 마이크로바이옴의 힘을 이해하기 시작했으므로 우리는 최적화된 식단, 숙면, 충분한 운동 등 건강한 습관으로 최선을 다해 마이크로바이옴을 기를 수 있다. 건강한 삶과 관련해서 우리가 생각할 수 있는 모든 전략은 마이크로바이옴을 기르는 데 적용될 수 있다. 한 가지 귀띔하자면, 프리바이오틱스가 함유된 음식을 더 많이 먹으려고 노력하라. 프리바이오틱스는 인간이 소화할 수 없는 섬유질 종류이지만,

코끼리는 암에 걸리지 않는다

박테리아나 이스트 같은 인체 내 다른 유기체의 먹이가 되므로 장내 좋은 박테리아를 유지하는 데 도움이 된다. 프리바이오틱스는 마늘, 양파, 부추, 아스파라거스, 바나나, 귀리, 사과, 민들레, 아마 씨, 심지어 코코아(초콜릿)에도 들어있다. 그렇다고 그 음식 섭취를 지나치게 강조하고 싶지는 않다. 건강한 마이크로바이옴의 비결은 많은 종을 포함하는 다양성에 있기 때문이다. 최근 발표되는 연구 결과들은 하나같이 특정 마이크로바이옴 구성이 아니라 다양성이 핵심이라는 것을 보여주고 있다. 만일 우리가 한두 박테리아 종이 포함된 음식을 많이 먹는다면, 예를 들어 젖산간균과 연쇄상구균이 들어있는 요구르트만 먹는다면, 그 요소들이 우리 몸에 있어야 할 박테리아를 압도할 수 있다. 그럴더라도 프리바이오틱스는 장내 미생물에게 먹이를 공급해 증식을 돕고 마이크로바이옴의 다양성에 큰 도움이 될 것이다.

야생에서 살아가는 동물들은 일반적으로 매일 같은 것을 먹는다. 그래서 마이크로바이옴이 대체로 안정적이고, 이를 구성하는 미생물 종도 일정하다. 인간의 식단은 다양성을 자랑한다. 우리는 항상 새로운 음식을 시도하고, 심지어 진짜 음식이 아닌 것도 많이 먹는다. 블루존(평균 수명보다 훨씬 더 오래 사는 사람들이 많은 지역)에 사는 사람들의 독특한 특징 중 하나가 야생동물과 비슷하게 비교적 일관된 식단을 따른다는 것이다. 식단의 성질이 다양하지 않거나 다양한 음식이 포함되지 않는다는 말이 아니다. 그들의 식단은 확실히 안정적이며, 인간이 섭취하기에 이상적이지 않은 가공 음식은 식단에 넣지 않는다.

지능을 지닌 지구 생명체가 우주에서 왔는지 아닌지를 두고 앞으로 수 세기 동안 논쟁이 일어날 것이다. 다양한 종의 DNA 염기 서열 분석 작업은 이제 시작되었고, 데이터가 쌓이고 유기체의 다른 '체'를 분석하는 새로운 방법들이 생겨나면 우리는 더 많은 것을 알 수 있을 것이다. 새로운 염기 서열 분석 기술은 우리 내부와 주변에 숨겨진 종을 확인하는 새로운 방법을 제공한다. 줄기세포부터 마이크로바이옴까지 우리의 진화 과정에 편승한 미생물들은 우리를 인간으로 만들어 주는 복잡계의 한 부분이다.

하품하는 회색다람쥐

# 11장

# 긍정성과 성격 그리고 고통

## 돼지와 다람쥐, 앨버트로스가 우리에게 가르쳐주는 것

> 불사의 정신을 지녔지만 죽음을 피할 수 없는 우리 인간은 오로지 고
> 통과 기쁨을 느끼기 위해 태어난다. 그래서 비범한 사람들은 고통을
> 통해 기쁨을 얻는다고 말할 수 있다.
>
> —루트비히 판 베토벤

야생동물들이 외상을 입거나 심각한 병균에 감염되거나 극
심한 통증을 일으키는 뼈암에 걸리면 어떻게 될까? 그들은 약국이나
응급실에 가지 않는다. 때로는 장시간 동안 통증을 그대로 느껴야 한
다. 그런데 정말 그럴까?

새디는 12년 동안 우리 집 반려견으로 살다가 코로나바이러스 감
염증이 창궐하던 2021년에 우리 곁을 떠났다. 버니즈 마운틴 독과 그
레이트 피레네 혼종으로 곰 같은 얼굴에 55킬로그램이 넘는 사랑스럽
고도 경이로운 이 반려견은 늘 우리 가족을 지켜주었다. 새디는 자신
이 몸집이 크다는 것을 인지하지 못했다. 사는 동안 양쪽 무릎에 적어
도 한 번씩 수술을 받았다. 생이 끝나갈 무렵에는 절뚝거리며 집안을

돌아다녔다. 걷기 힘들어한다는 게 역력했다. 그런데도 아프다는 내색을 거의 하지 않았다. 무엇인가에 다치면 아주 잠깐 깽깽대는 소리를 냈지만, 끊임없는 통증에 시달리는 듯 행동하거나 고통을 호소한 적은 없었다. 늘 쾌활했고, 우리 가족에게 재미를 주는 존재가 되고 싶어 했고, 꾸준히 열정적으로 기쁨과 사랑을 표현하며 매일 나를 맞이했다. 나는 새디의 눈에서 사랑과 행복을 봤다. 어디에도 고통은 보이지 않았다.

고통을 의미하는 영어 단어 pain은 벌을 의미하는 poena(포이나)라는 라틴어에서 파생했다. 그리스 신화에서 포이나는 보복의 여신 네메시스를 보좌하는 형벌과 복수의 여신이다.(영어에서 소환장을 의미하는 subpoena도 poena와 같은 어근에서 나왔다.) 현생 인류가 유인원처럼 생긴 조상에서 분리되어 직립보행을 시작하기 오래전부터 고통은 늘 우리와 함께해왔다. 인간은 이족보행이 가능하도록 진화한 유일한 포유동물이다. 이족보행을 하는 다른 대부분의 포유동물은 두 다리로 껑충껑충 뛰거나 뒤뚱거리며 걷는다. 우리는 걷기 위해 그저 몸을 앞으로 살짝 기울이고, 그러고 나서 골반 안쪽 변위된 질량 중심이 몸을 따라가기만 하면 된다. 이족보행으로 우리는 여러 가지 활동을 할 수 있게 됐지만 무릎과 등, 엉덩이에 심한 부상이 발생하기 더 쉬워졌다.

마치 우리 잘못으로 고통이 생기거나 우리가 고통을 겪어도 마땅하다는 듯이 고통이라는 단어가 복수를 의미한다니 참 안타깝다. 물론, 뜨거운 난로를 만지거나 문신을 새기거나 빨간불에 달려가다가 피할 수도 있는 사고를 겪을 때처럼 때로는 우리의 부주의한 잘못으로

코끼리는 암에 걸리지 않는다

고통을 겪기도 한다. 역설적이지만 가끔 고통이 기분 좋을 수도 있다. 예를 들면, 엄청 힘들게 운동한 다음날 근육 통증을 느낄 때, 참을 수 없으리만치 뜨거운 사우나에 꿋꿋이 몇 분 더 앉아있을 때, 눈물 날 정도로 매운 요리를 주문해서 먹을 때가 그렇다. 많은 사람이 공감할 만한 마지막 예는 통증 연구와 큰 관련이 있으므로 간략하게나마 더 이야기해보겠다.

BBC 과학 및 심리 분야 기자인 자리아 고벳은 "인간만이 고통을 탐닉한다."라고 했다. 우리는 즐기기 위해 매운 고추같이 고통을 일으키는 음식을 먹는다. 고추의 매운맛을 내는 성분이 캡사이신이다. 이 화학물질이 자체적으로 문제를 일으키지는 않지만, 우리 혀에 있는 온도에 민감한 수용체 계열의 TrpV1과 결합하면 뜨거운 맛을 느끼게 한다. TrpV1은 위험한 수준의 열기나 냉기를 신체에 알리는 기능을 한다. 이 수용체가 활성화되면 뜨겁지도 않은데 매우 뜨거운 것이 혀에 닿았다는 메시지가 뇌에 전달된다.[1] 캡사이신은 고통과 고통의 작용에 관해 알기 위해 인간을 대상으로 실험할 때 흔히 사용된다. 쥐는 본능적으로 매운맛을 회피하는 성향이 있으므로 매운 고추가 들어간 음식을 쥐에게 먹이는 것은 불가능하다. 역설처럼 들릴 수 있지만, 캡사이신은 국소 통증을 치료하는 데도 사용된다. 피부에 바르면 통증 분자 물질 P가 재빨리 분비된다. 그러면 그에 따른 통증 감각이 수반되지만 결국에는 시냅스 전 뉴런presynaptic neuron에서 물질 P를 고갈시켜 일시적 통증 역치를 높인다.

방 한가득 사람들을 모아놓고 고통을 묘사하라고 하면 자신의 경험에 따라 저마다 다른 답을 내놓을 것이다. 물론 우리가 존재하는 한 고통은 피할 수 없는 필요악이라는 데 모두가 동의할 것이다. 시인 바이런은 이렇게 말한 적 있다. "삶의 위대한 대상은 감각이다. 비록 고통 속에 있다고 해도 그것이 우리가 살아있음을 느끼게 해준다." 어쨌든 우리는 살아있음을 느끼거나 꿈꾸는 게 아님을 확인하려고 자신을 꼬집지 않는가.

내가 환자들을 진료하면서 발견한 놀라운 점은 그들이 느끼는 통증의 수준을 예측할 수 없다는 것이다. 신체 모든 부위에 암이 생긴 환자라고 해도 극심한 통증을 호소하지 않는 경우가 있는 반면에 암의 크기가 아주 작은데도 엄청난 통증을 느끼는 환자도 있다. 어떤 환자는 다른 환자들보다 강인하다는 말이 아니다. 암의 발병 위치와 암이 얼마나 빨리 진행되는지, 뇌 회로가 어떻게 연결되어 있는지 즉, 신경 세포 연결망과 뇌 화학물질의 영향 등이 통증 경험을 결정한다. 우리 몸은 진행 속도가 빠른 암보다 진행 속도가 느린 암에 걸렸을 때 암에 더 쉽게 적응할 수 있다. 그래서 암의 진행 속도가 빠르면 더 큰 통증을 느낀다. 온도가 서서히 올라가는 따뜻한 욕조에 앉아 있을 때를 생각해보라. 온도가 서서히 올라가면 물이 더 뜨거워져도 견딜 수 있지만, 뜨거운 욕조에 바로 뛰어든다면 불쾌하게 느껴지고 참지 못할 수도 있다.

통증은 그저 진행되고 있는 것에 대한 뇌의 인지다. 모든 의사는 통증이 일종의 경고 신호가 되어서 의사와 환자가 그 신호를 인지하면 근본적인 원인을 파악해 통증을 없앨 수 있기를 바란다. 계속되는 통증은 암 치료가 효과가 있는지 없는지는 말해줄 수 있어도 그것 말고는 좋을 게 하나 없다. 실제로 환자의 통증 변화를 추적하면 스캔

　　　　　　　　　　　　　　코끼리는 암에 걸리지 않는다

결과를 거의 완벽하게 예측할 수 있다. 통증을 없애는 데 도움이 되는 약들도 있지만, 거의 모든 인체 신경에 영향을 미치고 많은 부작용을 낳을 수 있다. 그래서 통증 관리가 어려운 것이다.

수 세기 동안 연구가 이루어져 왔는데도 통증에 대한 몰이해와 낙인은 매우 심각하다. 우리는 여전히 통증이 어떻게 작용하는지, 어떻게 해야 중독성 있는 강한 약물을 사용하지 않고도 통증을 관리할 수 있는지 잘 모른다. 수백만 명의 미국인들에게 치명적인 영향을 미친 끔찍한 오피오이드(아편성 진통제) 위기를 이미 목격하지 않았는가. 그러나 통증은 자기보존이라는 목적이 있다. 통증은 궁극적으로 우리에게 무엇을 멀리해야 하고, 무엇을 살펴야 하고, 어디에 주의를 기울여야 하고, 언제 휴식을 취하고 치유해야 하는지 말해주는 교사이다. 그리고 아마 행동 변화를 일으키는 가장 강력한 힘 중 하나일 것이다. 특히 일상적인 활동도 불가능하게 하는 급성 통증일 때는 아주 짧은 시간 안에 행동 변화가 일어날 수 있다. 그러나 통증이 계속되고 그 자체가 병이 되어버린다면 어떻게 해야 할까? 그 역시 목적이 있다면 그것은 무엇일까? 뚜렷한 이유 없이 지속적으로 느껴지는 통증은 어떻게 설명될까? 스스로 자신의 통증의 원인을 정확히 말할 수 있다가도 시간이 흐름에 따라 통증이 진화되어 치료는 고사하고 정의하기도 관리하기도 어려운 전혀 다른 병으로 발전할 수도 있다.

국제통증연구협회에 따르면 만성 통증은 "3개월 이상 지속하거나 재발하는 통증"으로 정의되며, 일상 활동을 방해하고 삶의 질을 떨어뜨려 사람들이 병원을 찾는 가장 흔한 이유 중 하나다. 현재 전염병 수준에 이른 범세계적인 문제이며 나이, 인종, 성별에 상관없이 세계

인구의 최소 20~30퍼센트가 만성 통증에 시달리고 있다.[2] 하지만 사람마다 겪는 통증의 강도가 다르다. 고전적으로 통증의 강도를 1등급에서 10등급까지 나누는데, 각 등급의 정의가 사람마다 다를뿐더러 과거의 경험이 현재 느끼는 통증 강도에 영향을 미칠 수 있다. 예를 들어, 뼈가 부러졌었거나 관절염이나 편두통이 있었거나 신장 결석을 배출한 적 있거나 허리를 다쳤었거나 3도 화상을 입었거나 출산한 적 있다면 사람들은 이런 고통스러웠던 경험에 기초해서 통증을 정의하게 되고, 그 정의는 시간이 지나면서 달라질 수 있다.

전쟁이 끝난 뒤 외상후 스트레스 장애를 겪는 군인들에서 볼 수 있듯이 어떤 사람들은 정신적 스트레스나 외상을 겪은 후에 신체적 통증을 경험할 수도 있다. 가장 이해하기 어려운 통증은 없는 신체 부위에서 느껴지는 통증이다. 환상지통 증후군처럼 사고로 팔이나 다리를 절단했거나 잃었는데도 팔다리에 통증을 느끼는 경우가 있다. 팔다리가 없는데도 마치 있는 것처럼 그 부위의 신경 말단이 뇌에 통증 신호를 보낸다. 이런 신경계 신호의 혼란은 누군가를 극심한 고통에 빠트릴 수 있다.

과학과 의료 분야의 온라인 매체 스탯뉴스는 장기화된 코로나19의 고통을 다룬 글에서 끊임없이 지속되는 통증이 아주 오랫동안 진단되지 않는 것은 의료종사자들이 이를 진단하거나 설명하거나 치료하는 법을 교육받지 못해서라는 흥미로운 주장을 내놓았다. 만성 통증을 이해하기 위한 연구가 진전을 이루긴 했지만, 상대적으로 흔하지 않은 다른 질환과 비교하면 국가적 투자가 미미하다.[3] 미국 국립보건원에서 지원하는 연구비를 가장 최근에 계산했을 때, 암과 뇌 질환

연구에는 만성 통증 연구보다 10배 이상의 연구비가 지원되었다.[4] 그러나 만성 통증에 시달리는 사람이 암이나 당뇨, 심지어 심장병 환자들보다 훨씬 더 많다. 미국인의 경우, 여섯 명에 한 명꼴로 매일 통증을 안고 살아가고 있다. 사람을 무력화시키는 통증에 시달리는 미국인이 거의 2천 명에 이르고, 그들은 통증 때문에 우리가 당연하게 여기는 일상적 활동과 일을 하는 데 제약을 받고 있다.[5] 그뿐 아니라 만성 통증은 자아 이미지와 사회생활, 대인관계 기술에도 영향을 미칠 수 있다.

통증이 이처럼 수수께끼 같은 질환이 된 것은 감정과 연결되어 있고 심지어 기억과도 연결되어 있기 때문이다. 만성 통증은 식습관에도 관여하고 기분과 자신감, 수면 습관에도 악영향을 미쳐서 불안감과 우울증, 만성 피로와 같은 다른 문제를 일으킬 수 있다. 뇌 안에서 통증 회로와 감정 회로는 서로 겹쳐져 있다. 통증이 일어나는 동안 쾌락과 동기부여에 관여하는 뇌 회로도 변하며, 그 결과 섭식 장애를 일으켜 체중 증가와 비만으로 이어질 수 있다는 새로운 연구 결과가 발표되었다.[6] 만성 통증은 뇌의 포만감 신호를 교란해 지방과 탄수화물 함량이 높은 음식을 먹고 싶게 한다. 그런 섭식 장애 외에도 의사결정에 관여하는 원시 뇌 영역인 중격의지핵에 구조적 변화도 일으킨다. 이와 같은 새로운 발견으로 의사들이 비만의 근원을 바라보는 시각뿐만 아니라 통증이 신체와 뇌, 인간 행동에 미치는 광범위한 영향을 이해하는 방식도 바뀌고 있다.

흥미롭게도 반려동물과 가축의 만성 통증에 관한 설명도 있고 통증을 예방하거나 치료하기 위한 시도는 있지만, 야생동물의 만성 통증에 관한 자료는 많지 않다. 우리가 가지고 있는 지식의 차이를 나타내는 것일까, 아니면 자연계의 현실이 그대로 반영된 결과일까? 일부 과학자들은 야생동물이 만성 통증을 겪지 않는다는 전제하에 인간과 길들여진 동물들의 만성 통증은 도움을 끌어내기 위해 존재한다는 가설을 제기했다.[7] 우리는 다쳤을 때 상처 입은 야생동물처럼 숲속에서 혼자 은거하다가 죽음을 맞이하기보다 생존을 위해 다른 사람에게 도움을 청하는데, 이때 더 많이 더 오래 통증을 겪는 대가를 치르게 된다는 것이다. 이것이 통증의 역설이다. 직관에는 어긋나지만 훌륭한 이론이다. 조상 중에 잘 참고 쉽게 흔들리지 않는 사람들보다 적극적으로 남에게 도움을 요구하는 사람들이 더 많이 살아남지 않았는가. 이를 두고 '이타주의의 고통'이라고 한다.

적절한 예가 출산할 때다. 인간은 출산할 때 도움을 받는 유일한 종이다. 자궁경부가 확장되면서 이제 출산이 시작될 것이고 고통스러운 자궁 수축이 임박했음을 예고할 때, 임산부는 자신을 고립시키려고 하지 않고 도움을 청한다. 인간은 다른 영장류에서는 볼 수 없는, 감정적인 눈물로 고통을 알리는 독특한 능력도 있다. 이 두 가지 특징을 종합하면 우리는 생존하고 번식하는 과정에서 인간 특유의 고통이 무엇이고 그 고통을 경험한다는 게 어떤 것인지 답에 도달한다.

이른바 이타주의의 고통이라고 하는 것은 반대로도 작용할 수 있다. 연구에 따르면 이타적으로 행동하는 것은 유도된 급성 통증은 물론이고 암 환자들의 만성 통증도 덜어줄 수 있는 것으로 나타났다.[8] 과학은 오랫동안 무작위적인 친절 행동이 도파민과 옥시토신 같은 기분이 좋아지는 화학물질 분비를 촉발할 수 있음을 보여왔다. 그러나 이타적 행동이 진통 효과가 있을 수 있다는 것은 최근에야 입증되었

코끼리는 암에 걸리지 않는다

다. 이는 사람들이 왜 개인적 손해를 감수하고라도 다른 사람을 도우려고 노력하는지 설명하는 데 도움이 될 것이다.

중국에서 진행되고 미국 국립과학원 학술지에 결과를 발표한 한 실험 연구에서 과학자들은 자발적 실험 참여자들에게 고아를 돕기 위한 기부금을 내달라고 부탁했다.[9] 자신의 기부가 고아들을 얼마나 도울 수 있다고 생각하는지도 물었다. 그러고 나서 고통과 관련된 뇌 활동을 검사하기 위해 참여자들에게 전기 충격을 가한 뒤 기능성 MRI 스캔 검사를 시행했다. 검사 결과, 기부를 거부한 사람들에 비해서 기부금을 낸 사람들이 충격에 대한 뇌 자극 반응이 적었다. 게다가 자신의 기부가 고아들에게 도움이 되리라는 생각이 강할수록 충격에 대한 뇌 자극 반응이 적었고, 느끼는 통증의 강도도 낮게 나타났다.[10]

다른 사람을 위해 요리하고 청소한 암 환자들과 오직 자신만을 위해 그렇게 한 암 환자들의 통증을 비교한 연구도 있다. 역시나 다른 사람을 도운 환자들은 전반적으로 통증이 심하지 않았다.[11] 이타적 행동이 금전과 관련된 것일 필요는 없다. 그저 시간을 기부하는 친절한 행동이어도 된다. 다른 사람을 도움으로써 자신의 불편한 몸 상태를 완화할 수 있다면, 비교적 쉬운 노력을 들여 잠재적으로 큰 보상을 얻는 것이다.


## 통증의 생물학

사람 이외의 동물은 고통을 느끼지 않는다는 소문이 오랫동안 있었지만, 그것은 명백히 사실이 아니다. 모든 포유동물은 통증을 감지하고 이것에 반응하는 비슷한 신경계를 가지고 있다. 곰을 예로 들어보자. 곰의 신경학적 기능은 매우 인상적이다. 비상한 미각·후각·청각 능력이 있어서 잘 자랄 수 있고, 털에 가벼운 접촉이 있어도 잘 알아챌 수 있다. 모든 증거가 곰도 인간과 비슷하게 고통을 느낀다고 가리키고 있다.[12] 곰이 인간을 포함한 다른 포유동물보다 고통을 적게 느낀다는 것을 뒷받침하는 과학적 증거도 없다. 곰을 보호하거나 연구하거나 관리하기 위해 우리에 가뒀을 때 일어나는 유도된 만성 통증은 곰의 신체에 부정적인 영향을 미쳐 전반적인 건강 상태를 나빠지게 하고 노화를 촉진한다는 사실이 밝혀졌다. 실제로 만성 통증은 우리 모두의 노화를 촉진할 수 있다. 나는 가끔 생의 끝을 향해가던 사디의 감춰진 고통이 얼마나 녀석의 신체적 노화를 재촉했을까 생각해본다.

그러나 뇌에 통증 중추가 없다는 소문은 사실이다. 다시 말해서 뇌에는 척수와 뇌로 신호를 보내 통증 자극으로 바꾸는 감각 수용체가 없다.[13] 뇌는 직접 고통을 경험하지 않지만, 깊은 열상이나 관절염에 의한 통증이든 복통이나 좌골신경통이든 간에 통증을 느끼고 있음을 우리에게 말해주는 기관이다. 뇌는 통증 자극에 매우 둔하므로 신경외과 의사들은 수술이 진행되는 동안 환자가 완전히 반응할 수 있도록 수술 부위 뇌 조직에 마취제를 투여하지 않는다. 그러나 우리가 신체의 모든 감각 신호를 해석하고 평가하고 경험하는 것은 오직 뇌라는 기관을 통해서 가능하므로 뇌는 모든 통증을 '느낀다'고 말할 수 있다. 아무도 통증을 눈으로 보지 못한다는 사실은 이 수수께끼를 더욱 불가사의하게 만든다.[14] 뇌 스캔 검사를 이용하는 실험으로도 뇌가 고통 경험을 얼마나 정확하게 구현하는지 알 수 없다. 그러나 우리는 이제 더 많은 것을 이해하기 시작했다.

우리 머리와 목에는 통각 수용체가 들어있는 구조들이 있다. 예를 들어 두통은 머리에서 발생하는 통증이 아니라 대부분 통증을 뇌로 전달하는 이 구조 중 하나에 문제가 있어서 발생한다.[15] 편두통은 다소 수수께끼 같은 문제로 남아있다. 편두통도 뇌가 통증을 느끼는 게 아니라 뇌 내벽, 즉 뇌막에 있는 통각 수용체의 활성화가 원인일 수 있다. 그러나 무엇이 이 수용체를 활성화하는지는 밝혀지지 않았다. 편두통을 일으키는 다른 범인으로는 글루타메이트, 세로토닌, 도파민 등 신경전달물질의 변화도 생각해볼 수 있다. 이런 뇌 화학물질의 수치 변화와 비정상적인 활동이 편두통 발작과 발생 부위에 영향을 미칠 수 있다. 편두통을 느끼는 동안 어지러움, 복시, 협응 장애를 겪는 사람들은 뇌와 척수를 연결하고 심혈관계 및 호흡계 조절부터 의식 및 수면 과정 제어까지 여러 역할을 담당하는 뇌간이라는 뇌 하부 영역의 변화가 원인일 수 있다.

뇌간과 삼차신경이라 불리는 특수한 신경과의 상호작용도 통증의 원인이 될 수 있다. 삼차신경은 우리가 얼굴의 감각을 느끼는 방법이며, 음식을 씹고 삼키는 활동도 돕는다. 이 신경에 문제가 생겨 발생할 수 있는 삼차신경통 또는 유통성 틱은 희귀한 질환이기는 하지만 누구나 겪을 수 있는 매우 고통스러운 질환 중 하나이다. 말 그대로 통증이 있는 틱 장애인 유통성 틱을 겪는 사람들은 1부터 10까지 척도로 통증의 강도를 매기라고 하면 10 이상을 부여하며, 자살을 생각할 정도로 얼굴 전체에 찌르는 듯한 전기 자극 통증을 느낀다고 묘사한다.

통증 경험은 대체로 통각 수용체라 불리는, 온몸과 신체 기관 대부분에 분포하는 전문화된 신경 말단에서 시작된다. 수문장 역할을 하는 통각 수용체는 극심한 더위나 추위, 압력, 캡사이신 같은 화학물질, 신체 손상 등 기본적인 종류의 고통스럽고 위협적인 자극에 반응하고, 그런 다음에 척수를 통해 뇌에 아픈 것을 알린다. 뇌가 정보를 받아들이면 대뇌피질의 신경세포들이 그 정보를 통증 감각으로 전환한다. 통각 수용체 통증은 대부분 신체의 물리적 구조에 발생하는 부상이나 침습성 질병으로 생긴다.

그러나 통증 신호가 통증 감각으로 전환되는 방식은 개인의 감정 상태에 따라 다르다. 왜냐하면, 감각 인지와 관련된 뇌 영역이 감정 처리를 담당하는 뇌 영역과 같기 때문이다. 의사들이 순수한 통각 수용체 통증 신호와 통각 수용체가 활성화될 때 생기는 불쾌한 감정적, 인지적 경험까지 합쳐진 더 복잡한 형태의 통증을 분명하게 구분하는 이유가 여기에 있다. 고통스러운 자극에 반응해서 감정과 인지, 기억과 의사 결정에도 관여하는 네트워크를 포함해 여러 뇌 영역이 활성화되는 것은 놀라운 일이 아니다. 이는 우울증이 있는 사람들이 일상생활에서 더 많은 통증을 경험하는 이유와 원래 정상적인 사람에게 우울한 기분을 유도했을 때 통증 등급이 올라가고 통증 내성은 낮아지는 이유를 설명하는 데 유용하다.

내셔널지오그래픽 홈페이지에 실린 통증 과학에 관한 글은 이렇게 설명한다. "같은 자극이라도 매번 같은 활성화 패턴으로 이어지는 것은 아니다. 즉, 비슷한 상처를 입더라도 개인이 경험하는 통증은 다를 수 있다. 이런 유연성은 필요한 상황에서 통증 내성을 높여주므로

코끼리는 암에 걸리지 않는다

유익하다. 예를 들어, 전자레인지에서 엄청나게 뜨거워진 국그릇을 꺼내 조리대로 옮길 때를 생각해보라. 그릇을 중간에 떨어뜨리면 그릇을 잡을 때 생기는 짧은 고통보다 더 큰 불행을 초래하리라는 것을 마음은 알고 있다. 그래서 순간적인 고통을 참고 견딘다."[16] 옥스퍼드대학교의 신경과학자 아이린 트레이시 박사는 통증의 불가사의한 미세한 차이를 새로운 연구 분야로 개척한 과학자 중 한 명이다.[17] 트레이시는 많은 실험에서 자발적 실험 참여자를 대상으로 바늘로 피부 찌르기, 잠깐 가열, 실험에서 사랑받는 매운 고추에서 추출한 캡사이신 섭취 등의 방법을 사용해 해롭지 않은 수준의 순간적 통증을 유발하고, 참가자들의 통증 내성을 기록했다.[18]

통증 내성이 사람마다 다를 수 있다는 생각은 고정점set point* 개념으로 이어지며, 통증 과학을 기술하는 방법 뿐만 아니라 뚜렷한 원인 없이 만성 통증에 시달리는 통증 내성이 낮은 사람들의 통증 관리 방법도 바꿀 수 있는 매우 흥미롭고 새로운 정보를 제공한다.

'아교'라는 의미를 지닌, 그리스어 글리아glia로 불리기도 하는 신경아교세포(또는 신경교세포)는 1800년대 중반 과학자들이 뇌의 결합 조직을 찾다가 발견했다. 하지만 새로운 과학의 등장으로 과학자들이 신경아교세포의 역할을 다시 생각하기 전까지 100년이 넘도록 전기 신호로 작동하는 화려한 신경세포를 지원하는 수동적 역할의 세포로만 인식되어 왔다. 신경아교세포는 영양소를 운반해 신경세포에 양분을 공급하고, 신경전달물질과 다른 신호 분자를 분비해 신경세포

---

* 우리 몸이 항상성을 유지하려고 할 때 기준점―옮긴이

의 의사소통을 도우며, 노폐물과 죽은 신경세포를 치우는 일을 돕는다. 신경세포는 자주 사용되는 연결을 강화하기 위해 사용 빈도가 낮은 연결을 없애면서 연결을 미세조정하는데, 이를 돕기 위해 신경아교세포가 신경세포의 여분의 가지를 잘라낸다. 그러므로 신경아교세포는 신경계의 정원사라 할 수 있다. 신경아교세포는 종류가 여러 가지며, 각자 특별한 기능을 수행한다. 미세아교세포는 죽은 세포와 다른 물질을 청소하고 제거하면서 침입 미생물로부터 뇌를 보호한다. 희소돌기아교세포는 뇌와 척수의 축삭 주위로 수초를 형성하고, 방사성 신경아교세포는 발달기 신경세포가 최종 목적지로 이동할 때 안내자 역할을 한다.[19]

## 뇌 크기와 신경세포 수

| 분류 | 카피바라<br>(가장 큰 설치류,<br>비영장류) | 히말라야<br>원숭이<br>(영장류) | 서부고릴라<br>(영장류) | 인간<br>(영장류) | 아프리카<br>코끼리<br>(비영장류) |
|---|---|---|---|---|---|
| 뇌 무게 | 48.2<br>그람 | 69.8<br>그람 | 377<br>그람 | 1,232<br>그람 | 2,848<br>그람 |
| 대뇌피질<br>신경세포<br>수 | 3억 | 17억<br>1,000만 | 91억 | 163억 | 55억<br>9,000만 |
| 뇌<br>신경세포<br>수 총계 | 16억 | 63억<br>8,000만 | 330억 | 860억 | 2,570억 |

지능과 관련해서는 뇌 크기가 다가 아니다. 인간의 뇌는 코끼리나 고래의 뇌보다 훨씬 작지만 이들과 비교하면 인간의 대뇌피질에 신경세포가 훨씬 더 많다.[20]

코끼리는 암에 걸리지 않는다

전체적으로 신경세포와 신경아교세포의 네트워크가 뇌의 발달과 유지, 기능을 보장한다. 우리가 코끼리와 같은 동물보다 뇌 크기가 작은데도 인지능력이 더 뛰어난 이유를 설명하는 게 이 네트워크의 크기와 밀도다. 네트워크가 복잡하다는 것은 경로가 더 많고, 우리를 더 똑똑한 존재로 만드는 신경세포 연결을 위한 긴급출동서비스가 더 자주 제공된다는 것을 의미한다. 예를 들어, 아프리카코끼리 뇌는 인간 뇌의 대략 3배 크기이고, 평균적으로 인간 뇌보다 3배 많은 신경세포를 가지고 있다. 그러나 코끼리의 뇌 신경세포 97퍼센트 이상이 걷기와 같은 수의운동을 조정하는 후두부 소뇌에 분포하고, 반면에 인간의 신경세포 대부분과 신경아교세포는 인지력과 고등 사고를 관장하는 대뇌피질에 있다.[21]

신경아교세포가 만성 통증을 자극하는 통증 신호를 지휘하므로 현재 이에 관한 세밀한 연구가 늘어나고 있다.


## 만성 통증과 신경아교세포

신경아교세포의 모양을 보면 어떤 것은 불가사리 모양의 신경세포와 비슷하고, 어떤 것은 이상한 레고 블록이나 모양이 없는 둥그런 덩어리를 닮았다. 하지만 모든 신경아교세포는 공통적으로 주변 신경세포를 보호하고 영양물질을 제공하기 위해 존재한다. 신경아교세포는 신경세포보다 훨씬 많다. 아마 10배 이상일 것이다. 신경계 곳곳에 흩어져 있고, 전체 공간의 절반 가까이 차지한다. 신경아교세포는 자체적으로 신경 자극을 전달하지 않지만, 칼슘 파동과 화학적 메신저를 이용한 자체 언어가 있는 진정한 멀티태스커다. 우리가 학습하거나 새로운 기억을 형성할 때 일어나는 신경학적 대화의 한 부분을 이루며, 말초신경부터 중추신경계와 뇌까지 이어지는 통증 경로를 따라 통증 신호의 강도와 기간을 늘리거나 줄임으로써 통증 신호를 조절할 수도 있다. 설치류를 실험 대상으로 신경아교세포가 어떻게 작용하는지 보여주는 논문이 점점 늘어나고 있고, 인간에게 초점을 둔 연구도 진행 중이다.[22]

이제 우리는 감각 신경세포를 지지하는 신경아교세포를 잘못 관리한 탓에 만성 통증이 발생한다고 생각하고 있다. 과도하게 활성화된 신경아교세포가 통증 시스템을 가속해서 신경을 자극해 지속적인 통증 경보를 울리는 염증 악순환에 빠지는 것이다. 이것이 사실이라면 신경아교세포를 표적으로 약물을 투입해 이 세포의 행동을 바꾸는 것이 만성 통증을 치료하는 논리적인 해법처럼 보인다. 그런데 신경아교세포는 놀라우리만치 다재다능한 카멜레온과 같다. 예를 들어, 통증 경로가 막히면 재빨리 우회하여 다른 경로를 이용해 통증 신호를 전달할 수 있다. 사실 신경아교세포는 너무 중요하기 때문에 안타깝게도 이를 완전히 차단할 수가 없다.(게다가 진통제는 자기 언어로 소통하는 신경아교세포가 아니라 신경 자극을 전달하는 신경세포를 표적으로 하므로 도움이 되지 않는다.) 나는 향후 연구로 신경아교세포의 복잡한 행동을 이해해서 만성 통증을 치료하는 새로운 접근법을 찾을 수 있기를 기대한다.

신경아교세포가 전반적으로 동물의 행동 제어를 돕는다는 새로운 단서도 나왔다. 어떤 일을 계속 시도하는 것은 때로는 소중한 에너지를 낭비하는 게 될 수도 있다. 그럴 때 우리는 중단해야 한다는 것을 어떻게 알까? 어떤 행동이 바라던 결과를 생산하지 못할 때, 고집스러운 인간이라면 시간을 더 들이며 시도를 멈추지 않겠지만 동물들은 여러 차례 시도 후 아마도 손실을 따져서 행동을 중단하고 에너지를 절약한다.[23] 뇌는 어떻게 실패한 행동을 식별하고 "지금 그만둬도 괜찮다."라는 신호를 보낼까? 신경아교세포 시스템에 관한 연구를 통해 신경아교세포가 특정 신경세포에서 나온 정보를 통합해 행동을 중단시키는 것이 밝혀졌다.[24] 그러므로 신경아교세포도 진짜 메신저일 수 있다. 예를 들어, 잉어과에 속하는 제브라피시가 불가능하거나 너무 버거운 일을 포기할 때를 보면 신경아교세포가 특정 신경세포에서 나온 정보를 통합해 '멈춤' 신호를 내보낸다.

신경아교세포가 통증 연구에서 주목받고 있지만, 형벌의 여신 포이나 이야기와 관련된 수많은 요소 중 하나일 뿐이다. 다른 연구 결과를 보면, 약 10억 년 전에 박테리아에서 기원해 세포의 발전소 역할을 하는 미토콘드리아와 면역 세포에 오히려 더 큰 관심을 기울일 만하다. 통증의 세계에서 신경아교세포와 통증에 작용하는 다른 힘 사이에 풀어야 할 비밀이 많다. 그 비밀을 더 자세히 파헤칠 수 있다면 어쩌면 우리는 개인의 통증 고정점을 조정할 수 있을 것이다.

## 통증 고정점 이론

고정점 이론은 체중 감량과 관련해서 자주 거론된다. 내용은 이렇다. 우리는 각자 고유한 이상적 몸무게로 정해진 고정점이 있다. 개인마다 정해진 수치를 향해 적극적으로 체중을 조절하는 생물학적 조절법이 있다는 말이다. 몸은 일정 범위의 몸무게에 머무는 것을 선호하며, 그 범위를 벗어나지 않으려고 할 수 있는 모든 것을 할 것이다. 그러나 한계가 있다. 만약 오랫동안 또는 종종 극단적으로 너무 많이 먹거나 잘 먹지 못해서 고정점 조절에 문제가 생기면 그 결과는 분명하고도 때로는 극적인 체중 증가나 체중 감소로 나타난다. 그것이 잠재적으로 새로운 고정점을 만들어낼 수 있다. 통증에 관해서도 마찬가지다. 우리는 각자 견딜 수 있는 통증의 기준선이 있고, 일정한 범위 안에서 통증을 처리할 수 있다. 통증이 매일 변하더라도 기준선 안에 머무는 한 우리 몸은 통증을 처리할 수 있다. 여기에서 통증을 '처리'한다는 말은 고통을 참을 수 있고 통증으로 삶을 방해받지 않는다는 의미다. 통증 내성의 범위는 타고난 생물학적·유전적 조건부터 이전의 통증 경험, 감정과 정신 상태가 깊이 배어든 인식까지 다양한 요인에 따라 개인마다 다르다.(여담으로 이야기하자면, 행복을 느끼는 능력도 상당 부분 유전과 관련 있다. 즉 그것도 타고나는 것이다. 상황을 극적으로 바꿀 수 있는 중대 사건을 제외하고는 누구에게나 시간이 지나면 다시 돌아가게 되는 대략적인 행복 기준치가 있다는 의미다. 전반적인 고통 경험을 계산할 때 행복 고정점이 고통 고정점에 합쳐져야 한다.)[25]

주변에 보면 통증 내성이 높은 사람이 꼭 한 명씩 있을 것이다. 어떤 사람들은 지구력 경기에 참여하거나 터무니없을 만큼 매운 음식을 먹거나 가학적인 성적 행위에 끌리거나 일부러 역경이나 고통스러운 경험을 찾는다. 1980년대 초반에 수행된 실험들은 고통과 쾌락 사이 줄타기를 하는 인간의 성향은 전율 추구와 관련 있음을 보여준다. 그래서 영구적인 손상이나 견딜 수 없는 고통을 일으키는 게 아니라면 우리는 제한된 범위 내에서 위험을 감수하는 것을 즐긴다. 어쩌면 이러한 방식이 우리의 생존 도구 중 하나인지도 모른다. 그러나 위험을 제한하는 제약이 사라진다면 어떻게 될까? 통증의 고정점이 최악으로 재형성되었다면 어떻게 될까? 통증이 참을 수 있는 범위에 들어오도록 통증 고정점을 바꿀 수 있을까? 만성 통증 치료에 관해서라면 어떤 하나의 기술로 완전한 통증 완화를 보장하지 못한다. 그러나 분명 해결책은 있다.

통증에 대한 약물 사용, 수술, 침술과 바이오피드백 같은 대체 심신 치료법, 심뇌 자극과 같은 새로운 치료법 외에도 통증 관리 레퍼토리에 추가하라고 제안하고 싶은 혁신적 접근법이 있다. 그것은 자신의 성격을 개선하는 것이다. 환경과 사교성을 개선하는 것도 여기에 포함된다. 이 접근법은 행복한 돼지와 땅 다람쥐, 이혼 소송으로 스트레스를 받은 몇몇 앨버트로스에게서 단서를 얻었다. 나는 다소 이상한 이 방법을 환자에게 실제로 처방한다. 우리는 이미 성장과 발달, 번식이라는 맥락에서 환경의 중요성을 이야기했다. 이제 여기서 성격이라는 렌즈를 통해 새로운 각도에서 본다면 환경이 통증 경험에 얼마나 중요하게 작용하는지 알게 될 것이다.

## 긍정적인 돼지, 대담한 다람쥐, 바람 피우는 앨버트로스

1998년 7월 12일, 프랑스는 브라질을 이기고 국가 역사상 첫 월드컵 우승컵을 거머쥐었다. 프랑스 인구의 40퍼센트나 되는 열성 스포츠 팬 2,600만 명이 지켜본 그 경기를 통해 과학자들은 "특별한 스포츠 경기에 관한 긍정적 경험이 심장병에 의한 사망을 감소시킬 수 있을까?"라는 질문을 제기하게 되었다. 월드컵 우승처럼 혈압 상승을 촉발하는 감정적 긴장에 알코올 섭취까지 더해진다면 치명적인 심장 발작이 증가하리라고 생각할 수 있다. 그런데 승리가 가져다준 열정과 희망과 집단 행복감이 정반대 결과를 낳았다면? 월드컵 상황을 지켜본 연구자들은 사망자 수 조사와 수학적 계산에 돌입했다. 그들은 1997년 및 1998년 6월과 7월, 원인에 상관없이 발생한 모든 사망자를 조사했고, 2003년 5월 국제학술지 《하트》에 놀라운 연구 결과를 보고했다.[26]

월드컵 결승전 전후 5일 동안 남녀 모두 전체 사망자 수가 일정했다. 하지만 심장 마비에 의한 사망자 수를 조사했을 때, 중요한 변화가 발견되었다. 월드컵 결승전 전후 5일 동일 심장 마비에 의한 남성 사망자 수는 매일 평균적으로 33명이었지만, 프랑스가 브라질을 이긴 결승전 당일 심장 마비로 사망한 남성은 23명뿐이었다. 심장 마비로 사망한 여성 수도 비슷한 동향을 보였다. 결승전 전후로 하루에 28명의 여성이 심장 마비로 사망했지만, 결승전 당일에는 18명에게만 치명적 심장 마비가 일어났다. 게다가 이틀 후가 프랑스혁명 기념일로 국경일이었는데, 그날 남성의 치명적 심장 마비 사례도 23건으로 감소했다. 그전년도에는 그런 차이가 기록되지 않았다. 연구자들은 적은 신체 활동과 국가적 승리에 대한 만족감이 결합해 궁극적으로 심장병 위험을 줄이는 진정 효과가 있었고, 그 효과가 일을 쉬는 국경일까지 이어졌다는 의견을 내놓았다. 연구진은 1996년 영국이 유럽 축구 선수권 대회를 개최했을 때 영국 내 응급실이 덜 붐볐으며, 심지어 스코틀랜드에서는 월드컵 결승전이 있을 때마다 응급으로 정신과에 입원하는 환자 수가 감소한다는 이전 연구 결과도 언급했다. 월드컵이 가져온 놀라운 현상을 파헤친 논문은 의학 정보 검색 사이트 웹엠디WebMD에 자세히 요약되어 있으며, 논문 저자들은 다음과 같은 말로 마무리하고 있다. "야만적인(격렬하거나 거친 감정을 의미한다) 가슴은 음악이 달래줄 수 있지만(영국 극작가 윌리엄 콩그리브의 1967년 희곡 '비탄에 잠긴 신부Mourning Bride'에 나오는 명대사) 평범한 스포츠 팬의 마음을 달래기 위해서는 중요한 승리가 필요하다."[27]

낙관주의가 건강상 부정적 결과를 막을 수 있다면, 비관주의는 나쁜 결과를 부추길까? 낙관주의와 비관주의에 관한 이 수수께끼를 별도로 다룬 주목할 만한 장기 연구는 1960년대에 처음 시작되었다. 메이오클리닉 의사들로 구성된 연구진은 723명의 피험자를 30년 간격을 두고 조사했다.[28] 그들은 피험자들에 대한 의학적 진단을 한 후 심리 테스트를 기초로 각 피험자를 낙관주의자, 비관주의자, 혼합주의자로 분류했다. 그러고 나서 달력에 표시를 해두고 30년 후 다시 그들의 상태를 확인했다. 어떤 사람의 사망 확률이 높을까? 정답은 비관주의자들이다. 낙관주의-비관주의 테스트에서 비관주의 성향이 10점 증가할 때마다 사망률은 무려 19퍼센트나 증가했다. 다르게 분석하면 낙관주의자들이 비관주의자들보다 평균적으로 19퍼센트 더 오래 살

았고, 80대인 사람이 추가로 16년 더 살았다는 말이 된다.[29]

흥미롭게도 대다수 사람이 낙관주의와 비관주의가 섞인 혼합주의자로 분류되었다. 아마도 혼합주의가 일반 대중을 대표할 것이다. 그러나 더 흥미로운 점은 비관주의자와 비교하면 순수하게 낙관주의자로 분류되는 사람이 적다는 것이다.(124명이 낙관주의자, 518명이 혼합주의자, 197명이 비관주의자로 분류되었다.) 그러므로 혼합주의로 분류되는 사람들은 어쩌면 비관주의로 기우는 경향이 있을 것이다. 우리가 하루에 긍정적인 생각보다 부정적인 생각을 더 많이 한다는 도시 전설이 있다. 물론 이 말을 증명하기란 쉽지 않지만 말이다.

1960년대 중반에 시작된 한 연구는 입학할 때 종합성격검사를 받은 6,959명의 노스캐롤라이나대학교 졸업생들을 조사했다. 입학 후 40년 동안 476명이 다양한 원인으로 사망했는데, 그중 암이 가장 흔한 사망 원인이었다. 그런데 대체로 비관주의가 상당한 타격을 준 것으로 보인다. 가장 낙관적인 사람들보다 가장 비관적인 사람들의 사망률이 42퍼센트 높았다.[30] 낙관주의가 수명을 높이는 메커니즘은 다면적이다. 우선 스트레스 감소에 의한 생물학적 영향도 있고, 삶을 바라보는 긍정적 시각이 건강 증진 활동과 사교 활동에 더 많이 참여하도록 동기를 부여하기도 한다.

지난 수십 년간 낙천적 성격의 건강 증진 효과를 뒷받침하는 많은 연구가 발표되었다. 낙관성 수준과 건강의 연관성에 관한 많은 연구가 이루어졌는데, 대표적인 예가 구딘Goodin과 불Bull이 공동으로 발표한 「낙관주의와 통증 경험: 물컵이 반이나 차 있다고 보는 관점의 이점」이라는 적절한 제목의 논문이다. 논문 저자들은 낙관주의가 "관

코끼리는 암에 걸리지 않는다

상동맥 우회 수술, 골수 이식, 산후우울증, 외상성 뇌 수술, 알츠하이머병, 폐암, 유방암, 시험관 수정 실패 후 생리학적 회복 및 심리·사회적 적응 향상과 관련 있다."라고 기술한다.[31] 새로운 연구에 따르면, 만성질환 환자들 사이에서도 희망 수준이 높은 환자들은 통증이나 심리적 고통, 기능 장애 수준이 비교적 낮았다.[32]

　나는 매일 환자들을 보면서 이 연관성을 몸소 확인하며 임상의로서 낙관주의를 추구한다. 거짓 희망을 주고 싶지는 않지만, 의사로서 주된 역할은 환자들에게 지금 가능한 치료법뿐만 아니라 가까운 미래에 가능할 수도 있는 치료법까지 포함해 치료 가능성에 관해 교육하는 것이라 믿는다. 물론 내가 환자라도 스스로 제어할 수 없는 현실에 의기소침해질 것이다. 하지만 환자들에게 진행 상황을 이해시켜서 적어도 스트레스라도 줄이게 도와주고 싶고, 새로운 낙관주의를 통해 환자들이 더 좋은 결과를 얻을 수 있으면 좋겠다.

　통증 수용의 핵심은 포기하는 것에 있지 않다. 오히려 통증을 삶과 연결 지어 생각하고 삶의 한 부분으로 재구성하고, 통증이 있더라도 더욱 효과적으로 사는 법을 배우는 데 있다. 2011년 학술지 《통증 과학》에 발표된 한 연구에 따르면, 통증을 수용한다는 것은 "바꿀 수 없다면 받아들이고, 통증을 없애려는 시도가 성공하지 못했다면 그런 시도를 줄이고, 통증에도 불구하고 가치 있는 활동에 참여하는 것을 의미한다. 많은 연구에서 보여줬듯이 통증 수용도가 높은 사람들은 통증이나 통증과 관련된 장애가 매우 적게 나타났다."[33] 어려운 점은 당연히 학습 과정이다. 천성적으로 유리컵이 반이나 찼다고 보지 못한다면 어떻게 낙관적으로 바뀔 수 있을까? 부정적인 시선을 긍정적인 시선으로 바꾸기 위한 훈련 프로그램이 의사와 연구자들에 의해 개발되고 있다. 그런 낙관성 강화 프로그램에는 보통 모든 것이 최상의 상태가 된 가상의 미래를 상상하는 사고 기술이 포함되어 있다.

물론 혼자 힘으로도 낙관적 태도를 기를 수 있다. 시간 내 잘되리라 상상하면서 바라는 것과 이루고 싶은 것을 하나하나 적어보라. 현실적이되 재미있게 적고 무엇이 되었든 마음을 열고 자세히 써보자. 어려운 도전이라는 생각이 들거나 불안감이 느껴진다면, 그것을 어떻게 해결하거나 극복할지 적어보라. 이것을 명상이나 시각화 연습에 통합시킬 수도 있고, 몇 분 동안 심호흡하며 긍정적인 생각만 떠올리는 방법도 있다. 만일 자꾸 부정적인 생각이 든다면 초연한 듯 멀리 떨어져서 보려고 하라. 그러면 그냥 지나갈 것이다. 낙관주의를 방해하는 가장 큰 걸림돌은 최악의 상황이 벌어지리라 생각하고 상황의 심각성을 점점 증폭시켜 결국 비합리적인 생각과 현실 왜곡에 이르게 되는 사고의 파국화다. 파국화 경향은 통증을 악화할 뿐만 아니라 더 오래가게 만들며 습관적 파국화 경향이 있는 사람은 만성 통증에 시달리기 쉽다.

슬픔과 우울감이 가치가 없다는 말이 아니다. 진짜 고통스러운데도 가짜 미소를 지으라는 말도 아니다. 강요된 낙관주의는 역효과를 낳을 수 있다. 진짜가 아닌 지나친 긍정성은 부정론으로 이어져 처리해야 하는 어두운 감정을 숨기게 한다. 하지만 고통에도 불구하고 진정한 미소를 지을 수 있게 하는 방법이 있다. 낙관주의를 유지하면서도 가끔은 괴팍하게 굴거나 짜증 내는 것도 좋다. 삶을 바라보는 전반적 관점과 기분은 상호 배타적인 게 아니다. 두 요소가 상호작용해서 긍정적이거나 부정적인 사건에 반응하는 개인의 성격과 인생 태도를 정한다.

집돼지는 인간과 비교 연구하기 좋은 흥미로운 동물이다. 비교적 최근에 등장한 연구 분야인 동물 성격 연구에서 돼지를 대상으로 한 연구가 점점 많아지고 있다. 돼지는 인간처럼 자기 인식, 감정 경험, 장난기 등 많은 인지능력을 가지고 있다.[34] 집돼지에 관한 연구는 우리에게 기분과 성격은 상호작용을 통해 사고력과 의사 결정에 영향을 미치며, 편견이 환경 안에서 작용하는 방식에도 영향을 미친다고 말한다. 여기에서 핵심 단어는 환경이다. 알려져 있듯이 환경은 우리의 기분을 만들어내기도 하고 기분을 깨기도 한다. 돼지도 똑같다.

돼지의 성격 측정은 다양한 상황에 어떻게 대처하는지를 관찰해서 이뤄질 때가 많다. 적극적이고 일관된 행동을 보이는 이른바 능동적 돼지들은 비교적 소극적이고 변덕스러운 행동을 보이는 수동적 돼지들과 분명 다르다. 인간을 대상으로 한 연구에서 능동성proactivity과 수동성reactivity은 각각 외향성과 신경증적 성향과 연관되어 있었다. 나아가 외향적인 사람들이 더 낙관적이고, 신경증적 성향이 있는 사람들은 비교적 비관적이었다. 이에 관련해 우리의 이해를 돕는 놀라운 연구가 영국 동물 행동 및 복지 연구자들에 의해 2016년에 진행되었다. 연구진은 능동적 성향 돼지와 수동적 성향 돼지를 포함하는 한배 새끼 돼지들을 기분에 영향을 미치는 것으로 입증된 두 가지 환경에 나누어 넣었다.[35] 하나는 기분이 더 좋아지도록 설계된 환경으로, 다른 하나보다 더 편안하고 놀기 좋고 넓었다. 돼지 1마리당 2제곱피트 더 넓은 공간에 그들이 가지고 놀기 좋아하고 침구로도 사용할 수 있

행복한 돼지

는 짚이 깔려 있었다.

　실험을 위해 연구진은 돼지들에게 두 가지 먹이통을 다른 결과물과 연관 지어 생각하도록 훈련시켰다. 한 먹이통에는 긍정적 결과를 나타내는 단 음식을 담았고, 다른 먹이통에는 부정적인 결과를 나타내는 커피콩을 채웠다. 그러고 나서 각각의 돼지가 얼마나 낙관적인지 또는 비관적인지 확인하기 위해 리트머스 테스트로 쓸 제3의 먹이통을 투입했다. 돼지들이 단 음식(즉, 긍정적 결과)을 많이 기대하면서 먹이통에 접근하는지 지켜봤더니 능동적 돼지들은 기분에 상관없이 낙관적으로 반응하는 경우가 더 많았고, 수동적 돼지들은 기분에 따라 반응이 달랐다. 넓고 쾌적한 환경에서 생활하는 수동적 돼지들은 안에 무엇이 들어있는지 알 수 없는 먹이통에 대해 낙관적으로 반응할 확률이 훨씬 더 높았다. 비교적 좁고 척박한 환경에서 생활하는 수동

　　　　　　　　　　　　코끼리는 암에 걸리지 않는다

적 돼지들은 비관적인 반응을 보였다. 연구자들은 인간이 비관적 관점이나 정반대의 낙관적 관점과 같은 장기적 성격 특징과 그때의 기분에 영향을 받은 단기적 편향이 합쳐져서 결정을 내리는 유일한 동물은 아니라고 가정했는데, 이 실험을 통해 그 가정이 사실임이 밝혀졌다. 성격은 자신의 결정에 영향을 미치고, 기분은 환경에 크게 좌우될 수 있다. 이는 우리가 어느 정도 제어를 통해 선호하는 기분을 유지할 수 있음을 의미한다.[36]

낙관주의 쪽으로 저울을 기울여 건강 이익을 얻고 싶다면 생활공간, 주변 사람 및 사물, TV 시청이나 친구와의 산책 같은 여가를 보내는 장소 등에 유념할 필요가 있다. 너무 명백하거나 뻔한 말처럼 들릴 수도 있지만, 사실 최근 들어서야 과학자들이 성격-기분-관점-결과의 중요성을 연구하기 시작했다.

성격이 중요하다는 사실은 다람쥐 연구를 통해 다시 한번 확인되었다. 캘리포니아대학교 데이비스 캠퍼스와 콜로라도 록키산맥 생물학연구소 공동 연구진은 미국 서부와 캐나다 일부 지역에서 흔히 발견되는 황금망토땅다람쥐를 3년 동안 관찰해 다람쥐의 성격을 기록한 최초의 보고서를 2021년에 발표했다.[37] 연구자들은 네 가지 주요 특성으로 대담성, 적극성, 활동 수준, 사회성을 꼽았다.[38] 그들은 더 대담하고 사교적인 다람쥐가 수줍음이 많은 다람쥐에 비해 유리하다고 말한다. 군거 생활을 하는 다람쥐들이 더 빨리 움직이고, 휴식 장소를 만들기 위해 더 많은 공간을 능숙하게 사용하며, 더 많은 자원에 접근할 수 있다. 이런 결과는 궁극적으로 다람쥐의 생존에 유리하다. 쾌활하고 조금은 무모한 것이 도움이 된다는 말이다.

이 보고서에서는 통증과 통증 관리가 성격과 어떤 관련이 있는지 다루지 않았지만, 우리는 몇 가지 결론을 도출할 수 있다. 우리 각자 통제할 수 있는 게 많고, 건강과 같이 부분적이나마 통제할 수 있는 것도 많으므로 우리에게 유리한 쪽으로 저울이 기울어지도록 그 통제력을 사용해야 한다. 이는 생활습관을 돌아본다는 것을 의미한다. 분위기와 환경, 교제하는 사람, 여가를 보내는 장소 등 우리가 선택할 수 있는 것뿐만 아니라 통증과 기분도 잘 관리할 수 있을 것이다. 물론 그렇다고 모든 증상이 완화되지는 않겠지만 분명 중대한 변화가 일어날 것이다.

새로운 연구에 따르면, 나르시시즘이나 경계성 인격장애 등 성격장애가 있는 사람들이 더 높은 수준의 통증을 호소하고, 알츠하이머병을 포함하는 치매와 인지 저하 위험이 더 큰 것으로 나타났다.[39] 이 연구는 성격의 힘도 잘 보여준다. 특히, 계획적이고 책임감 있고 목표 지향적이고 사교적이고 자기 절제력이 강한 사람들(성실한 인간)은 우울하거나 감정적으로 불안한 사람들(신경과민 인간)보다 인지 저하나 손상 위험이 더 낮았다. 앞으로 통증-성격 연구와 인지능력-성격 연구가 점점 중복될 것으로 보인다. 우리의 사고 및 행동 패턴, 즉 성격 특성은 고통을 어떻게 감지하고 뇌가 전반적으로 어떻게 기능하는지와 관련되어 있다.

주변 환경을 통해 긍정적 성격을 개발하는 것 외에 사고에 주의를 기울이는 것도 도움이 될 수 있다. 이것은 앞에서 언급한 파국화와 관련 있다. 부정적 사고의 소용돌이는 통증을 더 도드라지게 하고 더 오래가게 할 것이다. 안 좋은 생각이 들면 잠시 멈춰 생각을 메모하고

"그래, 좋아. 통증이 있는 거 맞아. 그래도 여전히 집 주변을 걸을 수 있고, 좋은 라디오를 들을 수 있어."라고 하거나 "오늘 통증이 있지만, 유용한 운동법을 새롭게 배우기 시작했잖아."라고 말하면서 생각을 재구성할 수 있는지 보라. 시작은 작게 해라. 부정적인 마음을 아주 조금 줄여도 통증을 관리하는 데 유용할 뿐만 아니라 종종 통증을 악화할 수 있는 불안감과 두려움을 줄이는 데도 도움이 된다.

여기에 한 가지 방법을 보태려고 한다. 모든 사람에게 유용한 방법은 아니지만, 통증이 엄습할 때 욕을 해보는 것이다. 스트레스와 관련된 통각 상실을 유도하기 위해 상스러운 욕을 내뱉는 것이 효과가 있다는 연구 결과가 있다.[40] 어떤 사람들은 욕설을 세상에서 가장 빠르게 작용하는 진통제라고 부른다. 어떤 방식으로 작용하는지는 아직 확실히 밝혀지지 않았지만 욕설이 감정을 자극하고 그 과정에서 자율신경계에서 진정 반응이 촉발될 수도 있다는 이론부터 욕이 재미있어서 집중된 신경을 분산시킬 수 있다는 이론까지 다양하다. 영국 옥스퍼드대학교와 킬대학교 소속 연구자들은 '트위즈파이프twizpipe'와 '포우치fouch'라는 가짜 욕을 만들어 고전적인 욕과 비교했다. 만들어진 욕을 사용했을 때는 통증 역치의 변화나 통증과 관련된 다른 생물학적 변화가 없었지만, 진짜 욕을 사용했을 때는 통증의 역치와 내성이 각각 30퍼센트 이상 높아졌다.[41]

이제 앨버트로스 이야기를 해보자. 바다에 사는 이 거대한 비행사에게는 사람들이 대부분 생각지도 못한 인간과의 공통점이 있다. 그것은 조류의 90퍼센트 이상이 그렇듯이 앨버트로스도 본질적으로 일부일처제 동물이라는 점이다. 앨버트로스는 짝짓기할 짝을 선택하

미드웨이 제도 이스턴섬에 서식하는 짧은꼬리앨버트로스

고 일반적으로 평생 함께한다. 하지만 생활이 힘들어지면 이혼도 고려한다. 포르투갈 보존생물학자들이 15년 동안 포클랜드 제도의 검은눈썹앨버트로스 15,000여 쌍에 관한 자료를 분석한 후 발표한 2021년 논문을 보면 특이한 점이 기록되어 있다. 스트레스가 많은 시기에, 특히 날씨가 이례적으로 따뜻했던 해에 이혼율이 상승했다는 것이다.[42] 앨버트로스는 번식에 실패하면 더 좋은 짝을 찾아 이혼하는 것으로 알려져 있기는 하지만, 그런 이유로만 이혼하는 건 아니었다. 해수 온도가 가장 높았을 때 이혼율이 가장 높았고, 심지어 그해 번식에 성공했는데도 헤어지는 부부도 있었다.

앨버트로스의 연간 이혼율은 대체로 1~3퍼센트 선인데, 최근 약

코끼리는 암에 걸리지 않는다

8퍼센트로 증가했다. 아마도 해수 온도 상승이 원인일 것으로 추정된다. 앨버트로스는 늘 찾아가던 번식지로 돌아가기 전에 먹이 사냥에 나선다. 그런데 해수면 온도 상승이 이 새들의 먹이 공급원에 악영향을 미쳤고 그 바람에 더 멀리까지 사냥 나가야 해서 번식기가 틀어졌다. 예상한 정상 시기에서 벗어난 번식기는 파트너 관계에 스트레스로 작용한다.

이것도 환경이 의사 결정과 심지어 배우자에 대한 충실도에 어떤 영향을 미치는지 보여주는 예다. 논문 저자들은 '파트너 비난 가설'이라는 혁명적인 이론을 제안했다. 논문 공저자 리스본대학교의 프란체스코 벤츄라가 《가디언》에 설명한 파트너 비난 가설에 따르면, 환경 요인으로 스트레스를 받으면 암컷은 생리학적 스트레스도 느끼는데 이러한 정서적 변화를 수컷의 무능력 탓으로 돌리면서 수컷을 버린다고 한다.[43] 암컷은 환경적 조건으로 발생한 스트레스를 파트너의 잘못과 융합한다.(암컷이 먼저 이혼 신청을 하는데, 다음 해 번식기에 다른 수컷을 데리고 나타남으로써 자신이 기존의 수컷과 혼인 상태가 아님을 선언한다. 이전에 부부였던 앨버트로스는 서로 다투지 않는다.)

이 깃털 달린 친구를 연구하면서 우리는 많은 점을 배울 수 있다. 스트레스를 받는 상황이 되었을 때 우리는 배우자와 직장, 정부를 탓하는 경향이 있지 않은가. 한 걸음 물러나 이성이라는 인간 고유의 무기를 가지고 전체 상황을 살펴보라. 그러면 상황이 달리 보일 때가 많을 것이다. 나는 스트레인 요인에 즉각적으로 대응하지 않기 위해서 시도하는 전략이 있다.(물론 항상 성공하지는 않는다.) 하룻밤 동안 그냥 잊어버리고, 더 큰 그림을 생각해보는 것이다. 그러면 다음날, 스트레인 요인에 즉각적이고 반사적으로 반응했던 어제와 매우 다르게 반응하게 된다.

앨버트로스는 수명이 매우 긴 새에 속한다. 세상에서 가장 나이 많은 야생 조류이자 앨버트로스 종은 '위즈덤(지혜)'이라는 이름의 레이산앨버트로스다. 이 새는 최소 2012년부터 파트너로 있는 수컷과 여전히 새끼를 낳는다. 지금까지 수백만 킬로미터를 비행했고, 70세의 고령인데도 하와이 제도에서 북서쪽으로 2,400여 킬로미터 떨어진 지상 최대 앨버트로스 번식지 미드웨이 제도로 매년 돌아와서 같은 곳에 둥지를 튼다.[44] 위즈덤은 파트너 관계를 지속하는 법을 알고 있는 게 틀림없다. 이름도 어떻게 그렇게 잘 지었는지, 만일 내가 위즈덤과 소통할 수 있다면 구애와 유대감, 오래가는 관계에 관한 비법을 물어보고 싶다. 우리는 다른 동물에게서도 비슷한 지혜를 구할 수 있다. 다음 장에서 들쥐들이 서로 사랑에 빠지는 이야기를 통해 사랑에 관한 지혜를 배울 수 있을 것이다.

코끼리는 암에 걸리지 않는다

# 다람쥐의 사교성을 배워라

통증은 미끄럼틀-사다리 보드게임과 같다. 사다리를 타고 올라가는 좋은 날도 있고 미끄럼틀 아래로 내려가는 나쁜 날도 있다. 하지만 일정한 범위 안에 머무른다.(또 그러기를 바란다.) 고정점을 바꾸기 위해 이타주의, 긍정적 사고와 낙관주의, 대담함과 사교성, 기분 좋은 환경 등의 힘을 이용하라. 긍정적인 태도와 성격을 개발하라. 신체 통증에 영향을 미칠 수 있는 감정적, 심리적 고통의 해결을 위해 필요하다면 전문 치료사에게 도움을 구하라. 매일 통증을 일지에 기록하고, 겪은 일과 통증 없는 미래의 바람을 적어보는 것도 좋은 습관이다. 예를 들어, 모든 것이 더할 나위 없이 좋은 미래를 그려보는 것은 긍정적 결과를 기대한다는 점에서 낙관성 수준을 높일 수 있다. 심지어 긍정적 기분의 변화와 무관하게 낙관성이 높아진다. 다시 말해서 어느 날 기분이 침울해진다고 해도, 건강한 수준의 낙관성을 유지할 수 있다는 것이다. 고통 없는 자극이 필요할 때는 음악을 들어보자. 밥 말리의 말을 빌리자면 "음악이 좋은 점은 그것이 우리를 아무리 자극해도 우리는 고통을 느끼지 않는다는 것이다."

이탈리아 피렌체의 거리 미술(그라피티)

# 12장

# 유대감과 성 그리고 사랑의 법칙

**우리에게 진짜 필요한 것은 따로 있다**

> 낱말 하나가 삶의 모든 무게와 고통으로부터 우리를 자유롭게 해준
> 다. 그 말은 '사랑'이다.
>
> —소포클레스

하루에 여덟 번 포옹하라. 여덟 번. 일하는 동안 대략 한 시간
에 한 번 포옹하라는 말이다. 그렇게 할 수 있다면 당신은 더 오래 살
고 더 잘 사랑할 수 있다.

낯선 사람과 대화하라.

다른 사람에게 친절하고, 마음을 열고, 도움이 되어라.

자신을 포함해 주변 모든 사람의 다양성을 포용하라.

할 수 있다면 언제 어디에서나 자연에 자신을 맡겨라.

이게 전부다. 이러한 실천이 삶과 장수의 필요충분조건이다. 지금
나는 우리 인간이 가장 갈망하는 '연결되어 있다'는 감각, 풍부하고 강
한 유대감, 사랑 등을 다룰 이 마지막 장의 핵심 교훈을 소개했다.

"나는 매일 웁니다." 폴 잭이 내게 말한다. 그는 눈물 흘리는 데 많은 게 필요하지 않다고 덧붙인다. 로맨틱 코미디 영화나 감동적인 광고, 사랑하는 사람의 진심이 느껴지는 순간이면 충분하다고. 그는 쉽게 울 것같이 생기지 않았다. 사각 턱에 귀족 같은 외모, 60대인데도 부러워할 만한 머리숱, 권위가 느껴지는 분위기를 지닌 비범한 인물이다. 넓은 어깨 위로 정직하고 호기심 어린 얼굴과 초롱초롱한 푸른 눈에서는 몇몇 뛰어난 사람들에게서나 볼 수 있는 극기심이 느껴진다. 고대 로마에 관한 서사 영화에서 원로원 역할을 맡아도 무리 없이 해낼 수 있을 것이다.(실제로 〈어메이징 스파이더맨〉을 포함해 여러 영화에서 과학과 관련된 장면을 만들고, 목소리 출연도 해서 할리우드에 명성이 나 있다) 하지만 그와 대화를 나눠보면 정말 부드러운 면모를 지니고 있음을 바로 알 수 있다. 잭은 나이 들수록 자신이 점점 감상적인 사람이 되어가고 있음을 인정한다. "나는 포옹을 좋아해요. 어릴 때보다 더 따뜻한 사람이 되기 위해 꾸준히 노력하고 있습니다."(그는 다른 사람 앞에서 우는 것도 별로 걱정하지 않는다.) 언론에서는 그를 '사랑의 박사'라고 부른다.[1]

잭은 캘리포니아 클레어몬트대학원의 경제학·심리학·경영학 교수이고, 신경경제학연구소 설립자이자 소장이다. 인간이 경제적 행동에 관한 결정을 내릴 때 결정 방식의 신경학적, 분자적 뿌리를 연구하는 신경경제학이라는 새로운 학문 분야의 선구자 중 한 명이다. 지난 20년 동안 인간의 비즈니스 환경 속 연결성, 행복, 그리고 효과적인 팀워크에 작용하는 신경과학을 연구했다. 미 국방성과 포춘 500에 속한 기업들의 이사회실, 파푸아 뉴기니의 우림까지 찾아가면서 진행한 그의 연구는 이야기가 어떻게 우리 뇌를 형성하고, 낯선 사람들을 하나로 묶고, 감동을 주는지, 이로써 어떻게 타인에게 더 공감하고 관대해지는지 밝힌다. 그가 집요하게 연구하고 있는 주제는 우리 누구나 생산하는 옥시토신이라는 분자다. 2012년에 출간한 그의 주요 저서 『도덕적 분자: 사랑과 번영의 원천The Moral Molecule: The Source of Love and Prosperity』에서 신뢰와 사랑, 도덕성 같은 우리를 인간으로 규정하는 특성의 핵심 동인이 옥시토신이라는 믿기 어려운 이야기를 한다. 옥시토신은 아기일 때, 보살핌을 받고 있다고 느낄 때, 아동기에 부모에게서 조건 없는 사랑을 받을 때, 좋은 친구를 사귈 때, 성장해서 가슴 따뜻하고 생산적인 어른이 되었을 때, 연애 상대에 사랑의 욕구를 느끼고 짝을 만났을 때 그리고 마침내 자기 자식을 낳아 양육할 때 분비되는 뇌 화학물질로 이른바 '포옹 호르몬'이라 할 수 있다.[2]

출산, 수유, 사회적 유대, 성적 흥분과 오르가슴을 포함하는 성적 쾌락 등의 삶을 긍정하는 중대한 활동의 중심에는 옥시토신이 있다. 옥시토신은 전통적으로 여성의 생물학적 특성 때문에 생기는 것으로 여겨졌다. 특히 출산과 모유 수유, 산후 아기에 대한 애착과 관련 있어서 그런 고정관념이 생겼다. 하지만 이 호르몬은 모든 인간의 경험에 중요한 역할을 한다.[3] 여성이 남성보다 옥시토신을 30퍼센트 더 많이 가지고 있지만, 어쨌든 남성도 이 호르몬을 가지고 있는 것은 분명하다. 잭과 동료 연구자들은 일련의 실험을 통해 관대함, 공감, 신뢰를 포함하는 무수히 많은 인간 행동에 옥시토신이 중요한 역할을 한다는 사실을 알아냈다. 옥시토신의 역할을 밝혀내기 위해 노력하는 학자는 잭 혼자가 아니다. 소규모이지만 세계 곳곳의 연구자들이 인간의 다양한 행동과 다른 포유동물의 행동과 연관 지어 옥시토신을 연구하고 있다.

옥시토신이 처음 확인된 것은 1909년, 헨리 데일 경이 인간 뇌하수체에서 추출한 물질이 임신한 고양이의 자궁을 수축시킨다는 것을 발견했을 때다. 데일은 그 물질을 옥시토신이라 이름 붙였다. 그리스어로 '빠른 분만'이라는 의미다. 일찍이 1911년부터 산모의 자궁 수축을 촉진하기 위해 뇌하수체에서 추출한 이 물질을 사용하기 시작했다는 기록이 있다. 오늘날에는 자궁 수축을 자극하고 분만을 촉진하기 위해 합성 옥시토신인 피토신이 전 세계적으로 사용되고 있다.[4] 예를 들어, 출산 예정일이 2주 지난 산모의 진통을 유도하거나 진통 없이 양수가 먼저 터졌을 때 분만을 촉진하기 위해 피토신을 정맥 주사로 투여한다. 데일은 산모의 모유 분비도 옥시토신 덕분에 가능하다는 것도 알아냈다.* 옥시토신은 산모 가슴의 유관을 둘러싸고 있는 평활근 세포를 수축시킴으로써 아기가 빨 수 있도록 모유를 젖꼭지로 이동시킨다.

잭은 누군가가 우리를 신뢰한다고 믿을 때 우리도 본능적으로 그 사람을 신뢰하게 된다고 주장한다. 신뢰는 서로에 대한 긍정적 상호작용을 증가시키므로 행동 변화로 이어진다. 잭의 말대로 옥시토신은 궁극적으로 "가족·공동체·사회 구성원들을 서로 떨어지지 않게 하는

---

* 데일은 아세틸콜린 작용을 통한 신경 자극의 화학적 전달을 발견하는 데 일조해서 역사에 기록되었다. 그는 독일 약리학자 오토 뢰비와 함께 그 공로를 인정받아 공동으로 1936년 노벨 생리학·의학상을 받았다.

'사회적 아교'인 동시에 우리가 모든 종류의 거래에 참여할 수 있게 해주는 '경제적 윤활유'다."[5] 어떤 과학자는 옥시토신을 "사회적 뇌에 칠하는 기름"이라고 했다.[6] 옥시토신은 주로 시상하부에서 생산되어 뇌하수체를 통해 혈액으로 분비되거나 뇌의 다른 영역과 척수로 분비되어 옥시토신 수용체와 결합한다. 이 호르몬이 다른 사람이나 반려동물과 맺는 유대감을 촉진하고, 이기심을 버릴 수 있게 한다. 심지어 우리가 사회적 집단의 이익을 생각하고 그것을 위해 행동하는 것도 옥시토신 때문이다. 이제 옥시토신은 사회적·성적 기능부터 식욕과 체중 조절, 면역 및 신경 기능, 골 질량 조절까지 다양한 역할을 하는 일종의 멀티플레이어 호르몬으로 인정되고 있다. 심지어 나이 들수록 옥시토신이 건강한 근육의 유지와 복구에 없어서는 안 될 중요한 요소인 이유를 밝히는 새로운 연구가 발표되었다. 옥시토신은 노화된 근육 줄기세포 증식을 늘림으로써 근육의 재생력을 향상해 새 근육처럼 기능하도록 돕는 열쇠일 수도 있다.[7] 옥시토신이 골다공증을 예방한다는 연구 결과도 있다. 사실, 옥시토신은 노화에 긍정적으로 작용해서 코에 뿌리는 스프레이 형태의 항노화 약으로도 사용할 수 있을 것이다. 최근 한 피부과학 연구에 따르면, 옥시토신 수치가 높은 사람들은 평생 햇빛 노출이 심했더라도 기대 이상으로 피부 노화 점수가 낮고, 피부가 더 젊어 보이는 것으로 나타났다.

그런데 옥시토신 수치를 직접 측정하는 게 쉽지 않다. 특히 뇌의 옥시토신은 더 어렵다. 대부분의 연구에서 과학자들은 뇌의 옥시토신 활성도를 측정하기 위해 혈액이나 소변, 타액 같은 다른 체액을 채취한다. 하지만 이는 정확한 과학 데이터가 아니다. 신체 내 옥시토신의 양과 질을 측정하는 방법에 관해서는 논쟁이 불가피해 보인다. 그러나 옥시토신이 인간 건강에 미치는 광범위한 영향에 깊은 관심을 두고 연구를 계속한다면 분명 더 좋은 측정 방법을 찾고 이 호르몬의 역할까지 밝힐 수 있을 것이다.

폴 잭이 옥시토신의 좋은 점을 전파하는 데 전념해왔다는 말로는 충분하지 않다. 그의 관점에서 옥시토신은 인간을 하나의 사회로 묶어주는 모든 미덕 뒤에 존재하는 '도덕성 분자'이다. 도덕성은 오직 인간에게만 있지만, 옥시토신은 인간에게만 있는 게 아니다. 앞에서 말했듯이, 모든 포유동물에게 있으며 그 외 동물군에서도 발견되는 아주 오래된 화학물질 중 하나이다. 문어도 그들의 생리에 맞는, 옥시토신 비슷한 생화학물질을 가지고 있다. 조류와 파충류, 어류도 마찬가지다. 그런데 인간의 옥시토신이 쓰이는 목적은 독특하다. 대략 20만년 전 돌연변이로 더 많이 생산되면서부터 옥시토신은 빠른 속도로 우리 뇌를 뒤덮었다. 그때 즈음 초기 인류가 아프리카를 탈출했고, 인간의 뇌는 진화를 통해 크고 복잡한 기관으로 성장했다. 더 많아진 옥시토신은 생존에 필요한 사회적 유대를 구축하고 부족 사회로 문명화하도록 길을 닦아주면서 우리가 지구를 정복하고 복잡한 사회를 만들도록 도왔을 것이다.

안타깝게도 강제로 뇌에서 옥시토신이 분비되게 할 수 없으므로 애정 효과에 긍정적으로 작용하는 옥시토신의 덕을 아무 때나 볼 수가 없다. 하나를 얻으려면 먼저 줘야 한다. 옥시토신은 다른 사람에게 줘야 하는 선물이다. 더 정확히 말하자면 다른 사람과의 관계 안에서 촉발되는 것이다. 사실상 혼자서 옥시토신이 분비되게 할 수는 없기

코끼리는 암에 걸리지 않는다

때문이다. 게다가 나이 들수록 옥시토신의 분비를 적극적으로 유도하지 않으면 그 생산이 줄어들 수 있다.

　잠시 샛길로 빠져서 들쥐에게서 사랑하고 건강한 관계를 맺는 법을 배운 실험에 관해 이야기하려고 한다. 그동안 위에서 말한 것을 잊지 마라. 서로 유대를 형성하고, 평생 가는 일부일처제라는 사회적 동맹을 맺는 동물이 인간뿐인 것은 아니다. 포유류의 97퍼센트가 암수 짝을 이뤄 새끼를 기르지 않지만, 들쥐는 인간처럼 짝을 이뤄 새끼를 기른다. 이 작은 동물에게서 연인관계, 삶과 수명 유지에 필수적인 사람과 사람 사이 연결감, 사랑 능력 등에 영향을 미치는 옥시토신의 놀라운 힘을 엿볼 수 있다.


## 들쥐vole의 영어 철자 순서를 바꾸면 사랑love이다

들쥐는 시궁쥐에 햄스터나 두더지가 섞인 것처럼 생기기도 했고, 사막쥐와 땅다람쥐 유전자를 지닌 새로운 종의 들에 사는 생쥐처럼 보이기도 한다. 손으로 쉽게 잡을 수 있는 작은 설치류인 들쥐는 생쥐의 친척이고 나그네쥐와도 밀접한 유연관계가 있다. 회갈색의 털은 거칠고, 꼬리에도 털이 많고, 머리와 귀가 작다. 대략 155종의 들쥐가 있는데, 그중 대초원 들쥐는 암수 유대 관계로 유명해서 일부일처제 과학을 연구하는 사람들의 관심 대상이다. 대초원 들쥐는 우리 인간들이 왜 모두 배우자를 돌보고, 자녀를 애지중지하고, 상처 입은 친구와 가족을 위로하고, 공감하고, 죽음을 애도하려는 욕구가 있는지 그 실마리를 풀어줄 수 있다.

들쥐는 미국과 캐나다 초원에 널리 분포하며, 풀과 나뭇잎으로 만든 둥지 안에 짧은 굴을 파서 산다. 에모리대학교 여키스국립영장류연구센터에 래리 영 박사가 관리하는 구역에도 들쥐 몇 마리가 산다. 애틀랜타에 자리 잡은 이 연구센터에서 래리 영은 중개사회신경과학 센터장을 맡고 있다. 여기에서 행동신경과학 및 정신질환과도 이끌고 있고, 사회적 관계의 기본이 되는 뇌 신경 회로 진화에 중점을 두고 연구하고 있다. 그의 목표는 인간이 느끼는 사회적 유대감의 근본적 동인을 이해하는 것뿐만 아니라 궁극에는 연구 결과를 활용해 자폐증, 사회 불안장애, 조울증, 조현병 같은 정신 장애가 있는 사람들의 사회적 행동을 개선하는 치료법을 개발하는 것이다. 들쥐가 그의 주된 실험 대상이다. 들쥐의 암수 유대결합pair-bonding은 인간과 매우 비슷하며, 거기에는 옥시토신이 크게 관여한다. 인간처럼 들쥐의 뇌에도 옥시토신 수용체가 있다. 호르몬의 결과로 생기는 기분 좋은 감정은 상호적이고 화학적인 반응으로 유대감 형성을 유발한다.

유대감 형성 과정은 간단하다. 암컷과 수컷이 만나면 수컷이 소변에 든 성적 화학신호를 이용해 암컷에게 구애하고, 암컷이 수컷의 소변을 핥으면 발정(열)이 난다. 이는 암컷이 대략 하루 사이에 성적으로 수용적이고 적극적으로 바뀐다는 것을 의미한다.(대초원 들쥐 암컷은 특정 나이에 사춘기에 들어가는 게 아니라 이 화학물질 노출에 모든 게 달려있다.) 암수가 짝짓기하면 곧바로 그들의 운명을 결정하는 깰 수 없는 유대를 형성한다. 그들은 서로 껴안고 쓰다듬으며 일 년에 최대 4마리까지 새끼를 낳아 함께 양육의 의무를 다할 것이다. 매거진《스미스소니언》에 소개된 실험실 실험 결과를 보면 "대초원 들쥐 암컷 뇌에 옥시토신을 주입하면 파트너 수컷과 더 많이 껴안고 더 강한 유대를 형성한다."[8] 암수 중 한쪽이 죽으면 살아남은 쪽은 마치 평생 애도하듯 모든 다른 들쥐를 피한다.

래리 영은 동물 연구가로 자기가 관찰하고 발견한 것을 말할 때 연구에 대한 열정이 물씬 느껴진다.[9] 그는 카리스마 있고 자상하며, 시골에 뿌리를 두고 있어 자연에 대한 사랑이 남달라 보인다. 통통하고 둥근 얼굴에 깔끔하게 다듬은 흑백 수염과 큰 갈색 눈이 돋보인다. 흙길을 따라 1마일 떨어진 조지아주의 작은 마을에서 자란 래리 영은 조지아대학교에 입학해 생화학 학사 학위를 받았고, 그 후 텍사스대학교 오스틴으로 옮겨 신경과학 박사 학위를 받았다. 그는 자신이 뇌화학과 특히 연결 과학에 관심을 두게 된 게 어쩌면 어린 나이에 결혼하고, 자녀가 생기고, 이혼하고, 재혼하고, 또 자녀가 생기고 했던 개인적 경험에서 비롯되었을 수 있다고 말한다. 대학에 들어가서 분자생물학에 빠지기 전까지는 DNA에 대해서 몰랐다고 한다.

래리 영이 그의 길을 정해줄 들쥐의 행동을 처음 살피게 된 것은 대학원 과정으로 실험실에서 채찍꼬리도마뱀을 연구할 때였다. 채찍꼬리도마뱀은 평범한 도마뱀이 아니다. 이 도마뱀은 호르몬 변화로 암컷과 수컷 사이 성전환이 가능하다. 래리 영은 짝짓기와 관련된 특정 호르몬을 주입해서 짝짓기 행동도 바꿀 수 있음을 알아냈다. 여키스 연구센터로 옮긴 이후로 짝짓기 행동의 유전적 기반을 이해하기 위해 더 깊이 있는 연구를 시작했다. 대초원 들쥐의 사촌인 목초지 들쥐는 한 파트너와 평생 같이 살지 않는다. 래리 영은 "관계가 문란한 목초지 들쥐를 짝에 충실한 대초원 들쥐처럼 변화시킬 수 있을까?"라는 물음의 답을 찾고 싶었다. 그리고 실제로 답을 찾았다. 바소프레신 수용체를 암호화한 대초원 들쥐의 유전자를 수송체 역할을 하는 바이러스에 주입한 다음, 그 바이러스를 짝짓기 경험이 없는 어린 목초지 들쥐 뇌의 보상 중추에 주입했더니 목초지 들쥐도 암수 유대결합을 갈망하는 대초원 들쥐처럼 되었다.[10](바소프레신은 옥시토신과 비슷한 호르몬으로, 수컷 들쥐에게 유대결합을 촉진한다.) 래리 영은 암컷의 모성행동을 담당하는 호르몬인 옥시토신과 수컷의 영역성을 담당하는 호르몬인 바소프레신이 짝짓기하는 동안 분비된다면 이 호르몬들이 암수 결합을 높이는 강한 효과를 내리라 생각했다.[11] 영역을 유지하려는 습성은 유대결합과 아무 관련이 없어 보일지 모르지만, 불변의 연결을 확고히 하는 특징 중 하나다. 암수가 같은 영역에서 얼마나 많은 시간을 보내느냐가 유대결합의 강도를 나타낸다. 래리 영의 생각이 맞는 것 같다.

순정파인 대초원 들쥐와 그러지 못한 목초지 들쥐의 차이는 호르몬에 있다. 대초원 들쥐는 보상과 중독을 담당하는 뇌 영역에 옥시토신과 바소프레신 수용체 둘 다 가지고 있고, 목초지 들쥐에게는 그런 수용체가 없다.[12] 사람과 관계를 맺고, 유대를 형성하고, 사랑할 줄 아는 능력을 촉진하는 뇌 영역과 향정신성 약물이나 알코올 같은 유해물질 중독과 관련 있는 중추가 같은 곳임을 기억하는 게 중요하다.*(옥시토신과 중독성 강한 옥시콘틴OxyContin이라는 약이 관련 있는지 궁금할 수 있는데, 사실은 아무 관련이 없다. 옥시콘틴은 옥시코돈oxycodone의 한 형태인데, 통증이 누그러지게 하는 지속적continuous 작용을 하여 이러한 이름이 붙었다.) 이 영역은 원시 뇌 영역으로 오랫동안 인간 행동에 영향을 미쳐서 우리가 계속해서 쾌락을 추구하고 번식할 수 있게 했다. 설령 어떤 쾌락적 경험은 해로울 수 있더라도 말이다. 이 현상은 쾌락과 고통 사이 경계가 모호하다는, 앞서 살펴봤던 내용에 들어맞는다. 그리고 한 명의 성적 파트너를 원하는 강한 갈망과 진짜 성 중독은 근본적으로 화학적 성질이 비슷하므로 극과 극의 정반대가 아니다.

  래리 영은 들쥐들이 인간처럼 사랑한다는 말이 아니라 우리 인간이 자녀를 돌보고 보호해야 하는 양육 상황에서 경험하는 것과 비슷한 특별한 유대가 관찰되었다고 강조한다. 하지만 암수 유대결합을 연속 선상에서 봐야 한다는 게 그의 생각이다. 신경화학 작용에 의한 들쥐의 유대와 우리 인간이 사랑이라고 말하는 남녀 간 유대는 화학적 관점에서 보면 크게 다르지 않기 때문이다. 래리 영은 들쥐가 가족생활이라는 목적을 위해 일부일처제를 따르지만, 성적으로 문란한 들쥐가 없는 것도 아니고 사실상 한 파트너하고만 짝짓기하는 들쥐가 드물다고 덧붙인다. 인간관계에서 일어나는 것과 마찬가지로 들쥐도 결혼했다고 해서 이른바 "기회주의적 불륜"을 저지르지 않는 것은 아니다. 많은 수컷 들쥐가 뜨거운 밀회를 위해 본부인을 등지고 혼외 자식까

---

\* 인간이 알코올을 즐기는 유일한 동물은 아니다. 박쥐와 새, 벌과 나무두더지도 발효된 수액을 먹고 취하며 들쥐도 술을 매우 좋아해 하루에 포도주 15병에 맞먹는 알코올을 마실 수 있다. 미국 오레곤대학교 안드레 월콧과 안드레이 라비닌은 야생 실험에서 알코올 섭취가 대초원 들쥐들의 관계에 미치는 영향을 조사했다. 그들은 들쥐도 한쪽이 지나치게 알코올을 탐닉하면 인간과 비슷한 문제가 발생한다는 것을 발견했다. 즉, 암수가 헤어진다는 것이다. 한편 2003년에 발표된 연구 조사에 따르면 '음주와 약물 사용'이 미국에서 세 번째로 흔한 이혼 사유인 것으로 나타났다.

지 보며, 그러다 상대 암컷이 바람을 피우기라도 하면 결국 남의 새끼를 키우게 될 수도 있다. 어린 들쥐의 대략 10퍼센트가 어미의 본래 남편이 아닌 수컷의 새끼다.[13]

데이트는 하더라도 결혼하지 않는 사람들이 있는 것처럼 어떤 수컷 들쥐는 결혼할 짝을 구하지 않고 '방랑자'로 남는다.(암컷은 독신으로 남을 가능성이 없다.) 어디든 마음대로 갈 수 있는 방랑자 들쥐를 자세히 살펴보면 흥미로운 점이 있다. 래리 영은 방랑자 수컷 쥐의 바소프레신 수용체를 암호화하는 유전자가 애처가 수컷의 유전자와 다르다는 것을 발견했다. 애처가 수컷들은 해당 뇌 영역에 바소프레신 수용체를 더 많이 가지고 있다.[14]

여기에서 중요한 질문이 하나 떠오른다. 이것으로 어떤 사람이 가정을 지키고 어떤 사람이 가정을 버리는지 차이를 설명할 수 있을까? 정절 유전자나 반대로 불륜 유전자가 있을까? 아직 논의가 계속되고 있지만, 옥시토신과 바소프레신 수용체를 암호화하는 유전자 차이가 개인의 행동 방식과 다른 사람과 유대 관계를 형성하는 방식에 영향을 미칠 수 있음이 여러 연구를 통해 밝혀졌다. 게다가 혼외 자식을 둔 수컷의 불륜이 이미지나 위치 기억을 담당하는 뇌 영역에 영향을 미치는 유전자의 변형으로 생긴 탓일 수도 있다는 연구 결과도 있다. 위치를 기억하지 못해서 여기저기 돌아다니다가 다른 파트너를 만날 가능성이 커진다는 것이다.[15] 다시 말해서 공간 기억력이 나쁘도록 유전적으로 프로그램되어 있으므로 정해진 사회적 만남의 장소를 정확히 기억하지 못하고, 그래서 자기 영역을 벗어나 길을 헤매다가 다른 암컷과 만날 수 있다.

이 이야기에 깊이를 더하는 사실이 하나 있는데, 어릴 때 외상을 겪거나 무시당한 적 있는 들쥐는 유대 형성에 어려움이 있을 수 있다는 것이다. 예를 들어, 어릴 때 스트레스를 경험한 수컷 대초원 들쥐는 자기 짝뿐만 아니라 다른 암컷과도 무차별적으로 포옹하고 일부일처제 관계에 충실하지 못한다. 연구에 따르면 "옥시토신 생산을 자극하는 중요한 유대감 형성 행위인 핥기와 쓰다듬기를 제공하는 부모와 분리된 새끼 들쥐는 미래의 짝과 유대를 형성하는 데 어려움을 보이는데, 부모와 떨어져 지냈다고 모든 들쥐가 그런 것은 아니고 뇌의 보상 중추에 옥시토신 수용체 밀도가 낮은 경우에만 그렇다."[16] 이것 역시 인간에게서 볼 수 있는 현상과 비슷하다. 어릴 때 겪은 트라우마는 다른 사람과 관계를 맺고, 유대를 유지하고 사람을 신뢰하는 데에 평생 영향을 미칠 수 있다. 다음으로 생각해볼 질문은 옥시토신으로 이 불행을 바로잡을 수 있느냐이다. 옥시토신 분비로 트라우마가 치유되고, 다른 사람들과 원활히 교류하고 유대를 형성하고 사랑하는 능력이 강화될 수 있다면 얼마나 좋을까.

대부분의 수컷 들쥐가 자기 자식과 그 어미에게 헌신적이라는 사실은 계속해서 과학자들의 호기심을 자극한다. 대다수의 수컷 포유동물들과 달리 수컷 들쥐는 암컷 주변에 머무르며 양육을 돕는데, 암컷은 수컷의 양육 거부를 용납하지 않기 때문이다. 수컷이 제 역할을 하지 않으면 암컷은 그의 목덜미를 잡아당긴다.

들쥐의 특성에서 무엇보다도 흥미로운 점은 앞에서 언급했듯이 파트너가 죽으면 슬픔 비슷한 것을 느낀다는 것이다.[17]

파트너를 잃은 슬픔으로 들쥐가 너무도 놀라운 모습을 보여주는 실험이 있다.[18] 파트너를 잃은 지 얼마 안 된 들쥐를 물 양동이 안에 떨어뜨리면 무슨 일이 벌어질까? 끔찍한 방법처럼 들릴 수 있지만, 과학자들은 이런 방식으로 스트레스 환경에 있는 들쥐의 행동을 관찰한다. 그래도 이 방법은 들쥐를 다치게 하지 않는다.(들쥐가 위험에 처하기 전에 분명 연구자들이 구해줄 것이다.) 물 양동이 안에서 파트너를 잃은 들쥐는 상실을 겪지 않은 들쥐만큼 살려고 열심히 발버둥 치지 않고 가만히 물 위에 떠있었다. 즉, 자신이 살든 죽든 신경 쓰지 않았고 행동에 활기가 없었다. 관찰된 그 행동이 우울증의 징조일까? 래리 영은 이러한 현상이 약물을 끊은 결과와 비슷하다고 생각한다. 들쥐는 중독의 원천을 상실해서 "상사병"에 걸린 것이다. 추가 연구로 파트너를 잃은 들쥐의 뇌를 조사했더니 인간의 우울증, 수면 장애, 불안감과 관련 있는 스트레스 호르몬인 부신피질자극호르몬 방출 인자 CRF의 수치가 상승해 있었다. 연구자들이 CRF 수용체를 차단했더니 놀랍게도 파트너를 잃은 들쥐들도 물속에서 살려고 격렬히 몸부림쳤다. 래리 영이 《스미스소니언》에서 말했듯이 "이 실험은 전반적으로 우울증과 관련 있을 수 있는 뇌 회로를 이해하는 데 도움이 된다."[19] CRF 경로를 표적으로 약물을 주입해 불안증과 우울증 치료법을 찾는 연구가 현재 진행 중이다.

들쥐는 공감을 보이기도 한다. 2016년, 래리 영의 연구진은 대초원 들쥐가 괴로워하는 친구나 가족을 위로한다는 사실을 알아냈다. 즉, 인간이나 다른 큰 뇌를 가진 동물만 곤경에 처한 다른 개체를 알아차리고 도움을 제공하는 게 아니라는 것이다.[20] 이는 우리가 삶의 힘든 시기를 헤쳐나가기 위해 서로가 필요하다는 우정에 관한 중요한 교훈을 잘 보여주는 사례다. 래리 영은 들쥐들이 스트레스를 받은 파트너를 만지고 쓰다듬어주면서 위로하면서도 파트너에 의해 스트레스받을 수 있음을 보였다. 이 연구 결과로 연구자들은 공감이 위로의 원동력이라는 쪽으로 생각이 기울기 시작했다. 추가 연구에서 들쥐의 위로 행동도 인간과 마찬가지로 뇌의 전두대상피질에서 제어한다는 것이 밝혀졌다. 《피플러 사이언스》에 실린 래리 영의 글에 의하면 "이것은 동물들이 우리 인간과 똑같이 공감을 경험한다는 의미는 아니다. 그러나 공감과 위로의 기본적 토대가 우리가 생각하는 것 이상으로 많은 종에게 있을지도 모른다." 인간 고유의 특성이라 여겨졌던 행동이 인간에게만 나타나는 게 아닐 수도 있다. 즉, 우리처럼 복잡한 인지능력이 없는 동물도 생존을 위해 우리와 같은 행동을 할 수 있다. 만약 진화를 거치면서 공감이 여러 종에게 보존된 생존 메커니즘이라면, 우리도 사랑하는 사람이든 일상에서 만나는 사람이든 상관없이 모두에게 공감하고자 노력하는 게 온당하다.

들쥐 연구에 관해서라면 톰 인셀의 공로를 빼놓을 수 없다. 1980년대 후반 그의 들쥐 연구와 1990년대 래리 영과의 공동 연구는 사회적 애착과 일부일처제 유대결합에 관련된 신경생물학을 이해하는 초석이 되었다.[21] 인셀 박사는 이제 70대에 들어섰지만, 아직도 달리기를 하고 어느 때보다 의욕적이다. 한때 '국민 정신과 의사'로 불리며 미국 국립정신건강연구원 원장을 역임한 그는 정신 건강을 대하는 방식을 바꾸겠다는 사명을 가지고 지금도 애쓰고 있다. 여전히 정신 건강 위기에 진전이 없어서 노골적인 불만을 드러내지만, 그는 변함없이 낙관하고 있다.

톰 인셀과 그가 실험에 사용한 들쥐. 이 귀여운 동물을 대상으로 한 그의 초기 연구는 사랑과 신뢰의 호르몬, 옥시토신에 관한 깊은 통찰로 이어졌다.

인셀은 국립정신건강연구원 원장 직책을 13년 동안 맡기 전, 에모리구센터를 설립해 래리 영과 또 다른 들쥐 행동 연구가 주오신 왕과 함께 들쥐 행동에 관한 혁명적인 연구를 주도했다. 그들의 연구 결과는 정신의학 분야에서 생물학과 환경 사이 상호작용과 행동의 생물학적 기반을 연구하는 새로운 통찰력이 절실히 요구되던 전환기에 나왔다. 1980년대 중반, 인셀이 국립보건원의 젊은 연구원으로서 처음 신경생물학에 빠져 연구에 몰두할 때만 해도 과학자들은 '애착의 생물학'에 관해 오늘날만큼 많이 알지 못했다. 인셀은 마리안 웜볼트가 박사 후 연구원으로 그의 연구실에 들어온 첫날을 떠올리며 즐거워한

코끼리는 암에 걸리지 않는다

다. 웜볼트는 어미와 분리된 새끼 쥐의 울음소리 연구를 맡았다. 정신과 레지던트 과정을 마친 후 6개월간 출산 휴가를 갔다가 다시 직장으로 돌아온 첫날, 웜볼트는 하루 일을 마치고 나서 흐느껴 울기 시작했다. 단지 자기 아이를 집에 두고 왔기 때문이었다. 당시 인셀은 불안감에 대한 신경생물학을 연구하려고 했지만, 웜볼트는 반대했다. 그녀는 불안감 대신에 모성 행동에 관해 연구할 생각이라고 선언했다.

"거기에는 과학적인 게 없다고 생각하는데요." 인셀의 대답이었다. 이제 그는 그렇게 말했다는 것을 약간 창피해하며 웃는다.

웜볼트는 "일주일만 시간을 주세요."라고 말했다. 그러고 나서 인셀에게 연구의 발판이 되어줄 논문을 한 꾸러미 들고 연구실로 돌아왔다. 인셀은 자료를 검토하기 시작했고, 곧이어 인간 행동에 적용되는 옥시토신의 연금술에 완전히 몰두하기 시작했다. 그리고 래리 영 및 주오신 왕과 협력해 궁극에는 동료애와 가족 관계에서 우리가 유지하는 유대감에 대한 인식도 바꾸게 할 실험을 하기에 이르렀다. "청소년기에 나는 들쥐였어요." 그가 농담으로 말한다. 그는 열여덟 번째 생일 직후에 지금의 아내와 결혼했고, 나와 대화를 나눈 그해가 결혼 50주년이었다. 이제 40대가 된 자녀들을 보면서 결혼해서 자녀를 두는 것이 한 인간에게 심리적, 생물학적으로 어떤 영향을 주는지 알게 되었다고 말한다. 자녀를 모두 독립시킨 인셀은 이제 아내와 반려견 테디 덕분에 일상적으로 옥시토신을 '복용'하고 있다.

옥시토신의 일상적 복용은 실제 상황에서 이뤄지고 있다. 좋은 적용 사례는 미네소타대학교 연구자들이 야생동물 보존을 목적으로 남아프리카 공화국 디노켕 야생동물보호지 사자들에게 옥시토신을 투여한 놀라운 실험에서 찾아볼 수 있다.[22] 사자는 매우 사교적인 동물이지만, 친구와 가족 테두리를 벗어난 다른 사자들에게는 맹렬한 공격을 퍼부어 죽게 만들 수도 있다. 그런데 연구자들이 옥시토신을 사자의 코에 뿌렸을 때, 23마리의 사자가 낯선 사자에게 더 친절히 행동하는 놀라운 결과가 벌어졌다.

다만 옥시토신에 대한 환호성을 낮출 필요는 있다. 병 증상이나 생물학적 문제를 겨냥해 약을 처방하듯이 자유롭게 옥시토신을 처방하기에는 아직 이르다. 옥시토신의 이점에 관해서는 맥락이 중요하다. 물론 옥시토신이 신뢰 증가, 사회적 유대 형성, 심지어 금전적으로 더 베풀 줄 아는 성향과 같은 긍정적 결과와 관련되어 있지만, 대부분의 다른 호르몬과 마찬가지로 의도치 않은 결과도 가져올 수 있기 때문이다. 일부 연구는 옥시토신이 맥락에 따라서 어떤 사람들에게는 신뢰와 사회성을 떨어뜨리는 어두운 면이 있음을 암시한다.[23] 예를 들어, 파트너와의 관계가 위태로운 여성은 옥시토신 수치가 높을 수 있다. 옥시토신이 나쁜 기억을 강화하고 미래에 스트레스가 발생하는 상황에서 두려움과 불안을 증가시킬 수 있다는 새로운 연구 결과도 나왔다.[24]

옥시토신은 복잡한 호르몬으로 그보다 더 복잡한 인간 감정과 얽혀있어서 질병 치료제로 쓰기 위해서는 추가 연구가 필요하다. 래리 영과 같은 사람들의 연구가 언젠가 옥시토신의 이점을 이용해 심각한 정신질환을 해결하도록 도와줄 것이다. 호르몬은 대부분 행동에 직접 영향을 미치는 게 아니라 사고와 감정에 작용해 행동에까지 영향을 미친다는 사실도 명심할 필요가 있다. 래리 영은 옥시토신을 사랑의 호르몬이라고 부르기보다 '사회적 뇌의 윤활제'라는 표현을 더 선호하는 과학자다. 옥시토신이 관계를 강화하도록 돕는 윤활제 역할을 하기 때문이다. 비록 아침 커피에 무심히 옥시토신을 한 스푼 넣는 일은 없겠지만, 성공적인 유대 관계를 위해 삶에서 자연스럽게 옥시토신 분비를 늘릴 수 있도록 하자. 그리고 이제 다시 폴 잭에게 돌아가 보자.

## 하루 여덟 번의 포옹

폴 잭에게 옥시토신에 관해 물어본다면 그가 이 물질을 얼마나 좋아하는지 금방 알 수 있다. 그는 다른 사람과 긍정적으로 상호작용할 때 뇌에서 옥시토신이 분비되어 스트레스가 감소한다고 말한다. 옥시토신 증가는 상대방에게 고마운 마음을 전하고 그 사람과 비슷하게 행동하도록 자극하는 화학적 작용을 일으킨다.[25] 대접받고자 하는 대로 남을 대접하라는 성경에 나오는 황금률처럼 들리지 않는가. 잭은 대단한 사실을 알아냈을지도 모른다. 그는 옥시토신을 생존 메커니즘의 하나로 보며, 우리가 매일 일상생활에서 낯선 사람을 만난다는 사실을 과소평가하고 있다고 말한다. 어떤 사람은 접근해도 안전하고 어떤 사람은 피해야 하는지 어떻게 알 수 있을까? 잭은 그 차이를 알도록 우리 뇌를 훈련하는 데 핵심적인 요소가 옥시토신이라고 말한다. 우리가 어떤 사람을 보고 상호작용하기 안전한 사람이라고 인지하거나 간주할 때, 그런 연결을 촉진하는 게 옥시토신이다.

2022년 한 연구에서 잭은 클레어몬트대학과 서던캘리포니아대학교의 동료 연구자들과 함께 옥시토신 분비가 나이 들면서 특히 중년 이후에 증가할 수 있는데, 이는 삶에 대한 만족감 증가 및 친사회적 행동과 관련 있음을 밝혀냈다.[26] 바꿔 말하면, 나이 들면서 생기는 옥시토신의 감소는 피할 수 없는 게 아니며, 이를 건강한 수준으로 유지하기 위해 노력해야 한다는 것이다. 나이가 들면 친구와 가족들이 먼저 세상을 떠나면서 외로워질 수 있고, 몸이 허약해지고 기민성과 이동 능력이 떨어지면서 자연스럽게 사람들과 단절되기 쉽다. 질병과 은퇴, 이동성 부족 같은 많은 요인으로 우리의 사회적 관계망이 바뀌기 때문이다. 그럴 때 옥시토신은 삶의 의욕을 높여주는 힘이 있다. 사회적 관계는 장수하는 데 꼭 필요하다. 그래서 어쩌면 진화는 우리에게 옥시토신을 통해 사회적 관계를 유지하라고 설득하고 있는 것인지도 모르겠다.

행복하게 잘 늙기 위한 '모범 사례'를 다룬 연구들을 생각해보면 충분히 타당한 말이다. 놀랍게도 모든 연구에서 돈과 명예로는 행복을 평생 유지하지 못한다는 것이 입증되었다. 일정 금액이 더 행복한 삶을 뒷받침하는 것은 맞지만, 그 금액은 우리가 상상하는 것보다 훨씬 적다.(2021년 기준 개인당 최저 금액은 85,000달러다.)[27] 더욱이 부자가 되는 것이 불행의 해독제는 아니다. 건강하고 오래 사는 삶의 훌륭한 예측 변인은 사회적 관계와 관계망이며, 실제로 유전적 요인이나 재정 상태보다 몇 배는 더 좋은 예측 변인이다. 사회적 관계가 제공할 수 있는 지원은 건강에 어마어마한 영향을 미친다.[28]

이게 터무니없는 주장처럼 들린다면 사회적 관계가 건강에 미치는 영향을 추적한 하버드 성인발달 연구를 보라. 건강과 행복에 관한 가장 장기간 진행된 연구로 대부분 자료가 80년이 넘은 대공황기부터 수집되기 시작했다. 이제 이 연구는 하버드의과대학 정신의학과 교수이자 매사추세츠 종합병원 정신과 의사이며 선불교 승려이기도 한 로버트 월딩거가 이끌고 있다.[29] "무엇이 좋은 삶을 만드는가"라는 주제로 진행된 2015년 월딩거 교수의 테드 강연은 동영상 재생 수가 4,200만이 넘는다.[30]

의료기록과 설문지를 이용해 수년간 진행된 연구에서 연구자들은 참여자들을 추적 조사한 것 외에도 혈액 검사와 뇌 스캔, 가족 인터뷰도 진행했다. 장기간의 연구에서 몇 번이고 눈에 띄는 점은 좋은 사회적 유대 관계의 중요성이었다. 테드 강연에서 월딩거가 말했듯이 "가족과 친구, 지역 공동체와 사회적 연결이 강한 사람들일수록 그렇지 않은 사람들보다 더 행복하고 신체적으로도 더 건강하며 더 오래 산다."[31] 한 예로, 50세에 콜레스테롤 수치보다 사회적 관계에 대한 만족도가 80세에 신체 건강을 더 잘 예측하는 변인인 것으로 나타났다. 월딩거는 이어서 다음과 같이 말했다. "외로움은 해로운 것임이 드러났다. 원하는 것 이상으로 다른 사람들로부터 고립된 사람은 외롭지 않은 사람들보다 불행하고, 중년에 더 일찍 건강이 나빠지고, 뇌 기능이 더 빨리 떨어지고 더 일찍 사망한다."[32] 친구 수가 중요한 게 아니라는 점도 연구를 통해 밝혀졌다. 월딩거가 테드 강연에서 설명했듯이 헌신적인 관계인지 아닌지는 중요하지 않다. 오히려 정말 중요한 것은 관계의 질이다. 노년에 단단한 애착 관계를 경험하고 다른 사람에게 기댈 수 있을 때 인지 저하를 피하고 기억력을 유지할 가능성이 더 크다. 이 말에 반대하는 사람이 있을 수도 있지만, 서로를 묶어주는 끈이 손상되지 않고 흔들림이 없다면, 좋은 관계가 틀림없이 우리를 더 건강하고 행복한 삶으로 안내해줄 것이다. 건강을 돕는 유대 관계의 힘 이면에 작용하는 생물학은 다면적이고, 옥시토신 같은 분자 이상으로 많은 화학적 경로가 이에 관여하고 있을 것이다. 그뿐 아니라 염증 수치에 영향을 미치는 요인부터 신체의 회복탄력성을 강화하기 위한 유전자 활성 향상과 세포 재생을 의미하는 후성유전학적 힘까지 많은 요인이 작용하고 있다.

월딩거는 사람들에게 가족·친구·공동체와 관계를 발전시키는 데 시간을 투자하라고 말한다. 잭은 사람과의 관계가 다양할수록 생존과 건강을 유지하기 위한 신체 화학 작용에 더 유리하다는 데 동의할 것이다. 유대 형성은 사랑하는 사람과 더 많은 시간을 보내거나 지금 나이에 상관없이 밖으로 나가 공동체에서 새롭고 지속적인 관계를 형성하는 것처럼 기본적인 실천에서 시작할 수 있다. 낯선 사람과 대화해보라. 반려동물과의 포옹을 포함해 하루 여덟 번 포옹하는 것을 목표로 하라. 신체적 접촉만큼 옥시토신 분비에 효과적인 것도 없다. 그리고 잭이 말하는 여러 사람과 함께하는 활동을 추구하라. 예를 들면, 함께 춤을 추거나 단체 운동에 참여하라. 같이 이야기를 나누고 영화 보고 콘서트를 즐겨라. 당연히 성관계와 서로 마주 보는 것도 옥시토신이 자연적으로 분출되게 하므로 유대감 형성에 도움이 된다. 때로는 기분 좋게 수다를 떠는 행위도 옥시토신 분비를 촉진할 수 있다.[33] 수다는 긍정적으로 유대감을 형성할 수 있는 가장 보편적인 사회적 행동 중 하나다.

사이언스 오브 피플과의 인터뷰에서 잭은 "우리 뇌는 기억을 이용

코끼리는 암에 걸리지 않는다

해 사람들과 상호작용에 관한 특정한 패턴을 활성화합니다."라고 말했다. 이는 사건에 대한 기억을 이용해서 옥시토신 분비를 더 촉진할 수 있다는 말이다. 만일 누군가를 직접 포옹하고, 다음 주에 그 사람에게 보내는 이메일에서 애정을 표현한다면, 상대방은 이메일을 읽는 것만으로도 뇌에서 직접 포옹했던 기억이 활성화될 것이다. 이 과정에서 옥시토신 분비가 활발해진다.[34]

　잭은 연구를 통해 여러 가지 뜻밖의 사실들을 발견했다. 그중 그가 중요하게 생각하는 사실은 우리 중 누구도 '평균'이 아니라는 것이다. 데이터를 살펴보면 정상 범위와 평균이라는 게 있지만, 우리는 각기 고유하다는 의미에서다. 그는 이어서 이렇게 말한다. "나는 이상함을 매우 당연한 것으로 생각한다. 사람들에게서 일관성을 기대하지 않는다. 오히려 다양성을 기대한다. 그래도 괜찮다. 그 다름이 우리를 흥미로운 존재로 만드니까!"[35]

　잭은 누군가와 소통할 때 최대한 의미 있는 상호작용을 위해 상대방이 보이는 감정을 말로 알려주는 특이한 버릇이 있다. 상대방이 지금 괜찮다고 가정하고 넘어가기보다 그 사람에게 "당신은 행복해 보입니다." 또는 "불안해 보입니다."라고 말한다. 이것은 즉각적인 효과를 낳는다. 대화 상대방은 보통 자신의 감정 상태에 신경써준 것에 고마움을 느끼고, 그로 인해 공감과 진정한 유대감의 순환이 일어난다.[36]

　잭의 방식이 우리에게 익숙한 소통 방식이 아닐 수도 있다. 하지만 무엇을 선택하든 진정한 연결을 위해 우리 모두 해결해야 할 가장 큰 과제는 디지털 기기와 그 화면에서 벗어나 인간과의 소통을 통해

양질의 유대감을 형성하는 것이다. 우리는 자연의 아름다움과 타인을 테크놀로지 세상이 아닌 현실에서 경험하도록 만들어졌다. 이 마지막 교훈으로 우리는 돌고 돌아 결국 행복하고 오래 사는 삶의 본질로 돌아왔다.

## 스킨십하기

테크놀로지가 건강과 의학 문제를 포함해 세상을 좋은 방향으로 변화시킨 것은 분명한 사실이다. 그러나 삶의 많은 것이 그렇듯 테크놀로지가 지나치게 많이, 잘못된 시간에 또는 악의적으로 사용되거나 소비되었을 때는 부정적인 면이 있다. 현대 기술은 사람들이 서로 어울리고 소통하는 고전적 방식에서 멀어지게 했다. 이제 우리는 깨어있는 시간의 절반가량을 각종 스크린에 시선을 고정한 채 보낸다. 평균 수명을 기준으로 대략 22년의 시간에 해당한다.

우리가 처음에는 사람들을 연결해주는 매개라면서 소셜미디어에 열광했지만, 이제 많은 사람이 역효과에 시달리고 있다. 소셜미디어는 더 많은 외로움과 고립감, "난 모자란 사람이야."라는 생각으로 우리를 이끌면서 행복을 방해하고 있다. 그뿐 아니라 사람들의 생각과 이념 사이에 더 깊은 분열을 가져왔고, 그 결과 사람들은 더 멀어진 채 유대감을 형성하거나 깊이 발전시키지 못한다. 전자기기와 가상세계에 깊이 빠질수록 자연에 집중하는 일은 줄어들고, 자연의 아름다움을 느낄 일도 줄어든다. 자연은 그 자체로 치유력을 지니고, 우리는 자연과 가까이하며 건강을 위해 노력해야 한다.

역사상 처음으로 의사들은 우울증, 불안증, 주의력 결핍 장애, 고혈압, 비만, 당뇨, 외상후 스트레스 증후군, 자가면역질환, 만성 통증 등 다양한 질환을 치료하기 위해 환자에게 숲길 산책과 야외 활동을 '처방'하고 있다. 자연요법이라 불리는 이 방식은 자연의 안내를 받으며 자연 속에서 행해지는 치료법으로 어싱earthing, 생태요법, 시린요쿠('산림욕'을 의미하는 일본어) 등등 다양한 이름으로 불린다. 일본에서 시린요쿠는 건강과 명상의 핵심요소로 여겨지며, 이제 전 세계에서 시행되고 있다. 하와이 라나이 섬에서 열리는 센세이 웰빙 피정(건강 향상 프로그램)에서 시린요쿠는 가장 인기 있는 활동 중 하나다.[37]

청소년의 행동 문제와 시력 저하에서부터 어른들의 심각한 정신 건강 문제와 스트레스 그리고 그런 문제에 대한 근시안적인 관점에 이르기까지 수많은 건강 위협과 싸울 때 자연이 어떤 힘을 발휘하는지 보여주는 연구들이 쏟아져 나오고 있다.[38] 수술받은 환자가 창밖으로 녹지 공간이 보이는 병실에 있으면 더 빨리 회복한다는 연구 결과가 보여주듯 자연의 힘은 각종 의료 처치와 수술 후 회복에도 도움이 된다.[39] 자연요법은 신경계와 내분비계의 도움을 받아 진정 효과를 내는 많은 생물학적 작용을 통해 다양한 이점을 제공한다. 과학 문헌에 기록된 사실들을 나열해보면 면역 기능을 지원하고, 작업 기억과 인지력, 집중력을 향상하고, 스트레스와 혈압을 낮춰주고, 자존감과 에너지, 의욕을 높여주고, 기분을 개선하고, 통증을 완화한다. 오랫동안 경험담으로 전해지던 이런 이점들이 과학현장에서 심리적, 생리학적 지표를 통해 공식적으로 측정되고 있다. 내가 알기로 이 같은 이점을 모두 충족하는 다른 치료법은 없다.

우리는 자연요법을 의도적으로 멀리한 지구상의 유일한 생명체다. 건강과 행복에서 자연의 역할을 제대로 이해하기까지 너무 오래 걸렸다는 것은 충격적인 사실이다. 기원전 6세기 키루스 대왕이 인류의 건강을 증진하기 위해 중동의 도시(오늘날 이란 지역)에 채소밭을 조성한 지 수천 년이 지난 오늘에야 드디어 진짜 자연요법을 처방하고 있다. 우리는 밖으로 나가 자연을 보고 느끼고 걸으며 삶의 의미가 커지는 것을 느낄 수 있다. 그렇게 하는 데 하루 꼬박 들일 필요도 없다. 물론 가끔은 디지털 기기 없이 종일 자연에서 보내는 것도 좋다. 18세에서 72세에 이르는 사람들에게 연구를 위해 일주일 꼬박 소셜미디어를 끊게 했을 때, 참여자들은 행복감이 극적으로 향상되고 불안감과 우울증이 감소했다고 보고했다.[40] 일상적으로 자연을 접하는 치료법은 몇 분이면 효과를 보기에 충분하다. 과학적으로 입증된 이상적인 시간은 일주일에 120분이다. 하루 대략 17분에 해당한다. 아침, 점심, 저녁에 6분씩 세 번으로 나눠도 된다. 운동과 마찬가지로 주말에 몰아서 하는 것보다 하루에 조금씩 자연을 즐기는 게 이상적이다. 굳이 울창한 숲이나 드넓은 해변을 찾을 필요도 없다. 뒷마당, 동네 공원, 비탈진 길 등등 어떤 식으로 자연을 접해도 충분하다.

자연요법은 약물을 전혀 사용하지 않지만, 약물치료와 병행할 수도 있다. 정신 건강 문제를 다룰 때를 예로 들어보면, 전통적인 상담치료와 약물치료 그리고 그림 그리기나 운동하기, 정원 가꾸기 같은 마음을 진정시키는 활동과 결합할 수 있다. 다른 사람을(아니면 반려견을) 데리고 나가 경험을 공유하면서 고민을 이야기한다면 그 효과를 증폭시킬 수 있다. 옥시토신 분비도 늘리고 중요한 유대 관계도 확고히 다지는 일거양득이다. 여기서 핵심은 적어도 정해진 시간만이라도 무심결에 사용하는 테크놀로지에 대한 접근을 접고 자연으로 향하는데 있다.

할 수 있을 때마다 의도적으로 자연에 몰입하라. 어떤 자료에 의하면 자연환경이 다양할수록 우리에게 이로우므로 여러 장소를 찾아가는 것이 좋다.[41] 최대한 여러 자연환경을 경험하라. 예를 들어 아침에 동네를 산책할 때 그저 어제 갔던 길과 다른 길로 가는 일이 될 수도 있다. 주변의 식물에 세심한 주의를 기울이고, 생활 및 근무 공간에 푸른 잎 식물을 들여놓아라. 부드러운 흙을 맨발로 밟고, 새소리에 귀를 기울이고, 바람을 느끼고, 이전보다 더 다양한 동물과 교류할 수 있게 동물보호소를 방문해보라. 집에 어항을 두는 것도 생각해볼 만하다. 주변의 자연 세계가 어떤 모습인지 지켜보라. 다른 사람들을 데리고 가면 더 좋다. 자연과 사람, 이 두 가지가 세상을 돌아가게 한다.

현실 세계에서 진짜 사람과 맺는 진정한 유대 관계를 대체할 수 있는 것은 없다. 가상세계도, 온라인상의 경험도 자연을 대체할 수는 없다. 밖으로 나가서 촉각, 시각, 후각, 미각, 청각 등 모든 감각을 사용해 자연을 경험하라. 몸에서는 최적의 행복 호르몬이 분비될 것이다. 진화는 우리를 자연의 피조물로 만들었고, 우리는 이 사실을 부정하거나 피할 수 없다. 가공된 패스트푸드만 먹고 살 수 없듯이 테크놀로지만 가지고 살 수도 없다. 어떤 앱도 우리가 걷거나 뛰는 것을 대신해줄 수 없고, 어떤 소셜미디어 계정도 우리 대신 애인을 사랑하거나 친구를 사귀지는 못할 것이다. 심장 박동, 손과 얼굴, 포옹과 입맞춤은 물리적인 세계, 즉 현실에서 경험하게 되어 있다. 그리고 이런 경험을 통해 우리는 오랫동안 행복한 삶을 누릴 수 있을 것이다.

코끼리는 암에 걸리지 않는다

# 옥시토신의 효과를 마음껏 누려라

우리는 우정이나 사랑이라는 이름으로 서로에게 묶여 있는 동시에 모두 자연에 묶여 있기도 하다. 이런 결속은 화학적 작용과 관련 있고, 실질적이며 생존에 꼭 필요하다. 다른 사람과 함께 시간을 보내고, 사랑하고, 지속적인 유대를 형성하고, 자연이 주는 건강을 즐기는 일이 많을수록 삶에 더 많은 활기를 얻을 것이다. 과감히 밖으로 나가 자연 속을 걷고, 내성적인 성격일지라도 마음을 열고 낯선 사람과 대화를 시도하라. 사랑하는 사람을 20초 동안 안아주고, 편지에 옥시토신 효과를 내는 글귀를 담아 보내고, 사람들의 다양성을 수용하라. 친구를 사귀고, 건강에 좋은 수다를 떨고, 친절하게 행동하며 함께 춤추거나 영화 보러 가는 등 여러 사람과 함께하는 추억을 만들어라.(영화 보러 갈 때 친구 한 명이라도 데리고 가는 것이 혼자 가는 것보다 좋다.) 또한 다른 사람을 어떻게 도울까 고민하고 행동으로 실천하고, 연인처럼 좋은 이웃이 되고, 밤에는 귀뚜라미 울음소리에 낮에는 새소리에 귀 기울이는 사람이 되어라. 그러면 누구나 큰 어려움 없이 건강한 삶을 살 수 있을 것이다.

사람들이 나에게 기분 좋아지는 약을 처방해달라고 할 때마다 나는 무언가 건네주는 시늉을 하며 "17밀리그램씩 하루 두 번 드세요."라고 농담한다. 사실상 만병통치약 혹은 기분 좋아지게 하거나 영원히 살 수 있게 해주는 약은 없다고 말하는 내 방식의 표현이다. 삶을 개선하는 일은 우리에게 부족한 것을 찾아내는 데 있지 않다. 단지 이 책에서 이야기하는 여러 규칙을 따르면 되는데, 여기에 '하루 17분'이라는 최종 규칙을 덧붙이고자 한다. 하루 17분만 시간을 내어 그동안 멀어졌던 자연과 다시 가까워지자.

## 에필로그

여러분이 지금까지의 여정을 즐겼기를, 그리고 행복하고 건강한 삶을 위한 새로운 전략들을 조금이나마 얻었기를 바란다. 이 책에서 만난 놀라운 동물들을 통해 자연의 이치를 관찰하고 존중하며 따르고자 하는 마음들이 생겨났기를 또한 바란다.

자연만큼 좋은 멘토가 없다. 이 세상을 사는 한 대자연은 늘 우리 삶 속에 있을 것이다. 여기 우리가 어디를 가든 기억해야 할 대자연의 조언이 있다.

· 우리가 모여 사는 이 사회는 경이로우리만치 다양한 사람과 서식지와 놀 기회로 가득 차 있다. 그러니 당당하게 허리를 곳곳이 펴고, 1장에서 다뤘던 '내 안의 물고기'를 존중하고, 호기심과 어디서든 적응하겠다는 의지로 씩씩하게 살자. 우리 모두 각자의 방식으로 '사회'라는 동물원에 살고 있는 동물이지만, 건강을 유지하고, 생산성을 높일 수 있도록 주변환경을 내게 맞추고 최적화할 수 있는 고유의 능력이 있다.

• 동료애의 형태는 다양하다. 반려견이 우리에게 가장 좋은 친구가 될 수도 있다. 반려견 혹은 다른 아무 반려동물이라도 삶에 들어오는 것을 반겨라. 친구나 이웃의 동물이라도 괜찮다. 반려동물은 우리에게 안정감과 연결감을 주고, 현재에 충실하도록 도와줄 것이다.

• 강력하고 좋은 기억력을 유지하기 위해 비둘기가 하는 것처럼 세상 속 패턴에 주의를 기울여라. 출근하거나 퇴근할 때 또는 마트에 갈 때 항상 가던 길로 가지 마라. 뇌의 항해 기술을 훈련할 수 있도록 다양한 경로를 시도하라. 길을 가다가 기억하고 싶은 것을 만나면 메모해두고, 중요한 결정은 시간을 두고 신중히 생각하라.

• 우리는 기린이 아니다. 그러므로 심혈관 건강을 유지하라. 금연하고, 똑바로 누워 잠을 청하고, 치아를 깨끗이 관리하고, 자주 움직임으로써 항상 혈압을 관리하라. 혈압 조절이 안 될 때는 약을 먹어라. 약이 우리 목숨을 구해줄 수 있다.

• DNA를 보호하라. 몸이 알아서 발암 돌연변이를 고치는 행운을 타고난 코끼리와 달리, 우리는 암을 예방하는 습관을 미리 길러야 한다. 화학물질과 자외선을 포함해 방사선에 위험하게 노출되지 않도록 하고, 불필요한 비타민과 영양제 섭취를 피하고, 염증을 억제하라. 생활 습관만으로 염증을 제어할 수 없을 때는 스타틴과 아스피린 같은 약이 도움이 될 수 있다.

• 다양한 음식을 섭취하되 되도록 자연 상태의 것을 먹어라. 다른 사람과 함께하는 식사를 즐겨라. 우리의 사촌 침팬지들에게 그렇듯 나눠 먹는 음식은 유대감 형성을 위한 화폐와 같다. 부모 침팬지들처럼 자녀가 어느 정도 위험을 감수하고 혼자 탐험에 나서고 시행착오

를 통해 삶의 의미를 배우도록 가르쳐라.

　•군대개미처럼 팀워크가 있고 공동체를 형성하고 도움이 필요한 동료를 돕는 것은 늘 좋은 일이다. 하지만 우리의 건강을 지원하는 안전한 환경에서 일할 수 있다면 그것도 다행스러운 일이다. 지금 하는 일은 행복과 건강을 유지하는 데 도움이 되고 있는가? 아니면 이제 새로운 기회를 찾아 나서야 할 때인가? 개미들처럼 우리가 맡은 역할이 우리의 행동과 위험 요인에 큰 영향을 미친다.

　•습관을 통해 DNA 발현을 재형성하라. 우리의 환경과 어떻게 상호작용하느냐가 노화의 많은 부분을 결정한다. 코뿔소가 가르쳐주듯이, 감지하기 어렵고 단순한 단일 성분이 우림 몸에 인생을 바꾸는 생물학적 영향을 미칠 수 있다. 구간 훈련과 단체 운동을 포함하는 여러 훈련들을 잊지 말고 규칙적으로 실천하라.

　•문어의 죽음은 순식간에 이뤄진다. 우리 모두 죽음이 다가왔을 때는 오래 고통에 시달리지 않고 문어처럼 단시간에 숨이 멎기를 원한다. 그러나 뇌가 9개가 있을지언정 단명하는 문어와 달리 기본적으로 우리는 장수하기를 바란다. 장수할 수 있는 중요한 방법은 인슐린 신호 시스템을 관리하는 것이다. 특히 나이 들어 생식능력이 사라지고 나면 더욱 신경 써야 한다. 이는 최적의 혈당 균형과 체질량지수, 전반적인 신체 항상성을 유지하는 일이다. 감성 지능과 사회 지능을 개선하기 위해 노력하는 것도 잊지 말아야 한다. 우리는 공감할 줄 아는 사회적 동물이다.

　•우리 몸의 내적 특수성을 존중하라. 우리는 인간의 세포만이 아닌 훨씬 많은 것으로 이루어진 복잡한 메타유기체다. 미생물과 바이

러스는 아주 오랜 세월 동안 우리의 존재와 진화, 생존을 구현해왔다. 몸의 생리적 시스템과 협력해서 뇌 건강을 포함해 전체 건강에 막대한 영향을 미치는 장내 미생물이 잘 자랄 수 있게 보살펴라. 장 건강에 좋은 프리바이오틱스가 풍부한 음식을 통해 건강한 마이크로바이옴을 지켜라.

· 통증은 형벌이다. 그러나 돼지, 다람쥐, 앨버트로스로부터 형벌의 여신을 달랠 수 있는 여러 가지 정보를 얻을 수 있다. 우리의 태도, 성격, 기억이 모두 통증 경험에 작용한다. 때로는 단순한 이타적 행동이나 용감한 사교 행위, 고통이 줄어든 미래를 상상하는 것만으로도 고통을 한두 단계 낮출 수 있다.

· 사랑은 세상이 잘 돌아가게 한다. 대략 5억 년 전, 그러니까 들쥐가 암수 유대결합을 시작하고 인간이 손을 흔들어 인사하기 아주 오래전, 옥시토신의 존재는 나중에 무악류 물고기가 되는 고대 척추동물을 통해 세상에 드러났다. 옥시토신은 관계를 형성하고 서로 신뢰하고 더 젊어 보이게 하고 오래 살도록 돕는 놀라운 호르몬이다. 이 호르몬이 계속 분출되게 하라. 다정하게 행동하고 마음을 열어 낯선 사람과도 대화하라! 사람과 동물의 눈을 보고, 하루 여덟 번을 목표로 자주 포옹하고, 되도록 자주 밖으로 나가 자연을 느껴라.

대자연은 우리 가까이에 있고, 우리에게 영감의 원천이 될 수 있으며 기분 좋은 놀라움을 준다. 수년 전 인공지능 전문가 에릭 보나보는 예측 불가능한 세상에서 인간의 의사 결정이 지닌 한계점을 중심으로 집단 지성을 연구했다. 그의 초기 연구와 관련해 나는 보나보와

　　　　　　　　코끼리는 암에 걸리지 않는다

정말 흥미로운 대화를 나눴다. 창의성의 성질과 그가 '행복한 사고'라고 정의한 뜻밖의 재미가 지닌 힘이 대화의 주를 이루었다. 우리는 스스로 삶을 계획할 수 있고 주치의가 정해준 규칙과 권고 사항을 따르려고 노력하지만, 여전히 자연의 예측 불가능성에 휘둘린다. 그래도 괜찮다. 인간은 본질적으로 확실성을 갈망할지 모르지만, 아주 가끔 약간 뜻밖의 상황이나 안전한 공포를 맞이하는 것도 좋아한다. 행복한 사고는 우리를 생각하지도 못했던 곳, 그러나 우리가 있어야 할 곳으로 데려다줄 수 있다. 그곳은 어쩌면 동아프리카의 사바나일 수도, 멕시코만의 심해일 수도, 아니면 뒷마당일 수도 있다.

자연과 다시 가까워지는 일을 소홀히 하지 마라.

# 감사의 말

1992년 초, 나는 생애 첫 책을 쓰려고 했다. '의학에서 의사까지'라는 적절한 제목으로 의과대학 학생(그래서 줄임말로 '의학'이었다)의 삶을 주제로 다룰 생각이었다. 의과대학은 나에게 피를 끓게 하는 곳이었고, 그곳에서의 경험을 책으로 풀어낼 수 있다는 생각에 너무 기뻤다. 시간이 될 때마다 워싱턴 DC 유니언역에서 기차에 몸을 싣고 6시간 반 동안 달려 코네티컷 뉴헤이븐으로 갔다. 예일대에서 학사 학위 과정을 밟고 있던 에이미를 만나기 위해서였다. 그녀가 밀포드 인근에 빌린 집 베란다에 앉아 환자를 돌보는 일에 관한 것부터 의학을 어떻게 배우는지까지 의과대학에서 벌어지는 일들을 글로 쓰곤 했다.

그러나 결국 책 쓰기를 포기했고, 헛고생만 했다. 아직도 그때 출판 에이전트가 시간을 들여 단점을 지적해 준 내 제안서의 마크업도 보관하고 있다. "이 부분은 더 자세히 했으면 좋겠습니다. 여기는 살을 더 붙일 필요가 있어요. 이게 챕터 하나로 다룰 만한 내용인가요?" 책 한 권을 위한 어떤 이야기를 하려면 그전에 많은 경험과 교훈이 있어야 할 것이다. 어떤 교훈은 힘들게 얻은 것이고 대부분은 예기치 않게

앤디 그로브는 1997년 《타임》 표지를 장식한 '올해의 인물'이었다.

얻은 것이겠지만 전부 필요한 교훈이다.

나에게 가장 많은 영향을 준 멘토 한 명이 앤디 그로브다. 세상에서 가장 성공한 마이크로칩 회사 인텔의 창립자이자 CEO로, 내가 전에 그에 관한 글을 쓴 적도 있다. 그는 의학에 대한 나의 접근 방식뿐만 아니라 인생까지도 바꿔놓았다. 1997년 어느 날, 암 판정을 받고 얼마 지나지 않은 그가 뉴욕시 록펠러연구실험실 문을 두드렸다. 나는 독립하여 메모리얼 슬론 케터링 암센터에서 막 일하기 시작한 과학자였고, 실험실은 나와 두 명의 조교가 간신히 사용할 정도로 작은 공간이었다. 당시 나는 면역 세포암인 림프종을 연구하면서 환자를 치료하고 있었고, 그때 앤디는 나의 미래상을 나와는 다르게 그리고 있었다.

그에게서 볼티모어 출신 랍비인 내 할아버지 제이콥 에이거스 모습이 보였다. 앤디는 조금 퉁명스럽고 심지어 마땅히 해야 할 칭찬에 인색한, 한 마디로 사교성이 부족한 사람일지도 모르지만, 나는 앤디 덕분에 의사소통을 더 잘하는 사람이 될 수 있었다. 그는 나에게 많은 영향을 줬다. "데이빗, 당신은 정말 사람들 앞에서 하는 연설에 소질이 없어!" 앤디는 촌철살인의 말로 나를 꾸짖었다. 그러면서도 내가 슬론 케터링 암센터에서 긴 하루를 마치고 나면 매일 강연 연습을 도와줬다.

내게 새로운 길을 열어준 앤디와의 대화는 실리콘밸리 심장부의 명소 하얏트 릭키스 호텔에서 시작됐다. 대통령, 운동선수, 유명인, 기술 분야 차기 기대주 등이 묵곤 했던 호텔이다. 주간지 《팰로앨토 위클리》는 이 호텔이 "쾌활한 로데오 라이더들과 현악기 밴조 연주가, 칼 수집가, 법률 사서까지 다양한 손님을 받으며, 단순한 만남의 장소 그 이상으로 네트워크의 구축과 발전을 상징한다."라고 보도했다.[1] 1999년 5월 아침 8시 30분, 내가 호텔 안 휴고스 카페에 들어갔을 때 앤디는 이미 자리를 잡고 앉아 있었다. 그는 나에게 아침으로 무엇을 먹고 싶은지 물었다. 나는 달걀 두 개에 간단 통밀빵 토스트를 주문했고, 앤디는 우유 한 잔을 주문했다. 내가 그것만 먹을 것인지 묻자 그는 나를 미친 사람 보듯 쳐다보며 말했다.

"아뇨. 시리얼도 먹을 겁니다. 여기서는 시리얼 한 그릇에 12달러나 해요." 그러고는 집에서 가져온 첵스가 든 비닐봉지와 대추, 귀리겨, 콩가루를 하나하나 조심스레 꺼냈다.

나는 인생이 바뀌는 대화가 곧 시작하리라는 것을 감지했다. 앤

코끼리는 암에 걸리지 않는다

디는 미국 동부에서는 내 경력이 정체될 것이라고 말했다. 동부에서는 사람들이 1루타를 치지만, 캘리포니아에서는 펜스를 넘긴다는 게 그 이유였다. 그러다 만약 스트라이크 아웃이 된다면요? 그래도 문제 없단다. 그저 다시 시작할 수 있다고 나를 안심시켰다. 서부 지역 대학 시스템은 동부 지역만큼 계층적이지 않다는 그의 말은 나중에 내가 UCLA 세다스-시나이 의료센터로 옮기기로 하는 데 도움이 되었다. 동부보다는 서부에서 경력 초기에 성과를 낼 가능성이 더 크리라 생각되었다. 그때부터 캘리포니아는 내 고향이 되었다.

앤디 덕에 내가 신체를 이해하는 관점과 방식은 완전히 달라졌다. 나는 처음에 과학과 의학을 환원주의적 관점에서 봤다. 분자 A가 분자 B에게 어떻게 신호를 보내는지 연구했고, 이런 기초 과학은 중요하기는 하지만 한 걸음 뒤로 물러나 전체를 복잡한 생물학적 시스템으로 보지 못한다는 한계가 있었다. 한번은 암 생물학 회의에서 앤디가 해준 말이 있는데, 그 말은 내 머릿속을 떠난 적이 없다. 그는 자신이 CEO로 있는 동안 인텔이 차세대 컴퓨터 프로세서 칩 하나하나에 회사 전체 사활을 걸었다고 했다. 인텔의 모든 인적 자원과 자산이 차세대 칩을 만드는 데 사용되었고, 그래서 그 칩이 성공하지 못하면 인텔도 같은 운명이 될 것이라는 말이었다. 그는 우리 연구자들이 과학과 의학 분야에서 연구자들이 다음 차례의 새 논문을 출판하거나 새로운 연구비를 얻는 데 급급해 한 번에 한 실험에만 너무 집중하면서 위험을 감수하거나 더 큰 실험을 시도하지 않는다고 지적했다. 큰 내기는 시간도 오래 걸리고 자원도 많이 필요하다. 게다가 방향이 막히면 재정적 지원이 중단되므로 과학자들은 실험실 문을 닫아야만 할 것이다. 앤디의 말을 빌리자면, 과학자들은 작고 점진적인 소득을 얻기 원한다는 것이었다. 그래야 지금 하는 일을 계속할 수 있기 때문이란 다.

앤디는 '좋은 과학'을 한다는 생각을 비웃으며 이 용어가 얼마나 좁은 의미를 담고 있는지 설명했다. 그는 연구재단 과제 심사에서 심사위원들이 "이것은 훌륭한 과학"이기 때문에 연구비를 지원해야 한다고 말하는 것을 여러 번 듣곤 했다. 그가 듣고 싶은 말은 연구 결과로 과학이나 의학이 어떻게 바뀔 것인가, 그 결과가 암 치료나 환자의 삶에 어떤 영향을 미칠 것인가에 관한 것이었다.

앤디는 다양한 학문의 협업이 필요하다고 믿는다. 산타클라라에 있는 인텔 본사로 앤디를 만나러 갔던 기억이 지금도 생생하다. 앤디는 나를 여기저기 안내하면서 마케팅팀, 연구팀, 개발팀 등 각 층의 대표 부서에 관해 설명해줬다. 그는 부서 구성원들이 주기적으로 중앙 휴게실에 모두 모여서 자기 부서가 하는 일을 서로 이야기하면 좋겠다고 했다. 그 말은 내가 로스앤젤레스 엘리슨변형의학연구소 건물 평면도를 그릴 때 큰 영향을 미쳤다.

몇 년 전, 나는 또 다른 기술 대기업 오라클의 설립자 래리 엘리슨과 말리부에 있는 그의 집에서 아침 식사를 한 적 있다. 래리를 보면서 앤디 생각이 났다. 래리는 내 꿈이 무엇인지 물었다. 나는 사람들이 서로 벽을 세우고 따로따로 분리된 채 일하는 게 아니라 협력했으면 좋겠다고 대답했다. 한 건물은 물리학과 건물, 한 건물은 수학과 건물, 저건물은 생물학과 건물, 이런 방식이 이해되지 않는다고 말했다. 모든 학문 분야가 함께 있을 필요가 있었고, 그렇게 통합된 전문지식이 암

연구에 적용되었으면 했기 때문이다. 환자들이 실험실 옆을 지나가다 획기적인 과학 연구가 진행되고 있고 그들을 치료하기 위한 노력이 펼쳐지고 있는 곳을 보면서 연구자들과 소통할 수 있기를 바랐다. 환자에게 연구자들은 의인화된 희망일 것이고, 연구자에게 환자는 밤샘 연구를 계속하게 하는 동기가 될 것이기에 연구실과 진료실을 분리하는 것은 말도 안 되는 생각이었다.

내가 이 생각을 구체화한 계기는 로나 러프트를 우리 연구실 팀장 새넌 무멘탈러에게 소개했을 때였다. 배우이자 주디 갈랜드의 딸인 로나는 면역 치료에 잘 반응하는 전이성 유방암 환자였다. 그녀가 자신의 목숨을 구할 치료법을 개발하기 위해서 뒤에서 연구하는 사람들을 만났을 때 보인 표정은 말로 다 표현할 수가 없다. 로나와 새넌은 금방 친구가 되었다. 언젠가 래리가 나에게 꿈을 구체화하는 데 얼마가 필요하냐고 물었을 때 나는 점잔빼지 않고 머릿속에서 재빨리 계산한 숫자를 말했다. "2억 달러요." 그러자 래리가 대답했다. "좋습니다."*

2021년 코로나바이러스 감염증이 한창이었을 때 나는 엘리슨변

---

\*  여담이지만, 래리가 하와이 라나이 섬의 지분 98퍼센트를 사들인 후에 앤디가 내게 이메일을 보내왔다. "래리가 라나이 섬을 샀습니다. 그도 소프트웨어보다 하드웨어에 더 많은 가치가 있다는 것을 마침내 깨달은 것이지요." 래리와 앤디의 만남도 기억에 남을 일이었다. 래리는 스티브 잡스와 함께 앤디 집에 저녁 먹으러 간 적이 있다고 했다. 래리와 스티브는 시간 약속을 잘 지키는 사람들은 아니었지만, 앤디 집에는 분명히 제시간에 도착했을 것이다. 그들은 식사 전에 동네를 산책할 시간도 있었다. 식탁에 모두 앉았을 때, 래리는 그와 스티브가 실리콘밸리에서 함께 일할 유일한 사람으로 앤디를 꼽았다고 앤디에게 의기양양하게 말했다. 한참 침묵이 흐른 뒤 앤디는 "두 분 모두 내가 함께 일할 만큼 만족스러운 정도는 아닙니다."라고 대답했다고 한다.

형의학연구소 문을 열면서 학문 간 벽을 허물고, 생명을 구하는 연구가 더 빨리 발전하기를 바랐다. 우리에게는 해결해야 할 건강 문제가 많다. 그러나 이 책에서 다루었듯이 의학자들과 진화생물학자들이 다양한 관점에서 함께 세상을 탐구하고 있으므로 나는 흥미진진한 진보가 이뤄지고 있다고 생각한다.

지금부터 이 책이 나올 수 있게 도와준 분들을 소개하려고 한다.

이전에 출간된 세 권의 책에서처럼 이번에도 내 메시지가 세상에 나올 수 있도록 해준 환자들에게 감사의 인사를 전한다. 무엇보다 이들을 치료하는 과정에 참여할 수 있는 특권을 누릴 수 있어서 감사하다. 나는 환자들에게서 매일 배운다. 환자들과 이야기할 때 과학과 의학의 발전이 그들의 눈에서 희망으로 나타나는 것을 본다.

최근 가장 중요한 협력관계를 유지하고 있는 래리 엘리슨에게 다시 한번 감사하다고 말하고 싶다. 지난 20년 동안 우리의 우정은 더욱 돈독해졌고, 그가 해준 조언은 내 삶의 모든 면에 영향을 미쳤다. 나는 그의 이름을 내건 연구소에서 일하게 되어 영광이라고 생각하며, 앞으로 수십 년 더 함께 의미 있는 일을 할 수 있기를 바란다. 코로나19 범유행 기간에 가까이에서 일하면서 나는 기술이 인간의 삶을 풍요롭게 할 것이라는 견고한 믿음을 공유하고 세상에 큰 변화를 가져오기 위한 그의 깊은 지식과 열정을 새롭게 이해하게 되었다.

내가 건강과 과학에 관한 글을 쓰고 교육을 할 수 있는 것은 아주 행운이다. 수년 동안 내 일을 도와주고 사랑과 지원을 아끼지 않은 많은 사람이 있다. 모두에게 감사하다. 이 책은 내가 과학과 의학 분야에 평생을 바쳐 이룬 연구의 결정체이면서 아주 많은 연구자 및 연구팀

코끼리는 암에 걸리지 않는다

과 함께 진행한 협력의 절정을 나타낸다.

우선 나의 모든 책과 언론 홍보와 관련해 전문적이고 세심하게 나를 대변하고 보호하고 안내해준 로버트 바넷에게 감사하다. 그의 멘토링과 지혜와 우정은 나에게 많은 의미를 준다. 그가 없었다면 아무것도 해낼 수 없었을 것이다.

내가 쓴 책은 모두 같은 출판사에서 출판되었다. 그보다 더 좋고 더 많은 도움을 주는 환경은 상상할 수 없다. 메건 호건과 프리실라 페인튼이 이끄는 사이먼엔슈스터Simon & Schuster 출판사 전 직원에게, 이 책이 세상에 나오게 해준 그들의 지원과 믿음, 기술에 감사하다. 메건과 프리실라의 정교한 편집 기술이 이 책을 한층 더 훌륭하고 명확하고 집약적인 책으로 만들어줬다. 각자 다양한 부서에서 대표자 격으로 일해준 환상적인 동료 래리 휴즈, 엘리자베스 베네레, 앨리슨 포너, 폴 디폴리토, 이베트 그랜트, 베스 매글리오네, 아만다 멀홀랜드, 맥스웰 스미스, 마리 플로리오, 그리고 그들의 용감한 리더이자 내 친구 조나단 카프에게도 고마움을 전한다. 정말 쉽지 않은 일인데 모두가 나를 기다려주고, 내가 하는 일을 믿어줘서 진심으로 감사하다.

내가 의사, 교사, 정책옹호자, 연구자 등 여러 가지 일을 하면서 시간 내서 글을 쓸 수 있었던 것은 엘리슨변형의학연구소 직원들이 있기에 가능하다. 특히 환상적인 리더십팀의 안나 바커, 카트리나 배런, 올가 카스텔라노스, 조나단 카츠, 제리 리, 섀넌 무멘탈러, 켈리 산토로, 가브리엘 시드먼, 그리고 이 리더들의 리더이자 나와 함께 엘리슨변형의학연구소를 책임지고 있는 리사 플래시너에게 감사하는 마음을 전한다. 환자들 삶에 의미 있는 영향을 미치기 위해 각자 노력하고 있는 우리 연구소 모든 구성원에게 고맙다. 여러분의 충성심과 우정 그리고 영광스럽게도 우리에게 치료의 기회를 준 환자들에 대한 여러분의 보살핌 모두 고마울 따름이다. 병을 이해하고 관리하기 위한 더 좋은 방법을 찾기 위한 노고에도 박수를 보낸다. 레바 바쇼, 재클린 추, 메리 듀옹, 미첼 그로스, 케이틀린 헤이스팅스, 베벌리 이쿠메, 질리언 인푸시노, 재키 로페즈, 멜리사 멜고사, 샤론 오랑, 트리시 맥도넬로 구성된 팀에게도 감사하다. 프로젝트 로닌, 센세이 리트리트, 센세이 에이지, 글로벌 건강 안보 컨소시엄, 글로벌 병원체 분석 서비스, 이메진Imagene 등 건강 및 의학 관련 기관의 모든 연구팀을 만날 때마다 나는 늘 흥분된다. 우리가 협력해서 하는 일이 점점 많은 사람의 삶에 의미 있는 영향을 미칠 것이라 확신한다.

나는 CBS 뉴스와 연이 닿은 덕에 매일 최신 건강 및 기술 관련 정보를 얻는 혜택을 누리고 있다. 쇼나 토머스, 니레이 켈라니, 수전 지린스키와 같은 CBS 뉴스의 뛰어난 리더들 덕에 내가 늘 새로운 교육과 정보를 제공하고 있다. 안젤리카 푸스코와 레이 앤 위닉은 모든 이야기에 관해서 나와 협업하고 있다. 그들은 과학 관련 뉴스에서 핵심과 진실을 가려내는 극도로 어려운 과제를 매우 훌륭히 해내고 있다! 새로운 사실을 이해하고 깨우치려는 이런 집단적 열정이 매일 나오고 있다. 내가 그런 프로그램에 참여할 수 있어서 행운이다.

지난 몇 년 동안 이 책만이 아니라 다른 의미 있는 프로젝트에서 나를 도와준 친구 존 벨 경, 마크 베니오프, 토니 블레어 경, 릭 카루소, 에이미 콜먼, 존 도어, 마이클 델, 데이비드 엘리슨, 노먼 포스터 남작과 그의 부인 엘레나 포스터, 마일스 길번, 앨 고어, 데이비스 구겐

하임, 대니 힐리스, 매튜 힐지크, 아리아나 허핑턴, 피터 제이콥스(그리고 크리에이티브 아티스트 에이전시팀), 게일 킹, 밀라 쿠니스, 애쉬튼 커처, 클리프톤 리프, 에릭 레프코프스키, 지미 린, 댄 뢰브, 폴 마린리, 파비안 오버펠트, 가이 오세리, 로빈 퀴버스, 린다 라모네, 샤리 레드스톤, 하임 사반, 조 쇼엔도프, 도브 세이드먼, 그렉 사이먼, 엘르 스티븐스와 폴 스티븐스, 하워드 스턴, 메이르 테퍼, 데이비드 N. 와이즈먼, 사키코, 야마다 요시키에게 그들의 무한한 멘토링과 우정과 조언에 감사하다고 말하고 싶다. 엘리 브로드, 빌 캠벨, 로버트 돌, 밥 에반스, 머레이 겔만, 루스 베이더 긴즈버그, 브래드 그레이, 마크 허드, 존 매케인, 시몬 페레스, 콜린 파월, 섬너 레드스톤 등등 너무 일찍 세상을 떠나버린 친구들과 멘토들에게 감사의 인사 전한다. 연설하는 법을 연습할 수 있게 도와준 개인 운동 전문가 샬롯 케인에게도 감사하다.

함께 시간을 보내면서 내가 그들의 연구를 이해하고 진가를 알 수 있게 도와준 놀라운 과학자들에게도 깊은 감사의 인사를 하고 싶다. 그들의 열정은 전염성이 강하다.

• 피에로 아모디오 박사, 스타지오네 주올로지카 안톤 도른 연구소 생물학 및 해양생물진화팀 박사 후 연구원
• 에릭 보나보 박사, 산타페연구소-애리조나주립대학교 생물사회학적 복잡계 공동연구센터 교수, 애나조나주립대학교 교수
• 프로산타 차크라바티 박사, 루이지애나주립대학교 어류학 및 진화계통학 교수, 동대학 자연과학박물관 어류관 책임자
• 바바라 듀란트 박사, 샌디에이고동물원 야생동물연맹 생식과학

핸쇼 기금 연구 책임자

- 데이비드 앨런 펠러 박사, 법학 박사, 케임브리지대학교 저지경영대학원
- 에릭 토머스 프랭크 박사, 독일 뷔르츠부르크대학교 동물생태학 및 열대생물학과 사회적 상처 치료 진화 연구팀 리더
- 앨런 하겐스 박사, 캘리포니아대학교 산디에이고 정형외과 임상생리학 연구실 교수 겸 연구 책임자
- 톰 인셀 의학 박사, 마인드스트롱 헬스 및 바나 헬스 공동설립자, 전 미국립정신건강연구원 원장
- 엘리노 칼슨 박사, MIT-하버드대 브로드연구소 척추동물 유전체학 연구그룹 책임자 매사추세츠대학교 의과대학 생물정보학 및 통학생물학 교수
- 마이클 켄트 수의학 박사, 캘리포니아대학교 데이비스 수의대 외과 및 방사선 과학 교수
- 유디트 코프 박사, 독일 프라이부르크대학교 생물학연구소 진화생물학 및 생태학 교수
- 조슈아 쉬프먼 의학 박사, 유타대학교 소아과 교수(혈액학/종양학) 겸 헌츠맨 암연구소 연구원
- 크레이그 스탠퍼드 박사, 서던캘리포니아대학교 생물과학 및 인류학 교수, 동대학 제인 구달 연구센터 공동 센터장
- 래리 영 박사, 정신의학과 교수, 에모리 국립영장류연구센터 행동신경과학 및 정신질환 분과장, 에모리대학교 중개의학 사회신경과학 연구센터장

• 폴 잭 박사, 클레어몬트대학원 경제학, 심리학 및 경영학 교수, 신경경제학 연구센터장, 로마린다대학교 의료센터 신경과 교수

그리고 변함없는 지지와 사랑을 주는 우리 가족에게도 고맙다고 말하고 싶다. 나에게 영감을 주는 놀랍고도 아름다운 아내 에이미, 지금은 성인이 된 너무나도 멋진 두 아이 시드니와 마일스, 과학과 의학을 통해 사람들을 도울 수 있도록 동기를 부여하고 영감을 주는 아버지와 어머니에게 감사하다. 그리고 필리스 배스킨과 모리 포비치, 포니 정이 이끄는 처가, 친가 식구들과 남동생 조엘과 마이클도 너무나 고마울 따름이다. 모두 사랑합니다.

마지막으로 대자연에게 감사하고 싶다. 대자연에서 배울 수 있는 모든 교훈에 감사하고, 모든 생명체가 이 놀라운 행성에 존재할 수 있게 해주어 감사하다. 우리 인간이 대자연이 이뤄 놓은 것을 훌륭히 관리할 수 있으면 좋겠다. 여기서 앤디 그로브의 보석 같은 말을 하나 더 소개한다. "성공은 안일함을 낳고, 안일함은 실패를 낳는다. 오직 편집증이 있는 사람만 살아남는다." 나는 마지막 문장을 끊임없이, 그리고 치열하게 궁금해하는 태도로 삶에 적응할 수 있어야 한다는 의미로 이해했다. 가만히 앉아있거나 안일하게 있지 마라. 불편할 수도 있는 변화와 도전을 찾아 나서고, 굳은 의지로 그 과정을 즐겨라. 결국, 그것이 자연이 하는 일이다. 바깥의 나무와 벌과 바람과 마찬가지로 우리도 자연의 한 부분이다.

# 주

이 책에서 하나의 주장을 내놓을 때마다 주석을 모두 다 단다면 내가 인용한 자료의 출처와 논문의 방대함 때문에 주석 목록 그 자체가 무덤이 될 게 뻔하다. 대부분 문장의 참고문헌은 10개 정도 된다. 전문가들이 조사하고 사실 검증이 끝난 믿을 만한 정보를 게시한 평판 좋은 사이트를 방문한다고 가정한다면 여러분 스스로 몇 번의 키보드 입력으로 어떤 주장에 관한 출처와 증거를 찾을 수 있을 것이다. 건강과 의학 문제에 관해서라면 직접 해보는 것이 특히나 중요하다.

최고의 의학 학술지 검색 엔진은 회원가입이 필요 없다. 이 책에서 언급된 많은 논문 검색 사이트에 미국 국립보건원 의학도서관이 관리하는 온라인 의학 논문 보관소 pubmed.gov, sciencedirect.com 및 자매 학술 데이터베이스 SpringerLink, cochranelibrary.com, 1차 검색 후 검색 내 검색을 할 때 사용하기 좋은 구글 학술검색 scholar.google.com 등이 포함된다. 이 검색 엔진으로 접근할 수 있는 데이터베이스는 엘세비어(Elsevier) 출판사 소유의 엠베이스(Embase), 메드라인(Medline), 메드라인플러스(MedlinePlus) 등이 있으며, 전 세계적으로 동료 심사 논문 수백만 편을 이용할 수 있다. 동료 심사를 받는 학술지에 공식적으로 실리기 전 온라인에 먼저 발표되는 논문들도 종종 있다. 나는 중요한 논문을 모두 주석에 포함하려고 최선을 다했고, 상세한 설명을 위해 곳곳에 주석을 추가했다. 설명이 긴 주석과 추가 메모는 각주를 달아 본문 페이지를 산만하게 만드는 대신에 여기 미주로 옮겨놓았다. 여기에 실린 참고문헌을 추가 연구의 발판으로 사용해보라. 업데이트 내용은 나의 개인 웹사이트 www.davidagus.com에서 확인할 수 있다.

## 프롤로그

1 『동물론』에서 이래즈머스 다윈은 이렇게 말했다. "유구한 시간 속 지구가 존재하기 시작한 이래로, 어쩌면 인류의 역사가 시작되기 수백만 년 전에 모든 온혈 동물이 하나의 살아있는 필라멘트에서 비롯되었고, 우주를 움직이는 위대한 제1원인에게 부여받은 동물성 즉 새로운 속성을 수반하는 새로운 기관을 획득하는 힘이 있는 필라멘트는 자극과 감각, 의지와 연합의 지시를 받으며, 고유의 활동을 통해 계속 진화하는 능력과 진화한 것을 끊임없이 대대손손 후대에 전하는 능력을 지니고 있었다고 말한다면 너무 상상력이 지나친 것일까?"

## 1장: 동물원 우리에서 살기

1 R. M. Sapolsky, Why Zebras Don't Get Ulcers: The Acclaimed Guide to Stress, Stress-Related Diseases, and Coping (New York: Freeman, 1994).

2 Michael S. Kent, "Association of Cancer-Related Mortality, Age and Gonadectomy in Golden Retriever Dogs at a Veterinary Academic Center (1989–2016)," PloS One, February 6, 2018, https://www.ncbi.nlm.nih.gov/pmc/articles/PMC5800597/.

3 N. E. Klepeis et al., "The National Human Activity Pattern Survey(NHAPS): A Resource for Assessing Exposure to Environmental Pollutants," Journal of Exposure Science and Environmental Epidemiology, 2001, 231–252.

4 United Nations, 2018 Revision of World Urbanization Prospects: The 2018 Revision, https://population.un.org/wup/.

5 Firdaus S. Dhabhar et al., "Stress-Induced Redistribution of Immune Cells—from Barracks to Boulevards to Battlefields: A Tale of Three Hormones—Curt Richter Award Winner," Psychoneuroendocrinology, 2012, 1345–1346.

6 Margee Kerr, Greg J. Siegle, and Jahala Orsini, "Voluntary Arousing Negative Experiences (VANE): Why We Like to Be Scared," Emotion 19, no. 4 (2019): 682–698. Also see Kerr's book Scream: Chilling Adventures in the Science of Fear (New York: Public Affairs, 2015), and Margee Kerr, "Why Is It Fun to Be Frightened?," Conversation, October 12, 2018, https://theconversation.

com/why-is-it-fun-to-be-frightened-101055.

7   Kerr, "Why Is It Fun to Be Frightened?"

8   George Fink, "Stress: The Health Epidemic of the 21st Century," Sci-Tech Connect, 2016, http://scitechconnect.elsevier.com/stress-health-epidemic -21st-century.

9   Quinton Wheeler and Mary Liz Jameson, "Scientists List Top 10 New Species," ASU News, May 23, 2011, https://news.asu.edu/content/scientists- list-top-10-new-species.

10  See Prosanta Chakrabarty's TED Talks at https://www.ted.com/speakers/ prosanta_chakrabarty.

11  Carsten Niemitz, "The Evolution of the Upright Posture and Gai: A Review and a New Synthesis," Die Naturwissenschaften, 2010, 241–263,https://www. ncbi.nlm.nih.gov/pmc/articles/PMC2819487.

12  Elisabeth Stephanie Smith and Herbert Riechelmann, "Cumulative Lifelong Alcohol Consumption Alters Auditory Brainstem Potentials," Alcoholism: Clinical and Experimental Research, March 2004, https://pubmed .ncbi. nlm.nih.gov/15084909/.

13  Michael Fetter et al., "New Insights into Positional Alcohol Nystagmus Using Three-Dimensional Eye-Movement Analysis," Annals of Neurology, 1999, 216–223, https://doi.org/10.1002/1531-8249(199902)45:2%3C216::aid- ana12%3E3.0.co;2-f.

14  Carissa Wilkes et al., "Upright Posture Improves Affect and Fatigue in People with Depressive Symptoms," Journal of Behavior Therapy and Experimental Psychiatry, March 2017, https://pubmed.ncbi.nlm.nih.gov/27494342/.

15  Kim Acosta, "How Your Posture Affects Your Health." Forbes Health, August 4, 2021, https://www.forbes.com/health/body/how-to-fix-bad-pos ture/.

16  Daniel E. Lieberman, The Story of the Human Body: Evolution, Health andDisease (New York: Pantheon, 2013).

17  GBD 2017 Diet Collaborators, "Health Effects of Dietary Risks in 195 Countries, 1990–2017: A Systematic Analysis for the Global Burden of Disease Study 2017," Lancet, May 2019, 1958–1972.

18  Kevin D. Hall et al., "Ultra-Processed Diets Cause Excess Calorie Intake

and Weight Gain: An Inpatient Randomized Controlled Trial of Ad Libitum Food Intake," Cell Metabolism, July 2019, 67-77.

19 Ibid.

20 "Research News in Brief," InSight+, June 3, 2019, https://insightplus. mja. com.au/2019/21/research-news-in-brief-99/, and G. Calixto Andradeet al., "Consumption of Ultra-Processed Food and Its Association with Sociodemographic Characteristics and Diet Quality in a Representative Sample of French Adults," Nutrients, 2021, 682. Also see Anais Rico-Campa et al., "Association between Consumption of Ultra-Processed Foods and All-Cause Mortality: SUN Prospective Cohort Study," BMJ, May 2019, l1949.

21 Rico-Campa et al., "Association between Consumption of Ultra-Processed Foods and All-Cause Mortality."

22 M. Bonaccio et al., "Joint Association of Food Nutritional Profile by Nutri-Score Front-of-pack Label and Ultra-processed Food Intake with Mortality: Moli-sani Prospective Cohort Study," BMJ, 2022, e070688. Also see L. Wang et al., "Association of Ultra-Processed Food Consumption with Colorectal Cancer Risk Among Men and Women: Results from Three Prospective US Cohort Studies," BMJ, 2022, e068921.

23 Joana Araújo, Jianwen Cai, and June Stevens, "Prevalence of Optimal Metabolic Health in American Adults: National Health and Nutrition Examination Survey 2009-2016," Metabolic Syndrome and Related Disorders, February 2019, 46-52.

24 Meghan O'Hearn et al., "Trends and Disparities in Cardiometabolic Health among U.S. Adults, 1999-2018," Journal of the American College of Cardiology, July 2022, 138-151.

25 Daniel E. Lieberman, The Story of the Human Body: Evolution, Health, and Disease (New York: Pantheon Books, 2013).

## 2장: 오 나의 개!

1 David Allan Feller, "Heir of the Dog: Canine Influences on Charles

Darwin's Theories of Natural Selection," MA thesis, University of Hawaii, 2005, https://scholarspace.manoa.hawaii.edu/server/api/core/bitstreams/311ed156-ceab-4d1a-b84f-b65047ba3f72/content.

2   Maria Lahtinen et al., "Excess Protein Enabled Dog Domestication during Severe Ice Age Winters," Scientific Reports, January 2021, 7.

3   Brian Hare and Vanessa Woods, The Genius of Dogs: How Dogs Are Smarter Than You Think (New York: Dutton, 2013).

4   Lee Alan Dugatkin, "Jump-Starting Evolution," Cerebrum, April 2020, cer-03-20.

5   Bridgett M. von Holdt et al., "Structural Variants in Genes Associated with Human Williams-Beuren Syndrome Underlie Stereotypical Hypersociability in Domestic Dogs," Science Advances, July 2017, e1700398.

6   Juliane Kaminski et al., "Evolution of Facial Muscle Anatomy in Dogs," Proceedings of the National Academy of Sciences, June 2019, 14677–14681.

7   Brian Hare and Vanessa Woods, "Humans Evolved to Be Friendly," Scientific American, August 1, 2020, https://www.scientificamerican.com /ar ticle/humans-evolved-to-be-friendly/.

8   Usha Lee McFarling, "How Beagles and Goldens Could Help Researchers Find the Next Cancer Therapy for Humans," STAT, August 29, 2022, https://www.statnews.com/2017/10/04/dogs-cancer-treatment-humans/, and "One Health Basics," Centers for Disease Control and Prevention, November 5, 2018, https://www.cdc.gov/onehealth/basics/index.html.

9   Aryana M. Razmara et al., "Natural Killer and T Cell Infiltration in Canine Osteosarcoma: Clinical Implications and Translational Relevance," Frontiers in Veterinary Science, November 16, 2021, https://www.frontiersin .org/articles/10.3389/fvets.2021.771737/full.

10  W. C. Kisseberth and D. A. Lee, "Adoptive Natural Killer Cell Immunotherapy for Canine Osteosarcoma," Frontiers in Veterinary Science, June 2021, 672361.

11  "Dog Genome Project," Broad Institute, October 4, 2016, https://www .broadinstitute.org/scientific-community/science/projects/mammals-models/dog/dog-genome-links.

12 See Karlsson's papers listed on her site: https://karlssonlab.org/about / people/elinor-karlsson/.

13 Jeff Akst, "OCD-Linked Canine Genes," Scientist, February 19, 2014, https://www.the-scientist.com/the-nutshell/ocd-linked-canine-genes-37939.

14 Ibid.

15 Cross-Disorder Group of the Psychiatric Genomics Consortium, "Genomic Relationships, Novel Loci, and Pleiotropic Mechanisms across Eight Psychiatric Disorders," Cell, December 2019, 1469–1482.

16 Bru Cormand and Raquel Rabionet, "International Study Completes the Largest Genetic Map of Psychiatric Disorders So Far," Actualitat, September 3, 2020, https://web.ub.edu/en/web/actualitat/w/international-study-completes-the-largest-genetic-map-of-psychiatric-disorders-so-far-.

17 Daphne Miller, "A New Meaning for 'Sick as a Dog'? Your Pet's Health May Tell You Something about Your Own," Washington Post, July 1, 2019.

18 C. R. Bjornvad et al., "Neutering Increases the Risk of Obesity in Male Dogs But Not in Bitches—A Cross-Sectional Study of Dog- and Owner-Related Risk Factors for Obesity in Danish Companion Dogs," Preventive Veterinary Medicine, October 2019, 104730. Also see "Obesity in Children and Teens," American Academy of Child and Adolescent Psychiatry, Facts for Families, April 2017, https://www.aacap.org/AACAP/Families_and_Youth/Facts_for_Families/FFF-Guide/Obesity-In-Children-And-Teens-079.aspx.

19 Jenni Lehtimäki et al., "Skin Microbiota and Allergic Symptoms Associate with Exposure to Environmental Microbes," Proceedings of the National Academy of Science USA, May 2018, 4897–4902.

20 Clara Wilson et al., "Dogs Can Discriminate between Human Baseline and Psychological Stress Condition Odors," PLoS One, September 2022, e0274143.

21 Molly K. Crossman et al., "The Influence of Interactions with Dogs on Affect, Anxiety, and Arousal in Children," Journal of Clinical Child and Adolescent Psychology, 2020, 535–548.

22 Mwenya Mubanga et al., "Dog Ownership and the Risk of Cardiovascular Disease and Death: A Nationwide Cohort Study," Scientific Report,

November 17, 2017, https://doi.org/10.1038/s41598-017-16118-6.

23  "Get Healthy, Get a Dog," Harvard Health Publishing, January 2015, https:// www.health.harvard.edu/promotions/harvard-health-publica tions/get-healthy-get-a-dog-the-health-benefits-of-canine-companionship.

24  Robert DiGiacomo, "Should I Let My Dog Sleep Late Every Day?," American Kennel Club, August 23, 2016, https://www.akc.org/expert-advice/health/why-do-dogs-sleep-so -much/.

25  E. Sanchez et al., "Sleep Spindles Are Resilient to Extensive White Matter Deterioration," Brain Communications, June 2020, fcaa071. Also see Z. Fang et al., "Brain Activation Time-Locked to Sleep Spindles Associated with Human Cognitive Abilities," Frontiers in Neuroscience, February 2019, 46.

## 3장: 집으로 돌아가는 머나먼 길

1  Society for Personality and Social Psychology, "How We Form Habits, Change Existing Ones," ScienceDaily, August 8, 2014, www.sciencedaily.com/releases/2014/08/140808111931.htm. Also see D. T. Neal et al., "The Pull of the Past: When Do Habits Persist Despite Conflict with Motives?," Personality and Social Psychology Bulletin, November 2011, 1428; Sarah Stark Casagrande et al., "Have Americans Increased Their Fruit and Vegetable Intake? The Trends between 1988 and 2002," American Journal of Preventive Medicine, April 2007, 257.

2  Adam Gazzaley et al., "Video Game Training Enhances Cognitive Control in Older Adults," Nature, September 2013, 97–101.

3  T. L. Harrison et al., "Working Memory Training May Increase Working Memory Capacity But Not Fluid Intelligence," Psychological Science, December 2013, 2409–2419. Also see Anne Cecilie Sjoli Brathen et al., "Cognitive and Hippocampal Changes Weeks and Years after Memory Training," Scientific Reports, May 2022, 7877.

4  Richard M. Levenson et al., "Pigeons (Columba livia) as Trainable Observers of Pathology and Radiology Breast Cancer Images," PLoS One, November 2015, e0141357.

5   앵무새는 오래 살고 똑똑하기 때문에 오랫동안 감탄의 대상이었다. 특히 지능이 높아서 인지능력이 매우 발달했고 말을 할 줄 아는 놀라운 재능이 있다. 그러나 2018년 카네기멜런대학교와 오리건보건과학대학교 신경과학자들이 수명에 영향을 미치는 다양한 과정—예를 들어, 결함 있는 DNA를 고치고 세포 성장을 제어하고 암을 막는 과정—에 관여하는 것으로 보이는 344개의 유전자가 앵무새의 유전체에 들어있다는 연구 결과를 발표하기 전까지 우리는 앵무새의 비밀이 무엇인지 몰랐다. 이 연구진은 서로 다른 두 종인 인간과 앵무새가 어떻게 진화를 통해 문제에 대한 비슷한 해법을 찾을 수 있는지에 주목한다. 가장 주목할 만한 점은 앵무새 유전체의 일부에서 우리 인간을 다른 영장류와 구별시켜주는 것과 아주 유사한 변화를 발견했다는 것이다. 그 유전체 부분은 뇌 발달과 인지를 담당하는 인근 유전자의 발현을 통제한다. 다시 말해서, 인간과 앵무새의 DNA에서 지능과 관련된 유전자와 장수와 관련된 유전자는 물리적으로 가까이 있다. 이처럼 서로 다른 유기체가 독립적으로 진화해서 비슷한 특징을 갖게 된 현상을 수렴진화라고 부른다. 인간과 앵무새는 비슷한 방법으로 고차원적 인지능력이 발달하도록 진화했다. 앵무새는 자폐증과 조현병 같은 특정 뇌 질환을 연구하는 데 유용한 모델이 될 수 있을 것이다. 이 연구 분야는 여전히 논란이 있지만, 앵무새 유전체에서도 뇌 기능에 중요한 유전자와 관련된 유전자 변화가 일어나기 때문에 만약 그 유전자들이 돌연변이로 잘못되면 인지적 결함이 생길 수 있다고 연구자들은 생각한다. 앵무새의 유전자에 대해 많은 것을 알 수 있다면 미래의 유전자 치료법은 복잡한 신경인지 문제에 대한 더 좋은 처치와 치료로 이어질 수 있다.

6   Mark Mancini, "15 Incredible Facts about Pigeons," Mental Floss, March 13, 2023, https://www.mentalfloss.com/article/535506/facts-about-pigeons.

7   Donnie Zehr, "Homing Pigeons in the Military," ClayHaven Farms, January 8, 2021, https://www.clayhavenfarms.com/blog/homing-pigeons-in-the-military.

8   Ibid.

9   Robert W. de Gille et al., "Quantum Magnetic Imaging of Iron Organelles within the Pigeon Cochlea," Proceedings of the National Academy of Sciences USA, November 2021, e2112749118.

10  David Simpson, "How Do Pigeons Find Their Way Home? We Looked in

Their Ears with a Diamond-Based Quantum Microscope to Find Out," Conversation, November 17, 2022, https://theconversation.com /how-do -pigeons-find-their-way-home-we-looked-in-their-ears-with-a-diamond-based-quantum-microscope-to-find-out-171738.

11　C. X. Wang et al., "Transduction of the Geomagnetic Field as Evidenced from Alpha-Band Activity in the Human Brain," eNeuro, March 2019. Also see Eric Hand, "Maverick Scientist Thinks He Has Discovered a Magnetic Sixth Sense in Humans," Science, June 23, 2016, https://www.science.org/content/article/maverick-scientist-thinks-he-has-discovered-magnetic-sixth-sense-humans, and see Climate.nasa.gov.

12　Kelly Servick, "Humans—Like Other Animals—May Sense Earth's Magnetic Field," Science, March 18, 2019, https://www.science.org/content/article/humans-other-animals-may-sense-earth-s-magnetic-field.

13　See Climate.nasa.gov.

14　Servick, "Humans—Like Other Animals."

15　Connie X. Wang et al., "Transduction of the Geomagnetic Field as Evidenced from Alpha-Band Activity in the Human Brain," eNeuro, March 18, 2019, https://doi.org/10.1523/eneuro.0483-18.2019.

16　Ibid.

17　Sergio Vicencio-Jimenez et al., "The Strength of the Medial Olivocochlear Reflex in Chinchillas Is Associated with Delayed Response Performance in a Visual Discrimination Task with Vocalizations as Distractors," Frontiers in Neuroscience, December 2021, 759219.

18　Ed Yong, "Pigeons Outperform Humans at the Monty Hall Dilemma," Discover Magazine, April 2, 2010.

19　Walter Herbranson and Julia Schroeder, "Are Birds Smarter Than Mathematicians? Pigeons (Columba livia) Perform Optimally on a Version of the Monty Hall Dilemma," Journal of Comparative Psychology, February 2010.

20　Ibid.

21　Herbranson and Schroeder, "Are Birds Smarter Than Mathematicians?"

22　Louisa Dahmani and Véronique D. Bohbot, "Habitual Use of GPS Negatively

Impacts Spatial Memory during Self-Guided Navigation," Scientific Reports, April 2020, 6310.

## 4장: 기린의 역설

1   Walter Isaacson, "Anatomy, Round Two," Medium, October 31, 2017, https://medium.com/s/leonardo-da-vinci/anatomy-round-two-aaff 3 e296549.

2   Ibid.

3   Ibid.

4   Philippa Roxby, "What Leonardo Taught Us about the Heart," BBC News, June 28, 2014, https://www.bbc.com/news/health-28054468.

5   Malenka M. Bissell, Erica Dall'Armellina, and Robin P. Choudhury, "Flow Vortices in the Aortic Root: In Vivo 4D-MRI Confirms Predictions of Leonardo da Vinci," European Heart Journal, May 2014, 1344.

6   Hannah V. Meyer et al., "Genetic and Functional Insights into the Fractal Structure of the Heart," Nature, August 2020, 589–594.

7   Marco Cambiaghi and Heidi Hausse, "Leonardo da Vinci and His Study of the Heart," European Heart Journal, June 19, 2019, 1823–1826, https://doi.org/10.1093/eurheartj/ehz376.

8   Cold Springs Harbor Laboratory, "Understanding the Inner Workings of the Human Heart," ScienceDaily, August 19, 2020, http://www.science daily.com/releases/2020/08/200819110925.htm.

9   Hannah V. Meyer, "Genetic and Functional Insights into the Fractal Structure of the Heart," Nature, August 19, 2020, 589–594, https://doi.org/10.1038/s41586-020-2635-8.

10  "Critical Reasons for Crashes Investigated in the National Motor Vehicle Crash Causation Survey," National Highway Traffic Safety Administration, February 2015, https://crashstats.nhtsa.dot.gov/#!/.

11  Randall C. Thompson et al., "Atherosclerosis across 4000 Years of Human History: The Horus Study of Four Ancient Populations," Lancet, April 2013, 1211–1222.

12  James E. Dalen, "The Epidemic of the 20th Century: Coronary Heart

Disease," American Journal of Medicine, May 5, 2014, 807–812, https://doi.
org/10.1016/j.amjmed.2014.04.015.

13  흡연 관련 사실과 질병 및 사망 위험 요인에 미치는 흡연의 효과에 대해서 자
세히 알고 싶으면 미국 식약청 웹사이트 www.fda.gov와 질병관리본부 웹사
이트 www.cdc.gov를 참조하라.

14  J. Fay and N. A. Sonwalkar, Fluid Mechanics Hypercourse CD-ROM
(Cambridge, MA: MIT Press, 1996).

15  "Gravity Hurts (So Good)," NASA, August 2, 2001, https://science.nasa.gov/
science-news/science-at-nasa/2001/ast02aug_1.

16  Karl Gruber, "Giraffes Spend Their Evenings Humming to Each Other,"
New Scientist, September 17, 2015, www.newscientist.com/article/2058123-
giraffes-spend-their-evenings-humming-to-each-other.

17  H. Kasozi and R. A. Montgomery, "How Do Giraffes Locate One Another? A
Review of Visual, Auditory, and Olfactory Communication among Giraffes,"
Journal of Zoology, 139–146, https://doi.org/10.1111/jzo.12604.

18  "Looking Forward to the Space Station," NASA, August 2000, https://
science.nasa.gov/science-news/science-at-nasa/2000/ast02aug_1.

19  "Space Travel Can Affect Astronauts' Sense of Taste and Smell," Physics
Today, February 24, 2012, https://physicstoday.scitation.org/do/10.1063/
PT.5.025900/full/.

20  Kelly Young, "Noisy ISS May Have Damaged Astronauts' Hearing," New
Scientist, June 21, 2006, https://www.newscientist.com/article/dn9379-
noisy-iss-may-have-damaged-astronauts-hearing/.

21  Charles Spence and Heston Blumenthal, Gastrophysics: The New Science of
Eating (New York: Penguin Books, 2018).

22  "Looking Forward to the Space Station."

23  Bob Holmes, "The Cardiovascular Secrets of Giraffes," Smithsonian
Magazine, May 21, 2021, https://www.smithsonianmag.com/science-
nature/cardio vascular-secrets-giraffes-180977785/.

24  Bob Holmes, "How Giraffes Deal with Sky-High Blood Pressure," BBC,
August 4, 2021, https://www.bbc.com/future/article/20210803-how-gi
raffes-deal-with-sky-high-blood-pressure.

25  Morris Agaba et al., "Giraffe Genome Sequence Reveals Clues to Its Unique Morphology and Physiology," Nature Communications, May 2016, 11519, and Chang Liu et al., "A Towering Genome: Experimentally Validated Adaptations to High Blood Pressure and Extreme Stature in the Giraffe," Science Advances, March 2021.

26  Barbara N. Horowitz et al., "The Giraffe as a Natural Animal Model for Resistance to Heart Failure with Preserved Ejection Fraction," Preprint, doi: 10.20944/preprints202010.0625.v1, October 2020.

27  Holmes, "The Cardiovascular Secrets of Giraffes."

28  Christian Aalkjar and Tobias Wang, "The Remarkable Cardiovascular System of Giraffes," Annual Review of Physiology, February 2021, 1–15.

29  Q. G. Zhang, "Hypertension and Counter-Hypertension Mechanisms in Giraffes," Cardiovascular & Hematological Disorders-Drug Targets, March 2006, 63–67.

30  Alan R. Hargens, "Gravitational Haemodynamics and Oedema Prevention in the Giraffe," Nature, September 3, 1987, 59–60, https://doi.org/10.1038/329059a0.

31  Anna Lena Burger, "Nightly Selection of Resting Sites and Group Behavior Reveal Antipredator Strategies in Giraffe," Ecology and Evolution, February 14, 2020, 2917–2927, https://doi.org/10.1002/ece3.6106.

## 5장: "이봐요, 코끼리 사나이"

1   "Animals Affected by Humans," BBC Earth, August 11, 2021, https://www.bbcearth.com/news/animals-affected-by-humans.

2   James Ritchie, "Fact or Fiction?: Elephants Never Forget," Scientific American, January 12, 2009, https://www.scientificamerican.com/article/elephants-never-forget.

3   Andrew C. Halley, "Brain at Birth," Encyclopedia of Evolutionary Psychological Science, August 7, 2018, 1–8, https://doi.org/10.1007/978-3-319-16999-6_802-1.

4   Joshua M. Plotnik, Frans B. M. de Waal, and Diana Reiss, "Self-Recognition

in an Asian Elephant," Proceedings of the National Academy of Sciences USA, November 2006, 17053–17057.

5   Karin Brulliard, "Watch Female Elephants Stage a Dramatic Rescue of a Drowning Baby Elephant," Washington Post, October 28, 2021, https://www.washingtonpost.com/news/animalia/wp/2017/06/22/watch-female -elephants-stage-a-dramatic-rescue-of-a-drowning-baby-elephant/.

6   Joshua M. Plotnik and Frans B. M. de Waal, "Asian Elephants (Elephas maximus) Reassure Others in Distress," PeerJ, February 2014.

7   Laura Parker, "Rare Video Shows Elephants 'Mourning' Matriarch's Death," NationalGeographic.com, August 31, 2016, https://www.national geographic.com/animals/article/elephants-mourning-video-animal- grief?loggedin=true.

8   Gordon L. Flett and Marnin J. Heisel, "Aging and Feeling Valued Versus Expendable during the COVID-19 Pandemic and Beyond: A Review and Commentary of Why Mattering Is Fundamental to the Health and Well-Being of Older Adults," International Journal of Mental Health and Addiction, 2021, 2443–2469.

9   Charles Foley, Nathalie Pettorelli, and Lara Foley, "Severe Drought and Calf Survival in Elephants," Biology Letters, October 2008, 541–544.

10  "Elephant Elders Know Better," Wildlife Conservation Network Newsroom, August 21, 2008, https://newsroom.wcs.org/News-Releases/article Type/ ArticleView/articleId/4981/Elephant-Elders-Know-Better.aspx.

11  Leonard Nunney, "Size Matters: Height, Cell Number and a Person's Risk of Cancer," Proceedings of the Royal Society B: Biological Sciences, 2018, 20181743, https://doi.org/10.1098/rspb.2018.1743.

12  R. Peto et al., "Cancer and Ageing in Mice and Men," British Journal of Cancer, October 1975, 411–426.

13  Daniel E. Koshland, "Molecule of the Year," Science, December 24, 1993, 1953, https://doi.org/10.1126/science.8266084.

14  M. Oren, "p53: Not Just a Tumor Suppressor," Journal of Molecular and Cell Biology, July 2019, 539–543.

15  Alexander Nazaryan, "Why Elephants Don't Get Cancer—and What

That Means for Humans," Newsweek, October 8, 2015, https://www.news week.com/2015/10/16/researchers-studying-elephants-improve-cancer-treatment-380822.html.

16  Carrie Simonelli, "Their Biggest Role Yet," Providence Journal, April 25, 2016, https://www.providencejournal.com/story/lifestyle/health -fitness/2016/04/25/elephants-may-play-role-in-preventing-cancer-says -brown-graduate/29794497007/.

17  Phoebe Hall, "Think Big," Medicine @ Brown, October 18, 2016, https:// medicine.at.brown.edu/article/think-big/.

18  Ibid.

19  Nazaryan, "Why Elephants Don't Get Cancer."

20  "Why Care?," Worldelephantday.org, 2019, https://worldelephantday.org/ about/elephants.

21  Inigo Martincorena et al., "Somatic Mutant Clones Colonize the Human Esophagus with Age," Science, October 18, 2018, https://doi.org/10.1126/ science.aau3879.

22  Wellcome Trust Sanger Institute, "Mutated Cells Drive out Early Tumors from the Esophagus," ScienceDaily, October 13, 2021, https://www. sciencedaily.com/releases/2021/10/211013122733.htm.

23  L. M. Abegglen et al., "Potential Mechanisms for Cancer Resistance in Elephants and Comparative Cellular Response to DNA Damage in Humans,"JAMA, 2015, 1850–1860. Access and follow Joshua Schiffman's work and papers at his lab's research hub online: https://uofuhealth.utah. edu/huntsman/labs/schiffman/.

24  Nazaryan, "Why Elephants Don't Get Cancer."

25  Ibid.

26  Leo Polansky, Werner Kilian, and George Wittemyer, "Elucidating the Significance of Spatial Memory on Movement Decisions by African Savannah Elephants Using State-space Models," Proceedings of the Royal Society B: Biological Sciences, April 2015.

27  Shuntaro Izawa et al., "REM Sleep-Active MCH Neurons Are Involved in Forgetting Hippocampus-Dependent Memories," Science, September2019,

1308–1313.

## 6장: 육식하는 수컷 침팬지, 허용적인 암컷 침팬지

1   Amy Hatkoff, The Inner World of Farm Animals: Their Amazing Social, Emotional, and Intellectuals Capacities (New York: Stewart, Tabori & Chang, 2019).

2   Craig B. Stanford, The New Chimpanzee: A Twenty-First-Century Portrait of Our Closest Kin (Cambridge, MA: Harvard University Press, 2018).

3   David R. Braun et al., "Earliest Known Oldowan Artifacts at >2.58 Ma from Ledi-Geraru, Ethiopia, Highlight Early Technological Diversity," Proceedings of the National Academy of Sciences USA, June 2019, 11712–11717.

4   Katherine D. Zink and Daniel E. Lieberman, "Impact of Meat and Lower Paleolithic Food Processing Techniques on Chewing in Humans," Nature 531, no. 7595, March 2016, 500–503. Also see Ambrosio Bermejo-Fenoll, Alfonso Panchón-Ruíz, and Francisco Sánchez Del Campo, "Homo sapiens, Chimpanzees and the Enigma of Language," Frontiers in Neuroscience, May 2019, 558.

5   Katherine D. Zink and Daniel E. Lieberman, "Impact of Meat and Lower Palaeolithic Food Processing Techniques on Chewing in Humans," Nature, March 9, 2016, 500–503, https://doi.org/10.1038/nature16990. And Lizzie Wade, "How Sliced Meat Drove Human Evolution," Science, March 9, 2016, https://www.science.org/content/article/how-sliced-meat-drove -human- evolution.

6   Zink and Lieberman, "Impact of Meat."

7   Nichols Wadhams, "Chimps Trade Meat for Sex—and It Works," National Geographic, April 7, 2009, https://www.nationalgeographic.com/animals/ article/chimps-behavior-sex-news-animals.

8   University of Southern California, "Evolution's Twist: USC Study Finds Meat-Tolerant Genes Offset High Cholesterol and Disease," ScienceDaily, March 22, 2004, https://www.sciencedaily.com/releases/2004

/03/040322081608.html.

9  Ibid.

10  Kunio Kawanishi et al., "Human Species-Specific Loss of CMP-N-Acetylneuraminic Acid Hydroxylase Enhances Atherosclerosis via Intrinsic and Extrinsic Mechanisms," Proceedings of the National Academy of Sciences USA , August 2019, 16036–16045.

11  Kunio Kawanishi et al., "Human Species-Specific Loss of CMP-NAcetylneuraminic Acid Hydroxylase Enhances Atherosclerosis via Intrinsic and Extrinsic Mechanisms," Proceedings of the National Academy of Sciences, 2019, 16036–16045, https://doi.org/10.1073/pnas.1902902116.

12  Ibid.

13  Harriëtte M. Snoek et al., "Sensory-Specific Satiety in Obese and Normal-Weight Women," American Journal of Clinical Nutrition, October 2004, 823–831.

14  Anahad O'Connor, "Is There an Optimal Diet for Humans?," New York Times, December 18, 2018, https://www.nytimes.com/2018/12/18/well/eat/is-there-an-optimal-diet-for-humans.html.

15  M. L. Kringelbach, "Activation of the Human Orbitofrontal Cortex to a Liquid Food Stimulus Is Correlated with Its Subjective Pleasantness," Cerebral Cortex, October 2013, 1064–1071, https://doi.org/10.1093/cercor/13.10.1064.

16  Tera L. Fazzino, Kaitlyn Rohde, and Debra K. Sullivan, "Hyper-Palatable Foods: Development of a Quantitative Definition and Application to the US Food System Database," Obesity, November 2019, 1761–1768.

17  Herman Pontzer et al., "Metabolic Acceleration and the Evolution of Human Brain Size and Life History," Nature, May 2016, 390–392. Also see Ann Gibbons, "Why Humans Are the High-Energy Apes," Science, May 2016, 639.

18  Leslie C. Aiello, "Brains and Guts in Human Evolution: The Expensive Tissue Hypothesis," Brazilian Journal of Genetics 20, no. 1 (March 1997).

19  Gibbons, "Why Humans Are the High-Energy Apes."

20  M. Arain et al., "Maturation of the Adolescent Brain," Neuropsychiatry

Disease Treatment, 2013, 449–461.

21 Zhengguang Liu et al., "Leader Development Begins at Home: Over-Parenting Harms Adolescent Leader Emergence," Journal of AppliedPsychology, October 2019, 1226–1242. Also see Christian Jarrett, "What Leader Are You? It Depends on Your Parents," BBC, April 5, 2020, https://www.bbc.com/worklife/article/20200406-what-leader-are-you-it-depends-on-your-parents.

22 Shanta Barley, "Respect for Elders 'May Be Universal' in Primates," New Scientist, January 6, 2010, https://www.newscientist.com/article/dn18347-respect-for-elders-may-be-universal-in-primates/.

23 Janneke Nachtegaal et al., "The Association between Hearing Status and Psychosocial Health before the Age of 70 Years: Results from an Internet-Based National Survey on Hearing," Ear and Hearing, June 2009, 302–312.

24 National Institute on Aging's Research Highlights, "Social Isolation, Loneliness in Older People Pose Health Risks," April 23, 2019, https://www.nia.nih.gov/news/social-isolation-loneliness-older-people-pose-health-risks#:~:text=Research%20has%20linked%20social%20isolation%20Alzheimer's%20disease%2C%20and%20even%20death.

25 Frank R. Lin et al., "Hearing Loss and Cognitive Decline in Older Adults," JAMA Internal Medicine, February 25, 2013, https://doi.org/10.1001/jamainternmed.2013.1868.

26 Ibid. Also see Rochelle Sharpe, "Untreated Hearing Loss Linked to Loneliness and Isolation for Seniors," NPR, September 12, 2019, https://www.npr.org/sections/health-shots/2019/09/12/760231279/untreated-hearing-loss-linked-to-loneliness-and-isolation-for-seniors.

## 7장: 팀의 노력과 집단 면역

1 Edward N. Lorenz, The Essence of Chaos (Seattle: University of Washington Press, 1993).

2 Kenneth J. Locey and Jay T. Lennon, "Scaling Laws Predict Global Microbial Diversity," Proceedings of the National Academy of Sciences, May 2, 2016,

코끼리는 암에 걸리지 않는다

https://doi.org/10.1073/pnas.1521291113.

3   Alan Burdick, "Monster or Machine? A Profile of the Coronavirus at 6 Months," New York Times, June 2, 2020, https://www.nytimes.com/2020/06/02/health/coronavirus-profile-covid.html.

4   Ann C. Gregory et al., "Marine DNA Viral Macro- and Microdiversity from Pole to Pole," Cell, May 2019, 1109–1123.

5   David M. Morens, Peter Daszak, and Jeffery K. Taubenberger, "Escaping Pandora's Box: Another Novel Coronavirus," New England Journal of Medicine, April 2, 2020, https://doi.org/10.1056/nejmp2002106.

6   Ahmed A. Zayed et al., "Science Cryptic and Abundant Marine Viruses at the Evolutionary Origins of Earth's RNA Virome," Science, April 2022, 156–162.

7   See the World Health Organization at www.who.int.

8   See the United Nations at www.unep.org.

9   Victor M. Corman et al., "Link of a Ubiquitous Human Coronavirus to Dromedary Camels," Proceedings of the National Academy of Sciences, August 15, 2016, 9864–9869, https://doi.org/10.1073/pnas.1604472113. AndStacey L. Knobler, Alison Mack, Adel Mahmoud, and Stanley M. Lemon, "The Story of Influenza" (Washington, DC: National Academies Press, 2019), https://www.ncbi.nlm.nih.gov/books/NBK22148/.

10  A. A. Naqvi et al., "Insights into SARS-CoV-2 Genome, Structure, Evolution, Pathogenesis and Therapies: Structural Genomics Approach," Biochimica et Biophysica Acta (Molecular Basis of Disease), October 1, 2010, 165878, https://doi.org/10.1016/j.bbadis.2020.165878.

11  CSIRO Australia, "Bats May Hold Clues to Long Life and Disease Resistance," ScienceDaily, December 21, 2012, https://www.sciencedaily.com/releases/2012/12/121221114114.html.

12  James Gorman, "How Do Bats Live with So Many Viruses?," New York Times, January 28, 2020, https://www.nytimes.com/2020/01/28/science/bats-coronavirus-Wuhan.html.

13  Giorgia G. Auteri and L. Lacey Knowles, "Decimated Little Brown Bats Show Potential for Adaptive Change," Scientific Reports, February 2020, 3023.

14　Javier Koh et al., "ABCB1 Protects Bat Cells from DNA Damage Induced by Genotoxic Compounds," Nature Communications, June 27, 2019, https://doi.org/10.1038/s41467-019-10495-4.

15　A. Banerjee et al., "Novel Insights into Immune Systems of Bats," Frontiers in Immunology, 2020, 26. Also see Aaron T. Irving et al., "Lessons from the Host Defenses of Bats, a Unique Viral Reservoir," Nature, January 2021, 363–370.

16　"Chiropteran Flight," University of California Museum of Paleontology, https://ucmp.berkeley.edu/vertebrates/flight/bats.html, n.d.

17　Ibid.

18　Rachael Rettner, "Why Bats Carrying Deadly Diseases Don't Get Sick," LiveScience, April 16, 2014, https://www.livescience.com/44870-bats-viruses-flight.html.

19　James Gorman, "How Do Bats Live with So Many Viruses?," New York Times, January 28, 2020, https://www.nytimes.com/2020/01/28/science/bats-coronavirus-Wuhan.html.

20　Ibid.

21　G. Zhang et al., "Comparative Analysis of Bat Genomes Provides Insight into the Evolution of Flight and Immunity," Science, January 2013, 456–460.

22　Jennifer C. Felger, "Role of Inflammation in Depression and Treatment Implications," in Handbook of Experimental Pharmacology: Antidepressants, October 28, 2018, ed. Martin Michel (Berlin: Springer-Verlag), 255–286, https://doi.org/10.1007/164_2018_166.

23　Patrick Schultheiss et al., "The Abundance, Biomass, and Distribution of Ants on Earth," Proceedings of the National Academy of Sciences, September 19, 2022, https://doi.org/10.1073/pnas.2201550119.

24　David Attenborough, Life on Earth: The Greatest Story Ever Told (London: William Collins, 2018). Note that this quote was originally published in the 1979 first edition and based on the BBC television series.

25　Erik T. Frank, Marten Wehrhahn, and K. Eduard Linsenmair, "Wound Treatment and Selective Help in a Termite-Hunting Ant," Proceedings of the Royal Society B: Biological Sciences, February 2018, 2017-2457.

26  Alessandra Potenza, "These Termite-Hunting Ants Lick the Severed Legs of Their Friends to Treat Them," Verge, February 14, 2018, https://www.theverge.com/2018/2/13/17007916/termite-hunting-ants-megaponera-analis-wound-treatment-rescue-behavior.

27  To see some of this in action, see ibid.

28  Ibid.

29  M. Shibata et al., "Real-Space and Real-Time Dynamics of CRISPR-Cas9 Visualized by High-Speed Atomic Force Microscopy," Nature Communications, 2017.

30  Giedrius Gasiunas et al., "Cas9-crRNA Ribonucleoprotein Complex Mediates Specific DNA Cleavage for Adaptive Immunity in Bacteria," Proceedings of the National Academy of Sciences USA, September 2012, E2579-E2586. Also see Martin Jinek et al., "A Programmable Dual-RNA-Guided DNA Endonuclease in Adaptive Bacterial Immunity," Science, August 2012, 816–821.

31  Jinek et al., "A Programmable Dual-RNA-Guided DNA Endonuclease in Adaptive Bacterial Immunity."

32  Brad Plumer et al., "CRISPR, One of the Biggest Science Stories of the Decade, Explained," Vox, July 23, 2018, https://www.vox.com /2018 /7 /23/17594864/crispr-cas9-gene-editing.

33  Ibid.

34  Matteo Antoine Negroni, Susanne Foitzik, and Barbara Feldmeyer, "Long-Lived Temnothorax Ant Queens Switch from Investment in Immunity to Antioxidant Production with Age," Scientific Reports, May 2019, 7270.

35  "What Can Ants, Bees, and Other Social Insects Teach Us about Aging?," Science, March 25, 2021, https://www.science.org/content/article/what -can-ants-bees-and-other-social-insects-teach-us-about-aging.

36  Janko Gospocic et al., "Kr-h1 Maintains Distinct Caste-Specific Neuro-Transcriptomes in Response to Socially Regulated Hormones," Cell, November 2021, 5807–5823.

37  Clarence Collison, "A Closer Look: Social Immunity," Bee Culture, May 25, 2015, https://www.beeculture.com/a-closer-look-social-immunity/.

38 Nathalie Stroeymeyt et al., "Social Network Plasticity Decreases Disease Transmission in a Eusocial Insect," Science, November 22, 2018, 941–945.

39 ScienMag Staff, "When Working Ants Take a Sick Day, the Whole Colony Benefits," ScienMag, November 22, 2018, https://scienmag.com/when -work ing-ants-take-a-sick-day-the-whole-colony-benefits/.

40 Mark C. Harrison et al., "Hemimetabolous Genomes Reveal Molecular Basis of Termite Eusociality," Nature and Ecology Evolution, March 2018, 557–566. Also see Daegan Inward, George Beccaloni, and Paul Eggleton, "Death of an Order: A Comprehensive Molecular Phylogenetic Study Confirms That Termites Are Eusocial Cockroaches," Biology Letters, June 2007, 331–335.

41 Daniel Elsner, Karen Meusemann, and Judith Korb, "Longevity and Transposon Defense: The Case of Termite Reproductives," Proceedings of the National Academy of Sciences USA, May 2018, 5504–5509.

42 Yella Hewings-Martin, "Jumping Genes Made Us Human, But Can They Cause Disease?," www.medicalnewstoday.com, August 17, 2017.

43 Joel Goh, Jeffrey Pfeffer, and Stefanos Zenios, "Exposure to Harmful Workplace Practices Could Account for Inequality in Life Spans across Different Demographic Groups," Health Affairs, October 2015, 1761–1768.

## 8장: 코뿔소, 번식, 달리기

1 Donald R. Prothero, Rhinoceros Giants: The Paleobiology of Indricotheres(Bloomington: Indiana University Press, 2013).

2 Kendra Meyer, "Andrews, Roy Chapman: Biographical or Historical Note," American Museum of Natural History, January 19, 2022, https://data. library.amnh.org/archives-authorities/id/amnhp_1000042.

3 For issues about fertility, see Shanna Swan, Countdown: How Our Modern World Is Threatening Sperm Counts, Altering Male and Female Reproductive Development, and Imperiling the Future of the Human Race (New York: Simon & Schuster, 2020).

4 Paolo Capogrosso et al., "One Patient Out of Four with Newly Diagnosed Erectile Dysfunction Is a Young Man—Worrisome Picture from the Every-

day Clinical Practice," Journal of Sexual Medicine, July 2013, 1833–1841.

5    Parker M. Pennington et al., "Ovulation Induction in Anovulatory Southern
     White Rhinoceros (Ceratotherium simum simum) without Altrenogest,"
     Conservation Physiology, June 2019. Also see Cyrillus Ververs et al.,
     "Reproductive Performance Parameters in a Large Population of Game-
     Ranched White Rhinoceroses (Ceratotherium simum simum)," PLoS One,
     December 2017, e0187751.

6    Herman Pontzer et al., "Daily Energy Expenditure through the Human Life
     Course," Science, August 2021, 808–812.

7    "Endocrine Disruptors," National Institute of Environmental Health
     Sciences, 2018, https://www.niehs.nih.gov/health/topics/agents/endo crine/
     index.cfm.

8    EPA Press Office, "EPA Announces New Drinking Water Health Advisories
     for PFAS Chemicals, $1 Billion in Bipartisan Infrastructure Law Funding
     to Strengthen Health Protections," June 15, 2022, https://www.epa.gov/
     newsreleases/epa-announces-new-drinking-water-health-advisories-
     pfas-chemicals-1-billion-bipartisan.

9    D. J. Barker et al., "Weight in Infancy and Death from Ischaemic Heart
     Disease," Lancet, September 1989, 577–580.

10   A. Forsdahl, "Are Poor Living Conditions in Childhood and Adolescence an
     Important Risk Factor for Arteriosclerotic Heart Disease?," British Journal
     of Preventive and Social Medicine, June 1977, 91–95.

11   Cyrus Cooper, "David Barker Obituary," Guardian, September 11, 2013,
     https://www.theguardian.com/society/2013/sep/11/david-barker.

12   To access a library of data and published research on the developmental
     origins of disease, go to the International Society for Developmental Origins
     of Health and Disease at https://dohadsoc.org/. Also see J. J. Heindel and L.
     N. Vandenberg, "Developmental Origins of Health and Disease: A Paradigm
     for Understanding Disease Cause and Prevention," Current Opinion in
     Pediatrics, April 2015, 248–253.

13   Victor Gabriel Clatici et al., "Diseases of Civilization—Cancer, Diabetes,
     Obesity and Acne—the Implication of Milk, IGF-1 and mTORC1," Maedica,

December 2018, 273–281.

14  Heather B. Patisaul and Wendy Jefferson, "The Pros and Cons of Phytoestrogens," Frontiers in Neuroendocrinology, October 2010, 400–419, https://doi.org/10.1016/j.yfrne.2010.03.003.

15  Ibid.

16  Marieke Veurink, Marlies Koster, and Lolkje T. W. de Jong-van den Berg, "The History of DES, Lessons to Be Learned," Pharmacy World and Science, June 2005, 139–143, https://doi.org/10.1007/s11096-005-3663-z.

17  Laura S. Bleker et al., "Cohort Profile: The Dutch Famine Birth Cohort(DFBC): A Prospective Birth Cohort Study in the Netherlands," BMJ Open, March 2021, e042078.

18  Carl Zimmer, "The Famine Ended 70 Years Ago, But Dutch Genes Still Bear Scars," New York Times, January 31, 2018, https://www.nytimes.com/2018/01/31/science/dutch-famine-genes.html.

19  P. Ekamper et al., "Independent and Additive Association of Prenatal Famine Exposure and Intermediary Life Conditions with Adult Mortality between Age 18–63 Years," Social Science and Medicine, October 2014, 232–239.

20  Zimmer, "The Famine Ended 70 Years Ago."

21  Elmar W. Tobi et al., "DNA Methylation as a Mediator of the Association between Prenatal Adversity and Risk Factors for Metabolic Disease in Adulthood," Science Advances, January 2018, eaao4364.

22  "White Rhinoceros," National Geographic, November 11, 2010, https://www.nationalgeographic.com/animals/mammals/facts/white-rhinoceros.

23  Christopher Tubbs, Barbara Durrant, and Matthew Milnes, "Reconsidering the Use of Soy and Alfalfa in Southern White Rhinoceros Diets," Pachyderm, July 2016–June 2017, https://www.rhinoresourcecenter.com/pdf_files/151/1517208334.pdf.

24  See the Center for Food Safety at www.centerforfoodsafety.org.

25  Patisaul and Jefferson, "The Pros and Cons of Phytoestrogens."

26  Kristina S. Petersen, "The Dilemma with the Soy Protein Health Claim," Journal of the American Heart Association, June 27, 2019, https://doiorg/10.1161/jaha.119.013202.

27 Patisaul and Jefferson, "The Pros and Cons of Phytoestrogens."

28 Wendy N. Jefferson, Heather B. Patisaul, and Carmen J. Williams, "Reproductive Consequences of Developmental Phytoestrogen Exposure," Reproduction, March 2012, 247–260, https://doi.org/10.1530/rep-11-0369.

29 Candace L. Williams et al., "Gut Microbiota and Phytoestrogen–Associated Infertility in Southern White Rhinoceros," mBio, April 2019, e00311 –319.

30 Ibid.

31 Wendy N. Jefferson, "Adult Ovarian Function Can Be Affected by High Levels of Soy," Journal of Nutrition, December 2010, https://doi.org/10.3945/jn.110.123802.

32 Margaret A. Adgent et al., "A Longitudinal Study of Estrogen–Responsive Tissues and Hormone Concentrations in Infants Fed Soy Formula," Journal of Clinical Endocrinology and Metabolism, May 2018, 1899–1909.

33 "Babies Fed Soy-Based Formula Have Changes in Reproductive System Tissues," Children's Hospital of Philadelphia News, March 12, 2018, https://www.chop.edu/news/babies-fed-soy-based-formula-have-changes-reproductive-system-tissues.

34 Nina R. O'Connor, "Infant Formula," American Family Physician, April 2009, 565–570.

35 K. S. D. Kothapalli et al., "Positive Selection on a Regulatory Insertion–Deletion Polymorphism in FADS2 Influences Apparent Endogenous Synthesis of Arachidonic Acid," Molecular Biology and Evolution, July 2016, 1726–1739.

36 Srinivasan Beddhu et al., "Light–Intensity Physical Activities and Mortality in the United States General Population and CKD Subpopulation," Clinical Journal of the American Society of Nephrology, July 2015, 1145–1153. Also see Shigeru Sato et al., "Effect of Daily 3-s Maximum Voluntary Isometric, Concentric, or Eccentric Contraction on Elbow Flexor Strength," Scandinavian Journal of Medicine and Science in Sports, May 2022, 833–843.

37 Peter Schnohr et al., "Various Leisure-Time Physical Activities Associated with Widely Divergent Life Expectancies: The Copenhagen City Heart

Study," Mayo Clinic Proceedings, December 2018, 1775–1785. Also see Pekka Oja et al., "Associations of Specific Types of Sports and Exercise with All-Cause and Cardiovascular-Disease Mortality: A Cohort Study of 80,306 British Adults," British Journal of Sports Medicine, May 2017, 812–817.

38 J. Graham et al., "Estimates of the Heritability of Human Longevity Are Substantially Inflated due to Assortative Mating," Genetics, October 3, 2018, 1109–1124, https://doi.org/10.1534/genetics.118.301613.

39 Ibid.

## 9장: 똑똑한 문어와 치매 걸린 돌고래

1 Lewis Thomas, The Lives of a Cell: Notes of a Biology Watcher (New York: Viking, 1974).

2 Carl Zimmer, "Yes, the Octopus Is Smart as Heck. But Why?," New York Times, November 30, 2018, https://www.nytimes.com/2018/11/30/science/animal-intelligence-octopus-cephalopods.html.

3 Tamar Gutnick et al., "Octopus Vulgaris Uses Visual Information to Determine the Location of Its Arm," Current Biology, March 2011, 460–462.

4 Lisa Hendry, "Octopuses Keep Surprising Us – Here Are Eight Examples How," Natural History Museum, https://www.nhm.ac.uk/discover/octopuses-keep-surprising-us-here-are-eight-examples-how.html, n.d.

5 Martin I. Sereno et al., "The Human Cerebellum Has Almost 80% of the Surface Area of the Neocortex," Proceedings of the National Academy of Sciences USA, August 2020, 19538–19543.

6 Peter Godfrey-Smith, MetaZoa: Animal Life and the Birth of the Mind (London: Williams Collins, 2020). Also see his previous work: Other Minds: The Octopus, the Sea, and the Deep Origins of Consciousness (New York: Farrar, Straus and Giroux, 2016). Also see Elle Hunt, "Alien Intelligence: The Extraordinary Minds of Octopuses and Other Cephalopods," Guardian, March 29, 2017, https://www.theguardian.com/environment/2017/mar/28/alien-intelligence-the-extraordinary-minds-of-octopuses-and-other-cephalopods.

7    Peter Godfrey-Smith, "The Mind of an Octopus," Scientific American, August 12, 2015, https://doi.org/10.1038/scientificamericanmind0117-62.

8    Roland C. Anderson et al., "Octopuses (Enteroctopus dofleini) Recognize Individual Humans," Journal of Applied Animal Welfare Science, 2010, 261–272. Also see Sy Montgomery, The Soul of an Octopus: A Surprising Exploration into the Wonder of Consciousness (New York: Atria, 2015).

9    P. B. Dews, "Some Observations on an Operant in the Octopus," Journal of the Experimental Analysis of Behavior, January 1959, 57–63. Also see his obituary: J. L. Katz and J. Bergman, "Obituary: Peter B. Dews (1922–2012)," Psychopharmacology, 2013, 193–194.

10   Jennifer Levine, "Why Octopuses Are Awesome," Cell Mentor, February 10, 2016, https://crosstalk.cell.com/blog/why-octopuses-are-awesome.

11   For a history of Lloyd Morgan's ideas, see R. J. Richards, "Lloyd Morgan's Theory of Instinct: From Darwinism to Neo-Darwinism," Journal of the History of Behavioral Sciences, January 1977, 12–32.

12   Piero Amodio et al., "Grow Smart and Die Young: Why Did Cephalopods Evolve Intelligence?," Trends in Ecology and Evolution, January 2019, 45–56.

13   Katherine Harmon Courage, "How the Freaky Octopus Can Help Us Understand the Human Brain," Wired, October 1, 2013, https://www.wired.com/2013/10/how-the-freaky-octopus-can-help-us-understand-the-human-brain/.

14   Zimmer, "Yes, the Octopus Is Smart as Heck."

15   Z. Yan Wang et al., "Steroid Hormones of the Octopus Self-Destruct System," Current Biology, May 12, 2022, 2572-2579.e4, https://doi.org/10.1016/j.cub.2022.04.043.

16   "Changes in Cholesterol Production Lead to Tragic Octopus Death Spiral," Press release, University of Chicago, May 12, 2022, https://www.eurekalert.org/news-releases/952033.

17   Wang et al., "Steroid Hormones of the Octopus Self-Destruct System."

18   "Changes in Cholesterol Production Lead to Tragic Octopus Death Spiral."

19   S. Piraino et al., "Reversing the Life Cycle: Medusae Transforming into Polyps and Cell Transdifferentiation in Turritopsis nutricula (Cnidaria,

Hydrozoa)," Biological Bulletin, June 1996, 302–312.

20  "The Jellyfish That Never Dies," BBC Earth, https://www.bbcearth.com/news/the-jellyfish-that-never-dies, n.d.

21  Ibid.

22  Maria Pascual-Torner et al., "Comparative Genomics of Mortal and Immortal Cnidarians Unveils Novel Keys behind Rejuvenation," Proceedings of the National Academy of Sciences, September 2022, e2118763119.

23  Margaret Osborne, " 'Immortal Jellyfish' Could Spur Discoveries about Human Aging," Smithsonian Magazine, September 6, 2022, www.smithsonianmag.com/smart-news/immortal-jellyfish-could-spur-discoveries-about-human-aging-180980702/.

24  "Dolphin Brains Show Signs of Alzheimer's Disease," University of Oxford, October 22, 2017, https://www.ox.ac.uk/news/2017-10-23-dol phin-brains-show-signs-alzheimer%E2%80%99s-disease.

25  Danielle Gunn-Moore et al., "Alzheimer's Disease in Humans and Other Animals: A Consequence of Postreproductive Life Span and Longevity Rather Than Aging," Alzheimer's and Dementia, February 2018, 195–204.

26  Owen Dyer, "Is Alzheimer's Really Just Type III Diabetes?," National Review of Medicine, December 2005, https://www.nationalreviewofmedicine.com/issue/2005/12_15/2_advances_medicine01_21.html. Also see S. M. de la Monte and J. R. Wands, "Alzheimer's Disease Is Type 3 Diabetes: Evidence Reviewed," Journal of Diabetes Science and Technology, November 2008, 1101–1113.

27  Saeid Safiri et al., "Prevalence, Deaths and Disability-Adjusted-Life-Years(DALYs) due to Type 2 Diabetes and Its Attributable Risk Factors in 204 Countries and Territories, 1990–2019: Results from the Global Burden of Disease Study 2019," Frontiers in Endocrinology, February 2022, https://doi.org/10.3389/fendo.2022.838027.

28  Stephanie Venn-Watson et al., "Blood-Based Indicators of Insulin Resistance and Metabolic Syndrome in Bottlenose Dolphins (Tursiops truncatus)," Frontiers in Endocrinology, October 2013, 136.

29  Victoria Gill, "Dolphins Have Diabetes Off Switch," BBC News, February 19,

2010, http://news.bbc.co.uk/2/hi/science/nature/8523412.stm.

30  Sarah Yarborough et al., "Evaluation of Cognitive Function in the Dog Aging Project: Associations with Baseline Canine Characteristics," Scientific Reports, August 2022, 13316.

## 10장: 보이지 않는 편승자

1  Mary Bagley, "Cambrian Period: Facts & Information," LiveScience, May 27, 2016, https://www.livescience.com/28098-cambrian-period.html.

2  Ibid.

3  Emma Hammarlund, "Cancer Tumours Could Help Unravel the Mystery of the Cambrian Explosion," Conversation, January 23, 2018, https://phys.org/news/2018-01-cancer-tumours-unravel-mystery-cambrian.html.

4  Jochen J. Brocks et al., "The Rise of Algae in Cryogenian Oceans and the Emergence of Animals," Nature, August 16, 2017, 578–581, https://doi.org/10.1038/nature23457.

5  Hammarlund, "Cancer Tumours Could Help Unravel the Mystery."

6  Ibid.

7  Ibid.

8  Emma U. Hammarlund, Kristoffer von Stedingk, and Sven Pahlman, "Refined Control of Cell Stemness Allowed Animal Evolution in the Oxic Realm," Nature Ecology and Evolution, February 2018, 220–228. To access Emma Hammarlund's work and published research, go to https://portal.research.lu.se/en/persons/emma-hammarlund.

9  Jordana Cepelewicz, "Oxygen and Stem Cells May Have Reshaped Early Complex Animals," Quanta Magazine, March 7, 2018, https://www.quantamagazine.org/oxygen-and-stem-cells-reshaped-animals-during-the-cambrian-explosion-20180307.

10  "Cancer Stem Cells—an Overview," ScienceDirect, https://www.sciencedirect.com/topics/neuroscience/cancer-stem-cell, n.d.

11  Hammarlund, "Cancer Tumours Could Help Unravel the Mystery."

12  Ibid.

13  Ibid.

14  "Japan Team Proves iPS-Based Cornea Transplant Safe in World-1st Trial," Kyodo News, April 4, 2022, https://english.kyodonews.net /news/2022/04/ c8af6b7913b2-japan-team-proves-ips-based-cornea -transplant-safe-in-world-1st-trial.html.

15  Edward J. Steele et al., "Cause of Cambrian Explosion: Terrestrial or Cosmic?," Progress in Biophysics and Molecular Biology, August 2018, 3–23, https://doi.org/10.1016/j.pbiomolbio.2018.03.004.

16  Hammarlund, "Cancer Tumours Could Help Unravel the Mystery."

17  Steele, "Cause of Cambrian Explosion."

18  Laurette Piani et al., "Earth's Water May Have Been Inherited from Material Similar to Enstatite Chondrite Meteorites," Science, August 2020, 1110–1113.

19  Douglas Preston, "The Day the Dinosaurs Died," New Yorker, April 8, 2019, https://www.newyorker.com/magazine/2019/04/08/the-day-the -dinosaurs-died.

20  R. J. Worth, Steinn Sigurdsson, and Christopher H. House, "Seeding Life on the Moons of the Outer Planets via Lithopanspermia," Astrobiology, December 2013, 1155–1165.

21  Preston, "The Day the Dinosaurs Died."

22  A. Abbott, "Scientists Bust Myth That Our Bodies Have More Bacteria Than Human Cells," Nature News, January 2016. For more about the micro biome, follow the work of Rob Knight at UC San Diego: http://knightlab.ucsd.edu/.

23  "Stress and the Sensitive Gut—Harvard Health," Harvard Health Publishing, August 21, 2019, https://www.health.harvard.edu/newsletter_article/stress-and-the-sensitive-gut.

24  Mark Kowarsky et al., "Numerous Uncharacterized and Highly Divergent Microbes Which Colonize Humans Are Revealed by Circulating Cell-Free DNA," Proceedings of the National Academy of Sciences, September 2017, 9623–9628.

25  Kenneth J. Locey and Jay T. Lennon, "Scaling Laws Predict Global Microbial Diversity," Proceedings of the National Academy of Sciences, May 24, 2016, 5970–5975, https://doi.org/10.1073/pnas.1521291113.

26 Brian R. C. Kennedy et al., "The Unknown and the Unexplored: Insights into the Pacific Deep-Sea following NOAA CAPSTONE Expeditions," Frontiers in Marine Science, August 2019, 480.

27 T. Cavalier-Smith, "Origin of Mitochondria by Intracellular Enslavement of a Photosynthetic Purple Bacterium," Proceedings of the Royal Society B: Biological Sciences, April 11, 2006, 1943–1952.

28 Tim Newman, "Mitochondria: Form, Function, and Disease," Medical News Today, February 8, 2018, https://www.medicalnewstoday.com/articles/320875.

29 Ibid.

30 Mitch Leslie, "Cholera Is Altering the Human Genome," Science, July 3, 2013, https://www.science.org/content/article/cholera-altering-human-genome.

31 Emilio Depetris-Chauvin and David N. Weil, "Malaria and Early African Development: Evidence from the Sickle Cell Trait," Economic Journal, May 2018, 1207–1234, https://doi.org/10.1111/ecoj.12433.

32 Leslie, "Cholera Is Altering the Human Genome."

33 Ibid.

34 Elinor K. Karlsson et al., "Natural Selection in a Bangladeshi Population from the Cholera-Endemic Ganges River Delta," Science Translational Medicine, July 2013, 192ra86. Also see Leslie, "Cholera Is Altering the Human Genome."

## 11장: 긍정성과 성격 그리고 고통

1 Zaria Gorvett, "Why Pain Feels Good,"BBC Future, October 1, 2015, https://www.bbc.com/future/article/20151001-why-pain-feels-good.

2 Sarah E. Mills, Karen P. Nicolson, and Blair H. Smith, "Chronic Pain: A Review of Its Epidemiology and Associated Factors in Population-Based Studies," British Journal of Anesthesia, August 2019, e273–e283.

3 Patrick Skerrett, "Another Fight for Covid Long-Haulers: Having Their Pain Acknowledged," STAT, December 2, 2021, https://www.statnews.

com/2021/12/02/long-covid-pain-not-acknowledged/.

4   See the National Institutes of Health's table, "Estimates of Funding for Various Research, Condition, and Disease Categories," at https://report.nih. gov/funding/categorical-spending#/, March 31, 2023.

5   Robert Jason Yong, Peter M. Mullins, and Neil Bhattacharyya, "The Prevalence of Chronic Pain among Adults in the United States," Pain: The Journal of the International Association for the Study of Pain, February 2022, https://doi.org/10.1097/j.pain.0000000000002291.

6   Yezhe Lin et al., "Chronic Pain Precedes Disrupted Eating Behavior in Low-Back Pain Patients," PLoS One, February 2022, e0263527.

7   Barbara L. Finlay and Supriya Syal, "The Pain of Altruism," Trends in Cognitive Science, December 2014, 615–617.

8   Yilu Wang et al., "Altruistic Behaviors Relieve Physical Pain," Proceedings of the National Academy of Sciences USA, January 2020, 950–958.

9   Eva Kahana et al., "Altruism, Helping, and Volunteering: Pathways to Well-Being in Late Life," Journal of Aging and Health, February 2013, 159–187.

10  Yilu Wang et al., "Altruistic Behaviors Relieve Physical Pain," Proceedings of the National Academy of Sciences, December 30, 2019, 950–958, https:// doi.org/10.1073/pnas.1911861117.

11  Ibid.

12  See Bear.org.

13  Janet Bultitide, "Does the Brain Really Feel No Pain?," Conversation, September 5, 2018, https://theconversation.com/does-the-brain-really-feel-no-pain-102528.

14  Ibid.

15  Ibid.

16  Yudhijit Bhatacharjee, "Scientists Are Unraveling the Mysteries of Pain," National Geographic, December 17, 2019, https://www.nationalgeographic. com/magazine/article/scientists-are-unraveling-the-mysteries-of-pain-feature.

17  Access Irene Tracey's work and published papers at the University of Oxford: https://www.ndcn.ox.ac.uk/team/irene-tracey.

18 Bhatacharjee, "Scientists Are Unraveling the Mysteries of Pain."

19 Dale Purves et al., Neuroglial Cells (Sunderland, MA: Sinauer Associates, 2001), https://www.ncbi.nlm.nih.gov/books/NBK10869/.

20 Christof Koch, "Does Brain Size Matter?," Scientific American, January 1, 2016, 22–25, https://doi.org/10.1038/scientificamericanmind0116-22.

21 Ferris Jabr, "How Humans Evolved Supersize Brains," Quanta Magazine, November 10, 2015, https://www.quantamagazine.org/how-humans-evolved-supersize-brains-20151110/.

22 Christopher R. Donnelly et al., "Central Nervous System Targets: Glial Cell Mechanisms in Chronic Pain," Neurotherapeutics, July 2020, 846–860. Also see Parisa Gazerani, "Satellite Glial Cells in Pain Research: A Targeted Viewpoint of Potential and Future Directions," Frontiers in Pain Research, March 2021, 646068.

23 Yu Mu et al., "Glia Accumulate Evidence That Actions Are Futile and Suppress Unsuccessful Behavior," Cell, July 20, 2019, https://doi.org/10.1016/j.cell.2019.05.050.

24 Ibid.

25 Robert Puff, "Your Set Point for Happiness," Psychology Today, September 8, 2017, https://www.psychologytoday.com/us/blog/meditation-for-modern-life/201709/your-set-point-for-happiness.

26 F. Berthier and F. Boulay, "Lower Myocardial Infarction Mortality in French Men the Day France Won the 1998 World Cup of Football," Heart, May 2003, 555–556. Also see "Sports Victories Soothe Men's Hearts," WebMD, April 16, 2003, retrieved from https://www.webmd.com/heart-disease/news/20030416/sports-victories-soothe-mens-hearts? (이 기사는 안타깝게도 현재 유효하지 않다. 보관된 버전: https://web.archive.org/web/20151019112537/http://www.webmd.com/heart-disease/news/20030416/sports-victories-soothe-mens-hearts).

27 "Fewer Heart Attack Deaths Reported during World Cup Win," WebMD, April 16, 2003, retrieved from https://www.webmd.com/heart-disease / news/20030416/sports-victories-soothe-mens-hearts?(This article is no longer available on the internet, unfortunately.Archived version: https://

web.archive.org/web/20151019112537/http://
www.webmd.com/heart-dis ease/news/20030416/sports-victories-soothe-
mens-hearts).

28  T. Maruta et al., "Optimists vs. Pessimists: Survival Rate among Medical
    Patients over a 30-Year Period," Mayo Clinic Proceedings, February 2000,
    140–143.

29  "Fewer Heart Attack Deaths Reported."

30  "Optimism and Your Health," Harvard Health, May 1, 2008, https://www.
    health.harvard.edu/heart-health/optimism-and-your-health, and for an
    overview on the subject of optimism and pain, see Burel R. Goodin and
    Hailey W. Bulls, "Optimism and the Experience of Pain: Benefits of Seeing
    the Glass as Half Full," Current Pain and Headache Reports, March 22, 2013,
    329, https://doi.org/10.1007/s11916-013-0329-8.

31  Goodin and Bulls, "Optimism and the Experience of Pain: Benefits of Seeing
    the Glass as Half Full."

32  For an overview on the subject of optimism and pain, see ibid.

33  Melissa A. Wright et al., "Pain Acceptance, Hope, and Optimism:
    Relationships to Pain and Adjustment in Patients with Chronic
    Musculoskeletal Pain," Journal of Pain, August 2011, https://doi.
    org/10.1016/j.jpain.2011.06.002.

34  Mark Bekoff, "Pigs Are Intelligent, Emotional, and Cognitively Complex,"
    Psychology Today, June 16, 2015, https://www.psychologytoday.com/us/
    blog/animal-emotions/201506/pigs-are-intelligent-emotional-and-
    cognitively-complex.

35  Lucy Asher et al., "Mood and Personality Interact to Determine Cognitive
    Biases in Pigs," Biology Letters, November 2016, 20160402.

36  University of Lincoln, "A Pig's Life: How Mood and Personality Affect the
    Decisions of Domestic Pigs," ScienceDaily, November 16, 2016, https://www.
    sciencedaily.com/releases/2016/11/161116101936.htm.

37  Jaclyn R. Aliperti et al., "Bridging Animal Personality with Space Use and
    Resource Use in a Free-Ranging Population of an Asocial Ground Squirrel,"
    Animal Behavior, October 2021, 291–306.

38  Kat Kerlin, "Personality Matters, Even for Squirrels," UC Davis, September 10, 2021, https://www.ucdavis.edu/curiosity/news/personality-matters-even-squirrels-0.

39  Mario Incayawar, Overlapping Pain and Psychiatric Syndromes: Global Perspectives (London: Oxford University Press, 2020). Also see Tomiko Yoneda et al., "Personality Traits, Cognitive States, and Mortality in Older Adulthood," Journal of Personality and Social Psychology, April 2022.

40  Richard Stephens and Olly Robertson, "Swearing as a Response to Pain: Assessing Hypoalgesic Effects of Novel 'Swear' Words," Frontiers in Psychology, April 2020, 723.

41  Ibid.

42  Francesco Ventura et al., "Environmental Variability Directly Affects the Prevalence of Divorce in Monogamous Albatrosses," Proceedings of the Royal Society B: Biological Sciences, November 2021, 20212112.

43  Tess McClure, "Climate Crisis Pushes Albatross 'Divorce' Rates Higher—Study," Guardian, November 24, 2021, https://www.theguardian.com/environment/2021/nov/24/climate-crisis-pushes-albatross-divorce-rates-higher-study.

44  Bill Chappell, "Wisdom the Albatross, Now 70, Hatches Yet Another Chick," NPR, March 5, 2021, https://www.npr.org/2021/03/05/973992408/wisdom-the-albatross-now-70-hatches-yet-another-chick.

## 12장: 유대감과 성 그리고 사랑의 법칙

1  Follow Paul Zak's work and research at https://pauljzak.com/.

2  Paul J. Zak, The Moral Molecule: The Source of Love and Prosperity (New York: Dutton, 2012).

3  Tori DeAngelis, "The Two Faces of Oxytocin," American Psychological Association, February 2008, https://www.apa.org/monitor/feb08/oxytocin.

4  H. H. Dale, "The Action of Extracts of the Pituitary Body," Biochemical Journal, January 1909, 427–447, https://doi.org/10.1042/bj0040427.

5  Adam L. Penenberg, "Social Networking Affects Brains like Falling in Love."

Fast Company, July 1, 2010, https://www.fastcompany .com /1659 062/ social-networking-affects-brains-falling-love.

6   Hasse Walum and Larry J. Young, "The Neural Mechanisms and Circuitry of the Pair Bond," Nature Reviews Neuroscience, October 9, 2018, 643–654, https://doi.org/10.1038/s41583-018-0072-6.

7   Christian Elabd et al., "Oxytocin Is an Age-specific Circulating Hormone That Is Necessary for Muscle Maintenance and Regeneration," Nature Communications, June 2014, 4082.

8   Abigail Tucker, "What Can Rodents Tell Us about Why Humans Love?, "Smithsonian Magazine, February 2014, https://www.smithsonianmag. com /science-nature/what-can-rodents-tell-us-about-why-humans-love-180949441/?all=.

9   Follow Larry Young's work and research at https://www.larryjyoung.com/. Highlights of his studies are in the following papers: Robert C. Froemke and Larry J. Young, "Oxytocin, Neural Plasticity, and Social Behavior," Annual Review of Neuroscience, July 2021, 359–381, and Hasse Walum and Larry J. Young, "The Neural Mechanisms and Circuitry of the Pair Bond," Nature Reviews Neuroscience, November 2018, 643–654.

10   Tucker, "What Can Rodents Tell Us about Why Humans Love?"

11   Ibid.

12   Ibid.

13   Tobias T. Pohl, Larry J. Young, and Oliver J. Bosch, "Lost Connections: Oxytocin and the Neural, Physiological, and Behavioral Consequences of Disrupted Relationships," International Journal of Psychophysiology, February 2019, 54–63. Also see Mariam Okhovat et al., "Sexual Fidelity Trade-Offs Promote Regulatory Variation in the Prairie Vole Brain," Science, December 2015, 1371–1374. Also see Tucker, "What Can Rodents Tell Us about Why Humans Love?"

14   Tucker, "What Can Rodents Tell Us about Why Humans Love?"

15   Ed Yong, "A Study of Unfaithful Voles Links Genes to Brains to Behaviour," Science, December 10, 2015, https://www.nationalgeographic.com/science/ article/a-study-of-unfaithful-voles-links-genes-to-brains-to-behaviour.

16  Tucker, "What Can Rodents Tell Us about Why Humans Love?"

17  Ibid.

18  Larry Young and Brian Alexander, The Chemistry Between Us: Love, Sex, and the Science of Attraction (New York: Current, 2012).

19  Tucker, "What Can Rodents Tell Us about Why Humans Love?"

20  J. P. Burkett, "Oxytocin-Dependent Consolation Behavior in Rodents," Science, January 2016, 375.

21  Follow Tom Insel's work and research at https://www.thomasinselmd.com.

22  Jessica C. Burkhart et al., "Oxytocin Promotes Social Proximity and Decreases Vigilance in Groups of African Lions," iScience, March 2022, 104049.

23  Beth Azar, "Oxytocin's Other Side," Monitor on Psychology, March 2011, 40.

24  Nicholas M. Grebe et al., "Oxytocin and Vulnerable Romantic Relationships,"Hormones and Behavior, April 2017, 64–74.

25  Vanessa Van Edwards, "How to Bond with Anyone with Dr. Paul Zak," Science of People, https://www.scienceofpeople.com/how-to-bond-with-anyone/, n.d.

26  Paul J. Zak et al., "Oxytocin Release Increases with Age and Is Associated with Life Satisfaction and Prosocial Behaviors," Frontiers in Behavioral Neuroscience, April 2022, 846234.

27  Matthew A. Killingsworth, "Experienced Well-Being Rises with Income, Even above $75,000 per Year," Proceedings of the National Academy of Sciences USA, January 2021, e2016976118.

28  Claire Yang et al., "Social Relationships and Physiological Determinants of Longevity across the Human Life Span," Proceedings of the National Academy of Sciences, January 4, 2016, 578–583, https://doi.org/10.1073/pnas.1511085112.

29  Follow Robert Waldinger's work and research at http://www.robertwaldinger.com/. You can also follow Harvard's Adult Development studyat https://www.adultdevelopmentstudy.org/.

30  Robert Waldinger, "What Makes a Good Life? Lessons from the Longest Study on Happiness," TED Talk, December 23, 2015, https://www.ted.

com/talks/robert_waldinger_what_makes_a_good_life_lessons_from_the_longest_study_on_happiness.

31  Ibid.

32  Ibid.

33  Natascia Brondino et al., "Something to Talk About: Gossip Increases Oxytocin Levels in a Near Real-Life Situation," Psychoneuroendocrinology, March 2017, 218–224.

34  Van Edwards, "How to Bond with Anyone with Dr. Paul Zak."

35  Ibid.

36  Ibid.

37  "Experiences Menu-Sensei Lānaʻi," n.d., Sensei, https://sensei.com/retreats/lanai/experiences-menu/.

38  Margaret M. Hansen, Reo Jones, and Kirsten Tocchini, "Shinrin-Yoku(Forest Bathing) and Nature Therapy: A State-of-the-Art Review," International Journal of Environmental Research and Public Health, July 2017, 851.

39  Roger S. Ulrich, "View through a Window May Influence Recovery from Surgery," Science, May 1984, https://www.researchgate.net/publication/17043718_View_Through_a_Window_May_Influence_Recovery_from_Surgery.

40  Jeffrey Lambert et al., "Taking a One-Week Break from Social Media Improves Well-Being, Depression, and Anxiety: A Randomized Controlled Trial," Cyberpsychology, Behavior, and Social Networking, May 2022, 287–293.

41  Marcia P. Jimenez et al., "Associations between Nature Exposure an Health: A Review of the Evidence," International Journal of Environmental Research, May 2021.

## 감사의 말

1  Jocelyn Dong, "Close of Hyatt Rickey's Sends Groups to New Locations," Palo Alto Weekly, June 8, 2005, www.paloaltoonline.com/weekly/morgue/2005/2005_06_08.rickeys08ja.shtml.

코끼리는 암에 걸리지 않는다

# 이미지 출처

22p (왼)런던 스테레오스코픽 앤 포토그래픽사(1855년~1922년). 출처: 《보더랜드(Borderland)》1896년 4월호. 퍼블릭 도메인, (오)위키피디아 커먼스. 저자 미상. 퍼블릭 도메인.

27p 로렌스 엘리슨의 소장품. 사진 촬영: 저자.

32p 다음 출처를 포함해 여러 논문에 사용됨. 출처: Hugh M. B. Harris and Colin Hill, "A Place for Viruses on the Tree of Life," Frontiers in Microbiology 11 (January 2021): 604048. 퍼블릭 도메인.

32p 사진 촬영: 글렌 보고시안(Glenn Boghosian). 허락하에 사용.

41p 사진 촬영: 샌드라 레어던(스미스소니언 재단 직원). 미국 연방정부 업무 결과물로 퍼블릭 도메인.

49p 저자의 저작물. 다음 출처에서 일부 수정한 것임. 출처: Kevin D. Hall et al., "Ultra-Processed Diets Cause Excess Calorie Intake and Weight Gain: An Inpatient Randomized Controlled Trial of Ad Libitum Food Intake," Cell Metabolism 30, no. 1 (July 2019): 67-77.

56p 사진 촬영: 저자.

75p 사진 촬영: 렌카 울리호바(Lenka Ulrichova). 허락하에 사용.

88p 코넬대학교 도서관 희귀자료실 제공. 퍼블릭 도메인.

95p 출처: Richard M. Levenson et al., "Pigeons (Columba livia) as Trainable Observers of Pathology and Radiology Breast Cancer Images," PLoS One 10, no. (November 2015): e0141357. PLoS에서 출판한 저작물은 CC-BY 라이선스로 제공됨.

98p 사진 촬영: 저자.

122p 사진 촬영: 저자. 케냐 마사이마라 국립보호구역에서 찍은 사진.

125 (위)레오나르도 다 빈치「비트루비안 맨」(1490년 경). 원작은 이탈리아 베니스 아카데미아 미술관에 소장되어 있음. 위키미디어 커먼즈에서 다운로드 가능. 퍼블릭 도메인, (아래)저자 제공의 엘리슨연구소 로고

152p 사진 촬영: 저자.

162p 저자가 다음 논문에서 일부 수정해서 재제작함. Tollis, Boddy, and Maley, "Peto's Paradox: How Has Evolution Solved the Problem of Cancer Prevention?," BMC Biology 15, no. 1 (July 2017): 60.

166p 《사이언스》 262 no.5142 표지(1993년 12월 24일 발행), 삽화 저자: K. Sutliff 와 C. Faber Smith. 미국과학진흥협회 허락하에 사용.

182p 출처: 리쉬 라구나탄(Rishi Ragunathan), 언스플래쉬(Unsplash), 2018년 12월 18일 게시.

216p (위)출처: 파라마누 사카(Paramanu Sarkar). 위키미디어 커먼즈. CC BY-SA 4.0 국제 라이선스에 따라 이용. 2020년 7월 25일 제작. https:// commons.wikimedia.org/wiki/File:Bat_02.jpg#/media/File:Bat_02.jpg, (아래)출처: 스티븐 아스머스(Stephen Ausmus). 미국 농무부. 퍼블릭 도메인.

222p 삽화 저자: 에른스트 헤겔. 출처: 에른스트 헤겔의『자연의 예술적 형상』 (1904년), 페이지 크기 삽화로 퍼블릭 도메인.

232p 사진 촬영: 에릭 프랭크. 허락하에 사용함.

236p 《사이언스》 35권 6267호 표지(2015년 12월 18일 발행). 미국과학진흥협회 와 삽화가 다비드 보나치(Davide Bonaazi) 허락하에 사용함.

252p 출처: 키이스 마킬리(Keith Markilie). 언스플래쉬. 2019년 5월 12일 게시.

254p 삽화 저자: 팀 버터링크(Tim Bertelink). 위키미디어 커먼즈. CC BY-SA 4.0 국제 라이선스에 따라 이용. 2016년 5월 25일 제작. https://commons. wikimedia.org/wiki/File:Indricotherium.png.

258p 로이 챔프먼 앤드류스를 표지 모델로 한《타임》표지(1923년 10월 29일 발행). 허락하에 사용.
Https://conte\nt.time.com/time/magazine/0,9263,7601231029,00.html.

260p 샌디에이고 동물원 야생동물 연합. 허락하에 사용.

265p 저자가 위키미디어 커먼즈 퍼블릭 도메인 이미지에서 수정함. 에쿠올 화학

구조 저작자: Edgar181. 2008년 2월 11일 게시. 에스트라디올 화학 구조 저작자: NEUROtiker. 2007년 6월 29일 게시. 본 이미지는 다음 논문의 그림1을 기반으로 재제작됨. K. D. Setchell and A. Cassidy, "Dietary Isoflavones: Biological Effects and Relevance to Human Health," Journal of Nutrition 129, no. 3 (1999): 758S-767S.

**292p** 출처: 퀘벡아쿠어리움. 언스플래쉬. 2021년 3월 24일 게시.

**313p** 《타임》표지(2004년 2월 23일 발행). 허락하에 사용.

**322p** 출처: 유럽우주국. 혜성 탐사선 로제타 탑재 탐색 카메라로 2015년 1월 31일에 촬영됨. CC BY-SA IGO 3.0 라이선스에 따라 이용. 더 자세한 내용은 www.esa.int에서 얻을 수 있음.

**327p** 저작자: 저자.

**328p** 위키미디어 커먼즈. CC BY-SA 2.0 라이선스에 따라 이용. 2016년 5월 24일 제작. 플랜트 이미지 라이브러리(Plant Image Library)에 의해 플리커(Flickr)에 처음 게시. https://flickr.com/photos/138014579@N08/26923436154, https://upload.wikimedia.org/wikipedia/commons/e/ea/Limulus_polyphemus_%28Atlantic_Horseshoe_Crab%29_adult_underside_%2826923436154%29.jpg.

**348p** 게티 이미지(iStock Photo). https://www.dgwildlife.com/). 스톡 사진 ID: 473012660. 2015년 5월 9일 게시. 표준 라이선스.

**362p** 저작자: 저자. 다음 출처를 참고로 재제작함. 출처: F. Jabr, "How Humans Evolved Supersized Brains," Quanta Magazine, November 10, 2015.

**374p** 위키미디어 커먼즈. CC BY-SA 4.0 국제 라이선스에 따라 이용. 2020년 4월 27일 제작. https://commons.wikimedia.org/wiki/File:Historia-de-los-cerdos.jpg.

**378p** 사진 촬영: 제임스 로이드 플레이스(James Lloyd Place). 위키미디어 커먼즈. CC BY 2.5 라이선스에 따라 이용. 2007년 8월 25일 제작.

**382p** 출처: 닉 페윙스(Nick Fewings). 언스플래쉬. 2018년 1월 26일 게시.

**398p** 사진 제공: 톰 인셀.

**419p** 앤디 그로브 특집기사를 실은 《타임》표지(1997년 12월 29일 발행). 허락하에 사용.